U0213273

# 5分钟造物史

## 从史前到21世纪的人类造物记忆

[英] 特里·布雷弗顿 著

左安浦 译

浙江教育出版社·杭州

# 目录

# 引言

科学技术的发展带来了卓越的发明和创造，拓展了人类的知识，促进了人类的进步，这是本书的主题。从早期最基础的发现，到如今最尖端的创造，人类的努力和智慧塑造了今天这个世界。在这个基础上，人类不断进步，不断发挥出最大的潜力。

本书中选取的发明和发现，在某种程度上带有一定的主观性。例如，发现一种罕见癌症的治疗方法，与发展器官移植手术是否能够相提并论？此外，一些发明和发现涉及特定的时空背景和相关的个体（比如火的发现），今天的人类该怎样判断它的价值？有些人会认为发明纽扣是发明现代服装的前提，但实际上，13 世纪不知名的扣眼发明者使一切成为可能。

## 不著名的科学英雄

即使是一些“著名”的发明家或发现者，有时也是“站在巨人的肩膀上”，踩着过去的思想家留下的一长串脚印。在另一些情况下，发明会归功于错误的人，原因是这个人更擅长创新和营销，或者仅仅是更加“著名”。下面这些事实会让你震惊：青霉素拯救了数百万人的生命，但它的真正发明者不是亚历山大·弗莱明，而是默林·普利斯；后者于 1928 年发明了青霉素，此外还有其他人参与到这项工作中。天才尼古拉·特斯拉继承了大卫·休斯的事业，是他发明了无线电，而不是大家通常认为的古列尔莫·马可尼。同样，发明电灯的是约瑟夫·斯旺，而不是托马斯·爱迪生。书中有 20 多个这样的例子，这些伟大的创意改变了世界，而本书意在为它们找到真正的归属。因此，这本书不是对过去发明之书或发现之书的反刍和重写，而是一种真诚的尝试，努力找出是谁改善或改变了我们的生活，以及他们做了什么。我尝试囊括所有在学术、医药和科学领域做过重大贡献的人，但并不包括伟大的艺术家。因为尽管莎士比亚、艾略特和伦勃朗推动了文化的发展，却并没有以实在的方式改变世界。此外，本书不单单记录了那些让世界更美好的人，也记录了那些制造毁灭性武器的人。有时，我会写那些创新者，而不是发明者或发现者，因为前者的贡献意义更加重大。有些条目会长一些，比如不太著名却灵感丰富的天才大卫·休斯和理查德·特里维希克。这通常是为了"澄清事实"。

## 从史前时代到科学革命与工业革命

本书从史前时代讲起，包括刀、鱼钩、石磨、弓箭、布和缝纫针等发明。[1] 接下来要讲到灿烂的古文明——苏美尔人、迦勒底人、埃及人、希腊人和罗马人发明了数学、天文学、原子理论、杠杆和星盘。当时他们就知道原子的存在，也知道原子不可分，这真令人惊奇。他们知道地球是圆的，知道我们不在宇宙的中心，但紧接着人类迎来了西方文明的黑暗时代，不可胜数的知识化为乌有。然而，在那几个世纪里，中国和阿拉伯世界在一些领域取得了巨大的进步，出现了包括钟表、火药、医学、齿轮、代数、曲轴和指南针在内的诸多发明。后来，随着文艺复兴运动在西方展开，我们知道人类真正失去了什么。1336 年至 1340 年，古登堡的印刷机把阿拉伯世界的科学思想传播到西方，伟大的科学革命与文艺复兴齐头并进。同时，呆板守旧的宗教教义逐渐从人们的生活中退场。这是达·芬奇、哥白尼、伽利略、哈维、波义耳、胡克和牛顿的时代，他们改变了世界。这个时代的人们热爱科学，重视实验和探索，是他们催生了后来的工业革命，也创造了现代世界的雏形。在今天，

1 本书中，每小节标题下面所注时间，为该节所讲发明物有记载或可查证的时间。本书中的脚注未经标注的均为译者注。

我们见证了蒸汽机、纺织机械、工厂系统、电力、造纸和机械化钢铁工业在现代世界大放异彩。

## 发明与创新的加速

在 20 世纪，两次世界大战期间，尽管时局动荡，却激发了诸多发明和发现的诞生。它们通常不是为了人类的利益，却足以证明，在发明和创新上，人类具有不可思议的能力。第二次世界大战以后，农业生产有了巨大进步，人类处在信息革命与电子时代之中。目前最有前景也最具争议的发展，是在健康、医疗和基因改造等方面。科学家正努力延长人类寿命、预防遗传疾病、治愈或延缓某些癌症。读者将会看到，我们生活中的种种改变，都要归功于我们这个时代和我们父辈那个时代的种种发明和发现。人生的目的是改进而不是接受，是质疑而不是顺从，这是人类进步的原因。本书提到的所有发明家，都理应得到感激。科学精神让我们走出丛林的荫庇来到现在，并将改善我们后代的生活，继续创造未来。

第一章

# 科技的曙光

# 刀

约公元前260万年

## 埃塞俄比亚，戈纳，南方古猿

刀是人类最早使用的工具之一，它确保人类能够生存下去。现代人发现了石刀，这是考古记录的源头。刀可以切、砍、刺、戳，人们通常用它猎食和自保。几千年来，人类捕猎和屠宰时都离不开刀。20 世纪 30 年代，路易斯・李奇[1]在坦桑尼亚的奥杜威峡谷发现了奥尔德沃石器，人们一度认为这是已知最早的石器。已经灭绝的直立原始人在 170 万至 240 万年前制造出了这些工具。然而，20 世纪 70 年代，在埃塞俄比亚的戈纳化石田出土了类似的石器，时间可追溯到约公元前 260 万年。以前，人们认为制造工具是人独有的技能，但这些发现表明，工具的历史比人的历史长得多，可能要早 50 万年。（智人在大约 20 万年前才诞生于非洲，5 万年前行为才完全现代化。）

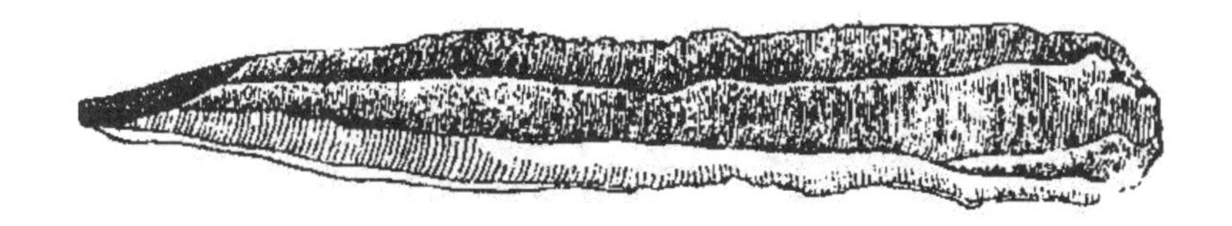

有一种合理的假设：奥尔德沃石器是由南方古猿制造的，这是一种更原始的人科动物，也是我们唯一知道的当时存在的原始人。这些石器通常是从石核上敲下来的锋利薄片，但早期原始人对其进行了更细致的打薄和重塑，使刀刃更尖、更直。刀是人类最早使用的工具之一，所以许多文明赋予它精神或宗教层面的意义。要制造奥尔德沃石器，首先要选择大小合适的石核，用接近球体的锤石敲击它的边缘，形成锋利的断口。这种石器具有多种用途。刀最初由岩石、燧石或黑曜石（一种天然形成的火山玻璃）制成，后来不断发展。之后，人们把石刀绑在骨头或木柄上，使用起来更方便。

1 路易斯・李奇（Louis Leakey，1903—1972），英国考古学家、人类学家。

### 史上最重要的工具

凿子、车床、锯子、镰刀、手术刀和剑，都是刀的不同形式，用于不同场合。2005年，福布斯网站[1]的读者和专家认为，以对人类文明的影响而论，刀是史上最重要的工具。对人类来说，最重要的20种工具依次是刀、算盘、指南针、铅笔、挽具、镰刀、步枪、剑、眼镜、锯、手表、车床、针、蜡烛、天平、锅、望远镜、水平仪、鱼钩和凿子。

大约 1 万年前，现代人类学会了制造铜刀。大约 5000 年前，近东地区的工匠开始制造青铜刀。这些刀由一片金属构成，锋利的一端是刀身，钝的一端是刀柄。通常，刀柄一端还装有木柄或骨柄，便于手持。之后，人们用更坚硬的钢铁制造刀具，近来又改用钛和陶瓷等材料。过去，人们吃饭主要用刀，因为叉子是最近才发明的。1669 年，为了减少暴力事件的发生，法国国王路易十四（King Louis XIV）颁布法令，全面禁止在大街上或餐桌上使用尖刀，并下令磨平刀尖。所以现在的餐刀都是钝头的。今天还有很多英国医生发起运动，要求禁用尖头菜刀，避免人们因刺伤而死亡。

### 美国人的饮食习惯

当第一批殖民者抵达美洲的时候，人们仍然习惯用刀把食物切成小块，然后扎着送进嘴里。甚至到了18世纪初，从欧洲出口到美洲的叉子依然非常少。然而随着进口餐刀的刀尖变得越来越钝，再加上美洲没有叉子，所以人们不得不用勺子替代叉子。切食物的时候，他们用勺子把食物固定住；切好之后再用勺子舀着吃。人们会在餐前把肉和鱼切成小块，这种独特的美式吃法至今很流行，尽管叉子在美国已经普及。

1 网址为：https://www.forbes.com。

# 鱼钩

约公元前3万年

欧洲各地，克罗马农人

鱼类富含蛋白质、脂肪和脂肪酸，自古以来就是重要的营养来源。更重要的是，捕鱼比狩猎更安全。考古学家把鱼钩的前身称为“钩机”（gorge）。这是一种纺锤形的骨头或木头，中间有缺口，方便缠绕鱼线。渔夫把钩机裹在鱼饵里，鱼吞下鱼饵的时候，钩机就横在鱼肚子里，渔夫一拉线就可以把鱼拖上来。人们在法国索姆河底6.7米深的泥炭层中发现了最早的钩机，据说有7000年历史。最早的鱼钩可以追溯到大约公元前3万年，由木头、兽骨、兽角、人骨或贝壳制成。除了单纯用木头、石头或骨头制成的鱼钩，石器时代的人们还经常制作更结实的复合钩，即把不同组件（通常是不同的材料）绑在一起。细而圆的骨钩容易折断，但牢固的复合钩可以承受更大的拉力。最古老的鱼钩没有倒刺，也没有其他改装，所以考古学家认为，在鱼钩上加倒刺的灵感可能来自长矛。倒刺增强了鱼钩的抓力，就像动物更难摆脱有倒钩的长矛。

在挪威和丹麦，我们发现了7000年至8000年前的鱼钩，上面有倒刺、凹槽或小孔，更方便连接鱼饵和鱼线。这些木制鱼钩必须固定在石头或其他重物上才能沉到水里。不过，也有些鱼喜欢咬浮着的鱼钩。直到19世纪末，挪威北部大鳕鱼场的拉普兰渔民仍在使用木制鱼钩，他们把结实的杜松木雕刻成钩子，用火炙烤尖端使其变硬。美洲原住民曾用隼爪和鹰喙制作鱼钩。在金属鱼钩逐渐取代了其他材料的鱼钩后，仍有一些英国渔民在使用山楂树枝制成的鱼钩钓比目鱼。20世纪60年代以前，挪威和瑞士的渔民仍然用杜松木制成的三锚钩钓淡水鳕鱼。渔

### 罗马飞蝇钓

他们把深红色的羊毛缠绕在鱼钩上，并系上两根羽毛；这两根羽毛来自公鸡肉垂的下侧，颜色如蜡。钓竿长6英尺[1]，钓线也长6英尺。狡猾的“飞蝇”落下时，光泽吸引了水中的鱼。美好的事物势必带来难得的享受。鱼奋力跃起，张嘴时嘴却被鱼钩刺穿。鱼被捕获，无缘享受它的盛宴了。

——克劳狄乌斯·埃利亚努斯[2]《论动物本质》

民们声称杜松木的气味能吸引淡水鳕鱼，普通的钢钩则会被它们吐出来。今天的商业捕鱼越来越依赖大网，所以鱼钩已经不那么重要。但是，延绳捕鱼[3]这样的工业技术仍然需要鱼钩。竞技垂钓者也经常使用鱼钩固定诱饵。

# 缝纫针

约公元前3万年

俄罗斯，旧石器时代人

原始人用缝纫针缝制衣服。他们把复杂的兽皮连接起来，穿在身上，抵御严酷的自然环境。人类因此可以走出非洲，适应更寒冷的气候。最早的衣服由毛皮、皮革和草叶制成，然后披挂、包裹或捆绑在身上。人类学家通过对寄生人体的虱子做基因分析，最终得出结论：衣服是在大约10.7万年前才出现的。虱子是人类穿衣服的标志，因为人类体毛稀疏，虱子通常只能在衣服中生存。研究表明，发明衣服的时间可能与现代智人从非洲向北迁徙的时间（大约10万年前）吻合。另外一组科学家推测衣服诞生于大约54万年前。直到最近，因纽特人还完全靠精细加工后的毛皮制作衣服。而其他文明要么在衣服材料中添加布，要么彻底用布取

1 1英尺=12英寸=0.3048米。

2 克劳狄乌斯·埃利亚努斯（Claudius Aelianus，175—235），古罗马时期的希腊作家、雄辩家。《论动物本质》（*On the Nature of Animals*）是他的代表作。

3 延绳捕鱼是一种商业捕鱼方法，在大型远洋捕捞船上，渔民放下长达几十甚至几百千米的延绳。延绳主线上排列着一系列支线，鱼钩系在支线上，可多达2500个。

代。布是由动植物纤维经过编织、针织或缠绕而成的。相比其他便于留存的手工制品，天然的衣服材料很快就会损坏、降解。1988 年，考古学家在俄罗斯发现了 3 万年前用骨头和象牙制成的缝纫针。

原始人用树根和藤蔓织网，人们通常认为手工编织就是从这里开始的。用亚麻植物制作亚麻布的过程一直非常艰辛。后来人们发明了织布机，纺织业在工业革命中率先实现机械化。在此之前，所有布料都是手工制作的，因此价格昂贵，所以在确定使用者或用途之前，尽量不裁剪。不同的文化演变出不同的服装制式。希腊人和罗马人把托加式长袍（togas）披在身上。许多人的衣服实际上就是长方形的布。例如，在印度次大陆，我们看到男人穿着腰布（托蒂，dhoti），女人穿着卷布（纱丽，sari），这些衣服只是简单地系在一起。苏格兰短裙则使用腰带和别针固定。昂贵的布料一直不裁剪，所以不同身形的人可以穿同一件衣服。还有一种方法需要裁剪和缝纫，但裁下来的每一片布料都要缝在衣服上。裁缝可以从布料的一角剪下一块三角形的布片，然后缝在另一件衣服上作为衬料，比如男式衬衫。据说有 4 个因素影响衣服的舒适度，人们归纳为“4F 舒适原理”：时尚（fashion）、感觉（feel）、合身（fit）和功能（function）。马

### “colorless”的起源

拿破仑战争[1]期间，妇女组成“编织俱乐部”，为士兵编织袜子和手套。这一做法延续到两次世界大战期间。她们还为教区的穷人编织衣服，衣服通常是灰色或米黄色。颜色因此成为一种身份的象征，衣着单调的人被称为“colorless”，这个词在今天仍含有贬义。

1 指拿破仑称帝统治法国期间（1804—1815）爆发的战争。

克·吐温[1]在《马克·吐温格言录》(*More Maxims of Mark*, 1927)中强调了服装的重要性:"人靠衣装。裸体的人对社会几乎没有任何价值。"

# 石磨

约公元前9500—前9000年

## 叙利亚,中石器时代人

石制手磨是最早的食品加工设备,能把谷物转变成食物,从而将农业推广到全世界。它也是磨盘的前身。石磨上的石头通常成对使用,上面的石头用手旋转,叫作转盘(hand-stone);下面的石头固定,叫作碾盘(quern)。石磨最早的用途是把谷物磨成面粉,面粉可以用来做面包。转动转盘把谷物磨成面粉的过程叫碾磨。随着水磨和风磨的发明,石磨被磨盘取代。再后来,人们开始用动物拉大型磨。

最早的磨是鞍状磨(saddle quern),其形状像马鞍,工作时转盘在碾盘上来回摇动或滚动。转盘既可以像擀面杖一样呈圆柱体(用两只手握),也可以呈半球形(用一只手握)。两者都可以捣碎食物,但不能研磨,因此更适合粉碎麦芽粒,而不适合生产面粉。之后,鞍状磨发展成为可用于研磨的旋转手推磨(rotary quern),它有好几种形式。旋转手推磨通过圆周运动研磨谷物,因此碾盘和转盘通常都是圆形的。它的转盘比鞍状磨的转盘重得多,有足够的重量把未经处理的谷物研磨成面粉。在某些情况下,转盘和碾盘的研磨面相互配合,转盘下表面略凹,碾盘上表面略凸。

还有一种旋转手推磨叫蜂巢磨(beehive quern),其转盘呈半球形,中间有盛放谷物的锥形料斗,谷物通过料斗落在研磨表面。碾盘正中心有个小孔,转盘和碾盘通过轴固定。转盘外侧有个很深的水平插槽,把木棒插进去就可以作为手柄,从而旋转或摇摆转盘。这是最早的旋转手推磨,出现在约公元前350年的不列颠

1 马克·吐温(Mark Twain, 1835—1910),美国作家、幽默大师,代表作有《汤姆·索亚历险记》《哈克贝利·费恩历险记》。

> **磨石粗砂岩**
>
> 制造石磨最常用的石头是坚硬的火成岩，比如玄武岩。这些石头有天然的粗糙表面，但颗粒不容易分离，所以研磨后的材料不会含沙砾。磨石粗砂岩是石炭纪英格兰北部的一些粗粒砂岩，之所以取这个名字，是因为这种石头常被用于制作水磨和风磨。

群岛。还有更大的石磨，通常需要两个男人才能推动。后来不再需要用人推磨，而改用牛、驴、马等牲畜。今天人们在厨房里研磨药草的杵和臼，是石磨的另一种变形。和谷物一样，许多食物和无机材料需要用石磨或者臼加工，比如坚果、种子、水果、蔬菜、药草、香料、肉、树皮、颜料、染料、药物、化妆品和黏土。它们也用于研磨金属矿物，比如金。在这个过程中会释放出细小的矿石颗粒，在冶炼之前可以通过洗涤将它们分离出来。鼻烟一度非常流行，所谓“鼻烟”，就是用石磨把烟草研磨成细粉，然后用鼻子吸入。

# 弓箭

约公元前8000年

德国，汉堡，中石器时代人

在十六、十七世纪枪炮普及以前，人类最重要的狩猎工具和战争武器是弓箭。在还没有发展出农业和牧业的时候，史前人类既要抵御野兽攻击，又要猎杀野兽充饥。最初，猎人掌握了投掷攻击，即用木棍和石头砸断动物的骨骼。接着，他们把锋利的燧石绑在木棍上，升级成长矛和匕首。接下来的演变是“梭镖投射器”（atlatl），也叫投矛器，它可以利用杠杆原理发射矛或飞镖。梭镖投射器由两部分组成——木制的轴和勺状或钩状的支撑物。它们可以整体制作，也可以单独制作，然后拼接起来。抛射的矛柄置于支撑物内。现代人用机器投掷网球让小狗追逐玩耍，梭镖投射器的原理与此类似。使用梭镖投射器的时候，单手握住没有勺状支撑物的一端，通过上臂和手腕的动作投掷飞镖，利用梭镖投射器增加力臂的长度，增大角动量从而大幅增强投掷的力量。传统的梭镖投射器是一种远程武器，抛射出的飞镖时速可以超过 145 千米。公元前 1 万年左右，人们发明了弹弓，类似于《圣经》里大卫杀死歌利亚的弹弓。大约 2 万年前，弓箭出现在非洲和欧洲，洞穴里的壁画可以证明这一点。人们发现的最早的箭可以追溯到公元前 8000 年，由松木制成，尖端嵌有燧石，人们在德国汉堡市附近发现了它。第二次世界大战期间，汉堡市遭到轰炸，这些箭也被摧毁了。现存最古老的弓的碎片可以追溯到公元前 6000 年，由榆木制成，人们在丹麦霍姆戈德发现了它。

### 长弓的威力

在与威尔士的战争中，一名士兵被箭射中。尽管腿上有铁甲保护，箭还是穿透了他的大腿，然后穿过皮制束腰外衣的下摆，接着是马鞍上的坐垫。最后，箭卡在马肚子里，深深地扎入马的身体。马也活不了了。

——吉拉尔杜斯·坎布伦西斯[1]《威尔士行记》，1191年

在世界各地，射箭成了越来越重要的活动。根据用途不同，人们设计出了不同类型的弓箭。大约公元前 1500 年，短复合弓诞生了，它由多种材料制成，适合

1 吉拉尔杜斯·坎布伦西斯（Giraldus Cambrensis，1146—1223），威尔士历史学家、布雷肯副主教。

骑兵使用。[1]威尔士长弓是弓箭时代最具杀伤力的武器，它的出现使得大规模骑兵作战不再具有优势。弓箭手先是射击战马，然后趁着骑士坠马倒地、无法动弹之时，用短刀刺穿骑士的盔甲，将他杀死。直到最近人们才意识到，中世纪长弓的速度、射程和威力都被夸大了。因为人们需要很大的力气才能拉动这种弓，所以当时的男孩从小就被训练成弓箭手，他们肌肉发达，能拉动强弓。人们研究了古代战场留下的骨骼，发现弓箭手的身体发育非常不协调。只要有合适的箭头，弓箭甚至可以穿透板甲，射程可以达到400码[2]以上。一名熟练的弓箭手可以每秒射出1支箭，所以1000名弓箭手5分钟内可以射出30万支箭，这非常恐怖。

**奥兹冰人**

大约公元前3300年，“奥兹冰人”（Ötzi the Iceman）被一支箭射穿肺部。他是欧洲最古老的天然干尸，1991年在意大利阿尔卑斯山脉的一座冰川中（位于今天奥地利和意大利的边界）被发现。奥兹身上带着一把还没有完工的1.8米长的紫杉长弓，他把弓斜靠在一块岩石上，直到人们发现时弓仍然是立着的。弓身的孔还需要定型、打磨和抛光，使用的磨料是野马尾。他身上还有一把紫杉柄的铜斧，以及梣木柄的燧石刀。箭袋中有14支箭，箭杆是用荚蒾和山茱萸制成的。这14支箭中，2支已经折断，箭头是燧石，箭尾装有羽毛作为稳定翼，另外12支箭还没有完工。这些箭都装在一个箭袋里，同时被发现的还有弓弦和鹿角，鹿角可能是打磨箭头的工具。奥兹极有可能用同一支箭射死过两个人，并且每次都会回收箭。

# 船

约公元前7600年

## 迦南，腓尼基人乌索斯

新月沃地包括腓尼基、亚述、美索不达米亚和埃及，这里的农业与文明随着

1 拉动弓弦时，弓背（外弦）处于拉伸状态，弓腹（内弦）处于压缩状态。常见的复合弓弓身由肌腱和角材制成，肌腱（弓背）承受拉伸力，角材（弓腹）承受压缩力。
2 英制长度单位，1码=3英尺=0.9144米。

船的发展而传播到全世界。最早的船可能是独木舟，由中空的树干制成，时间可追溯到公元前8200年至公元前7600年。人们在科威特发现了一艘7000年前的海船，由芦苇和焦油制成。腓尼基作家桑楚尼亚松的作品曾被翻译成希腊语，其中提到了船的发明：他们发明了用两块木头摩擦生火的方法，并教会人们如何使用。他们的儿子身材高大，因此用所在的山名给孩子取名，即卡修斯、利班努斯、安利班努斯和伯拉地。门鲁姆斯和普修拉尼乌斯是他们的后代。普修拉尼乌斯住在泰尔，他用芦苇、灯芯草和纸莎草搭建棚屋。普修拉尼乌斯与乌索斯是兄弟，乌索斯最早用野兽皮做衣服。有一次兄弟两人发生了争执，此时狂风大作，泰尔附近的树枝相互摩擦着了火，整片森林都被烧毁了。乌索斯找到了一棵倒地的大树，他砍掉树枝，跨坐在树干上涉水而下，后来他还建造了两根柱子，分别代表火和风，对着它们朝拜、祭祀，并把猎获的野兽的血浇在柱子上。兄弟俩死后，活着的人立起长杆纪念他们，仍然对着柱子朝拜，每年都举办节庆活动。

腓尼基拥有古老的迦南文明，可以追溯到公元前2300年以前。腓尼基包括新月沃地西部沿海的大部分地区，位于地中海东岸，包括今天的约旦西部、巴勒斯坦、以色列和黎巴嫩。腓尼基在公元前1550年至公元前300年处于繁盛时期，腓尼基人是最早开始海上贸易的古代民族。他们使用桨帆船，这是一种主要靠桨来推进的大型远洋船，可以逆风航行。据说，他们还发明了两排桨战舰，相当于划船人数比单排桨战舰增加一倍。古希腊人和古罗马人把腓尼基人称为“紫色商人”，因为他们垄断了制作皇家服饰所需的染料骨螺紫。有人声称腓尼基人可能到达过美洲。他们向康沃尔人购买锡，向威尔士人购买铜和金。腓尼基人也因发明了字母表而闻名，现代社会的主要字母都是从腓尼基字母表中衍生出来的。罗马人全心全意地向腓尼基人和迦太基人（迦太基是腓尼基的殖民地）学习造船和驾船，最终战胜了顽强的抵抗，统治了整个地中海。

# 啤酒

约公元前6000年

美索不达米亚，苏美尔（今伊拉克）

啤酒在全世界都是非常重要的饮料，它富含卡路里，能为体力劳动者提供能量。水容易被污染而引发疾病，因此啤酒通常比水更受欢迎。后来，啤酒还成为一种社交润滑剂。如果让笔者在本书记录的几千年历史中选择一项最喜欢的发明，那一定是啤酒或麦芽酒。酿酒的起源可以追溯到古埃及和苏美尔。苏美尔文明发源于底格里斯河与幼发拉底河之间，包括美索不达米亚南部以及巴比伦、乌尔的古城。苏美尔有世界上最早的酿酒记录。据说，苏美尔人意外地发现了发酵的过程，其中一个证据是大约4000年前的《宁卡西赞歌》（*Hymn to Ninkasi*）。宁卡西是酿酒女神，这首赞歌也是酿造啤酒的配方。也许最初面包或谷物受潮，通过野生酵母发酵，偶然产生了一种令人陶醉的谷浆。在早期的记载中，人们用可以辨认的象形文字记录了酿酒的过程：先是烘烤面包，然后碾碎，加水搅成麦芽浆，最后制成一种让人感觉“兴奋、美妙和幸福”的饮料。我们通常认为最先酿造啤酒的是苏美尔人，他们把啤酒称为“天赐的饮料”，也就是诸神的礼物。

苏美尔文明湮灭以后，巴比伦人统治了美索不达米亚平原。他们也掌握了酿酒的技术，甚至会酿造20种不同的啤酒。为了防止喝到容器底部苦涩的啤酒渣，当时的人们用吸管喝啤酒。巴比伦国王汉穆拉比[1]颁布了《汉穆拉比法典》，其中一项规定了每天的啤酒供应量。普通人每天能喝2升，大祭司每天能喝5升。古埃及人最初从巴比伦进口啤酒，后来开始自己酿造。他们不仅用烘焙的面包酿酒，也用未经烘焙的生面团酿酒，并在酿造过程中加入枣来改善口感。现在，世界各地的人们酿造不同类型的啤酒。普林尼写道，在葡萄酒流行以前，啤酒在地中海地区非常受欢迎。有证据表明，大约公元前800年，啤酒开始在德国本土酿造。塔西佗[2]后来写道:“从饮用的角度来说，日耳曼人酿造的啤酒糟透了。这种用大麦或小麦发酵而成的啤酒，与葡萄酒有天壤之别。”在芬兰史诗《卡勒瓦拉》（*Kalewala*）中，关于啤酒的诗有400首，而描述地球诞生的诗只有200首。冰岛史诗《埃达》（*Edda*）讲到，葡萄酒要留给神，啤酒则属于凡人，蜂蜜酒（用蜂蜜酿成）用来祭奠逝者。

随着大麦种植向北和向西传播，酿酒技术也随之发展。基督教修道院是农业、知识和科学的中心，修道士逐渐改良了酿造方法。可是，几乎没有人知道酵母在发酵过程中的作用。人们只知道啤酒是一种有价值（可饮用）的饮料，工人常常得到啤酒作为报酬。20世纪以前，啤酒致病的概率要远远低于水，尤其是在人口密集或水源易受污染的地方，这一点需要特别注意。16世纪，啤酒制造业广泛使用啤酒花作为防腐剂，取代了过去使用的树皮、药草和树叶。酿酒史上最广为人知的事件大概是德国酿酒标准的制定。1516年的《啤酒纯酿法》（*Reinheitsgebot*）是世界上第一个关于啤酒的法令，也是世界上最著名的啤酒纯度法。该法令规定，只有4种原料可用于啤酒生产：水、大麦麦芽、小麦麦芽和啤酒花。酵母虽不在名单之列，但可以使用，因为这是酿造过程中理所当然的关键成分。

啤酒的下一个飞跃性发展在19世纪中期，当时路易斯·巴斯德率先解释了

1 汉穆拉比（Hammurabi，约前1810—前1750），古巴比伦国王，约公元前1792年即位，以制定了《汉穆拉比法典》而著名，这是世界上现存的第一部比较完备的成文法典。
2 塔西佗（Tacitus，约55—约120），罗马执政官、历史学家。

## 啤酒把原始人变成文明人

苏美尔史诗《吉尔伽美什》（*The Epic of Gilgamesh*，公元前2750—前2500年）可能是世界上最古老的成文故事。从中我们知道，啤酒和面包一样重要。《吉尔伽美什》描述了原始人进化成“文明人”的过程：恩奇杜是个十足的原始人，他吃草、喝奶，蓬头垢面，衣不蔽体。他想和半神半人的君主吉尔伽美什较量。吉尔伽美什没有贸然迎战，而是派一个神妓打听恩奇杜的长处和缺点。恩奇杜与她欢度了一周，并从她那儿学会了什么是文明。在此之前，恩奇杜根本不知道面包是什么，更别提吃面包、喝啤酒了。神妓开口对他说：“恩奇杜啊，请吃面包，这是人生的常规！请喝啤酒，这是此地的风习！”恩奇杜连饮了7杯啤酒，顿时觉得振奋。他洗身洁面，终于变成了文明人。[1]

酵母的工作原理。之后不久，人们从巴伐利亚酵母样品的拉格酵母[2]中鉴定出了单细胞菌株。1402年，德国酿酒师开始通过窖藏来酿造啤酒。天气暖和时不适合酿酒，因为夏季的高温会导致野生酵母滋生，使啤酒变酸。酿酒师发现，天气寒冷时酿酒，并把啤酒窖藏在阿尔卑斯山脉的洞穴中，啤酒就不容易变酸，口感也更清爽——尽管当时他们不知道其中的原理。现在我们已经知道了，啤酒之所以更清澈、更干净，是因为低温发酵抑制了使啤酒变浑浊的化学物质和细菌的产生。1880年，美国大约有2400家酿酒厂采用许多经典的酿造方式，但现在只剩下300多家。这一变化与1919年的《沃尔斯泰德法案》（*Volstead Act*）有关——《美国宪法第十八修正案》正式引入了禁酒令。如今，市场上的啤酒种类繁多，在比利时尤其多样，不仅有水果啤酒，还有用香槟酿造法酿造的啤酒。

1 参考赵乐甡译：《吉尔伽美什：巴比伦史诗与神话》，译林出版社，1999年版。
2 用于啤酒发酵的酵母主要分为两大类：爱尔酵母（ale yeast）和拉格酵母（lager yeast），爱尔酵母用于顶层发酵，拉格酵母用于底层发酵。

# 农业

¦ 约公元前5000年 ¦

美索不达米亚南部，苏美尔（今伊拉克）

农业使人类定居下来，告别了此前狩猎采集的生活。人类驯化了植物和动物，有了富余的粮食，才能建造乡镇和城市，并在此定居。以前，人们到野外采集植物，后来变成有计划地播种和收获，这就是农业的发轫。最早的农业出现在大约公元前 7000 年的新月沃地，即今天的埃及、土耳其东南部、伊拉克、叙利亚、巴勒斯坦、以色列、约旦、黎巴嫩以及伊朗西部。印度、中国、非洲的萨赫勒地区及美洲部分地区也在不同时期独立发展出了农业。新石器时代的奠基农作物是旧世界[1]最早的作物，包括二粒小麦、一粒小麦、大麦、豌豆、兵豆、苦野豌豆、鹰嘴豆、亚麻。换句话说，亚麻（用于制油、制衣和制绳）、3 种谷类和 4 种豆类构成了农业系统的基础。正如爱尔兰作家亨利·布鲁克[2]所言："在以橡子为主食的时代，对于谷神刻瑞斯（Ceres）和忠实的农夫特里普托勒摩斯（Triptolemus）而言，一颗麦粒的价值要超过印度矿山里的所有钻石。"

公元前 6000 年，由于灌溉系统尚未建立，埃及的农业主要集中在尼罗河两岸。远东地区的农业是独立发展起来的，主要作物是水稻，而不是小麦。靠近河流、湖泊及海域的人们学会了用网捕鱼，以获得必需的蛋白质。耕作和捕鱼使这些地方的人口大大增加。在发展出定居农业以前，远东地区的人们从公元前 6000 年开始饲养野牛（欧洲野牛在 1627 年灭绝）和盘羊，将它们逐步驯化成家养的牛和绵羊。农场依托农业而存在，人们开始大量吃肉，使用动物毛皮。公牛（被阉割后）也用于拉车和耕地。

公元前 5000 年，核心的农业技术已经在苏美尔生根，人们有了定居的地方，这些地方最终发展为城市。苏美尔人最早把一年分成四季，采取大规模集约耕种

1 旧世界（Old World），指欧洲、亚洲和非洲。
2 亨利·布鲁克（Henry Brooke，1706—1783），爱尔兰小说家、戏剧家，代表作有《显赫的傻瓜》（*The Fool of Quality*）。本节的引文即出自此书。

的方式，实行单一作物制（同一块土地每年种植同一种作物），组织灌溉和使用专门的劳动力。这种生产方式使人们有更多的余粮，因此能在同一个地方定居，不必为了寻找新的作物和放牧地而迁徙。这也导致人口暴增，从而需要更多的劳动力和更有效的分工。

他们需要一种方式来记录农作物和动物的贸易和交换，因此苏美尔人最早发明了书写。

# 轮子

约公元前3500年

美索不达米亚南部，苏美尔（今伊拉克）

在交通和技术的演变中，轮子一直是最重要的部件。轮子绕着中心的轴旋转，帮助人们更轻便地搬运重物。在负重或操作机械时，轮子有助于运输和传送。轮子绕着轴滚动，可以减小摩擦。关于轮子的最早记录，出现在美索不达米亚苏美尔人的象形文字里。但那个时候，北高加索和中欧已经有了轮式车辆。在波兰出土的一个陶罐上，我们发现了一辆四轮马车的图案，它有两个轴。这个陶罐的年代可追溯到公元前 3500 年至公元前 3350 年。2002 年，人们在斯洛文尼亚发现了最古老的木轮和轮轴，根据放射性碳检测，其可以追溯到公元前 5100 年至公元前 5350 年。早期车轮是简单的木制圆盘，中心有个小孔。由于木材结构特殊，树干的水平切片做不了车轮，因为其强度不足以支撑重物，所以车轮必须用纵向的圆形木板。

公元前 2200 年至公元前 1550 年，人类发明了辐条，车辆变得更轻便、快捷。

马拉战车的出现彻底改变了战争的格局。公元前 3000 年，轮式车辆从美索不达米亚和欧洲传播到印度河流域。公元前 1200 年，辐条式双轮战车出现在中国和斯堪的纳维亚。战车促进了古希腊的崛起，雅典和斯巴达成为希腊文明的两颗明珠。古希腊战车只有 4 根辐条，而古埃及战车有 6 根，亚述战车有 8 根。大约公元前 500 年，凯尔特人发明了轮毂，并给车轮套上铁环，这延长了车轮的寿命。此后，铁边木条幅的车轮一直延续了 2000 年。

直到很久以后，人们才将车轮用于长途运输——没有平坦的道路，车轮就无法发挥作用。如果路面有许多障碍物，用牲畜驮着货物运输才是首选。18 世纪以后，欧洲有了更好的收费公路，这些公路由专人维护，并通过收过路费获得回报。农产品、工业制品和驿站马车因此能够方便地通行。第三世界的国家很晚才有发达的道路，直到 20 世纪，带有车轮的交通工具才正式普及。19 世纪 70 年代，柏油路的发展促进了汽车的革新，钢制车轮和充气轮胎也诞生了。此外，轮子还是许多设备的关键部件，包括水车、齿轮、纺车和星盘。螺旋桨、喷气发动机和涡轮也都是轮子的“后裔”。

# 书写

约公元前3200年

美索不达米亚南部，苏美尔（今伊拉克）

书写的发明标志着信息革命的曙光。这是巨大的技术进步，消息和思想可以传播到远方，而不必受限于信使的记忆。古时候，书写在不同的文化、不同的地域独立出现，而不是某一民族的独创。但我们通常认为，古代美索不达米亚的苏美尔人发明了最早的书写，时间是公元前 3200 年左右。苏美尔人用与货物或动物形状相似的黏土代币表示交易的过程，并记录下来。他们把这些代币装在黏土制成的封套里，并在封套上标明里面装的是什么。最后，他们意识到并不需要代币，只需要描述整个过程就可以了。所以公元前 3200 年左右，这些封套发展成黏土方块，上面刻着代表交易记录的符号。这些简单的图画也叫象形文字，代表一个物品或一种想法。他们最开始用木根费力地描画，后来改用尖锐的芦苇；他们所写的也不再是象形文字，而是具体的书写符号。过去的文字是曲线，现在则改成短的直线，通常是楔形和三角形，书写速度大大提高。字母从左往右写，单词之间没有空格。这是楔形文字的时代，一直持续了 3000 年。巴比伦的《汉穆拉比法典》就是用楔形文字写成的。3000 年前的克里特岛有过 3 种不同类型的文字，但人们只解码了其中一种，即线形文字 B（Linear B）。埃及象形文字（hieroglyphs，圣书字）似乎也受到了楔形文字的影响。

辅音音素文字（abjad, 一种书写系统，每个符号代表一个辅音）和闪米特语族文字都是从埃及象形文字发展而来。辅音音素文字比早期的象形文字简单得多，符号种类大大减少。然而，其代价是语意变得更模糊。最早的辅音字母出现在公元前 2000 年左右。大约公元前 1500 年，腓尼基文字成为第一种广泛使用的辅音音素文字。腓尼基文字只有 22 个字母，很容易学习，腓尼基的航海商人把它带到

### 字母表、辅音音素文字、公牛和房子

在辅音音素文字的字母表中，每个符号通常代表一个辅音，使用者补充适当的元音。Abǧadī 是字母表的第一个字母，也是这种文字最早的名称。“alphabet”（字母表）一词源自拉丁文中的alphabetum，是从希腊字母表前两个字母alpha（α）和beta（β）衍化而来。同样，alpha和beta也分别是从腓尼基字母表的前两个字母衍化而来，代表早期人类最重要的财产——公牛和房子。

了当时已知的全世界。腓尼基文字后来被新的书写系统取代，包括出现于公元前800年的希腊字母，以及一种广泛使用的辅音音素文字——阿拉米语。

希腊人借用了腓尼基字母，改造成自己的文字。希腊字母表与腓尼基字母表几乎完全相同，排列顺序也相同，只是在腓尼基字母表的基础上独创了3个字母，叫作“补充字母”。[1]希腊语中的有些字母不发音，叫作“元音”。希腊字母表是西方所有字母表的始祖。

# 蜡烛

约公元前3000年

## 埃及和克里特岛

几千年来，人类主要用蜡烛照明，也把它用于计时和宗教仪式。蜡烛的起源可能是这样的：人们在烤肉时注意到，动物油脂如果滴在火上，火就会烧得更旺。人们把芦苇浸在动物油脂中，点燃就可以照明。早在约公元前3000年，埃及人和克里特人就用蜂蜡做蜡烛，用灯芯草做烛芯。黏土烛台可以追溯到大约公元前400年的埃及。埃及人把细绳浸在熔化了的蜡里，制成蜡烛。中国和日本早期的蜡烛是用昆虫的分泌物和植物种子提取物制成的，人们把蜡烛包在纸筒里。印度寺庙中使用的蜡烛提取自煮沸的肉桂。在中国，最早的蜡烛起源于公元前200年左

### 蜡烛与船运

中世纪贵族家庭和修道院把存放贵重蜡烛的地方叫作“chandlery”（蜡烛放置处），把看守它的人叫“chandler”（守蜡人）。蜡烛通常由牛油（动物油脂）和其他材料制成。当时，“chandler”也有蜡烛商的意思。肥皂是制造蜡烛的天然副产品，因此18世纪的蜡烛商既卖蜡烛，也卖肥皂。后来，许多蜡烛商还在港口为航船供应航海用品，因此也叫作“船具商”（ship-chandler）。现在大多数港口仍有船具商在做生意。

1 腓尼基字母表有22个字母，古希腊字母表（共27个字母）在其基础上增加了Υ、Φ、Χ、Ψ和Ω这5个字母，其中Υ和Ω是腓尼基字母的变形，Φ、Χ和Ψ则是完全独创的。现代希腊字母表只有24个字母。

右，材料是鲸脂。欧洲的蜡烛诞生于公元前400年，此前人们用橄榄油油灯照明。罗马人发明了纤维灯芯，改进了蜡烛工艺。罗马帝国衰亡以后，欧洲的蜡烛由各种形式的天然油脂、动物脂肪（通常是牛或羊）和蜡制成。在熔炉里融化动物脂肪，然后倒进铜制的模具，这就是制造蜡烛的方法；模具下的凹槽会收集多余的蜡，然后送回熔炉。灯芯通常是用灯芯草做的细绳：把细绳竖直地悬在模具中心，然后倒入动物油脂。动物油脂制成的蜡烛有烟和异味，教堂和比较富裕的家庭一般不用，他们通常使用蜂蜡或从月桂等植物中提取的蜡。

在欧洲，蜡烛对于宗教仪式非常重要，因为它给节日带来光明，人们在烛光中颂唱、祈祷。由于蜡烛的燃烧速度很均匀，所以人们也用它来计时。一些蜡烛上标着刻度，用来标记时辰，这就是蜡烛钟。公元870年，英国人使用过这种时钟，据说它是阿尔弗雷德大帝[1]发明的。蜡烛还可以用来定时，把钉子插在蜡烛某处，时间到了钉子就会落下来。到了18世纪，人们用鲸蜡[2]制作高级蜡烛。18世纪后期，菜籽油成为其廉价的替代品。

1830年，人们第一次通过蒸馏获得石蜡，之后它便成为制作蜡烛的首选材料。石蜡很便宜，生产出来的蜡烛质量很高，没有异味，燃烧也很彻底。不久后，人们学会了通过蒸馏获得煤油，廉价的煤油可以作为油灯的燃料，燃烧效率更高，火焰也更明亮，彻底击垮了石蜡蜡烛工业。令人不解的是，在英国和许多其他国家，煤油有时也叫作“石蜡”或

### 鱼蜡烛

蜡烛鱼是一种胡瓜鱼（一种小鱼），生活在阿拉斯加州和俄勒冈州之间。从公元1世纪开始，原住民就用它身体的油脂照明。把鱼干放在叉子上点燃，就制成了非常简易的蜡烛。

1 阿尔弗雷德大帝（Alfred the Great，849—899），盎格鲁-撒克逊英格兰时期威塞克斯王国国王。
2 鲸蜡（spermaceti wax）不同于前文的鲸脂（whale fat）。鲸脂是鲸鱼等海生哺乳动物的脂肪组织，鲸蜡特指从抹香鲸头部提取出来的细腻物经冷却和压榨而得的固体蜡，常用于制作药膏和化妆品。

者“石蜡油”。随着廉价的鲸油应用于油灯，以及煤油灯、煤气灯和电灯的诞生，蜡烛逐渐失宠。近来，人们也使用燃烧时间更长的树脂蜡烛。现代蜡烛的烛芯在燃烧时会弯曲，这样里面的烛芯会自动暴露在外面，从而接触火苗，继续燃烧。也就是说，现在的烛芯不再需要修剪了。

# 剑

约公元前3000年

美索不达米亚南部，苏美尔（今伊拉克）

在大约 2000 年的时间里，剑一直是战士和征服者最喜欢的武器。安纳托利亚（今土耳其）出土了公元前 3300 年的武器，形状像剑，但人们认为这是长匕首。剑是刀的变种，符合人体工程学，适合战斗。在人类早期历史中，匕首更加常见。但到了青铜时代，人们学会了制作更长的由铜或青铜制成的刀身，剑变得更加流行。公元前 3000 年左右，剑在苏美尔叫作“sappara”，在埃及叫作“khopesh”，在迦南叫作“sickle-sword”。剑长 50 ~ 60 厘米，可以钩住对手的武器，并夺下它。以前的士兵佩带匕首和月牙形的斧头，剑就是从这些武器演变而来的。亚述步兵通常带着一张弓、一把匕首和一把剑。这种剑最早用砷铜打造，后来在青铜时代改用锡青铜。在青铜时代的早期，剑身很少超过 60 厘米，因为剑身越长，青铜剑就越容易弯曲或折断。最早的青铜剑可以追溯到公元前 1700 年，剑身中含 10% ~ 12% 的锡，

> **斩马刀**
>
> 中国和日本的斩马刀都是专门的反骑兵剑，出现于大约1000年前。斩马刀，顾名思义就是砍马的剑，剑柄用布包裹着，便于双手持握，据说可以一招制敌，杀死马和骑手。在西方，士兵也用类似的剑攻击长枪兵的方阵，以及砍断疾驰的马腿。

所以剑身更加坚硬不易折。

公元前 800 年左右，剑匠开始使用铁，但铁器时代的剑仍然很短，因为过长的铁剑同样很容易在使用时弯折。然而，由于原材料丰富，铁剑具有大规模生产的优势。早期的铁剑无法与后来的钢剑相提并论，因为铁剑没有经过淬火硬化（用水急冷），而是像青铜剑一样锻造硬化。剑的生产变得更加容易，这意味着整支军队都可以装备金属武器。在建立罗马帝国的过程中，短而平的罗马重剑功不可没。随着钢变得越来越坚硬，热处理技术越来越完善，长剑才成为实战的武器。从 11 世纪开始，剑发展出了精心制作的剑格，用于保护手；剑柄末端的剑镡可以防止剑从手中滑落。

起初，剑作为一种切砍武器而存在，但后来它在对付改进后的盔甲方面非常有效，尤其是在 14 世纪板甲取代了锁子甲之后。大约在这个时候，手半剑诞生了。手半剑也叫杂种剑，剑柄较长，可以单手持剑或双手持剑。但完全用两只手持剑不太方便，使用者可以用另一只手拿着盾牌或格挡匕首，或者把它当成双手剑的一把，攻击时更有利。这种长剑攻击范围很广，既可以用于砍，也可以用于刺。从军刀到细剑，不同的剑有不同的用途。连发火器出现以后，士兵可以快速装弹和射击，基本上终结了用剑作战的时代。“sword”（剑）一词来自古代英语中的“sweard”，意思是伤害。

# 货币

公元前3000年以前

美索不达米亚南部，苏美尔（今伊拉克）

人类从很早就开始使用货币，货币促进了贸易。货币可以是一个群体普遍接受的，用于交换商品、服务或资源的任何东西。每个国家都有自己的硬币和纸币系统。最早的时候，人们通常用一种商品或服务交换另一种商品或服务，比如用毛皮换鲑鱼，用大麦换长矛。但有些时候，我们对一种物品的价值达不成共识，或者不想要对方交换的东西，交易就无法完成。为了解决这个问题，人类发明了所谓的“商品货币”。最早的商品货币是牲畜或粮食。在今天的某些语言中，“财产”一词是从“牛”衍生出来的。盐、茶、烟草、牛、谷物和种子都是商品，也都曾用作货币。

公元前9000年至公元前6000年，人类已经驯养了牛，开始种植庄稼。牛可能是最古老的一种货币，这是因为驯养动物早于种植庄稼。直到最近，非洲部分地区仍然会将牛充作货币。大约公元前3200年，苏美尔人发明了书写，目的似乎是贸易记账。从公元前3000年到公元前2100年，苏美尔又发展出银行，原因是苏美尔人和之后的巴比伦人需要安全可靠的地方储存谷物。银行后来也用于储存

### 家牛与私产

英语中的“cattle”（家牛）源自皮卡第语中的“chatel”，后者在英语中又演变成“chattel”，意思是“私人财产”。它提醒我们，牛曾经作为一种商品，代表私人物品，而不属于国家。在殖民时代早期，非洲奴隶是个人法律意义上的私产，不仅如此，在欧洲各地，妻子也被当成她们丈夫的私产。欧洲贵妇人也是婚姻资产的一部分，她们结婚时会带着嫁妆，但通常有法律保护，即使双方离婚，妻子也能拥有这些财产。在小说家托马斯·哈代[1]所处的时代，丈夫可以买卖妻子，把她们当成商品来交换。英国卖妻的习俗起源于17世纪晚期，那时离婚是富人的特权。男人在妻子的脖子、胳膊或腰上套上绳索，四处炫耀一番，然后卖给出价最高的人。根据这一背景，哈代写出了《卡斯特桥市长》（*The Mayor of Casterbridge*），在小说的开头，主人公就卖掉了他的妻子。直到20世纪早期，英格兰仍然有卖妻的现象发生。1913年，在利兹的治安法庭上，一名女子声称，她的丈夫以1英镑的价格把她卖给了他的同事。

1 托马斯·哈代（Thomas Hardy，1840—1928），英国作家，代表作有《德伯家的苔丝》和《无名的裘德》。

其他货物，比如牛、贵金属，甚至是农具。

公元前 700 年，吕底亚（位于今土耳其）开始铸造硬币，这是西方第一个铸造硬币的国家。其他国家纷纷效仿，铸造了一系列具有特定价值的本国货币。之所以使用金属，是因为金属容易获得、便于加工，且方便回收。硬币的价值是确定的，所以人们很容易衡量出自己要的东西值多少钱。公元前 30 年到公元 14 年，奥古斯都[1]发行了新的金币、银币、黄铜币和铜币。这改变了罗马的货币体系。同时，恺撒引进了 3 种新的税制：比例税率的人头税、消费税和土地税。税收总是与货币相伴相生，收取钱财比收取物品或服务方便得多。国王、大地主和贵族通过这种方式获取了大量钱财。

大约公元 435 年，未开化的盎格鲁-撒克逊人入侵了信奉基督教的不列颠。此后的 200 年里，不列颠不再使用硬币，但威尔士除外，因为这里是不列颠人最后的避难所。最早的纸币可以追溯到中国，在大约公元 960 年，纸币在中国已经很常见了。所有国家都存在硬币掺假的问题，英国国王亨利一世[2]统治期间，银币的品质急剧下降。1124 年，亨利一世把所有造币厂厂长召集到首都温切斯特，砍掉了他们的右手。这一做法确实使短期内铸币的品质明显提高。几个世纪以来，银行体系发生了变革，货币造假和掺假更加困难，同时出现了各种形式的信贷。随着纸币和贱金属硬币的诞生，代用货币逐渐取代了商品货币。这意味着货币本身使用的材料不再具有很高的价值。为了保值，代用货币需要得到政府或银行的支持，承诺在任何时候都可以将其兑换成相应数量的金银。例如，保证英国的 1 英镑纸币或 1 英镑银币可以兑换成 1 英镑白银。

在 19 世纪和 20 世纪的绝大多数时间里，主要的代用货币都采取金本位制。现在，代用货币已成为历史，取而代之的是法定货币。货币完全由政府法令定价，换句话说，强制性的法定货币诞生了。拒绝接受法定货币、要求使用其他支付形式是违法的。然而，由于支票和现金支付成本较高，美国等国家开发出了电子支付系统。1995 年，美国 90% 以上的交易（按金额计算）通过电子方式支付，信用卡正在缓慢淘汰货币。各种各样的信贷蓬勃发展，货币（纸币和硬币）的使用逐年减少。

---

1 奥古斯都（Augustus，前 63—后 14），罗马帝国的开国君主，在位时间长达 40 余年。
2 亨利一世（Henry I，1068—1135），英格兰国王，在位时间是 1100—1135 年。

## 复式记账

几千年来，为了付账和收税，人类一直在追踪往来的款项。但15世纪初，贸易变得空前复杂，所以意大利人发明了复式记账法。之所以出现在意大利，是因为威尼斯、热那亚、佛罗伦萨等意大利城市对地中海、中东和北非的贸易至关重要。这种新的记账方法提高了银行的信誉，促进了贸易和商业的发展，意大利很快就成了“银行之都”和欧洲最富有的国家。在德国社会学家马克斯·韦伯[1]看来，复式记账是资本主义的先决条件。

复式记账法是一套记录财务信息的规则，每笔交易至少记录在两个不同的账目中。它的名称是这样来的：把财务信息记在纸质账簿里，这些账簿分别叫“日记账”和“分类账”。每笔交易记录两次，一方记为借方，另一方记为贷方。最早的复式记账法出现在1299年至1300年，佛罗伦萨商人安东尼奥·马努奇在普罗旺斯的分公司记下了这些账目。15世纪末，威尼斯的商人普遍采用了这个系统。本尼迪托·克特鲁戈里[2]是拉古萨共和国的公民，他在1458年出版了《论商业与干练的商人》（*Della Mercatura et del Mercante Perfetto*），人们认为这本书最早描述了复式记账的规则和方法。

卢卡·帕乔利[3]是一名方济各会修士，他是达·芬奇的好友，曾教过达·芬奇数学知识。1494年，帕乔利在威尼斯出版了一本数学教科书《算术、几何、比与比例概要》（*Summa de Arithmetica, Geometria, Proportioni et Proportionalità*），其中详细描述了复式记账法，以方便其他人使用。此后，复式记账法传播到世界各地。帕乔利还使用了会计恒等式：所有者权益=资产－负债。如果所有借方账户之和不等于所有贷方账户之和，那么账目一定有问题。他警告说，除非借方金额等于贷方金额，否则就要不眠不休地算下去。他的分类账记录资产（包括应收款项和库存资产）、负债、资金、收益和支出，和今天的账目一致。

1 马克斯·韦伯（Max Weber，1864—1920），德国社会学家、哲学家。
2 本尼迪托·克特鲁戈里（Benedetto Cotrugli，1416—1464），拉古萨商人，经济学家。拉古萨位于今天的克罗地亚。
3 卢卡·帕乔利（Luca Pacioli，1445—1517），意大利数学家。他在著作中对复式记账法的记载和研究，被认为是会计学的开端，因此他被称为“现代会计之父”。

# 算盘

| 约公元前2700—前2300年 |

美索不达米亚南部，苏美尔（今伊拉克）

福布斯网站的读者、编辑和一些专家认为，以对人类文明的影响而论，算盘是“史上第二重要的工具”。算盘是一种计算工具，直到今天在亚洲的部分地区仍然很流行。大约1200年，中国人改进了算盘的设计，创造了现代的线性算盘：整个算盘由竹制的框构成，算珠在档上滑动。[1]然而，最早的算盘是这样的：豆子或石子在沙槽、木板、石板或金属板上移动。算盘是最早的机械计数装置，为复杂的数学计算节省了大量时间。它在贸易、科学和工程中都是重要的工具。苏美尔人很早就发明了一种类似算盘的计算工具，这是一种六十进制的连续列表，按连续的数量级划定区间。公元前600年左右，波斯人开始接触算盘，并将其传播到印度、中国、希腊和整个罗马帝国。希罗多德[2]在书中写道，埃及人从右往左操纵卵石，与希腊人正好相反。公元前5世纪，希腊人开始用木头或大理石制作算盘的表面，上面预置了木质或金属的小计数器。后来西方其他地区和中东都吸收了这一发展。人们曾在希腊的萨拉米斯岛发现了一块白色的大理石板，时间可追溯到公元前300年。这是已发现的最古老的计数板。

1 在算盘中，四周长方形的框架叫作“框”，中间的横木叫“梁”，垂直穿过梁的细杆叫作“档”，档上的圆珠叫“算珠”。

2 希罗多德（Herodotus，约前480—约前425），古希腊作家，代表作有《历史》，是西方首部比较完备的历史著作。

中国的算盘通常至少有7根档，由两部分组成，一部分在上，一部分在下。每部分都有几列算珠，通常上面2颗，下面5颗。下珠可以任意赋值。比如，你可以把最右边的下珠规定为1，那么它左边一列就是10，再左边一列就是100，以此类推。上珠的值是下珠的5倍。算珠由硬木制成，计算时把它们移向梁即可。贴近梁的算珠需要计算，其他算珠不予计算。把算盘绕着梁快速旋转，使所有算珠远离梁，这就是复位。与简单的计数板不同，中国的算盘非常高效，可以快速地做乘法、除法、加法、减法，求平方根和立方根。

### 进位制的意义

算盘使用了进位制的概念，让一组对象暂时代替另一组对象，一个对象暂时代替另一些对象。早期的计算器也存在这种一一对应的关系，用表盘的孔计数，比如旋转拨号电话。这些机器的表盘孔刻有数字符号，但用户不必知道符号与数值的对应关系。算盘的计算方式与今天的计算器不同，人们不仅知道计算的结果，还知道计算的过程。熟练使用算盘后，计算速度甚至比得上计算器。20世纪90年代以前，俄罗斯的小学生还在学习打算盘，而中国、日本等亚洲国家至今一直保留着这种习惯。

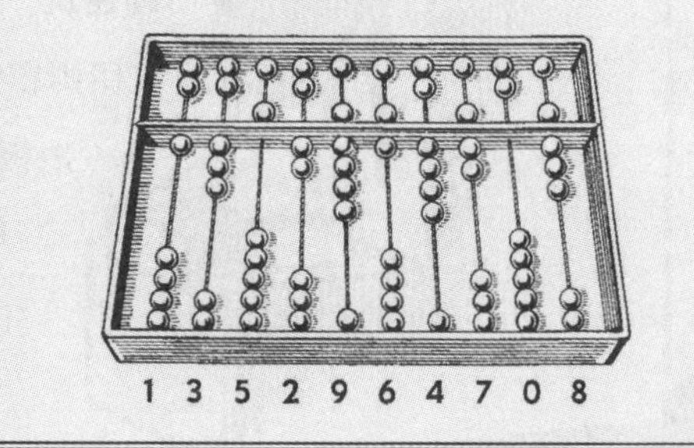


# 金字塔

公元前2630—前2611年

埃及，伊姆霍特普（活跃于前2655—前2600）

埃及人伊姆霍特普建造了我们所知道的最早的大型建筑。伊姆霍特普出身平民，但智力超群、意志坚韧，成为法老左塞尔[1]最信任的顾问。博学的伊姆霍特普

1 左塞尔（Zoser），生卒年不详，埃及第三王朝最著名的法老。

是法老的大维吉尔[1]，也是最早的建筑师、工程师和医生。伊姆霍特普的完整头衔是这样的：埃及法老的大维吉尔，御医，埃及王之下第一人，大皇宫的行政官，世袭贵族[2]，赫里奥波里斯的大祭司，建筑师、木匠大师、雕刻家、花瓶大师。伊姆霍特普设计了阶梯金字塔，并把它建在埃及孟斐斯附近的塞加拉。在左塞尔的统治之前，所有的法老都葬在石室坟墓中。石室坟墓是平顶的长方形结构，侧面向外倾斜。埃及历史学家曼涅托[3]认为，是伊姆霍特普发明了石砌建筑，尽管他并不是最早用石头建房子的人。在伊姆霍特普之前，零星地出现过石头做的墙、地板、门楣和门框，但像阶梯金字塔那么大的、完全由石头建造的建筑，绝对是首创。

阶梯金字塔高 62 米，是当时世界上最高的建筑；基座长 125 米，宽 109 米。金字塔的外表面包覆着抛过光的白色石灰石。金字塔的核心建筑是一个大型墓室，墓室位于宽阔的中庭，周围是仪式结构。阶梯金字塔有 6 层，包括 6 个石制墓室，由下往上面积逐渐减小。阶梯金字塔也叫“原型金字塔”，人们认为这是最早的大型琢石建筑。（在秘鲁的卡拉尔，公元前 3000 年就有过最古老的整石金字塔。）阶梯金字塔彻底背弃了过去的建筑理念，如此巨大且精心雕刻的石头建筑，对人类文明的发展有非常重要的社会意义。建造金字塔比从前用土坯建造纪念碑更加费心劳力，这表明埃及人对资源的控制已经达到了无与伦比的水平——无论是物力，还是人力。

1 大维吉尔，古埃及官名，相当于宰相。
2 前面说过“伊姆霍特普出身平民”，这里的“世袭贵族”应该是后人神化的结果。
3 曼涅托（Manetho），生活在公元前 4 世纪、公元前 3 世纪左右，古埃及祭司和历史学家，著有《埃及史》。

# 医学

| 公元前2630—前2611年 |

## 埃及，伊姆霍特普（活跃于前2655—前2600）

最早的系统的医学著作也与伊姆霍特普有关。《艾德温·史密斯纸草文稿》（*Edwin Smith Papyrus*）创作于大约公元前1600年，包含了解剖、诊断、治疗等内容。这些内容都来自伊姆霍特普的资料。文稿中收录了90多种解剖术语和48种创伤案例。每个病例都详细说明了受伤的类型，患者的检查、诊断和后期恢复。其他莎草纸文稿都是脱胎于魔法的医学文献，但《艾德温·史密斯纸草文稿》为古埃及医学提供了理性和科学的方法。它长约4.6米，共有17页，正反两面都是象形文字，绝大部分内容涉及创伤与手术。文稿的正面记录了48种创伤案例，描述

### 医学之父

加拿大的威廉·奥斯勒男爵被誉为“现代医学之父”，但他也承认，伊姆霍特普更应该被誉为“医学之父”。他说伊姆霍特普是“第一个从古代迷雾中绽放出光芒的医生”。伊姆霍特普诊断和治疗了200多种疾病，其中有15种腹部疾病，11种膀胱疾病，10种直肠疾病，29种眼部疾病，以及18种与皮肤、头发、指甲、舌头相关的疾病。他治疗过肺结核、胆结石、阑尾炎、痛风和关节炎，也做过外科手术和牙科手术。伊姆霍特普知道重要器官的位置和功能，以及血液循环系统，还尝试从植物中提取药物。

《不列颠百科全书》也支持奥斯勒的观点：“伊姆霍特普很早就备受推崇，埃及和希腊的文献都可以证明这一点。随着时间的推移，他的声望越来越高。他的庙宇在希腊时代成为医学教学的中心。”

了如何缝合伤口（包括嘴唇、喉咙与肩部的伤口），如何用蜂蜜防治感染，如何用生肉止血。对于头部、脊椎的损伤，以及下肢骨折，书中建议使用固定法。文稿中也最早描述了颅缝、脑膜、大脑皮层、脑脊液和颅内搏动。这份文稿表明，古埃及对医学的了解远远超过西方医学的奠基人希波克拉底[1]，尽管伊姆霍特普比他早2200年。文稿非常实用，对各种创伤类型都进行了细致的描述，所以人们认为这是治疗战争创伤的教科书。伊姆霍特普可能在孟斐斯建立过医学院，因此在之后的2000年里都享有盛名。伊姆霍特普在孟斐斯宛如神明，他是医生，也是牧师，所以备受赞誉。他也在那儿担任大祭司，被认为是神与人之间的重要使者。

# 莎草纸卷轴

| 公元前2630—前2611年 |

## 埃及，伊姆霍特普（活跃于前2655—前2600）

由于上面这些功绩，伊姆霍特普在赫里奥波里斯被视为太阳神拉（Ra）的大祭司。他在死后被赋予神圣的地位，这在平民中非常少见。伊姆霍特普也是诗人和哲学家，他的信徒主要集中在孟斐斯。据说，伊姆霍特普还发明了莎草纸卷轴，

1 希波克拉底（Hippocrates，约前460—前377），古希腊医师，他最早将医学和巫术、哲学分开，创立了“希波克拉底学派”。他提出的“希波克拉底誓词”，一直用到今天。

人们因此可以书写长篇的文字。更重要的是，这些文字可以保存下来（部分《死海古卷》[1]就是写在莎草纸上的）。莎草纸由纸莎草的茎制成。纸莎草是一种湿地莎草，主要生长在尼罗河三角洲，既可以用来造纸，也可以用于制造船只、床垫、凉席、绳索、凉鞋和篮子。莎草纸卷轴较长，制作时要把许多莎草纸片连接起来，所有平行的纤维在一面，所有垂直的纤维在另一面。书写文字的那一面，纤维与长轴平行。通常，莎草纸的反面也要写字，以便重复利用，节省纸张。埃及气候干燥，莎草纸中有较多抗腐纤维素，因此纸质耐久，不易腐坏。我们今天看到的莎草纸仍然清晰易读。通过长篇的莎草纸文献，我们可以更方便地研究早期文明。

### 抄写员的守护神

在1905年出版的《埃及史》（*A History of Egypt*）一书中，詹姆斯·亨利·布雷斯特德[2]这样评价伊姆霍特普："他智慧超群，充满不可思议的魔力。他的智慧箴言，他在医学和建筑学上的贡献，使这位卓越的人物在左塞尔统治期间声名赫赫。他的名字永远不会被遗忘。伊姆霍特普是后世抄写员的守护神，抄写员经常从装着书写用具的包里拿出酒壶向他敬酒，然后才开始工作。"

从公元前 1 世纪至公元 1 世纪，莎草纸逐渐被羊皮纸取代。羊皮纸用兽皮制成，可以折叠、装订成各种各样的手抄本，就像现在的书一样。抄写员很快适应了手抄本的形式，在希腊和罗马，人们经常把莎草纸卷轴的内容剪到手抄本上。

### 纸莎草船

1947年，托尔·海尔达尔[3]乘坐轻木筏从南美洲航行到波利尼西亚，全程约8000千米。这趟旅程被称为"康提基之旅"，他也因此名噪一时。1969年，他用纸莎草建造了一艘船，试图从摩洛哥横渡大西洋。海尔达尔的船是根据古埃及的图纸和模型建造的，他把第一艘船命名为"拉"（Ra），由乍得湖的造船工人建造。船员擅自改造了这艘船，所以几周后，当船下水的时候，船体下沉并断裂。海尔达尔放弃了这艘船。但1970年，海尔达尔又建造了一艘相似的"拉Ⅱ"。这一次，他成功抵达了巴巴多斯。海尔达尔证明了在哥伦布以前，人们就可以坐船穿过加那利洋流，横渡大西洋。

1 《死海古卷》（*Dead Sea Scrolls*），是目前最古老的《圣经》文献，1947 年出土于死海附近。
2 詹姆斯·亨利·布雷斯特德（James Henry Breasted，1865—1935），美国考古学家、历史学家。
3 托尔·海尔达尔（Thor Heyerdahl，1914—2002），挪威人类学家、探险家。他因为乘坐仿古木筏横渡太平洋而闻名。他的这段经历曾被写成纪实小说《孤筏重洋》（*Kon-Tiki*），后来小说被改编成同名电影。

羊皮纸是对莎草纸卷轴的改进。莎草纸韧性不够，一旦折叠，就会裂开，所以需要长卷或卷轴才能写很多字。莎草纸相对便宜，生产方便，但也容易损坏，潮湿和过度干燥都会影响它的使用。除非莎草纸质量非常好，否则写在上面的文字会很不整齐。在欧洲，便宜的羊皮纸和牛皮纸逐渐取代了莎草纸，因为它们不怕受潮。在阿拉伯人引进更便宜的纸之前，埃及一直使用莎草纸。

# 铁

| 约公元前2500年 |

## 土耳其，安纳托利亚

19 世纪末，铁被廉价的钢取代。在这之前的 3000 多年里，铁一直是欧洲、亚洲和非洲文明的基础。对人类而言，铁是最有用，也是最宝贵的金属。在美索不达米亚的迦勒底王国和亚述王国，人们大概从公元前 4000 年就开始使用铁。在安纳托利亚的一座坟墓里，人们发现了一把带铁刃的匕首，这是最早的铁器，可追溯到约公元前 2500 年。铁器比铜器或青铜器更难制造，所以直到公元前 1500 年，安纳托利亚的赫梯人才发明了新的冶炼和锻造技术，铁器才得以越来越多。赫梯人通过出口铁而变得富有，其帝国版图扩张到叙利亚、黎巴嫩和美索不达米亚。这个青铜时代的民族，却成为铁器时代的先驱。根据公元前 14 世纪赫梯人写给外国统治者的信可知，他们当时就已经知道外国人非常需要铁器。赫梯人把炼铁的秘密保守了 400 年，直到公元前 1100 年左右才泄露。

大约在这时，地中海人开始使用铁器。从公元前 1000 年一直到现在，铁的使用量远超过其他金属。地壳中铁的含量占 5%，是地球上第四丰富的元素。铁与少量碳形成的合金比青铜更坚硬、更耐用，可以制成更锋利的刀刃。铁矿石在炭火中加热，释放出氧原子；氧原子与一氧化碳结合，生成二氧化碳。把铁矿石和少量木炭混合在一起，分离出矿石中多余的物质（比如炉渣），就得到了相对纯净的、跟海绵一样蓬松多孔的铁块。然后，在铁块中添加助熔剂（如破碎的贝壳或

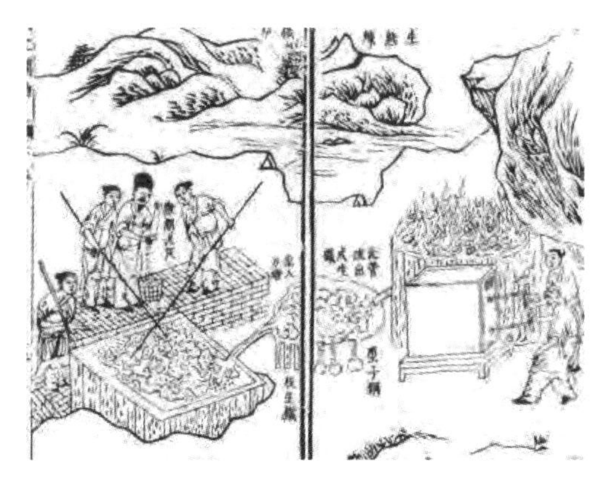

石灰岩），使炉渣排放出来。最后铁块形成方坯，铁匠的工作就从这里开始。铁匠从炉子里把面糊一样的铁块拿出来，放在铁砧上敲打，清除煤渣和炉渣，使金属微粒更紧凑。这就是熟铁（wrought iron），其中含有0.02%～0.08%的碳元素（从木炭中吸收的），增强了金属的韧性和延展性。在铁器时代，熟铁是最常见的金属。

在非常高的温度下（只可能出现在高炉中），铁会快速吸收碳原子，并开始熔化。碳降低了铁的熔点，碳元素越多，熔点越低。含碳量在2%以上的铁碳合金叫铸铁（cast iron）。“铸”是指把液态铁倒进模具。铸铁含碳量较高，所以又硬又脆。铸铁不适合锻造（加热并锻打成型），因为在高强度的锻打下，它可能会破裂或粉碎。可是，中世纪晚期的时候，欧洲的钢铁制造商发明了高炉。这是一种很高的烟囱结构，在木炭、助熔剂和铁矿石的交互层中鼓入空气，使氧化更加充分。熔化的铸铁直接从高炉底部流进沙槽，沙槽中有很多较小的横向槽。最终得到的铁，形状有点像母猪给一群小猪哺乳。通过这种方法得到的铸铁叫生铁（pig iron）。浇铸也是一种铸造，在铸造厂里完成。我们可以直接在高炉底座的模具里铸造，也可以先制造生铁之后再熔炼，生产铁铸的炉具、盆、平底锅、火炉壁、大炮、炮

**搅炼师的技巧**

搅炼炉仍然是行业的“瓶颈”。只有具备非凡力量和耐性的人，才能忍受几小时的高温，翻来覆去地搅拌熔化的“金属粥”。搅炼师是工人阶级中的贵族，他们骄傲、排外，血与汗都和其他人不同。他们中很少有人能活到40岁。有人尝试过用机械来搅炼，但无一例外都失败了。机器的确可以搅炼，但只有人的眼睛和感受能够把凝固的脱碳金属分离出来。这限制了搅炼炉的尺寸和生产率。

——戴维·兰迪斯《剑桥欧洲经济史》（*The Cambridge Economic History of Europe*）第六卷上部，1996

弹和时钟。

钢铁制造商还学会了在精炼炉里氧化生铁中的碳，使之转化为更有用的熟铁。1784 年，亨利 · 科特[1]发明了一种搅炼炉，此后生铁都在搅炼炉里精炼。使用搅炼炉的目的是从炭火中分离出熔化的金属，这个操作要通过一个小孔完成，只有技艺精湛的搅炼师才能做到。在这个过程中，金属均匀地暴露在炉内的高温和燃烧气体中，碳被充分地氧化。随着含碳量减少，金属的熔点升高，液态铁中出现了半固态的铁。搅炼师把这些铁块聚成一团，用锻造锤锻打。之后，热的熟铁经过轧辊（在轧钢机中）形成平整的铁板或铁杆。最后，滚剪机把熟铁片切成窄条，制成钉子。

# 车床

约公元前2500年

## 希腊、埃及和亚述（美索不达米亚）

3000 多年来，制造业一直离不开车床。车床可以有选择地切除材料，剩下的部件最终可以装配在一起。把一块木头绕着固定的轴旋转，用刀片切下一片木料，这就是最简单的车床。车床最早可以追溯到古埃及，亚述和古希腊也有人使用。人们在爱琴海的岛屿上发现了用车床制作的大理石花瓶，可以追溯到公元前 2000 年左右。大约公元前 1300 年，埃及人发明了双人车床：一个人用绳索转动木制品，另一个人用锋利的刀具切削。之后，罗马人改进了这种设计，增加了一个用于转动的弓。弓弦缠绕在车床的中轴，工匠的助手前后拉动弓来转动车床。公元 1480 年，达 · 芬奇设计了一种用脚踏板驱动的车床，这种车床解放了工匠的双手，从而可以用两只手拿着切削工具。踏板通常连着一根杆，杆通常由去了皮的树枝制成。现代人称之为“反弹杆车床”。20 世纪初，反弹杆车床在家具制造业中非常普遍。

1 亨利 · 科特（Henry Cort，约 1740—1800），英国铁器制造商、发明家。

> **最早的木盘**
>
> 在雅典北部迈锡尼的一个墓穴中，人们发现了一个带有木腿的扁木盘，其年代可以追溯到公元前1400年至公元前1100年。木盘侧壁较薄，最外侧有一圈珠子，这是典型的旋转作业的结果。木盘中心有个孔，已经被堵住了，这里很可能就是车床的轴，木盘就曾绕着它旋转。

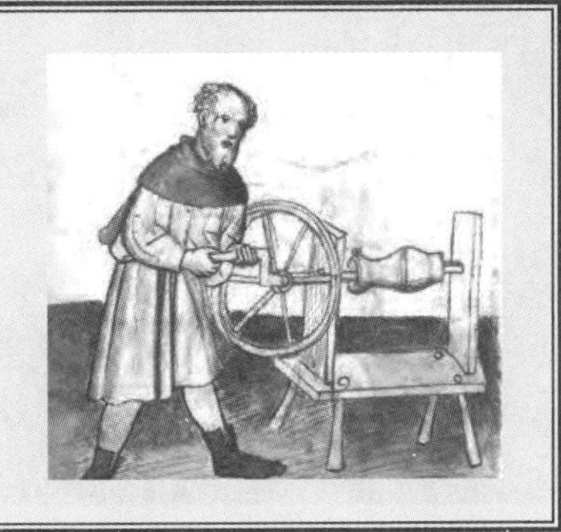

工业革命时期，人们以传动轴为中介，利用水轮或蒸汽机为车床提供动力。这样的车床使用起来更加便捷。加工金属的车床变得更重，其零部件也更厚、更硬。从19世纪末至20世纪中叶，人们用独立的电动机取代了车床中的传动轴。20世纪50年代初，人们通过数控在车床和其他机床中引入了伺服机构[1]。接下来就是连接计算机，变成计算机数控（CNC）。今天的制造业既使用手动车床，也使用数控车床，用于切割、砂磨、滚花、钻孔或变形，广泛应用于木材加工、金属加工、玻璃加工和陶器制造。陶轮是车床的一种。

# 船坞

约公元前2400年

印度，古吉拉特邦，印度河流域，洛塔

船坞是一片封闭的水域，可以用来停泊和建造船只，也可以提供卸货等服务。在船坞出现以前，大船需要在海上抛锚，然后用小船载着货物往返于海岸。1954年，人们发现并挖掘了洛塔古城，这里有全世界最早的船坞。洛塔船坞把这座城市与萨巴尔马提河连接起来，成为重要的贸易通道。由于长时间的洪水冲刷，淤泥

1 伺服机构是一种自动控制机构，输入特定的值，可以任意改变物体的位置、状态等输出值。

都沉积在洛塔船坞；大约公元前1900年的一场暴雨后，这座船坞被彻底掩埋了。后来由于河水侵蚀加上盗贼偷砖，高大的围墙已经消失，但洛塔显然有过码头和仓库。入港口与河床同样被淤泥覆盖。海洋学家认为，能在变幻莫测的河道上建一座这样的船坞，说明古代人很了解潮汐，并在水文地理学和海洋工程学方面有令人惊叹的专业知识。

洛塔船坞是湿船坞（也叫“浮船坞”），闸门关闭时，船坞里的水就无法外流，这样即使低潮时也能保持高水位。泰晤士河上的豪兰大船坞是世界上最早的封闭式湿船坞，它有闸门，无论潮汐如何变化，船坞里的水位始终保持不变。豪兰大船坞建于1703年，当时还没有卸货设备。利物浦的斯蒂尔斯船坞是世界上最早的有卸货仓库的商用封闭式湿船坞，建于1715年。它缩短了船只的等待时间，加快了货物的周转速度，大大提高了货物吞吐量。干船坞也有闸门，但可以把水排空，方便检查和维修船只在水下的部分。大约公元前200年，最早的干船坞在埃及诞生。最早的现代欧式干船坞，也是现存最古老的仍在使用的干船坞，是1495年亨利七世[1]在朴次茅斯建造的。

# 烧结（陶瓷的）砖和瓦

| 约公元前1800年 |

## 中国，西安

在缺少石材的地方，砖和瓦是主要的建筑材料。大约公元前7500年，人们就

1 亨利七世（Henry VII，1457—1509），英格兰国王，在位时间是1485年到1509年。

将土坯放在太阳下晒干，用来搭建棚屋。这些土坯作为早期的建筑材料，通常来自像底格里斯河、幼发拉底河以及尼罗河这样的河流泛滥过后，沉积下来的淤泥结成的硬块。在安纳托利亚（土耳其）、叙利亚和底格里斯河上游（土耳其和伊拉克），人们发现了早期的土坯建筑。最近发现的土坯来自加泰土丘（土耳其）和杰里科（巴勒斯坦），其年代可追溯到公元前 7000 年至公元前 6395 年。在美索不达米亚的乌尔，我们发现了已知最早的土坯拱门，建于公元前 4000 年左右。此前人们都用泥浆把土坯黏合在一起，但乌尔的拱门使用沥青作为黏合剂。之后的某一刻，人们发现土坯在火中加热后会变得更加坚固耐用，所以人们开始烧砖，砖也有了不同的发展轨迹。2009 年，在位于北京西南方的城市西安，人们在一处废墟中发现了过去烧结砖的痕迹，时间可追溯到公元前 3800 年以前。这是迄今为止发现的最早用烧结工艺制成的砖的痕迹。今天广泛使用的结构性黏土都是从烧结砖发展而来的。现在的砖和瓦在窑炉中烧结，具有更优良的强度、硬度和耐热性。

乌尔的金字形神塔（ziggurat）是意义深远的早期砖砌建筑，它由土坯构成，但在公元前 1500 年左右，它的台阶被换成了烧结砖。乌尔的陶匠发明了封闭的窑炉，他们可以控制窑内的温度，从而开始批量生产坚固的砖。早在公元前 600 年，巴比伦人和亚述人就学会了利用制陶技术给砖和瓦上釉。耶路撒冷的圆顶清真寺、伊朗城市德黑兰、伊斯法罕的大清真寺，都有釉面瓦拼成的马赛克。文明在中东开始传播后，砖的使用也随之传播。埃及人在建筑中大量使用烧结砖，中国的长城（始建于公元前 220 年左右）既使用土坯，也使用烧结砖。令人惊异的罗马万神殿，其圆顶是砖和混凝土结构。罗马在整个帝国范围内经营窑炉，并引进了黏土烧结砖，这些砖通常带有军团的标志。例如，第二十英勇凯旋军团（Legio XX Valeria Victrix）曾在切斯特驻扎，营房屋顶最外侧的瓦上刻着军团的标志：野猪和数字“XX”[1]。

欧洲可能比其他大陆更广泛地采用砖作为建筑元素。中世纪的城市多为木构建筑，长期受火灾困扰。用砖建造房屋可以抵御火灾，这一点非常重要。伦敦的建筑物原本主要由木材建造，1666 年的大火之后，它们改成了主要由砖石建造。

---

1 “XX”即罗马数字 20。

在运河、铁路、公路和重型货车出现以前，长途运输大量砖几乎是不可能的，所以，砖通常在使用地附近生产。在当地有代表性的老房子上，我们可以看到不同颜色和不同风格的砖。考虑到建房子的速度和经济因素，哪怕在很容易获得石材的地方，人们都普遍使用砖。随着需求增加，英国工业革命时期的建筑主要采用砖结构和木结构。

大致来说，从第一块烧结砖诞生以来，制砖工艺就没有改变过。早期的制砖方法与现在完全相同：获得黏土，提选（选取有用的部分），混合与成型，干燥，烧结和冷却。“真正的”砖就像陶瓷一样，需要经过加热和冷却制成。黏土是最常用的材料，现代黏土砖有三种做法：软泥法、干压法和挤压法。以重量而论，普通的砖包含 50% ~ 60% 的硅（沙），20% ~ 30% 的氧化铝（黏土），5% ~ 6% 的氧化铁，2% ~ 5% 的石灰和不足 1% 的氧化镁。通常来说，砖的大小取决于一个人能轻松拿起的重量，但每个国家生产的砖尺寸都不相同，可能有上百种。大多数建筑用砖的尺寸是 5.7 厘米 ×9.5 厘米 ×20 厘米。

# 整形外科

| 约公元前550年 |

## 印度，瓦拉纳西，妙闻（公元前6世纪）

妙闻（Sushruta）是印度人，据说生活在公元前 6 世纪，不过具体时间仍有争议。他是梵文文献《妙闻集》（*Sushruta Samhita*）的作者。在这本书中，他描述了

42种手术过程中使用的121种器械，记录了300多个手术案例。妙闻对1120种疾病进行分类，把人体外科手术分成8类，包括截肢、痔疮手术、疝修补术、眼外科和剖腹产等。妙闻也是“整形外科之父”。在“整形外科”（plastic surgery）一词中，“plastic”来自希腊语中的“雕刻”或“造型艺术”。妙闻制定了整形外科的基本原则，主张术前进行适当的物理治疗，并说明了修补不同类型缺陷的各种方法，比如去除皮肤表面的小瑕疵，旋转皮瓣填补局部缺损，以及旋转带蒂皮瓣填补部分区域的严重缺损。妙闻的手术器械和操作方法被传播到全世界。

妙闻用前额皮瓣隆鼻术（用前额的皮瓣修复毁容的鼻子）重建因犯罪而被劓掉的鼻子。直到今天，这项技术几乎没有改变过。1793年，一位英国外科医生在印度看到了妙闻式的隆鼻手术，第二年就在伦敦发表了他的观察结果。这改变了欧洲整形外科的进程。《妙闻集》包含了对几种手术的最原始描述，包括前列腺摘除、白内障摘除和脓肿引流。妙闻认为，通过解剖尸体获得解剖学知识是必要的。他也描述了解剖的方法。用于祭祀的动物被均分为4份，进行不同类型的解剖学研究。妙闻也最早提倡在西瓜、陶罐和芦苇等无生命物体上练习手术技巧。

《妙闻集》很长，翻译成英文有1700多页。妙闻详细地介绍了650种分别来自动物、植物和矿物的药物。在其他章节中，他表达了对胎儿和准妈妈的幸福的高度重视。妙闻对毒理学的研究相当广泛，他详细阐述了中毒的症状、急救措施、长期治疗方法，以及毒物的分类和中毒的原理。妙闻崇尚清洁的生活、纯净的思想、良好的习惯和规律的锻炼，认为合理的膳食和药物对身体大有好处。妙闻把疾病归因于体液的不平衡，这种不平衡既可以独立发生，也可以联合发生，它可以源自体内或体外，或者是其他未知的原因。《妙闻集》被翻译成阿拉伯语，后来又被翻译成波斯语，传播到印度以外的地方。

第二章

# 古典世界的天才

# 原子不可再分
# 星系和太阳系的存在
# 物质不灭
# 理解日食

| 约公元前460年 |

伊奥尼亚（今土耳其），阿那克萨戈拉（约前500—前428）

阿那克萨戈拉（Anaxagoras of Clazomenae）最早宣称原子不可再分，他还最早假定星系的存在，也最早解释日食的原理。阿那克萨戈拉是伊奥尼亚人，出生在吕底亚。大约公元前480年，阿那克萨戈拉移居到雅典，并给雅典带来了哲学。关于物质的组成，阿那克萨戈拉假设存在无数种元素，或者说无数种基本构成单元。他认为，每一种物质都包含了所有其他物质的一部分。食物进入动物体内转化成骨头、毛发和肉，一定是因为食物中包含这些成分。阿那克萨戈拉写道："希腊人错误地理解了诞生和湮灭。其实不存在什么诞生和湮灭，而是已有物质的混合与分离。所以正确的说法是，混合就是诞生，分离就是湮灭。"现在我们知道，地球上的每个原子都诞生于恒星内部，自诞生以来就一直存在，这证实了阿那克萨戈拉的观点。

阿那克萨戈拉坚持认为，太阳并不是一辆金色战车，也没有遥远的神驾着它跨过天空，太阳只是一块炽热的金属或石头。他认为月亮是一块冰冷的石头。阿那克萨戈拉最早提出月亮本身不发光，只是反射太阳光。

大约公元前 450 年，阿那克萨戈拉因为这些信仰而被囚禁。阿那克萨戈拉也最早解释了日食和月食的成因。他还认为世界诞生于螺旋运动：最开始全部质量聚集在中心，后来随着螺旋运动，物质被离心力甩出来，诞生了天体、元素和物质。古希腊没有望远镜（最早的望远镜在 17 世纪早期诞生于荷兰），不可能看到星系，所以有人认为他的思想来自过去文明的智慧。阿那克萨戈拉的学说如此离经叛道，当时的人们指控他亵渎神明，在雅典判他死刑。后来他得以减刑，但是被逐出雅典，再也没有回来过。

> **“天上事物”**
>
> 雅典公民……通过了一条法律，允许揭发那些不奉行宗教并宣扬各种“天上事物”理论的人。在这条法律之下，他们检举了阿那克萨戈拉，因为阿那克萨戈拉宣扬太阳是一块发热的石头，而月亮仅仅是石头。
>
> ——伯特兰·罗素[1]《西方哲学史》（*History of Western Philosophy*）

# 四元素说 | 离心力
# 适者生存 | 光速

| 约公元前450年 |

西西里岛，阿格里真托，恩培多克勒（约前495—约前435）

恩培多克勒（Empedocles of Acragas）的“四元素说”影响着众多领域的西方思想，这种影响几乎一直持续到 18 世纪。恩培多克勒出生在希腊的殖民地阿格里真托（位于西西里岛），他是哲学家、医生和诗人，也是毕达哥拉斯[2]的信徒。他是最后一位用韵文写作的希腊哲学家，具有令人惊叹的远见卓识和影响力。

在爱因斯坦之前两千多年，恩培多克勒就已经提出光的传播需要时间，只是由于时间太短，我们观测不到。他还发现了离心力：把一杯水系在绳子上旋转，

1 伯特兰·罗素（Bertrand Russell，1872—1970），英国哲学家、数学家。
2 毕达哥拉斯（Pythagoras of Samos，约前 570—约前 500），古希腊哲学家、数学家。

## 光速

光有速度且光速有限，恩培多克勒的结论是正确的。这归功于他的推理能力，而不是科学观察。恩培多克勒说，太阳光在射入眼睛或地球之前，首先要到达一个中介的空间。这是合理的。凡在空间中移动的物体，一定是从一个地点到另一个地点；它从一个地点到另一个地点，必然有相应的时间间隔。任何给定的时间都可以划分成若干份。所以，假设某一刻太阳还没有照在眼睛上，那么它一定在中介的空间中移动。

——亚里士多德《论感觉·论记忆》（*De Sensu et de Memoria*）

水不会流出来。此外，恩培多克勒提出了进化的理论，其中就包括“适者生存”的思想。他认为史前时代存在一些奇怪的生物，但只有部分幸存下来。和阿那克萨戈拉一样，他相信物质不灭，会永恒存在。恩培多克勒还用一个简单的实验证明了我们的四周有空气的存在，而不是像其他人认为的那样空无一物。他非常超前于所处的时代。他说月亮因反射而发光，日食是受到了月亮的影响，这一点也和阿那克萨戈拉的观点相同。据说，亚里士多德认为恩培多克勒发明了修辞学，罗马医生盖伦[1]说

## 四元素

泰勒斯[2]尝试着用非神话的方式来解释自然现象。他最早开始研究电，也最早把演绎推理应用到几何学。他相信水是世界之源。阿那克西曼德[3]接替泰勒斯成为米利都学派的领袖。为了解释宇宙的本原，阿那克西曼德引入了“阿派朗”（apeiron，即无限定）的概念。他认为宇宙的本原就是无限定，创造宇宙的过程没有损耗，所以不会停止。万物起源于阿派朗，既不会衰老，也不会腐朽，因为它还在持续不断地产生新物质，我们所感知到的一切都是从这些物质中衍生而来。阿那克西曼德认为，水不可能包含自然界中所有对立的形式，所以他推断形成始基（arche）需要阿派朗。始基是世界的基本物质。阿那克西米尼是阿那克西曼德的朋友和学生，他断言气是构成万物的基本物质。在赫拉克利特看来，火才是最基本的元素，其他元素和世间万物都源自火。恩培多克勒把他们的理论结合成一个完整的哲学体系。

1 盖伦（Claudius Galenus of Pergamum，129—199），古罗马医学家、哲学家。
2 泰勒斯（Thales of Miletus，约前 624—约前 547），古希腊哲学家，米利都学派创始人。
3 阿那克西曼德（Anaximander of Miletus，约前 610—约前 546），古希腊哲学家，米利都学派主要代表之一。

他是意大利医学的奠基人。恩培多克勒写道，运动和变化的确存在，而现实一成不变:“除它们（元素）以外，不存在诞生或湮灭。”恩培多克勒是最早提出土、气、火、水四种原始元素的哲学家。赫拉克利特[1]认为火是万物之源，毕达哥拉斯认为水是万物之源，阿那克西米尼[2]认为气是万物之源。恩培多克勒主张“万物都是由这四种元素组成的”，后来柏拉图与亚里士多德继承了这一理论，极大地推动了科学的发展。恩培多克勒试图用少量简单的基本原理解释复杂的世界。直到今天，我们还在寻找简单的数学规律，去解释周围复杂的现象。

# 原子理论<br>地圆说 | 多重世界

| 约公元前430年 |

希腊，色雷斯，德谟克利特（约前460—约前370）

德谟克利特（Democritus of Abdera）被誉为“现代科学之父”，他有句名言：“吾宁知一事之究竟，而毋为波斯之国王。”然而，2000多年里，他的思想一直不被接受。德谟克利特撰写过关于数学、几何与自然的书，但最值得铭记的，是他拓展了他的老师留基伯（Leucippus）和阿那克萨戈拉的原子理论。后来，他又影响了伊壁鸠鲁。德谟克利特和留基伯认为，没有什么东西能被无限地分割。德谟克利特宣称，所有物体都是由极微小的粒子组成的，他称之为“原子”。原子并非没有大小，只是在物理上无法分割。原子也不可摧毁，是永恒存在的。原子种类繁多，形状、大小和性质各不相同。原子不断运动，原子之间是真空。自然界中只有两种东西：原子及原子周围的空间。德谟克利特认为，原子的运动不受任何外力驱使，且是随机的——这与现代的气体动力学理论不谋而合。德谟克利特

1 赫拉克利特（Heraclitus of Ephesus，约前540—约前475），古希腊哲学家，爱非斯学派的创始人。
2 阿那克西米尼（Anaximenes of Miletus，约前588—约前525），古希腊哲学家，米利都学派主要代表之一。

## 始基

宇宙的始基是原子和真空，其余一切都是思想的产物。宇宙中有无数个世界，它们既生成又毁灭，但不会凭空生成，也不会凭空毁灭。原子无限小，原子无限多。它们在宇宙中以旋涡的方式运动，产生各种复合物，包括火、水、气和土——它们也是由某些原子聚积而成的。原子由于其稳定性不会受到任何影响，所以也不会发生任何变化。太阳和月亮也是由这些光滑的圆形粒子聚积而成，灵魂同样如此——而灵魂和理性乃同一个事物。[1]

——《德谟克利特》，引自第欧根尼·拉修尔[2]《名哲言行录》（*The Lives and Opinions of Eminent Philosophers*）第9卷，公元2世纪

在大自然中观察无风时阳光中尘埃的运动，并将它与原子的运动进行对比。原子在空间中碰撞，有时会发生偏移，有时会以某种方式结合，形成我们能观察到的现象，比如火和水。过去，人们认为物质起源于水、气、火、土四种元素以及它们的组合，德谟克利特等原子论者认为，这四种元素也不是最基础的物质，而是像其他物质一样由原子构成。

德谟克利特相信地球是圆的。他写道，宇宙最初不过是混沌中的微小原子，后来碰撞形成更大的单位，其中也包括地球和地球上的一切。他推断存在多重世界，有些在成长，有些在衰败。有些世界可能没有太阳或月亮，有些世界可能有好几个太阳或月亮。每个行星都有起点和终点，一个世界可能与另一个世界碰撞而毁灭。直到20世纪，我们才知道原子真的是一种粒子，电子云围绕着带正电荷的原子核运转。德谟克利特对自然持机械论观点，认为每一种物质现象都是原子碰撞的结果，这在今天仍然成立。在他的理论中，神明也无法干预这个世界。他甚至认为思想和灵魂也是原子运动的结果。德谟克利特的思想对人类来说是一份了不起的遗产，是现代原子理论的先驱。

1 本段译文参考徐开来、溥林译本，《名哲言行录》，广西师范大学，2010年版。

2 第欧根尼·拉修尔（Diogenes Laertius，约200—约250），他以希腊文写作，作品《名哲言行录》是古希腊哲学的重要史料。

# 相信疾病有自然的而不是超自然的原因

约公元前420年

希腊，科斯岛，希波克拉底（约前460—约前377）

希波克拉底（Hippocrates of Kos）是西方最伟大的医生之一，他在科斯岛建立了一所医学院，并前往希腊各地传播他的思想。作为“西方医学之父”，希波克拉底对医学的影响持续了2000多年。他撰写了一份“医师誓词”，所有医生都要遵守。直到今天，医生在行医时仍要遵守希波克拉底的誓词。希波克拉底的医学实践是基于实际观察和对人体的研究，他相信所有疾病都能在人体上找到合理的解释。当时人们普遍认为，疾病是由恶鬼或神灵引起的，所以病人会被带到医药神——阿斯克勒庇俄斯（Asclepius）的神庙。然而，希波克拉底解释说：“人们认为癫痫是上天的惩罚，其实是因为不理解。但如果把所有不理解的疾病都归因于上天的惩罚，那上天为什么会降下这么多惩罚呢？”希波克拉底和其他希腊医生认为，医生的工作应当与牧师分开，并且认同观察是治疗的重要部分。古希腊的医生也会为病患做身体检查，但希波克拉底想要更系统的观察，并记录观察结果。今天我们称之为“临床观察”。希波克拉底大概是最早认为人必须作为整体，而不是作为多个部分来治疗的医生。他写道：“有时治愈，经常关怀，总是安慰。”

希波克拉底描述的一些症状后来得到确认，他是第一个准确记录肺炎症状的医生。希波克拉底告诫医生要注意具体的症状，以及每天观察到的情况。通过这种方式，医生可以了解一种疾病的自然过程。希波克拉底和其他医生相信，这可

**“艺术很长，生命很短”**

古希腊的医学思想都包含在《希波克拉底文集》(*Hippocratic Collection*)中。这60卷医学书是欧洲2000年医学实践的基石，但其中只有一部分是希波克拉底的创作。这些作品中有一句著名的谚语“Ars longa,vita brevis”(艺术很长，生命很短)。然而，在不同的语境下这句话有不同的解释：“生命短暂，医艺漫长，病机转逝，经验可谬，判断实难。医者须履行职责，兼与病人、护理及外部人员合作。”

以预测疾病在将来的发展。希波克拉底相信，充分的休息、良好的饮食、新鲜的空气以及清洁的环境可以促进自然的康复过程。他指出，这样做能够更好地应对疾病。现代饮食中的常识也可以在希波克拉底的医学思想中找到：“即使病情都已知晓，治疗还不算结束。因为单靠饮食还不能使人健康，人需要运动。食物和运动具有相反的品质，却能共同促进身体健康。”希波克拉底还最早提出思想、观点和感觉来自大脑，同时代的其他医生则认为来自心脏。

# 萨里沙长矛 | 方阵

公元前359年

希腊，马其顿，腓力二世(前382—前336)

腓力二世[1]的儿子亚历山大大帝[2]凭借着长矛和方阵征服了当时的世界。欧洲山茱萸是制作萨里沙长矛的原材料。公元前7世纪以来，希腊工匠一直用这种硬木制作长矛、标枪和弓。4.5米长的萨里沙长矛重达5.4千克，5.5米长的萨里沙长矛重达6.3千克。长矛的铁枪头像叶片一样锋利，青铜制的尾钉不仅有助于保持平衡，也方便作战：如果枪头折断，可以迅速用尾钉继续战斗；休息时尾钉还可以扎入地面。配备有萨里沙长矛的方阵能够有效阻挡敌军步兵或骑兵的冲锋。使用长矛需要双手，士兵可以在脖子上挂一个小盾牌来保护左肩。手持短兵器的士兵

1 腓力二世(Philip II of Macedon)，马其顿王国国王，曾称霸希腊。公元前336年，他被自己的护卫官暗杀。
2 亚历山大大帝(Alexander the Great，前356—前323)，马其顿王国国王，腓力二世的儿子。

### 萨里沙长矛的终结

腓力二世的儿子亚历山大大帝利用由骑兵和投枪手保护的方阵，征服了埃及、波斯和印度西北部。亚历山大死后，他的将军不再用骑兵和配备长矛的机动部队保护方阵，结果被敌人从侧翼进攻打败。后来，各种各样的剑取代了萨里沙长矛，成为主要的战斗武器。

无法与整齐的长矛方阵抗衡。方阵很紧密，就像一堵“长矛之墙”；由于长矛足够长，前五排的长矛可以伸到方阵以外。公元前 359 年，腓力二世发明了萨里沙长矛和方阵，打败了 3000 名雅典重装步兵，开启了自己的统治时代。他训练军队组成方阵，使他们在前线几乎无懈可击——除非遇上了更加训练有素或更强大的方阵。一般来说，要击垮方阵只能靠侧翼包抄或破坏阵形。腓力二世被暗杀的时候，他原本弱小的王国已经征服了希腊和色雷斯。

# 科学方法

约公元前350年

希腊，亚里士多德（前384—前322）

亚里士多德开创了植物学、动物学、解剖学、生理学和胚胎学。大约公元前 350 年，亚里士多德离开马其顿，到雅典的柏拉图学园跟随老年柏拉图学习。柏拉图死后，公元前 342 年，亚里士多德前往马其顿的首都佩拉，担任 13 岁的亚历山大王子的老师。亚历山大王子就是后来的亚历山大大帝。之后亚里士多德返回雅典，创办了自己的学校——吕克昂学园。几百年间，这所学校一直与柏拉图学园分庭抗礼。亚里士多德用苏格拉底的逻辑解释自然世界，成为现代科学方法的鼻祖。他尝试用自己建立的体系理解自然现象，对动物和植物进行分类，这对后世的科学研究意义重大。亚历山大征服世界的时候，不断把不知名的植物和动物标

本寄给亚里士多德，供他研究和编目。

亚里士多德是最早的博物学家，从他的作品中我们可以略窥一二。当亚里士多德住在莱斯博斯岛上的城市米蒂利尼的时候，他广泛研究了动物学和海洋生物学。他的工作成果总结在《动物志》（*History of Animals*）一书中，其中包括两篇短文《论动物部分》（*On the Parts of Animals*）和《论动物生成》（*On the Generation of Animals*）。亚里士多德详细观察了多种生物，这是前无古人的；他准确描述了昆虫的一些特征，直到17世纪显微镜诞生以后，这些特征才再次被观察到。《动物志》详细描述了500多种动物，按照类属和品种分类。他提到了哺乳动物、爬行动物、鱼类和昆虫，介绍了它们的身体解剖、捕食、栖息地、交配方式和生殖系统。《论动物生成》中有个例子，亚里士多德按一定的时间间隔打破已受精的鸡蛋，观察到不同器官发育的时间。他准确地描述了反刍动物的四腔胃，以及皱唇鲨的卵胎生。

亚里士多德细致地观察了电鱼、鲇鱼、琵琶鱼、章鱼、纸鹦鹉螺和墨鱼。他描述了交接腕的用途。交接腕是大多数头足类动物（如章鱼、墨鱼、鱿鱼、鹦鹉螺等）的手臂。亚里士多德认为，交接腕中存有精原细胞，便于卵子受精，这是进化的结果。大多数人不相信这一观点，其直到19世纪才得到验证。亚里士多德区分了水生哺乳动物和鱼类，并且认为鲨鱼和鳐鱼属于同一类鱼，他称为“Selachē”，也就是今天的“软骨鱼”。尽管亚里士多德的作品不乏迷信色彩，但他的研究是遵循真正的科学精神的，如果证据不足，他会承认自己不确定。亚里士多德还坚持认为，如果理论与观察发生冲突，应当以观察为准；除非理论符合观察的结果，否则理论就不可信。

亚里士多德对生物的分类在19世纪仍占

### 给政体排序

亚里士多德不满足于给自然和思维过程排序，他创造了一个体系给政体排序。他把政体分为君主政体、寡头政体、僭主政体、民主政体和共和政体。这一分类方式沿用至今。

据一席之地。现代动物学家说的“脊椎动物”和“无脊椎动物”，当时亚里士多德称为“有血动物”和“无血动物”。有血动物分为胎生（人类和哺乳动物）和卵生（鸟类和鱼类）；无血动物包括昆虫和甲壳动物。在《动物志》一书中，亚里士多德按照自然阶梯[1]给动物分级，并根据结构和功能的复杂程度排序，更高等的动物表现出更强大的生命活力和行动能力。亚里士多德还讨论过实证科学方法，成为科学研究的经典范式。

令人惊讶的是，以上这些并不是亚里士多德在思想上的全部贡献。他的研究领域并不局限于动物学、胚胎学、生物学和植物学，还包括化学、物理学、历史学、伦理学、修辞学、形而上学、逻辑学、诗学、政治学和心理学。亚里士多德是形式逻辑的奠基人，他的研究体系被认为是这门学科的精髓。亚里士多德最值得铭记的身份是哲学家。他关于伦理学、政治学、形而上学以及科学哲学的著作至今还有人研究。亚里士多德的作品具备哲学和科学体系，后来成为基督教经院哲学和中世纪伊斯兰哲学的框架和工具。直到今天，亚里士多德的思想仍对西方思想有深远影响。

# 植物学｜热电学
# 植物繁殖中的性

| 约公元前320年 |

希腊，莱斯博斯岛，狄奥弗拉斯图（约前371—前287）

狄奥弗拉斯图（Theophrastos of Eresos）出生在莱斯博斯岛的伊勒苏斯，他先后受教于柏拉图和亚里士多德，并与亚里士多德一起创立了逍遥学派。公元前332年，雅典爆发了对马其顿的不满情绪。亚里士多德被迫逃亡，并将狄奥弗拉斯图

1 “自然阶梯”（scala naturae）对应的是达尔文的“进化的阶梯”。

选定为吕克昂学园的继承人。在这里，狄奥弗拉斯图撰写了一系列关于植物的书，包括《植物志》（*The Natural History of Plants*）和《植物之生成》（*On the Reasons for Vegetable Growth*）。在1500年的时间里，这些著作极大地影响了古代的植物学研究。今天我们仍在使用狄奥弗拉斯图创造的科学术语，比如“anthos”（花）、“carpos”（果实）和“pericarpion”（果皮组织）。狄奥弗拉斯图不像亚里士多德那样重视形式因[1]，而是提出了一种机械论的方法，把自然过程与人工过程相比较，并套用了“动力因”的概念。

狄奥弗拉斯图还描述了枣椰树的授粉过程，并意识到性对高等植物繁殖的意义。不过，这一成果被人们忽视了，直到纳希米阿·格鲁和鲁道夫·卡梅拉尼斯[2]重新发现这一点。狄奥弗拉斯图的研究包括生态学、解剖学、病理学、形态学、医学。在种子萌芽、繁殖、嫁接、栽培方面，他也颇有研究。他把植物分为乔木、灌木、小灌木、多年生草本植物、蔬菜、谷类和一年生草本植物。他注意到一些花有花瓣，而另一些花没有，并且不同植物的花瓣和子房长在不同的位置。在关于繁殖和萌芽的研究中，狄奥弗拉斯图描述了特定植物的不同生长方式：从种子生根，到叶芽破土，一直到长出树枝或嫩芽。狄奥弗拉斯图还给大约500种植物进行了分类，其中一些分类方法沿用至今。吕克昂学园的花园可能是最早的植物园。

狄奥弗拉斯图获得了亚里士多德的藏书和手稿，也继承了他的衣钵。狄奥弗拉斯图以一种新颖的方式对亚里士多德的部分哲学进行了整理、解释和延伸。通过观察、收集和分类，他的思想走向了经验主义。据说狄奥弗拉斯图有2000个门徒，国王菲利普斯、卡山德[3]和托勒密[4]都很尊敬他。他曾因亵渎神明而受审，但雅典陪审团最终判他无罪。

狄奥弗拉斯图的《论石》（*On Stones*）是最早讨论矿物及其性质和用途的著作。他也是最早提及热电效应的人，他注意到，电气石在受热时会带上电荷。就这样，

---

1 亚里士多德提出“四因说”，用来解释事物的变化和运动，分别是质料因（material cause）、形式因（formal cause）、动力因（efficient cause）和目的因（final cause）。

2 鲁道夫·卡梅拉尼斯（Rudolf Jakob Camerarius，1665—1721），德国植物学家、医生。

3 卡山德（Cassandros，约前358—前297），马其顿国王，曾与亚历山大一起向亚里士多德学习。

4 托勒密，即托勒密一世（Ptolemaios I，前305—约前283），埃及托勒密王国的建立者。他曾是亚历山大的好友兼部将，跟随大军远征波斯，埃及后来成为他的领地。

狄奥弗拉斯图描述了最早的机械化学效应。此后的2000年里，大多数人把电气石的特性视为神迹，而不进行科学探索。然而18世纪，热电学的研究帮助我们深刻地理解了静电学。在接下来的一个世纪里，热电学的研究又促使我们了解矿物学、热力学和晶体物理学。热电在1880年催生出了压电，又在1920年催生出了铁电。热电学在20世纪蓬勃发展，尤其是广泛应用于红外探测与热成像领域。热电传感器还被带上了太空，对天文学的发展做出了巨大贡献。狄奥弗拉斯图最早向我们描述从化合物中提取纯金属的过程。与亚里士多德不同，狄奥弗拉斯图相信动物有推理能力，比植物更高级。故而，他认为吃肉是不道德的，并且他自己是一个素食主义者。他的求索精神可以引用他的一句名言来概括："时间是人最昂贵的成本。"这句话引自第欧根尼·拉修尔的《名哲言行录》。

# 发展人权 | 科学方法

| 约公元前305年 |

## 希腊，萨摩斯，伊壁鸠鲁（前341—前270）

伊壁鸠鲁（Epicurus of Samos）是发展科学与科学方法的关键人物，他拓展了形而上学唯物主义、经验主义认识论以及享乐主义哲学。伊壁鸠鲁于公元前306年搬到雅典，此前他在萨摩斯建立了一所哲学学校。他这样教导自己的学生：原子是世界的基本组成单位，它们在真空中运动。伊壁鸠鲁试图用原子解释所有自然现象。他凭借着理性唯物主义对迷信和"天意"发起了攻击："如果上帝想阻止恶而不能，那么就是他无能。如果上帝能阻止恶而不想，那么就是他恶毒。如果上帝既想阻止也能阻止恶，为什么我们的世界依然充满恶呢？”对伊壁鸠鲁而言，哲学的目的是通过追求幸福、平静的生活来获得内心的安宁。他说，快乐和痛苦是善恶的尺度，死亡是身体与灵魂的终结，所以不必患得患失。神不会奖赏人类，也不会惩罚人类，宇宙是无限和永恒的，世间万物的源头都是真空中运动的原子以及原子之间的相互作用。伊壁鸠鲁的理论不同于德谟克利特的原子论，他认为原子并不总是直线运动，有时也会改变方向。所以他不受决定论的影响，而是相信自由意志。现代量子力学也假定基本粒子随机地运动。伊壁鸠鲁关于自然和物理的许多观点，可以说是预言了当今时代的科学概念。他坚持认为，除了直接观察和逻辑推演之外，什么都不可信。

伊壁鸠鲁将“恕道”（Ethic of Eciprocity，也叫“黄金定律”）作为伦理学的基础，这在希腊是前无古人的。所谓“恕道”，就是你希望别人怎样对你，你就应该怎样对别人；你不希望别人怎样对你，你就不应该那样对别人。这大概是对现代人权概念的最纯粹的表述。在现代人权观念中，每个人都有权利获得公正的对

### 伊壁鸠鲁教义

在全球范围内，我们目睹了千万富翁和亿万富翁呈指数级增长，也目睹了他们的许多越轨行为，所有这些都被名人杂志忠实地记录了下来。我们在伊壁鸠鲁的著作中找到了更重要的智慧：“奢华酒食不足以避害，不足以健身。超过自然之财富，其无用犹如溢出容器之水。真正的价值并非来自剧院、澡堂、香水与油膏，而是来自哲学。”公元2世纪，奥伊诺安达的第欧根尼[1]在利西亚（位于今土耳其西南）的一堵墙上刻下了约2.5万字的伊壁鸠鲁教义。第欧根尼是希腊人，属于伊壁鸠鲁教派。人们找到了这面墙的残骸，上面这句话来自其中一块碎片。

1 奥伊诺安达的第欧根尼（Diogenes of Oenoanda），生卒年不详，不同于写《名哲言行录》的第欧根尼·拉修尔。

待，相应地，每个人也都有责任确保他人获得公正的对待。在整个西方思想史上，伊壁鸠鲁哲学的元素在不同的思想家和思潮中反复出现，比如约翰·洛克[1]主张，人有权捍卫“生命、自由和财产”。伊壁鸠鲁学说影响了法国和美国革命，托马斯·杰斐逊[2]宣称自己是伊壁鸠鲁主义者。

# 数学基础

约公元前300年

埃及，欧几里得（约前330—前275）

2000多年来，所有数学思想和表达都来自“几何学之父”欧几里得（Euclid of Alexandria）。然而，我们对他知之甚少，只知道在托勒密一世统治期间，他曾在亚历山大图书馆[3]教数学。欧几里得的《几何原本》（*Stoicheia*）是有史以来最经久不衰的著作之一，他借鉴了泰勒斯、毕达哥拉斯、柏拉图、亚里士多德、门奈赫莫斯和欧多克索斯等人的著作。在前往亚历山大之前，欧几里得可能在雅典的柏拉图学园跟随柏拉图学习过。亚历山大后来成为全世界最大的城市，也成了莎草纸工业和图书贸易的中心。《几何原本》是广泛使用的教材，甚至促使爱因斯坦学习数学。

### 《几何原本》的重要性

在《不列颠百科全书》中，荷兰数学家B.L.范德瓦尔登这样评价《几何原本》的重要性：“几乎从创作以来，《几何原本》就对人类事务产生了持续而重大的影响。至少在19世纪出现非欧几何以前，《几何原本》一直是几何推导、定理和方法的主要来源。据说，在西方世界，《几何原本》被翻译、出版、研究的次数仅次于《圣经》。”

1 约翰·洛克（John Locke，1632—1704），英国哲学家，主张政府只有在取得被统治者的同意，并且保障人民拥有生命、自由和财产等自然权利时，其统治才有正当性，代表作有《政府论》。

2 托马斯·杰斐逊（Thomas Jefferson，1743—1826），美国开国元勋之一，《独立宣言》的起草人，美利坚合众国第三任总统。

3 亚历山大图书馆（Library of Alexandria），位于埃及亚历山大，由托勒密一世建造，后来毁于火灾。2002年，新亚历山大图书馆在原址上重建。

《几何原本》共13卷，涉及平面几何、算术、数论、无理数及立体几何。欧几里得从简单的定义或公理出发（他称为“定理”），整理了已知的几何思想，并提出了证明方法。欧几里得认为，没有证明就没有公理，所以他设计了证明的逻辑步骤。他从公认的数学真理和假设出发，运用逻辑在平面几何与立体几何中证明了467个命题。他主要使用了两种表现方式：综合（从已知到未知的一系列逻辑过程）与解析（先假设未知，然后根据逻辑从未知反推已知）。这两种方法都是基于已经证明的公理，推导数学命题或定理。欧几里得还写过音乐、数据、光学、比例、天文学和谬误相关的著作，但大多数作品已经遗失。直到19世纪，人们才发现欧几里得的公理并非绝对真理。这为发展新的几何学铺平了道路，也成为量子力学和相对论的基础。

# 混凝土 | 水泥

约公元前300年

罗马工程师

混凝土是现代最常用的建筑材料之一。古时候，亚述人和巴比伦人用黏土制成泥浆，作为建筑黏合剂；埃及人则使用石灰和石膏。约公元前300年至公元476年，罗马人率先在整个帝国使用混凝土（混凝土由水泥和小石子等骨料混合而成）。波佐利（Pozzuoli）靠近维苏威火山，罗马工程师用这里的火山灰水泥（pozzolana cement）建造了亚壁古道、罗马浴场、罗马斗兽场、万神殿，以及法国南部的加德桥。石灰石在罗马帝国很常见，所以罗马人也用石灰砂浆制造混凝土，骨料是碎砖和小石子。这种水泥混合物在水中会缓慢溶解，但与火山灰水泥混合后就变得异常坚固，几乎和现代混凝土相同。普林尼记录了一种砂浆，石灰和沙子按1∶4的比例混合；维特鲁威[1]记录了另外一种砂浆，石灰与火山灰按1：2的比例混合。把动物脂肪、牛奶和血液作为“添加剂”加入水泥，其黏结性会更好。

严格来说，罗马人并没有发明混凝土，而是用火山灰水泥把优质石材或优质烧结砖结合在一起。用这样的材料建造而成的建筑至今还耸立着。把这种混合物放在木制构架内，晾干，用砖块或石子修饰表面——使它看起来类似青铜或其他金属铸造的雕塑。等混合物完全干燥，移除木构架，就可以得到坚固的混凝土塑像——此时表面很粗糙，通常需要刷灰泥或大理石粉。混凝土墙比进口的希腊大理石墙成本更低，也比用当地的意大利凝灰岩和石灰建墙更便宜。混凝土可以建造砖石无法完成的结构，尤其是巨大的拱形和圆顶天花板（没有内部支撑）。罗马人喜欢这种结构，而不太喜欢希腊人和伊特鲁里亚人的连梁柱结构。至此，罗马人开始注重建筑的空间结构，而不是一味追求宏大。

罗马帝国衰亡以后，水泥的技术和质量不断退化。加热石灰和火山岩的方法失传了，但14世纪初又重新引进。第一个真正的突破出现在1756年，当时约翰·斯密顿[2]发明了现代混凝土（水凝水泥），方法是在水泥中加入卵石作为粗骨料，同时加入碎砖粉末。1824年，英国人约瑟夫·阿斯普丁发明了波特兰水泥，今天使用的混凝土就是从它演化而来。阿斯普丁创造了罗马时代以来第一种真正的人造水泥，方法是把石灰石和黏土混在一起加热后粉碎。加热改变了原材料的化学性质，这种水泥比普通石灰更坚固。阿斯普丁所创造的水泥之所以被称为“波特兰水泥”，是因为制成的砂浆很像当时英国最著名的建筑用石——波特兰石。波特兰水泥具有防水性，当它凝固后，如果浸入水中，反而会更坚固。有一艘混凝土造的船在第一次世界大战期间沉没，30年后采集的混凝土样品显示，其抗压强度增加了

1 维特鲁威（Marcus Vitruvius Pollio），古罗马建筑师、建筑理论家，活跃于公元前1世纪。代表作有《建筑十书》。
2 约翰·斯密顿（John Smeaton，1724—1792），英国发明家、土木工程师。

一倍。

1849 年，法国人约瑟夫·莫尼尔发明了钢筋混凝土，并在 1867 年获得专利。他原本是巴黎的园丁，常用铁丝网加固水泥花盆和浴缸。后来，莫尼尔还倡导在铁轨、管道、地板和桥梁中使用钢筋混凝土。现在，钢筋混凝土是最常用的结构材料之一。钢筋混凝土结合了混凝土的抗压强度和钢筋的抗拉强度，可浇筑成多种形状，适合多种负载。它可以根据建筑师的意愿成形，而不是先成形，之后再按照已有的形状组装。泽西岛的科比尔灯塔是英国第一座钢筋混凝土灯塔。它于 1874 年竣工，包括堤道和守塔人的小屋在内，共耗资 8000 英镑。除水泥外，混凝土的另一种主要成分是骨料，一般包括沙子、碎石、砾石、矿渣、灰烬、烧页岩和烧黏土。细骨料用于制作混凝土面板等比较光滑的表面，粗骨料用于体积或截面较大的水泥结构。混凝土的强度取决于水和水泥的比例，以及水泥中沙子和石头的比例。更细、更硬的骨料（沙子和石头）可以制作更坚固的混凝土，而水越多，混凝土越脆弱。

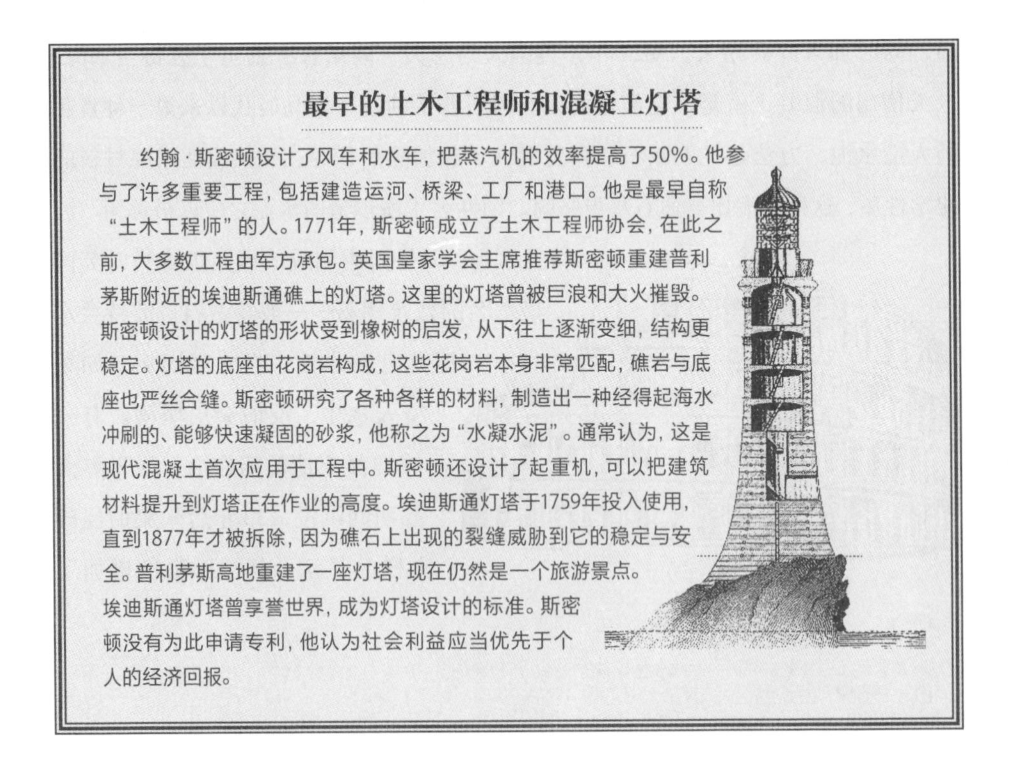

## 最早的土木工程师和混凝土灯塔

约翰·斯密顿设计了风车和水车，把蒸汽机的效率提高了50%。他参与了许多重要工程，包括建造运河、桥梁、工厂和港口。他是最早自称“土木工程师”的人。1771年，斯密顿成立了土木工程师协会，在此之前，大多数工程由军方承包。英国皇家学会主席推荐斯密顿重建普利茅斯附近的埃迪斯通礁上的灯塔。这里的灯塔曾被巨浪和大火摧毁。斯密顿设计的灯塔的形状受到橡树的启发，从下往上逐渐变细，结构更稳定。灯塔的底座由花岗岩构成，这些花岗岩本身非常匹配，礁岩与底座也严丝合缝。斯密顿研究了各种各样的材料，制造出一种经得起海水冲刷的、能够快速凝固的砂浆，他称之为“水凝水泥”。通常认为，这是现代混凝土首次应用于工程中。斯密顿还设计了起重机，可以把建筑材料提升到灯塔正在作业的高度。埃迪斯通灯塔于1759年投入使用，直到1877年才被拆除，因为礁石上出现的裂缝威胁到它的稳定与安全。普利茅斯高地重建了一座灯塔，现在仍然是一个旅游景点。埃迪斯通灯塔曾享誉世界，成为灯塔设计的标准。斯密顿没有为此申请专利，他认为社会利益应当优先于个人的经济回报。

# 日心说

| 约公元前260年 |

希腊，阿里斯塔克（约前310—约前230）

阿里斯塔克（Aristarchos of Samos）是西方最早提出地球围绕太阳运转的人。他分别估算了地球到太阳和月球的距离，以及它们的相对大小。他的结论是，太阳的体积是地球的300倍左右，远比月球大得多。因此他推断，一定是地球围绕太阳转。这就是“日心说”。他还根据距离，正确地排列了绕太阳运转的行星。阿基米德认为，阿里斯塔克的观点违背了天文学家的普遍教义。他之所以引用阿里斯塔克的理论，就是为了否定它。在人们接受哥白尼的观点之前，亚里士多德和托勒密[1]的地心说（地球是宇宙的中心）一直占据主导地位长达1800多年。在阿里斯塔克去世后大约150年，由于塞琉古[2]的研究，西方天文学家才开始重视行星围绕太阳运转的观点。

## 阿基米德的反对

阿里斯塔克讨论日心说的书已经失传，我们只能通过涉及其内容的作品来了解，主要是阿基米德的书。阿基米德在《数沙者》（*The Sand Reckoner*）中写道：“您（戈隆二世）知道天文学家给它起名叫‘宇宙’，它是个球体，地球的中心正好处在宇宙的中心。而这个球体的半径，相当于地球中心到太阳中心的距离。大多数天文学家会这样告诉您。但阿里斯塔克写了一本书，其中包含一些假设，认为真实的宇宙比刚刚提到的‘宇宙’要大得多。他假设太阳位于轨道的中心，而地球围绕太阳运转；恒星和太阳一样，又绕着宇宙的中心运转。宇宙非常大，所以阿里斯塔克假设地球轨道的半径相当于地球到太阳的距离，同样，恒星轨道的半径相当于恒星到宇宙中心的距离。”

1 克罗狄斯·托勒密（Ptolemy of Alexandria，约90—168），罗马学者，提出了地心说。
2 塞琉古（Seleucus of Seleucia，约前190—约前150），巴比伦天文学家。

经过测量，阿里斯塔克认为恒星非常遥远。这解释了为什么他看不到恒星视差[1]（现在我们可以用望远镜观察）。对当时的阿里斯塔克而言，恒星是固定在天上的。他认为太阳是离地球最近的恒星。他断言，当月球只被照亮一半时，太阳、月球、地球之间的夹角是 87°——这是人类视力的极限，真实值接近 89°50′，但我们无法看到。阿里斯塔克指出，从地球上看，月球和太阳的角直径相等，因此它们的直径一定与它们到地球的距离成正比。阿里斯塔克的几何学是对的，但角度错了，所以得出了错误的结论。他认为太阳和月球对地球距离的近似比值为 18~20，但实际应该是 400（阿里斯塔克此前测量的太阳、月球与地球的夹角存在 3°左右的误差，在 17 世纪初合适的望远镜诞生以前，天文学家一直使用这个数据）。

# 复合滑轮

约公元前250年

希腊，阿基米德（约前287—前212）

复合滑轮就是滑轮组，它使许多新的建筑技术成为可能。这也是阿基米德（Archimedes of Syracuse）的众多发明之一。阿基米德是古代伟大的科学家和工程

### “尤里卡”时刻

据说当阿基米德发现身体能够排水时，他大喊了声“尤里卡”（Eureka，意思是“我找到了”），然后光着身子跑出浴室。他意识到，测量某物体的排水量，并结合它的质量，可以得出它的密度。在《论浮体》（*On Floating Bodies*）一书中，他的第五个命题（阿基米德原理）是：如果固体比液体密度小，把固体放在液体中，固体的重量等于排出液体的重量。这是流体静力学的基本原理。

1 恒星视差：地球绕太阳转动时，在地球上的人看来，恒星相对其他恒星的运动。——原注

## 阿基米德螺旋泵

阿基米德螺旋泵可以把水从低水位抬升到高水位。据说，阿基米德发明螺旋泵是为了排出船舱里的漏水。但实际上，这种泵的出现比阿基米德早400年——尽管最终是以他的名字命名。考古学家已经证实，早在公元前7世纪，巴比伦的空中花园就使用了能抬升水位的螺旋装置。这个装置非常有效，直到今天仍被应用于污水处理、沟渠灌溉、湿地排水和污水排出。

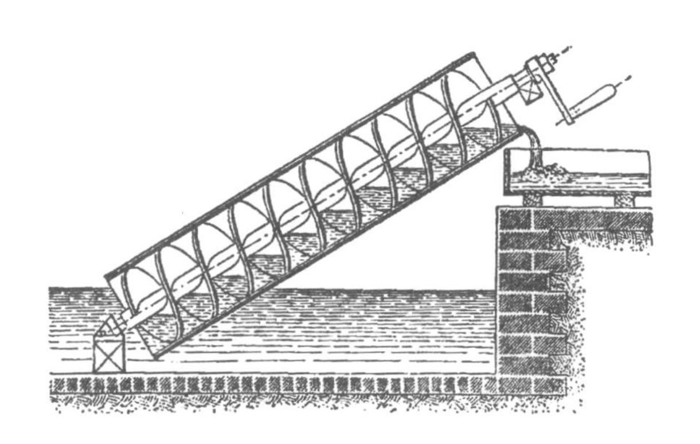

师，他出生在锡拉库萨，这里后来成为一个独立的希腊联邦。阿基米德对几何学的贡献彻底改变了这门学科，他会计算积分，比牛顿和莱布尼茨早 2000 多年。人们认为，阿基米德、牛顿和高斯是史上最伟大的三位数学家。阿基米德也是发明家，研制出了各种各样的机器。他精通流体静力学和力学，被誉为“力学之父”。阿基米德的许多作品流传至今。在力学领域，他提出了杠杆原理：“给我一根足够长的杠杆和一个支点，我可以撬动整个地球。”

据普鲁塔克[1]记载，在锡拉库萨围城战中，阿基米德使用装备着“阿基米德之爪”的复合滑轮，移动了一艘满载士兵的罗马战舰。在复合滑轮中，定滑轮固定，动滑轮可以自由移动。使用复合滑轮，人们可以用更少的体力移动更重的物体。滑轮组可以用来提举重物，也可以改变施力的方向。在复合滑轮中，动滑轮数量越多，需要的体力就越小。举例来说，如果一个系统中有 4 个滑轮，当它提升重物的时候，需要的体力只相当于重物重量的 1/4。起重机就利用了这一原理。帆船

1 普鲁塔克（Plutarch，约 46—约 120），古罗马时代的希腊作家，代表作有《希腊罗马名人传》。

也采用了这样的滑轮组，因此船员能扬起沉重的帆，人们得以继续建造体积更大、装备更好的船。

# 计算地球的周长

约公元前240年

昔兰尼（今利比亚），埃拉托色尼（约前276—前194）

埃拉托色尼（Eratosthenes of Cyrene）是地理学和素数研究的创始人。他的大部分作品已经失传，我们可以通过相关评论家的著作了解他的思想。埃拉托色尼是古希腊运动员、诗人、音乐理论家、数学家和地理学家，最令人印象深刻的是他精确测量了地球的周长。他曾任亚历山大图书馆馆长，听说埃及阿斯旺有一口很深的水井，每年夏至那天的中午，这口井就会被太阳完全照亮。埃拉托色尼在阿斯旺正北的亚历山大立了一根柱子，并在夏至中午测量阴影的角度。他假设地球是一个完美的圆，而太阳光平行照射。根据几何分析，测量的角度等于地球中心到亚历山大和阿斯旺之间的角度。埃拉托色尼测出的阴影角度为圆周的 1/50，他骑着骆驼从亚历山大走到阿斯旺，两地之间的视距为 5000（805 千米）。然后埃拉托色尼用 5000 乘以 50 得到地球的周长，结果是 250000 视距，也就是 40250 千米，非常接近今天的数值：40076 千米。埃拉托色尼还测定了黄赤交角[1]，计算值为 23°51′15″。他知道是地球的倾斜引起了季

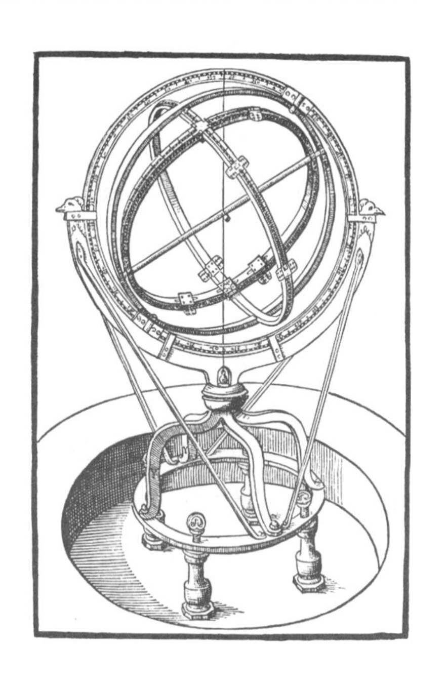

1 黄赤交角（obliquity of the ecliptic）：黄道和赤道两个平面的夹角。赤道是地球自转轨道，黄道是地球公转轨道。

节的变化。此外他还绘制了一张由675颗恒星组成的星图，建议每4年设置一个闰月，并准确地计算了地球到太阳的距离。

埃拉托色尼最早使用“地理学”（意思是“以地球为主题的写作”）一词；在建立地理学的过程中，他功不可没。埃拉托色尼发明了经纬度系统，引进了热带、温带、寒带的气候概念，并绘制了一张世界地图。他也是科学年代学的奠基人，在一本历史书中，他记录了征服特洛伊以来的重大事件和日期。喜帕恰斯认为，埃拉托色尼在公元前225年左右发明了浑天仪[1]。浑天仪的框架是球面圆环，它的结构代表了经线、纬线、黄道等重要的天文特征。

# 三角学｜星盘<br>分点岁差

约公元前150年

比提尼亚（今土耳其），喜帕恰斯（约前190—前125）

喜帕恰斯（Hipparchus of Rhodes）是古代最伟大、最有影响力的天文学家之一，他出生在比提尼亚的尼西亚（今土耳其的伊兹尼克）。喜帕恰斯的著作几乎全部失传，但我们知道他是古希腊数学家、天文学家和地理学家。喜帕恰斯把圆分割成360度，并创造了最早的三角函数表，所以我们认为他是三角学的创始人。科学领域的所有测量问题都离不开三角学。喜帕恰斯解决了一些球面三角的问题，促进了天文学的发展。作为天文学家，喜帕恰斯计算了一年的长度，误差只有6分30秒。喜帕恰斯描述了冬至、夏至、春分、秋分时恒星从东到西的缓慢运动，这或许是他最著名的成就。所以，我们通常认为是他发现了分点岁差。他计算的数值是46″，与现代值50.26″较为接近。喜帕恰斯设计了一个天文日历，其中的

1 一般认为希腊人和中国人分别独立发明了浑天仪。中国的浑天仪由西汉天文学家落下闳（前156—前87）发明。

## 三角与弦

三角学通常是从平面三角开始的，但它起源于天文学和球面三角。16世纪以前，天文学基于这样的概念：地球处在一系列嵌套球体的中心。为了计算恒星或行星的位置，我们需要用到“三角学”的概念。三角函数的最早应用与圆的弦有关。弦是圆周上任意两点的连线，直径就是经过圆心的弦。对于给定的角$x$，其对应的弦长是$2\sin(x/2)$[1]。公元前140年，喜帕恰斯绘制了最早的三角函数表，以7.5°为梯度，把对应的函数值绘制成表格。公元100年左右，梅涅劳斯[2]和托勒密进一步发展了喜帕恰斯的研究，他们依赖巴比伦人的观察与传统。托勒密的函数表给出了从0.5°到180°的弦值，以0.5°为梯度。

恒星目录已经遗失，但据说，目录中有850颗恒星。

喜帕恰斯还细致地研究了太阳和月球的运动，利用观测结果和数学方法建立了精确的模型，能够预测日食和月食。为了便于观察，喜帕恰斯使用了一种被托勒密称为“屈光镜”的仪器，这可能是最早的平面星盘。该装置可以根据太阳或恒星的位置确定时间，从而解决旅行者的一个难题：他们通过观察白天的太阳或者夜晚最亮的恒星，就可以知道时间。喜帕恰斯还研究了各种各样的天文学问题，包括一年的长度、地月的距离以及月食和日食的推算。喜帕恰斯发展了关于太阳和月球的理论，经后世的托勒密整理、完善，这些理论证明了“太阳和月球做匀速圆周运动”。喜帕恰斯似乎最早提出太阳系以太阳为中心，但他放弃了，因为根据他的计算，地球绕太阳运转的轨道并不是完美的圆，而那时的科学家认为正圆轨道是无可争议的。喜帕恰斯的模型沿用了2000年，直到开普勒证明行星沿椭圆轨道运行。喜帕恰斯的天文材料来自迦勒底人，包括他们的观测方法和结果。后来托勒密对天文学知识的综合在很大程度上依赖喜帕恰斯的发现。

1 严格来说，弦长等于半径乘以$2\sin(x/2)$。
2 梅涅劳斯（Menelaus of Alexandria，约70—140），古希腊数学家、天文学家。

# 集中供暖

约公元前25年

罗马，塞尔吉乌斯·奥尔塔（活跃于约前95年）

如果没有集中供暖，办公室和工厂就会因为取暖问题而无法建得那么高大。没有这项发明，就不可能有现代工商业。在罗马帝国，集中供暖系统是用火炉加热空气，然后通过地板下的空间和墙壁里的圆形管道输送。罗马的供暖系统叫“hypocaust”（热坑），在希腊语中的意思是“下方的火”或“底层燃烧”。大约公元前 25 年，罗马作家、建筑师维特鲁威描述了热坑的建造和使用，并将其归功于商人兼水利工程师塞尔吉乌斯·奥尔塔（Sergius Orata）。维特鲁威补充写道，为了节约燃料、提高热效率，可以把公共浴场的男女热水浴室建在相邻的位置，靠近温水浴室。在欧洲、西亚和非洲北部的罗马建筑遗址中，许多热坑被保留了下来。来到这些地方，你可以看到建筑师用柱子把地板抬升到地面以上，墙壁内也预留了空间。因此，炉子里的热空气和烟会经过这些封闭的区域，从屋顶的烟道排出，使房间变暖，又不污染室内空气。墙壁内有方形瓷砖，既可以排出热空气，也可以加热墙壁。哪个房间需要的热量最多，哪个房间就离火炉最近，火炉的温度可以通过添加木材来控制。使用供暖系统需要时刻留意火，因此劳动强度很高；加上燃料昂贵，所以一般只在别墅或公共浴场中使用。

然而，在巴基斯坦印度河流域的摩亨佐-达罗遗址，人们发现了另一种供暖系统，由涂满沥青的砖建成，比罗马人的发明早 2000 年。罗马热坑的衍生物也出现在卡斯蒂利亚以及罗马帝国的其他前身国家。但当罗马人离开不列颠以后，集中供暖系统直到 1900 年左右才重新出现。类似的集中供暖系统也出现在朝鲜，被称作“ondol”（温

突）。一般认为，温突可以追溯到公元前 37 年至公元 668 年的三国时代[1]。炉子的余温可以用来取暖。烟从炉子里进入厚砖地板之下，炉中的柴火通常用于做饭。然而，温突的使用似乎更早，人们在朝鲜发现了青铜时代的温突，可以追溯到公元前 1000 年。弗朗茨·圣加利[2]是波兰裔俄罗斯商人，生活在圣彼得堡。他在 1855 年至 1857 年发明了散热器。这对今天我们使用集中供暖系统来说，是非常关键的一步。

1 指朝鲜三国，即高句丽、百济和新罗。
2 弗朗茨·圣加利（Franz San Galli, 1824—1908），俄罗斯商人、发明家。

## 第三章

# 创新的世纪

# 纸 | 造纸

| 公元105年 |

中国，蔡伦（约62—121）

在印刷术出现以前，纸的发明是通信和读写的最大革命。大约6000年前，苏美尔人在泥板上书写字符，这很便捷，但泥板太重，不是实用的书写载体。人们也尝试在其他物体表面书写，比如木头、石头、石板、陶瓷、金属器具、丝绸、树皮、树叶和竹片。大约5000年前，埃及人收割了一种叫纸莎草的水生植物，将其制成莎草纸。他们把纸莎草的茎去皮后切成条状薄片，然后整齐地排好，制成一层薄薄的纸莎草片。接着，他们把两层纸莎草片重叠后捣碎、捋平，制成平整、均匀的纸片。后来，人们开始在羊皮纸和牛皮纸上书写。直到公元前2世纪，纸（paper，名称来自莎草纸papyrus）才真正诞生了。在中国甘肃省的悬泉置遗址中，人们发现了汉武帝（公元前141—前87年在位）时期的古纸碎片。

公元75年，蔡伦开始在宫廷做宦官。汉和帝即位后，公元89年，蔡伦升迁负责制造工具和武器。当时，中国的文字和题词通常写在竹简或丝绸上。然而，竹简太重，丝绸太贵，都不实用。当时，中国的纸已经诞生了大约200年，但蔡伦第一次显著地提高了纸的质量，并添加了至关重要的新材料，使造纸更加规范化。105年，蔡伦改进了造纸的配方，添加了桑树皮、竹片、麻头、破布、丝绸和渔网。纸是由漂浮在水中的纤维薄片制成。蔡伦把水排掉，晒干纤维，得到白色的薄纸片。他把这个过程报告给皇帝，得到了嘉奖；但他的确切方法已经失传。纸很快成为中国广泛使用的书写载体。造纸术被誉为“中国古代四大发明”之一，其他三大发明是指南针、火药和印刷术。由于纸的使用，中国人可

以广泛地传播文学和教授读写，3 世纪，中国文明得到了极大发展。7 世纪，造纸术传播到朝鲜、越南和日本。751 年，唐朝军队在战争[1]中失利，一些中国造纸商被阿拉伯人俘虏，造纸术因此传播到阿拉伯地区。12 世纪，造纸术又从阿拉伯地区传播到欧洲。纸取代了羊皮纸，彻底改变了世界各地的交流方式。纸也是 1439 年古登堡印刷术的基础。关于这种书写载体的重要性，萧伯纳[2]有一句令人印象深刻的颂词：“只有在纸上，人类才能获得荣耀、美丽、真理、知识、美德和永恒的爱。”

# 手推车

约231年

中国，诸葛亮（181—234）

手推车是一种简单的“第二类杠杆[3]”，它使农业、采矿业和建筑业更加高效和经济。手推车上的负载位于车轮和操作者之间，便于运输重物。双轮手推车更平稳，但最常用的独轮车机动性更好，也更容易控制。希腊的埃莱夫西斯神庙建于公元前 408 年至公元前 406 年，它的建筑清单表明，当时已经有独轮承重车。直到 1170 年至 1250 年，这种车才在欧洲被淘汰。从 2 世纪开始，中国就有许多关于手推车的文字描述、壁画和浮雕。在陈寿（233—297）的《三国志》中，他把这项发明归功于诸葛亮。诸葛亮把自己的设计叫作“木牛”，用于运

1 指公元 751 年的怛罗斯战役，即唐玄宗在位期间，唐朝与阿拉伯阿拔斯王朝及其盟军的交战。
2 萧伯纳（George Bernard Shaw，1856—1950），爱尔兰剧作家。
3 根据动力点、阻力点、支点的位置，杠杆可以分为三类。第一类杠杆支点在中间，如剪刀；第二类杠杆阻力点在中间，如独轮车；第三类杠杆动力点在中间，如镊子。

> **学者与手推车**
>
> 他们往往多疑、易怒、偏执，非常自我。就像某些象皮病患者，他们把肿胀的睾丸藏在手推车里，不自然地摇摆。他们害怕哪个忘恩负义的学生潜进他的大脑，偷走他的天才作品。
>
> ——威廉·S. 巴勒斯[1]《加算机：选集》
>
> （*The Adding Machine: Collected Essays*）

输军用物资。公元430年，有人描述了“木牛”的设计：轴与大车轮共用一个中心，周围有木制的构架代表牛。11世纪，高承[2]在书中写道，现在使用的小独轮车就是诸葛亮“木牛”的后裔，它的辕向前，因此可以推着走。中国手推车通常把车轮安在车子中部，而欧洲中世纪的手推车把车轮安在前部或靠近前部，所以他们是拉车而不是推车。

# 胸带挽具

约450年

中国

挽具极大地提高了耕种效率，人类因此能够种植和分配产量更高、种类更丰富的农作物。在拖拉机诞生以前，人们必须给马套上挽具，把它系在犁上。挽具是役畜农业的前提。在挽具诞生以前，人们先发明了木制轭具，套在牛、马之类的动物身上，让它们拉重物。但轭具可能会使马窒息，所以后来人们发明了各种挽具。公元前3000年，迦勒底人发明了喉带挽具，并先后应用于苏美尔、亚述、埃及、克里特、希腊和罗马。但使用这种挽具的时候，马越用力，就越可能勒死自己。由于解剖学上的差异，牛不存在这样的问题，它们可以套上轭具，因此比马更适合从事繁重的劳作。在希腊，挽具连接着马和战车，用于战争和竞赛娱乐。

1 威廉·S. 巴勒斯（William Burroughs，1914—1997），美国小说家、散文家，“垮掉的一代”的主要成员，代表作有《裸体午餐》。
2 高承，宋代人，代表作有《事物纪原》。

中国的胸带挽具的发明是一个重大的进步，可以追溯到战国时代。9 世纪，欧洲已经开始广泛使用胸带挽具，胸带套在马的胸骨外围，受力点在胸部而不是咽喉部，几乎完全发挥了马的负重能力。然而，由于主要负载施加于马的胸骨以及附近的肌肉，胸带挽具不适合牵引重物。主要问题在于，使用胸带挽具的通常是马车、战车等车辆，由肚带连接车辆的轴系和马的身体。而护胸板的主要目的是防止肚带后滑，而不是拉动物体。结果就是必须由马拉动重物，大大降低了效率。

胸带挽具之后，下一个也是最终的进化形式是颈圈挽具。颈圈挽具的负载分布于马的肩膀，因此不存在窒息的隐患。拉重物的时候，挽具中一定要有颈圈，否则无法发挥马的全部力量。有了颈圈，马可以后腿发力，推着颈圈往前走。此后，平均每秒马的尺磅[1]比牛多 50%，耐力也明显增强。如果装备有效的颈圈挽具，一匹马可以拉动 1.5 吨重物。如果用马拉改良过的、更大的犁，农民可以储存更多余粮，从而扩大贸易市场。13 世纪和 14 世纪，人们大量制造马蹄铁，再次提高了马的效率。马最终取代了牛，促进了经济发展，使农业不仅可以自给自足，还促进了以市场为基础的城镇以及相关贸易的兴起。充足的余粮催生了专业化分工，欧洲社会出现了商人阶级。在结束封建制度和终结中世纪的过程中，马颈圈（马轭）功不可没。

# 瓷器

| 约650年 |

中国，陶月（约608—676）

瓷器促进了东西方世界的大规模贸易。东汉时期，高温釉面陶器发展为瓷器，但传说中白瓷的发明者陶月生活在唐代。陶月出生在长江流域，他用这里的白泥（高岭土，现在也叫“中国土”）制作瓷器。他在白泥中添加了其他黏土和长石岩，

1 尺磅：功的单位，1 尺乘以 1 磅。1 尺磅大约等于 1.36 焦耳。

> **瓷器的起源**
>
> 英文中的“porcelain”（瓷器）源自意大利语中的“porcellana”（子安贝），因为子安贝也有类似的半透明表面。在伦敦同韵俚语中，“my old China”意思是“我的老朋友”，因为“China plate”[1]与“mate”押韵。

制作了最早的白瓷。陶月把白瓷作为人造玉石在唐都长安出售。瓷器大量出口到伊斯兰世界，在那里被视为珍宝。大约 900 年，人们在原材料中加入了半透明的石英和长石，瓷器变得更加完美。瓷器比陶器精致得多，质地很薄，以至于看起来呈半透明状。瓷器的白色表面可以涂成各种颜色。把原材料和玻璃、莫来石放在 1250℃—1450℃的高温下烧制，能得到韧性好、强度高、半透明的优质瓷器。

瓷器是中国最贵重的出口产品之一，在英语中也叫“china”。17 世纪，随着东西方贸易的发展，瓷器开始在西方流行。饮茶、喝咖啡、吃巧克力的习惯越来越普遍，人们对瓷杯和瓷碟产生了巨大的需求。直到 18 世纪初，欧洲人才发现了制作瓷器的秘密，并由此诞生了多家瓷器制造厂，比如迈森、赛尔夫、里蒙、切尔西、德比和伍斯特。

# 希腊火

672年

叙利亚，加利尼科斯（活跃于672年）

在长达 900 年的时间里，希腊火使拜占庭帝国免受伊斯兰国家的统治。希腊火是一种非常易燃的液体，通过虹吸管喷射到敌军舰队或部队中，引起的火焰几

---

1 在英文中，“China plate”的字面意思是“中国盘”，但也有“好友、同伴”的意思。

乎不可能扑灭。希腊火的发明要归功于加利尼科斯（Callinicus of Heliopolis）。加利尼科斯是叙利亚的犹太难民，在阿拉伯人的军事扩张之下被迫逃离，前往君士坦丁堡。他的祖国已被侵略，加利尼科斯决心不让自己的新家园承受同样的命运。他通过实验发现了一种特殊的燃料组合，这种组合既隐秘又高效，足以改变历史的进程。加利尼科斯将这种燃料配方称为“海军火”，并交给拜占庭皇帝。后来，它又被叫作“希腊火”。它的成分在当时是国家机密，只有拜占庭皇帝和负责制造的加利尼科斯家族才知道。现在我们仍然不知道希腊火的确切成分，人们普遍认为它包含石脑油、沥青和硫黄，可能还有硝石以及其他未知的成分。暴露在空气中时，希腊火会自发地燃烧，而且无法用水浇灭。事实上，希腊火甚至能在水里燃烧。在当时已知的物质中很少有能扑灭希腊火的，最常见的两种是沙子和尿液。

希腊火的发明对拜占庭帝国至关重要。在与萨珊王朝的战争中，希腊火极大地削弱了对方的力量。但拜占庭帝国仍然无法有效地阻挡伊斯兰帝国的扩张。在这期间，阿拉伯人占领了叙利亚、巴勒斯坦和埃及。672 年，阿拉伯人开始征服拜占庭帝国的首都——君士坦丁堡。年仅 16 岁的君士坦丁四世[1]在君士坦丁堡登基即位。他在位期间，受到了阿拉伯的哈里发穆阿威亚一世[2]的攻击，战局对他不利。673 年，穆阿威亚一世占领了马尔马拉海的亚洲海岸，并包围了君士坦丁堡。接着局势发生了逆转。拜占庭舰队装备了加利尼科斯的新武器，顺风使用时，这种武器有点像火焰喷射器。希腊火成功地阻挠了穆斯林舰队，在前两次保卫战中反败为胜，击退了他们。

1 君士坦丁四世（Emperor Constantine IV Pogonatus，约 652—685），拜占庭帝国皇帝，在位时间是 668 年至 685 年。
2 穆阿威亚一世（Muawiyah I，约 606—680），伊斯兰教第五代哈里发，倭马亚王朝的创建者。

## 君士坦丁堡的陷落

君士坦丁堡是中世纪欧洲最大、最富有的城市，近1000年来，它抵御了来自东部和北部的攻击。“新罗马[1]”统治了小亚细亚，以及现代的希腊、阿尔巴尼亚和保加利亚。伊斯兰国家攻不下它，但在威尼斯总督恩里科·丹多洛[2]与蒙特非拉特侯爵博尼法斯一世[3]的密谋之下，第四次宗教战争[4]于1203年把矛头转向了信奉基督教的拜占庭帝国的首都——君士坦丁堡。基督教同伴的突然袭击，令拜占庭帝国的皇帝阿莱克修斯三世[5]始料不及。十字军不久就攻破了金角湾的防线，突破海堤，进入港口。1204年，君士坦丁堡沦陷了。斯蒂文·朗西曼爵士[6]写道，君士坦丁堡的陷落是“史无前例”的：“9个世纪以来，这座伟大的城市一直是基督教文明的首都。这里到处是古希腊遗留的艺术品，以及本国能工巧匠的杰作。”威尼斯人从竞技场的圣马可大教堂偷走了4匹巨大的青铜马，还有成千上万的珠宝。法国人、弗拉芒人和威尼斯人在君士坦丁堡的血腥破坏中奸淫掳掠了3天，修女甚至在修道院被强奸。“在圣索菲亚大教堂，喝醉的士兵扯下丝绸的帷幔，把银色的圣像砸得粉碎，把圣书和圣像践踏在脚下。他们喝着圣坛里的酒，一个妓女在大牧首的宝座上唱着粗鄙的法国歌曲。”[7]当心满意足的十字军最终恢复秩序时，饱受折磨的市民想要找出是否还有未被发现的宝藏。教皇依诺增爵三世是最早呼吁发动宗教战争的人。几个月后，他为“本该对付异教徒的剑，染上了基督徒的血”感到悲痛，称之为“苦难和地狱的典型”。由于这场对基督教最大城市的无端攻击，君士坦丁堡最终没落。1453年，在被黑死病严重削减人口之后，君士坦丁堡被奥斯曼土耳其帝国占领，从此一直处在伊斯兰世界的统治之下。

为了更方便地使用希腊火，拜占庭人发明了一种巨大的虹吸管，用于推进燃料。虹吸管可以确保希腊火不会烧到使用者本人，它被安装在船身，操作时有点像注射

1 君士坦丁堡的别称。
2 恩里科·丹多洛（Enrico Dandolo，约 1107—1205），第 41 任威尼斯总督，著名的商人兼政治家。
3 博尼法斯一世（Boniface I，约 1150—1207），第四次宗教战争的领袖。
4 宗教战争是在罗马天主教教皇的批准下，由西欧的封建领主和骑士对异教徒国家发动的战争，前后持续近 200 年。第四次宗教战争（1202—1204）最初目标是埃及，后来改变军事计划，攻占了君士坦丁堡。
5 阿莱克修斯三世（Alexius III，约 1153—1211），拜占庭帝国皇帝，在位时间是 1195 年至 1203 年。
6 斯蒂文·朗西曼爵士（Sir Steven Runciman，1903—2000），英国历史学家，代表作是《十字军东征史》。
7 出自《十字军东征史》。

器。据罗马、希腊和阿拉伯的史料记载，希腊火是当时威力最大的火攻武器——无论是对身体上的伤害，还是对心理上的震慑来说都是如此。阿拉伯人也使用了类似的燃烧武器，但没有使用拜占庭的虹吸管，而是使用投石车和手榴弹。罗马帝国恢复对海洋的统治后，赶走了阿拉伯人。678 年，穆阿威亚一世不得不请求停战几年。在 727 年以及 821—823 年的拜占庭内战中，希腊火的贡献非常突出，叛军被帝国舰队击败。9 世纪至 11 世纪，拜占庭人还使用希腊火成功抵御了罗斯人和保加尔人的攻击。

# 机械钟

725年

中国，一行（683—727）

一行（俗名张遂）是佛教僧侣，也是天文学家、数学家和机械工程师，他于 725 年制造了最早的机械钟模型。一行的研究是建立在前人的基础之上，而后人能发明实用的机械钟，他功不可没。我们以六十进制（以 60 为基数）度量时间，这个传统可以追溯到大约 4000 年前的苏美尔人。埃及人发展了这个计时系统，他们把一天分成两部分，分别为 12 小时。他们还据此发明了水力钟。

721 年，一行成为唐朝的宫廷天文学家，他的主要工作是天文观测与历法改革。宫廷里的天文仪器太旧了，没有任何用处，所以一行决定设计新的仪器。他首先设计了浑天仪的模型。

中国的浑天仪诞生于公元前 1 世纪，此后不断改进。为了更好地观察黄纬[1]，一行在黄道环上增加了一个窥管。他请求皇

[1] 黄纬也叫天球纬度，是天球黄道坐标系的纬度。

### 最早的钟

与一行同时代的人这样描述他设计的时钟："（浑天仪）按圆天的形象制作，上面按顺序排列着二十八宿、赤道及周天度数。水流入勺中使轮子旋转，每隔一天一夜转动一圈。此外，浑天仪外边装有两个轮圈，上缀日月（是指两个代表日月的小球），使其按环形轨道运转……外侧有一木柜，代表地平面，该仪器有一半处在地平面之下。它能准确地测定黎明、黄昏、满月和新月，以及它们是否延迟或提前。此外，地平面立有两个木人，前面分别有一个钟和一面鼓，钟自动敲击代表时，鼓自动打击代表刻。所有运动都由柜中的机器控制，各项运动取决于轮、轴、钩、联锁杆、制动装置和锁合装置的互相作用。"[1]

帝用铁和青铜铸造浑天仪。724 年，浑天仪铸造完成，并重新校准了 150 颗恒星的位置。第二年，一行制作了更精巧的水运浑天仪。水运浑天仪反映了太阳、月球和五大行星的运动规律。一行把张衡的漏水转浑天仪与擒纵器结合起来，制成了一个可以自动计时和报时的水钟，每半小时敲响一次。他的发明被认为是中国最早的天文钟。这种时钟只靠滴水运转，水滴驱动轮子每 24 小时转一圈。机轮和齿轮都由铁和青铜制造。希腊人费隆[2]于公元前 3 世纪描述了擒纵器水钟的原理。1092 年，苏颂以一行的研究为基础，发明了最早的实用机械钟。

# 火药（黑火药）

约830年

中国，唐代炼金术士

在诺贝尔发明炸药之前，火药是战争中最具破坏力的武器。硝石（硝酸钾）和木炭可以制成火药，但如果不添加硫黄，威力就没有那么大。火药可以引发爆炸，但它的主要用途是作为推进剂。火药由燃烧剂（木炭或糖）和氧化剂（硝石）

1 引文根据英文直译，原文见《旧唐书 · 天文上》："（又诏一行与梁令瓒及诸术士更造浑天仪，）铸铜为圆天之象，上具列宿赤道及周天度数。注水激轮，令其自转，一日一夜，天转一周。又别置二轮络在天外，缀以日月，令得运行……仍置木柜以为地平，令仪半在地下，晦明朔望，迟速有准。又立二木人于地平之上，前置钟鼓以候辰刻，每一刻自然击鼓，每辰则自然撞钟。皆于柜中各施轮轴，钩键交错，关锁相持。"

2 费隆（Philo of Byzantium，前 280—前 220），古希腊工程师、物理学家、作家，主要生活在埃及的亚历山大。

组成，硫黄使火药更容易点燃。木炭中的碳元素接触氧气，形成二氧化碳，并释放能量。如果没有硝石，反应将非常缓慢，就像火柴燃烧一样。火中的碳必须从空气中吸收氧气，而硝石提供了额外的氧元素。硝酸钾、硫和碳反应生成氮气、二氧化碳和硫化钾。急速膨胀的氮气和二氧化碳提供了推进力。火药是最早的化学爆炸物，也是中国古代四大发明之一，直到 19 世纪后期才有替代品。直到 1267 年，罗吉尔・培根[2]才在欧洲记录了火药的主要成分，后来人们称之为“黑火药”。

### 最早的参考文献

关于火药，最早的参考文献可能来自9世纪中期的道教文献：“一些人把硫黄、雄黄（硫化砷）、硝石和蜂蜜混合在一起加热，产生了烟火，他们的手和脸被烧伤，甚至整间房子也被烧毁了。”[1]

汉武帝耗费巨资让道士们研究长生不老的奥秘。道士加热硫黄和硝石，促使它们发生反应。3 世纪，葛洪[3]可能已经发明了火药。之后在唐代，人们把硫黄、硝石和木炭（最好取自柳树）混合起来，制成了一种叫“火药”的爆炸物。由于制造火药非常危险，人们在混合配料时必须格外小心。有时人们会加入水、酒或其他液体，以免产生火花导致火灾。将粉末状的成分与液体混合，之后通过网筛、干燥，就可以得到小颗粒。火药最早的用途是治疗皮肤病和驱赶昆虫，后来才被当成武器。最初的武器试验是从装满火药的竹筒开始的。

不知从何时开始，中国人把箭系在竹筒上，然后用弓发射，这就是烟花。烟花后来发展成“火焰箭”（fire arrow），用于恐吓敌人，点燃他们的木质堡垒。之

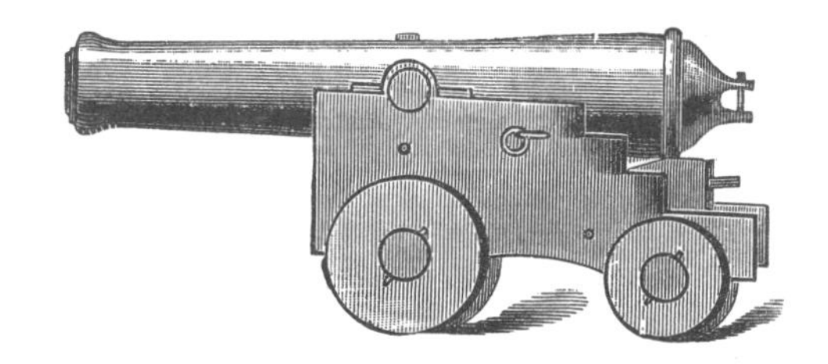

1 引文根据英文直译，原文见《真元妙道要略》：“有以硫黄、雄黄合硝石并蜜烧之，焰起，烧手、面及烬屋舍者。”
2 罗吉尔・培根（Roger Bacon，约 1214—约 1292），英国哲学家、炼金术士。
3 葛洪（约 281—341），东晋道教理论家、医学家，代表作《抱朴子》是道教的经典。

> **火药与长生不老**
>
> 道士和炼金术士在寻求长生不老的过程中，偶然发明了火药。笔者近期收到下面这封邮件，其中写道：“俄勒冈州东部一位老牛仔对他的孙子说，如果想要长寿，秘诀就是每天早上在燕麦片上撒上一撮火药。他的孙子虔诚地照做，身体健康，一直活到103岁。他死的时候有14个孩子、30个孙辈、45个曾孙辈、25个曾曾孙辈，以及在火葬场上留下的15英尺深的坑。”

后不久，人们发现，依靠逸出气体产生的推动力，“火药管”可以自行发射。现在人们改用金属管，火箭（rocket）的雏形就诞生了。中国人迅速把火药用于战争，开发出各种各样的武器，包括火焰喷射器、火箭、炸弹和地雷。后来中国人又发明了大炮。制造火药的方法从中国传播到阿拉伯，然后扩散到欧洲。哈桑（Al-Hassan）声称，在1260年加利利东部的阿音札鲁特战役中，埃及人马穆鲁克用“史上第一门大炮”对付蒙古人，他们用大炮吓唬蒙古骑兵，制造混乱。这是蒙古军队在西征途中遭遇到的决定性失败，此后蒙古人的威胁消失了。人们发明了越来越重的大炮，射程越来越远，能够抛射的石头或金属球也越来越重。在威尔士独立战争[1]期间，威尔士亲王欧文·格兰道尔[2]在英国军队大炮的持续轰击下，丢失了阿伯里斯特威斯和哈勒赫的城堡，这标志着城堡在欧洲战争中已经过时。

# 区分天花和麻疹

约900年

波斯（今伊朗），拉齐（约864—924）

文艺复兴以前，拉齐（Rhazes）的著作一直是医学知识的主要来源。他是波斯医生、炼金术士、化学家、哲学家和学者，博学多才，传记说他“可能是有史以

1 战争发生于1400年至1415年。
2 欧文·格兰道尔（Owain Glyndŵr，约1359—约1416），威尔士统治者。1400年，他发动叛乱，对抗英格兰国王亨利四世，后来战败，威尔士从此成为英格兰王国的领地。

来最伟大的临床医生”。拉齐最著名的作品是一部25卷本的希腊—阿拉伯医学和外科知识概要，标题是《医学集成》(*Kitab al-Hawi fi al-tibb*)。这部书最早的版本可以追溯到1094年，现在已经残缺不全。1279年，《医学集成》被翻译成拉丁文，是1951年以前所有出版的书籍中最大、最重的一本。这部书面向大众，是献给穷人、旅行者和其他请不到医生的普通公民的。书中包含了许多疾病的信息，列举了之前希腊、叙利亚、印度、波斯、阿拉伯医学著作中提到过的每一种疾病，以及相关的医学理论。拉齐遵循希波克拉底的传统，提供了病例记录和实用的治疗建议。他提倡许多简单疗法（比如膳食补充剂），提醒人们提防复杂的制剂。直到文艺复兴之后很久，《医学集成》的第9卷一直是医疗知识的主要来源。拉齐也被誉为“儿科之父”，他写过一本《儿童疾病》(*The Diseases of Children*)。这本书最早将儿童疾病作为一个独立的医学领域来研究。拉齐还开发了几种化学仪器，至今仍在使用。

拉齐是第一个区分天花和麻疹的医生，他准确地描述了两种疾病的症状，警告人们要远离天花患者，以免被传染。拉齐的描述不是武断的，而是依赖对诸多病例的临床观察。在研究春天因玫瑰而引起的鼻炎时，拉齐发现了过敏性哮喘。他是第一个写文章讨论过敏和免疫学的医生。拉齐最早提出发烧是一种防御机制，是身体对抗疾病的一种方式。他批判盖伦的理论，后者认为人体需要平衡四种不同的体液。拉齐也批判了亚里士多德的四元素论，这遭到其他医生的反对。他还写过一本《秘典》(*Book of the Secrets*)，其中有化学操作的实用建议。拉齐相信金属能相互转化，认为金属主要来自两种元素：硫和汞。他试图把已知的物质分成

### 拉齐反对迷信

除了批判盖伦的四体液说，拉齐也不相信宗教，反对医学、教条中的狂热主义，这使他经常陷入麻烦。拉齐认为，宗教狂热会滋生仇恨和战争。他写道：“……你有什么依据认为上帝（通过给他们预言）把某些人挑选出来，让他们凌驾于众人之上，成为民众的向导，而民众需要依赖他们？……如果信徒被问到宗教的正义性，他们就勃然大怒，杀死所有质疑者。任何质疑都不被允许（即使是合理的也不行），他们会设法杀死对手，使真相完全被遮蔽，只剩下沉默。”

动物、矿物和植物。有几种化合物据说是拉齐发现的，比如从石油中蒸馏得到的煤油。

# 连发火焰喷射器 | 炸弹

约919年

中国，曾公亮（999—1078）

在杨惟德和丁度的协助下，曾公亮于1040年至1044年编撰了《武经总要》，其中介绍了各种各样的武器装备，比如抛石机、罗盘、战舰。10世纪初，中国人用火药浸渍的导火索引发双活塞火焰喷射器。以前的火焰喷射器不能连续发射，而在932年的一场战役中，这种火焰喷射器可以连续不断地喷射中国版的"希腊火"。火焰喷射器贯穿了整个历史，包括两次世界大战。第二次世界大战期间，德国军队用火焰喷射器镇压了1943年的华沙犹太区起义和1944年的华沙起义。美国海军陆战队使用火焰喷射器清除日军战壕和掩体——由于氧气被火焰耗尽，躲在洞穴里的日本士兵最终窒息而死。在M4型谢尔曼"火焰坦克"诞生以后，海军陆战队仍然使用步兵便携的火焰喷射器。到目前为止，火焰喷射器可能是步兵遭遇到的最可怕的武器。

《武经总要》也记录了最早的火

药配方。第一种配方用于制作抛石机的炮弹，或者制作带有挂钩的炸弹，后者能钩挂在木质堡垒上，将其点燃。第二种配方用于制作毒药烟球，可进行化学战。《武经总要》表明，简单的燃烧武器要么用抛石机抛射，要么从城墙上投掷，要么用铁链悬下来。书中也介绍了点火球，可以在战争中确定抛石机的射程："所谓点火球，就是把纸包成球形，里面放着 3—5 磅重的粉砖。把黄色的蜡熔化，静置到透明，接着加入木炭粉，使它变成糊状渗透到纸球中，再用麻绳捆起来。要想知道抛石机的射程，就先发射点火球，再发射燃烧弹。"

### 连发火焰喷射器

"喷火器"是中国早期的一种活塞式火焰喷射器，使用的材料类似石油和汽油："右边放着猛火油柜，它以熟铜打造，有4只柜脚……圆管内有一根塞满丝绵的唧筒，头部缠绕着半寸粗的麻绳废料……使用前，用勺子通过过滤器往柜中加油，同时把火药放置在'火楼'里。发射时，火楼里要加一个烧红的烙锥，并把唧筒完全插入圆管。接着，后面的人听到命令，把唧筒向后拉到底，再使劲前后移动。油就从'火楼'里喷射出来，熊熊燃烧……如果敌人攻城，守城方把这种武器放在城头，或者放在防御工事里，再多的敌人也无法攻克。"[1]

# 船闸

984年

中国，乔维岳（926—1001）

中国的水路连接着辽阔国土的各个部分，也催生出了一些伟大的早期水利工程。其中最著名的是京杭大运河，它连接着北京和杭州，横贯南北，总长达 1747 千米。始凿于公元前 5 世纪，后经 7 世纪和 13 世纪两次大规模扩展，利用天然河道加以疏浚修凿连接而成。现在，人们可以远距离地传递消息，也可以利用船只

1 引文根据英文直译，原文见《武经总要 · 卷十二》："右放猛火油，以熟铜为柜，下施四足……横筒内有拶丝杖，杖首缠散麻，厚寸半……放时以杓自沙罗中挹油注柜窍中，及三斤许，筒首施火楼注火药于中，使然（发火用烙锥）；入拶丝，放于横筒，令人自后抽杖，以力蹙之，油自火楼中出，皆成烈焰……凡敌来攻城，在大壕内及傅城上颇众，势不能过。"

往来运输谷物。但起初在险峻的河流或运河中行船是非常危险的。公元前 1 世纪，中国人开始使用单门船闸控制运河的水流。单门船闸是带有闸门的水坝，可以让船只通过。闸门打开时，船只就在汹涌的水流中顺流而下。如果想逆流而上，需要大量劳动力。587 年，黄河沿岸修筑了船闸，用于调节运河的水位。如果水位差太大，无法操作船闸，就可以利用水面的双滑道来拖动船只。到 735 年，运河一年运输的谷物达 167650 吨。在最高峰时，每年有 8000 艘船运输 365800 吨谷物。

乔维岳担任淮南转运使时，注意到大运河的某段经常有货船发生事故。货船在通过双滑道时被撞毁，向朝廷缴纳的税粮也沉入水中。乔维岳意识到，如果建造两个相邻的船闸，就可以在闸门之间汇集大量静水。然后高处的水直接进入闸内，抬高水位和水中的货船。这个系统至今仍在世界各地使用。船闸降低了货物运输的成本，使工业生产发生巨变，水运可以通过苏伊士运河或巴拿马运河这样的大运河来缩短航程，而不必在陆路上绕远。中国船闸是运河运输的基础，一直延续到现在。

### 《宋史》

完成于1345年的《宋史》这样描述984年的事情："他们运来的税粮很重，经过运河时经常发生不幸，船只或损坏或失事，还有部分粮食因为船工与附近的土匪勾结而被盗取。因此，乔维岳下令在西河第三座大坝上修建两个船闸，闸门相距超过76米，整个空间就像一个有大屋顶的棚屋。这些闸门关闭时，就把河水像潮水一样积蓄起来，直到达到要求的水位再开闸。他还建了一座横桥，用来加固坝基。在这以后，先前的弊端完全消失了，船只畅通无碍。"[1]

1 引文根据英文直译，原文见《宋史》卷三百零七，列传第六十六："其重载者皆卸粮而过，舟时坏失粮，纲卒缘此为奸，潜有侵盗。维岳始命创二斗门于西河第三堰，二门相距逾五十步，覆以厦屋，设县门积水，俟潮平乃泄之。建横桥岸上，筑土累石，以牢其址。自是弊尽革，而运舟往来无滞矣。"

# 扇形齿轮 | 行星齿轮

| 约1000年 |

## 伊斯兰西班牙，安达卢西亚，阿尔·穆拉迪（活跃于1000年）

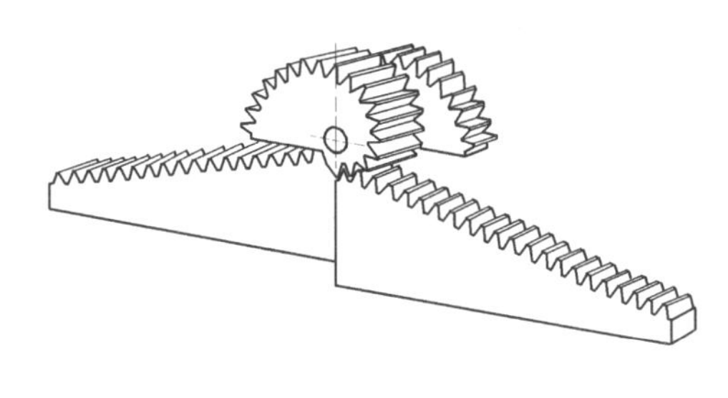

复杂的齿轮传动系统极大地促进了技术的发展。阿尔·穆拉迪（Ibn Khalaf Al-Muradi）是工程师与科学家，他写了本书叫《秘密之书》（*The Book of Secrets about the Result of Thought*），描述并绘制了31种机器和设备，包括战争机器、自动日历、最早的阿拉伯水钟，以及被称为“自动机”（automata）的复杂机械图形。阿尔·穆拉迪描写的水钟很粗糙，由快速的水流驱动，涉及复杂的齿轮系统，有时需要用水银润滑——直到13世纪，欧洲才出现类似的机械。《秘密之书》中的31种模型都由水轮驱动，水轮可以调节水流的缓急。其中19种设备是水钟。水钟之上有个小开口，用于调节水流，测定时间，上面安装的人形或动物形的塑像（自动机）则用于计时和报时。水钟还用到了其他装置，比如虹吸管、浮阀（类似于家用马桶的阀），以及根据水位而开启或关闭的污水泵。阿尔·穆拉迪还介绍了一种类似于电梯的起重装置，用来提升足以摧毁一座城堡的大型攻城锤。

阿尔·穆拉迪最早提到扇形齿轮和行星齿轮。扇形齿轮用于接受并传递齿轮之间的往复运动。它是圆形齿轮或环形齿轮的一部分，轮齿在外缘或表面。在扇形齿轮中，一对啮合的齿轮只有

**秘密重现**

卡塔尔的埃米尔[1]资助了一个研究小组，让他们重新抄写《秘密之书》的手稿，并翻译成意大利语、英语和法语。原件将在多哈伊斯兰艺术博物馆中永久陈列。他们也重制了书中的两台机器——“要塞投石车”和“三字时钟”。

1 卡塔尔的埃米尔（Emir of Qatar），即卡塔尔国的最高领袖。这里指的是前任埃米尔哈迈德·本·哈利法·阿勒萨尼（1952— ），在位时间是1995年至2013年。

部分圆周上有齿，这样可以间歇性地传递动力。还有些机械用到了行星齿轮。在行星齿轮中，小齿轮带动大齿轮旋转。除了安提基特拉机械（古希腊一种计算天文位置的机械计算机）之外，《秘密之书》关于复杂齿轮传动的描述是最早的。阿尔·穆拉迪的这本书保存在佛罗伦萨的老楞佐图书馆，据说达·芬奇曾研究过它。现在，简单齿轮已经应用于磨粉机和抽水机。

在欧洲，类似的齿轮最早出现在1365年乔万尼·德·丹第[1]的天文钟上。但直到16世纪早期，这些齿轮才真正有了用武之地。

# 医用注射器

| 约1000年 |

伊拉克和埃及，阿玛尔·伊本·阿里·毛斯里（活跃于1000年）

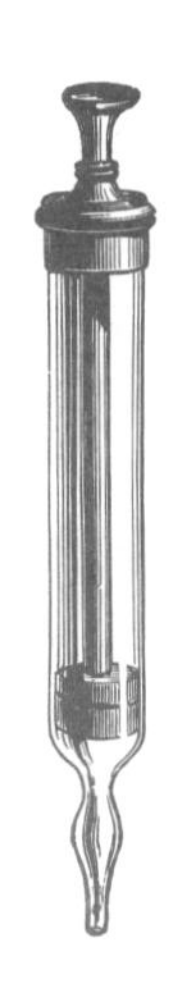

阿里·毛斯里（Ammar ibn Ali al-Mawsili）是眼科的创始人，他发明了皮下注射针的前身。最早的活塞注射器诞生于罗马时代，罗马医生凯尔苏斯[2]在他的著作《医术》（*De Medicina*）中提到了用这种注射器治疗某种并发症。这本书直到1478年才出版，后来变得和教科书一样重要。9世纪，医生兼翻译家侯奈因·伊本·易司哈格[3]撰写了关于眼科的专著，其中包括《眼科十论》（*Ten Treatises on the Eye*）。相比于今天我们知道的希腊和罗马著作，这本书有非常大的进步。阿里·伊本·伊萨·卡哈尔[4]在巴格达行医期间，也撰写了一本眼科手册，包含130种眼疾。伊萨·卡哈尔和阿里·毛斯里是同时代的人。阿里·毛斯里来自伊拉克，后来移居埃及。在埃及，他把自己的眼科著作献给哈基

1 乔万尼·德·丹第（Giovanni de Dondi，约1330—1388），意大利医生、天文学家和机械工程师，他建造了欧洲最早的机械钟。
2 凯尔苏斯（Aulus Cornelius Celsus，前25—后50），罗马百科全书编纂者。
3 侯奈因·伊本·易司哈格（Hunayn ibn Ishaq，809—873），阿拉伯学者、医学家。
4 阿里·伊本·伊萨·卡哈尔（Ali ibn Isa al-Kahhal，940—1010）。

姆[1]，后者是法蒂玛王朝的统治者，于996年至1021年在位。阿里·毛斯里在书中讨论了48种疾病和一些临床病例以及手术器械的改进，包括一种空心的白内障针。阿里·毛斯里声称，借助这种针的吸力可以摘除眼睛中的软内障。后来的眼科医生也提到过这种空心玻璃管做成的针，据说1230年左右，眼科医生伊本·阿比·乌塞比亚（Ibn Abi Usaybiàh）目睹了用它摘除白内障的过程。

# 绷带 | 羊肠线 | 橡皮膏

| 约1000年 |

西班牙，安达卢西亚，宰赫拉威（936—1013）

宰赫拉威（Abulcasis）引进了200多种手术器械。他介绍了如何用羊肠线结扎血管，这种方法至今仍用于外科手术。宰赫拉威是安达卢西亚哈里发的宫廷医生，5个多世纪以来，他所著述的医疗实践百科全书《医学宝鉴》（*Kitab al-Tasrif*，共30卷）一直被伊斯兰国家和欧洲的外科医生研习。这本书总结了他50多年积累的

### 橡皮膏

1830年，在费城的一份医学杂志上，塞缪尔·戴维·格罗斯（Samuel D. Gross）报道了他如何使用医用橡皮膏治疗骨折。1845年，新泽西州的医生贺拉斯·H.戴（Horace H. Day）和威廉·H.谢康特（William H. Shecut）把橡胶溶解在一种溶剂里，涂在胶布上，并申请了专利。托马斯·欧科克（Thomas Allcock）医生销售了这种橡皮膏，并将其命名为“欧科克多孔膏药”（Allcock's Porous Plaster）。1848年，马萨诸塞州的约翰·帕克·梅纳德（John Parker Maynard）医生公布了一种膏药，是把从火棉中提取出来的液体溶解在硫酸醚里。它的使用方法是涂在皮肤上，然后用棉布包住。1874年，新泽西州的罗伯特·伍德·约翰逊（Robert W. Johnson）和乔治·约翰·西伯里（George J.Seabury）发明了一种以橡胶为基础的医用橡皮膏。1886年，约翰逊与西伯里分道扬镳，创办了自己的强生公司（Johnson & Johnson）。在宰赫拉威发明橡皮膏900年后，约翰逊发明了受消费者喜爱的以橡胶为基础的橡皮膏，叫作“创可贴”（Band-Aids）。

1 哈基姆（Al-Hakim，985—1021），法蒂玛王朝第六任哈里发。

医学知识和临床经验。宰赫拉威擅长用烧灼术治病，灼烧受损的组织可以避免因切除而造成失血、感染或引起败血症等并发症。在抗生素出现以前，许多疾病和伤口都很难得到更好的处理。一般认为，动脉结扎要归功于安布鲁瓦兹·帕雷[1]，但烧灼术跟他没有关系。宰赫拉威最早提出了血管结扎，他还引进了羊肠线，用于内部缝合。羊肠线会在体内溶解，对患者没有任何副作用。

现代产科中所谓的“瓦尔歇氏卧位”（Walcher's position）和治疗肩膀脱臼的“科氏法”（Kocher's method）也是由宰赫拉威首创，比通常认为的早几个世纪。宰赫拉威最早描述了宫外孕致死，他还发明了一种挽救患者的设备。此外，他还发明了许多手术器械，用于切除异物或者检查身体。他发现血友病是可以遗传的，甚至做过偏头痛手术。他最早利用升华和蒸馏制药，并提供了药品的配方。他在书中只列举了部分发明，包括橡皮膏、刮匙、几种新型手术刀、牵开器、手术钩、手术棒、手术匙、口腔麻醉、吸入麻醉、麻醉海绵、纱布和羊肠线。

# 传染病

| 1025年 |

波斯（今伊朗），伊本·西拿（约980—1037）

伊本·西拿（Ibn Sīnā）是波斯化学家、神学家、数学家、哲学家、诗人、地质学家和天文学家，他是伊斯兰黄金时代[2]最著名的博学者。他的医学典籍在当时广为流传。伊本·西拿有450本著作，其中40本与医学有关。他的《医典》（*Canon of Medicine*）遵循盖伦和

1 安布鲁瓦兹·帕雷（Ambroise Paré，1510—1590），文艺复兴时期法国外科医生。

2 伊斯兰黄金时代（Islamic Golden Age）：指762年至13世纪或15世纪，其间伊斯兰世界在艺术、科学、哲学等各个领域有突出的发展。

### 伊本·西拿与海覆地球

形成山脉的过程很可能与形成岩石的过程相同。岩石很可能诞生于黏土：在史无所载的岁月里，黏土慢慢干燥、石化。这个宜居的世界在过去似乎不那么宜居，大地淹没在海洋之下。接着，随着时间推移，它一点点地暴露出来，一点点地石化。

——伊本·西拿《矿物之书》

（*Congelatione et Conglutinatione Lapidium*）

希波克拉底的原则，有 14 卷，共百万字。《医典》分为 5 册：第 1 册讨论生理学，第 2 册讨论病理学和卫生学，第 3 册和第 4 册讨论治病的方法，第 5 册介绍了药物的成分与制备。一直到 18 世纪，《医典》都是欧洲和伊斯兰世界权威的医学典籍。伊本·西拿最早正确地描述了人眼的解剖结构，也最早注意到心脏有瓣膜。

伊本·西拿可能也是最早在书中提到传染病的人。他建议通过隔离限制其传播。伊本·西拿认为肺结核能传染，而当时的欧洲人对此提出了质疑——而事实证明伊本·西拿是对的。伊本·西拿引进了实验医学和药效试验。他提出了检验新药有效性的规范和原则，直到现在，这依然是临床对照实验和临床药理学的基础。威廉·奥斯勒男爵认为伊本·西拿“创作了史上最著名的医学教科书”，而《医典》是“比任何著作都源远流长的‘医学圣经’”。

# 近世代数

1070年

波斯（今伊朗），欧玛尔·海亚姆（1048—1122）

天文学和数学的重大进步有赖于代数的创立。波斯人欧玛尔·海亚姆（Omar Khayyám）通常被当作诗人，但他也是数学家、天文学家和哲学家。早在哥白尼之前几个世纪，作为天文学家的海亚姆就提出地球不是宇宙的中心。他建造了一座天文台，并组织编制了天文表。1079 年，海亚姆测出一年的长度为 365.24219858156 天，这个结果非常精确，每 5500 年只有 1 小时误差。相比之下，我们今天使用的 1582 年颁布的公历，每 3300 年就有 24 小时误差。海亚姆的历法一直用到 20 世纪，现在仍是伊朗历法的基础，仍在阿富汗和伊朗使用。类似于印度历法。海亚姆的历法也是依据凌日现象[1]制定的。每个月有 29 至 31 天不等，取决于太阳进入黄道十二宫新区域的时间。海亚姆著名的星图已经失传，但他的许多思想仍然在学者之间代代相传。

### 四行诗

爱德华·菲茨杰拉德[2]翻译了欧玛尔·海亚姆的数百首诗作，并取名为《鲁拜集》（*Rubáiyát of Omar Khayyám*）。下面是其中最著名的两首：

树荫下放着一卷诗章，
一瓶葡萄美酒，一点干粮，
有你在这荒原中傍我欢歌——
荒原呀，啊，便是天堂！

指动字成，字成指动：
任你如何至诚，如何机智，
难叫他收回成命消去半行，
任你眼泪流完也难洗掉一字。[3]

3 世纪的丢番图（Diophantus of Alexandria）被誉为“古代代数之父”，但毫无疑问，海亚姆极大地促进了这门学科的发展。《代数问题的论证》（*Treatise on Demonstration of Problems of Algebra*）一书使海亚姆作为杰出的数学家而闻名于中世纪。这部作品阐述了代数的原理，作为波斯数学的一部分，最终传到了欧洲。更重要的是，海亚姆推导的一般方法不仅可以求解三次方程，也适用于一些高阶方程。他找到了三次方程的几何解，可以通过查找三角函数表求得数值。在这个领域，海亚姆的著作被视为最早的系统研究，使得人们第一次有了精确求解三次

1 当水星或金星运行到太阳和地球之间时，地球上的观察者会看到一个黑点在太阳表面缓慢移动，这就是凌日现象。
2 爱德华·菲茨杰拉德（Edward Fitzgerald，1809—1883），英国诗人，以翻译《鲁拜集》而闻名。
3 这两首诗的译文直接采用了郭沫若先生的译文。英文原文是：
A Book of Verses underneath the Bough,
A Jug of Wine, a Loaf of Bread-and Thou
Beside me singing in the Wilderness-
Oh, Wilderness were Paradise enow!

The Moving Finger writes: and, having writ,
Moves on: nor all thy Piety nor Wit
Shall lure it back to cancel half a Line,
Nor all thy Tears wash out a Word of it.

方程的方法。它包含了三次方程的完全分类，并用圆锥曲线相交的方法得到了几何解。这本书的主要成就是海亚姆发现三次方程可以有多个解。值得注意的是，他指出求解三次方程需要用到圆锥曲线，因此不能用尺规作图法。海亚姆去世 750 年后，这个观点得到了证明。

# 磁罗盘｜真北

1088年

中国，沈括（1031—1095）

博学的沈括最早发现指南针指向磁北而非真北[1]。有了这个决定性的突破，指南针开始广泛应用于航海。致仕以后，沈括完成了他的科学著作《梦溪笔谈》。为了方便研究天文学，他改进了浑天仪、指时针（日晷上投影的指示标杆）、窥管，还发明了一种新型水钟。在数学领域，沈括开拓了一些新方法，为球面三角学和高阶等差数列奠定了基础。大约公元前 247 年，中国人就已经发明了指南针，但仅用于指南车之类的非磁设备。在指南针出现以前，海上定位通常靠观察地标，有时也靠观察星体。指南针使我们在阴天也可以行船，开启了“地理大发现”。

在《梦溪笔谈》中，沈括最早介绍了磁针罗盘，它可以用于航海。通过悬浮磁针的实验，沈括提出了“真北”的概念，发现了北极的磁偏角。他写道，钢针一旦与磁石摩擦就会磁化，可以悬浮或放置在底座上。由于地磁北极、地磁南极与地理上的北极、南极不同，航海家可以根据沈括发现的磁偏角调整航线。磁偏

1 磁北（magnetic North Pole）指地磁的北极，真北（true north）指地球的北极，两者之间有一定偏差，偏差的角度即为磁偏角（magnetic declination）。

## 最早的古气候学家?

沈括发现了一些贝壳化石和卵石——我们常在山岭地区的海滨发现这些石头。他得出结论：很久很久以前，山位于海平面之下。在《梦溪笔谈》中，他根据这些内陆生物化石以及土壤侵蚀、泥沙沉积相关的知识，提出了陆地形成的地质学假设（地形学）。他还通过观察保存在地下的石化竹子，提出了气候渐变的假设——在他那个时代，北方由于气候干燥，竹子是无法在那里生长的。沈括被誉为“中国的达·芬奇”，《梦溪笔谈》远不足以囊括他的所有发明、发现和成就。

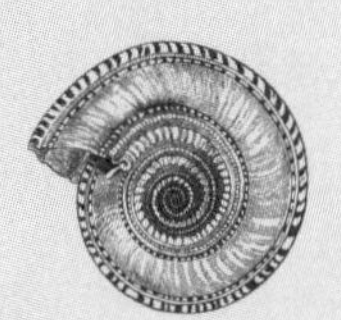

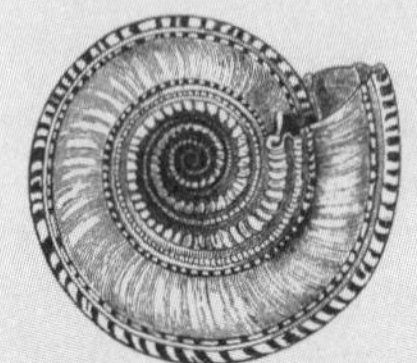

角的变化范围很广，取决于该点到地球磁场本初子午线的距离。今天的海图给出了当地的磁偏角，可以调整地图的方向使指南针指向真北。除了帮助水手在海上准确定位之外，沈括还指出，二十四方位罗盘比过去使用的八方位罗盘更实用。不久，他的建议就被采纳，后来罗盘还被扩展到三十二方位，可以更精准地指导航行。100 年后，大约 1180 年，亚历山大·尼坎姆[1]留下了西方关于磁罗盘的最早记录。

# 塔钟 | 链传动

| 1092年 |

中国，苏颂（1020—1101）

塔钟是最早的实用机械钟，它的动力传动装置后来应用于工业革命。中国人

1 亚历山大·尼坎姆（Alexander Neckam，1157—1217），英国学者、神学家。他在《论自然界的性质》（*De Naturis Rerum*）一书中有关于磁罗盘的介绍。

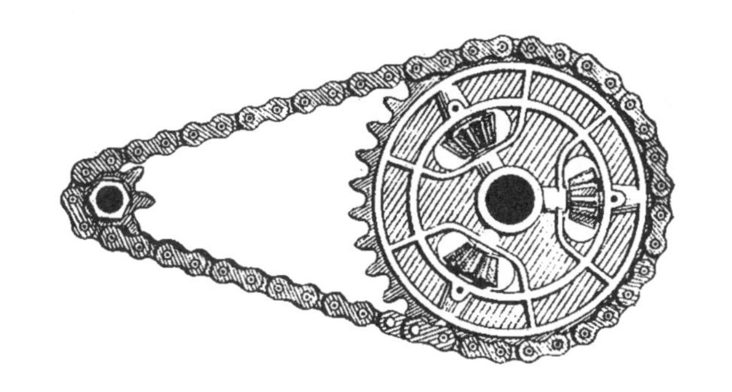

苏颂发明了这种装置来驱动天文仪器——水运仪象台，用来占星（为皇帝预测未来）。水运仪象台高10.6—12.2米，顶部有一个动力驱动的浑天仪，用于观察恒星的位置。苏颂还使用了链传动：通过链传动，使水从水轮上滴下来，进而传递能量。青铜制的星象仪位于塔的中部，与浑天仪同步转动。36个水斗连接着中央水车，每个水斗依次推动杠杆，同时水斗前倾，与齿轮和配重系统啮合。一种强有力的擒纵机构把钟摆的能量传递给齿轮。两个世纪以来，欧洲人始终不知道这种装置。一行也使用过这类擒纵器，通过滴漏装满水轮。如果水斗中液体太多以至于无法倾倒，滴漏可以把液体抽出来，利用气压原理把一个容器中的液体输送到另一个容器（后来的手动擒纵器使时钟更精确）。苏颂的塔钟共3层，最下面一层有机械操纵的人形自动机，它会在每天固定的时间打开门，敲钟打鼓，然后回到门内。

塔钟里的“天柱”是最古老的连续传动装置。它把水车的动力传送到浑天仪，从而驱动塔钟。1000年来，中国人用这种传送带把能量从一处传送到另一处。它的缺点是很容易变形、打滑。苏颂使用传送带传递水钟和水轮的动力，但他的传送带有很多小孔，通过链轮的齿轮与连续传动装置相连。钟塔的平面图和链传动的插图见于苏颂的专著《新仪象法要》，这本书写于1092年，并在1094年正式出版。苏颂的链传动系统采用固定轮，至今仍出现在自行车和摩托车上。1770年，雅克·戴·沃康松（Jacques de Vaucanson）把这项技术应用于缫丝和推磨，链传动因此成为一项重要的技术。1869年，特雷兹（J.F. Tretz）首次在自行车上使用链传动。

# 三田制

约1100年

欧洲

从中世纪到19世纪，三田制是欧洲主要的耕作方式，它代表了农业生产技术的重大进步。过去，人们实行两田制，即每年只耕种一半的土地，另一半土地休耕（使土壤休息和恢复）。轮作是必要的，不同的植物有不同的营养需求，轮作可以避免积累某一作物特有的土壤病虫害。在三田制中，只有1/3的土地休耕。秋天，1/3的土地种上了小麦、大麦或黑麦。到了春天，另外1/3的土地种上了燕麦、大麦和豆类，准备在夏末收获。具有固氮能力的豆类作物（豌豆、扁豆、黄豆）不仅可以作为食物，还可以改良土壤。春种依赖夏季降雨，北欧由于降雨充沛，所以非常有效。北欧每年收获两次，由此降低了因作物歉收导致饥荒的风险。春天多播种一些燕麦，也可以给马提供饲料。这也使马最终取代了牛，在农业生产中得到广泛应用——尤其是在引进胸带挽具之后。

### “三”变成“四”

英国农学家查理·“萝卜”·汤孙德[1]推广了四田制。该系统（小麦、大麦、根茎植物如萝卜和三叶草）既种植饲料作物，也种植牧草，使牲畜可以全年繁殖（在西欧的大部分地区，充沛的雨水不仅可以让牛羊在一年大部分时间里吃一块土地的牧草，还可以收割3种以上的牧草，储存起来作为过冬的饲料）。这种方法不需要每三年休耕一次，因而有效地提高了生产力。新的轮作方式是英国农业革命的重大发展。

1 即查理·汤孙德（Charles Townshend，1674—1738），英国政治家，曾担任英国国务卿。他对农业感兴趣，在一片土地上轮流种植萝卜、大麦、三叶草和小麦，因此他也被称为“萝卜”·汤孙德。查理·汤孙德采用的轮作制度叫作“诺福克四区轮作制”（Norfolk four-course system），与上文的“两田制”“三田制”有差别，即没有休耕。

在众所周知的20世纪40年代至70年代的绿色革命中，世界各地的传统轮作方式逐渐消失，取而代之的是向土壤中添加化肥补充营养元素，比如添加尿素、硝酸铵，以及用石灰恢复土壤的pH值。其他倡议还包括开发高产谷物品种，扩大灌溉基础设施，引入现代管理技术，推广杂交种子，改良农药。从20世纪60年代开始，农产品的产量显著提高。全世界都在不断寻求增产，为专门作物准备集中的土地，通过简化种植和收获的过程来减少浪费和避免低效。

# 医学上的心身关系

约1180年

伊斯兰西班牙，科尔多瓦，迈蒙尼德（1135—1204）

迈蒙尼德（Maimonides）是西班牙的犹太学者，他是杰出的哲学家，也是中世纪最伟大的法律学者和医生。他被任命为伟大的萨拉森领袖萨拉丁[1]的私人医生，而拒绝了"狮心王"理查[2]的医生职位。迈蒙尼德知道，第三次宗教战争是针对以色列犹太人的，而凶残的理查一世就是领导者之一。理查一世也是英国犹太人大屠杀的罪魁祸首。迈蒙尼德最重要的3部著作涉及哲学和犹太人评论：《密西拿评述》（*Commentary on the Mishneh*）、《密西拿·托拉》（*Mishneh Torah*）、《迷途指津》（*The Guide to the Perplexed*）。迈蒙尼德用阿拉伯语写了10部医学著作，在中世纪时被翻译成拉丁语。这些著作成为中世纪医生的系统医学指南。这些医学知识在欧洲文艺复兴时期的大城市广泛流传，比如博洛尼亚、威尼斯和里昂，并继续向世界传播。

迈蒙尼德描述了许多疾病的症状、诊断、病理和治疗，这些疾病包括中风、糖尿病、肝炎、肺炎以及哮喘。他相信治病要治根。迈蒙尼德主张设法预防疾病，包括保持卫生、呼吸新鲜空气、饮用洁净的水、运动和健康饮食。他写道，

1 萨拉丁（Saladin，1137—1193），埃及阿尤布王朝的苏丹，曾领导阿拉伯人对抗十字军，被视为埃及的民族英雄。
2 "狮心王"理查（Richard the Lionheart，1157—1199），即理查一世，英格兰国王，因骁勇善战而被称为"狮心王"。他是第三次宗教战争（1189—1192）的将领。

### 圣菲阿克，痔疮患者的守护神

圣菲阿克（St Fiacre，死于670年）是爱尔兰修道士，他后来去了法国，并建造了一座寺院式园林。他患有痔疮，有一天他坐在石头上，痔疮竟意外地痊愈了。所以在中世纪，痔疮也叫“圣菲阿克病”（Saint Fiacre’ s illness），当时指代所有的瘘管疾病。圣菲阿克是著名的厌女者，可能是因为这个原因，他被称为性病患者的守护神。所以，圣菲阿克最终成为痔疮、瘘管和性病患者的守护神，但他更为人熟知的身份是食用和药用植物的守护神，以及园丁的守护神。他也是出租车司机、盒子制造商、花匠、袜商、锡手工者、砖瓦匠、农家孩子以及所有不孕不育患者的守护神。总而言之，他身兼数职。关于痔疮，迈蒙尼德不同意那个时代的通行疗法。他反对外科医生切除或烧灼痔疮，而是采取今天最流行的坐浴疗法（坐在浴缸里，让热水淹没臀部）。

一个人的身体健康取决于他的心理健康，反之亦然。这种关于心身关系的描述在当时非常新颖，而且完全是独创的。迈蒙尼德极力主张这样一种哲学：健康的体魄孕育健康的思想。2001 年，西德尼 · 布洛赫（Sidney Bloch）在《柳叶刀》（*The Lancet*）杂志中写道：“心身医学，尤其是第二次世界大战后精神分析学家所倡导的心身医学，要归功于迈蒙尼德。事实上，他完全称得上是心身医学的鼻祖。”与同时代的其他人不一样，迈蒙尼德敢于批评前辈的研究，比如盖伦和希波克拉底的研究。他的发现是基于严谨的科学实验、观察和解释的。

# 配重投石机

| 1187年 |

叙利亚，奥塔苏西（活跃于1187年）

奥塔苏西（Mardi bin Ali al-Tarsusi）为萨拉丁写过许多军事专著，其中一本的标题鼓舞人心：《为聪明人提供在战斗中避免受伤的方法，以及与敌军遭遇战中如何用旗语传达命令》。在这本书中，他记录了最早的配重投石机（投石机是一种石弩，其工作原理是利用高处配重的能量抛射弹丸），改变了围城战。奥塔苏西声称，投石机的力量比得上 50 个人，因为“物块的重力恒定不变，而人的拉力大小不一”。配重投石机不同于早期的牵引投石机（发明于公元前 4 世纪），牵引投石机需要一组人拉着弹丸，而配重投石机使用平衡物。最早的配重投石机可以向敌军的堡垒和城防发射 160 千克的炮弹。

军队也用投石机把感染疾病的人和动物尸体抛进高墙，令防御者士气低落，还可能使其染病。最普遍的做法是把俘虏的头颅抛进防御工事。据说，最早在 1097 年的第一次宗教战争中，拜占庭军队和十字军在尼西亚围城战（Siege of Nicaea）中使用了配重投石机。尼西亚由 200 座塔楼拱卫，雷蒙德四世[1]用一台攻城机器就摧毁了冈塔斯之塔。1187 年至 1188 年，萨拉丁使用了 17 台攻城机，试图从十字军手中夺回苏尔城。在第三次宗教战争中，理查一世和腓力二世[2]在阿克雷包围战（Siege of Acre）中使用了配重投石机。巨石对准城墙，城市最终陷落。奥塔苏西向我们展示了配重投石机最早的图片，这种投石机很快风靡伊斯兰国家和欧洲。然而，奥塔苏西称之为“异教徒的机器”，我们推测是十字军首先发明了它们。在大炮出现以前，投石机是最重要的攻城机器，它能够抛射超过一吨重的石头，或者一次性抛射多种物体。在 1147 年的里斯本围城战（Siege of Lisbon）中，两台机器平均每 15 秒发射一枚弹丸，平均射程超过 305 米。

# 0

1202年（出自《计算之书》）

## 意大利，斐波那奇（1170—1240）

如果没有 0，现代物理学和数学就不可能进步。“0”有两种截然不同的用法。

1 雷蒙德四世（Raymond IV of Toulouse，约 1041—1105），法国贵族，第一次宗教战争的主要将领。
2 腓力二世（Philippe II Auguste，1165—1223），法兰西国王。

> **“0”的独立发现**
>
> 另一种文明也发展出了包含“0”的进位制，即中美洲的玛雅文明，位于今天的墨西哥南部、危地马拉和伯利兹北部。玛雅文明在250年至900年尤为繁荣。至少在665年，玛雅人就已经使用了二十进制的数字系统，并且用到了数字“0”。事实上，他们使用“0”的历史可以追溯到更早——那时他们还不知道进位制。然而在一些人看来，这意味着腓尼基人和其他早期的旅行者可能曾在南美洲定居。

第一种是在进位制中表示空位。比如说，在“7035”中，数字“0”可以确保数字“7”和“3”处于正确的位置。我们知道，“7035”和“735”不是一回事。在大约公元前700年的美索不达米亚的库施，“0”写得像三个钩子。在大约公元前400年的巴比伦楔形文字中，“7035”包含两个楔形符号，即“7ΔΔ35”。换句话说，此处的“0”相当于某种标点符号。在巴比伦，“70350”要写成“7ΔΔ35ΔΔ”，末尾的“0”不能省略。希腊的数学研究起源于公元前400年左右，当时巴比伦人已经用“0”表示空位。然而，希腊人没有采取进位制。早期的希腊数学是基于几何学的，数学家用线的长度代表数字，因此不需要给数字命名。商人需要给数字命名（为了记录），但数学家不需要，所以不必创造不同的符号。然而一些天文学家开始用“0”记录数据，也用符号“O”表示空位。

“0”的第二种用法是作为数字本身，即负数单位“-1”和正数单位“1”（+1）之间的整数。今天的数学符号和数字系统都起源于印度。我们不确定它有多么古老，但我们知道，早在650年，介于“-1”和“+1”之间的“0”已经是印度数学的一部分。印度人也使用进位制，也用“0”表示空位。7世纪，婆罗摩笈多[1]尝试给0和负数制定运算规则。他解释说，对于给定的数字，用它减去它本身，就得到0。他还给出了涉及0的加减法规则：0与负数的和是负数，0与正数的和是正数，0与0的和是0。0减去负数的差是正数，0减去正数的差是负数，正数减去0的差是正数，负数减去0的差是负数。他还说任何数乘以0，结果都是0。婆罗摩笈多最早尝试把算术推广到负数和0。

没过多久，印度数学家的杰出成果向西传播到伊斯兰和阿拉伯。在伊拉克，

1 婆罗摩笈多（Brahmagupta，约598—约668），印度数学家、天文学家。

## 斐波那奇数列

在斐波那奇数列中，连续的两个数相加得到下一个数，如0, 1, 1, 2, 3, 5, 8, 13, 21, 34, 55, 89, 144, 233, 377, 610, 987, 1597……这个数列非常神奇，人们在自然界中的蔬菜、水果、谷穗、松果、树叶的排列中都发现了这种结构。例如，花瓣呈斐波那奇数列排列，树枝围绕树干旋转的方式也是基于斐波那奇数列。斐波那奇数列的比率也很重要。如果用斐波那奇数列的后一个数除以前一个数，结果会非常接近，如34/21≈1.619047619; 55/34≈1.617647059; 89/55≈1.618181818。就像π（pi）一样，斐波那奇比率叫"Phi"，是一个无理数，永远得不到确定的结果，但总是接近于1.61803398874989，数学表达是$(\sqrt{5}+1)/2$。Phi也叫黄金分割数，这是由欧几里得提出的。欧几里得认为，黄金分割就是"用平均值和极值的比率来分割一条线"。如果分割一条线，较长的部分等于Phi（约1.62）乘以较短的部分，这就叫黄金分割。黄金矩形是一种特定的矩形，矩形的长和宽呈黄金比例，即长大约是宽的1.62倍。黄金矩形和黄金分割在艺术和建筑中非常重要。黄金比例广泛应用于日常设计中，比如明信片、扑克牌、海报、宽屏电视、照片和电灯开关。与此相关的数字，也应用于金融交易市场，如交易算法、应用和策略。典型实例如斐波那奇回调（Fibonnaci retracement）、斐波那奇时间扩展（Fibonnaci time extension）、斐波那奇弧线（Fibonnaci arc）和斐波那奇扇形线（Fibonnaci fan）。

花拉子米[1]写了《印度计算法》（*On the Hindu Art of Reckoning*）一书，介绍了基于数字1，2，3，4，5，6，7，8，9，0的进位制。在向西传播到伊斯兰国家的同时，印度的数学思想也向东传播到了中国。意大利数学家斐波那奇（Fibonacci）的巨著《计算之书》（*Liber Abaci*），是印度—阿拉伯数字系统和欧洲数学之间的重要桥梁。斐波那奇介绍了印度—阿拉伯数字和十进制系统，这就是我们今天学习的数学。他还给出了详细的说明，教我们如何计算[这一过程叫"十进位计数法"（algorism），后来演变成英文中的"算法"（algorithm）]。斐波那奇把这种数字命名为"印度数字"，后来的学者又改成"印度—阿拉伯数字"，再之后索性改成"阿拉伯数字"。《计算之书》的开头这样写道："印度有9个数字：9，8，7，6，5，4，3，2，1。阿拉伯还有一个符号0。有了这9个数字和1个符号，我们可以表示任何数。"[数字0的源头其实是阿拉伯语中的"sifr"，这在后来演化成英文中的

1 花拉子米（al-Khwarizmi，约780—850），波斯数学家。

"cipher"（零）]。然而，欧洲很晚才采用数字系统和符号"0"。在吉罗拉莫·卡尔达诺[1]的《大术》(*Ars Magna*)一书中，他没有用到0就解开了三次方程和四次方程，所以0在他的数学中没有一席之地。直到17世纪，数字"0"才开始被广泛使用。

# 曲轴｜凸轮轴｜抽水泵

| 1206年 |

上美索不达米亚，阿拉伯半岛，加扎利（1136—1206）

曲轴能把旋转运动转化成直线往复运动，也能把直线往复运动转化成旋转运动。它应用于多种机器，比如蒸汽机和内燃机。可以说，没有曲轴和凸轮轴，就没有工业革命。阿拉伯的博学者加扎利（al-Jazari）因为写作《精巧机械装置的知识之书》(*Book of Knowledge of Ingenious Mechanical Devices*)而广为人知。在这本书里，他介绍了50种机械设备，包括擒纵器、水磨、密码锁；他也描述了诸如木材层压、磨削座阀和阀塞、用模盒铸造金属的方法。书中提到了5台用于取水的机器，加扎利把自己最重要的想法和组件都融入其中。曲柄最早出现在公元前5世纪的西班牙，是安装在旋转手磨上的偏心手柄。接下来，最早的连杆机构出现在3世纪的罗马锯木机上。加扎利发明了最早的曲轴，他把曲轴和曲柄、连杆结构结合起来，安装在双缸活塞抽水泵里。现代的曲轴基本上与加扎利的设计相同。同样的装置也被应用于他的链式泵。最早的抽水泵是利用家畜为活塞

1 吉罗拉莫·卡尔达诺（Girolamo Cardano，1501—1576），文艺复兴时期意大利数学家。

抽水泵提供动力，从井里引水灌溉。加扎利发明的链式泵是由水力驱动，应用于城市供水系统。

凸轮是一种旋转或滑动部件。在机械联动装置中，凸轮把旋转运动转化成直线运动，或者把直线运转转化成旋转运动。它通常是不规则的旋转偏心轮或轴的一部分，其圆形路径上的一个点或多个点撞击连杆。比如说，凸轮可以使简单的齿形给蒸汽锤、偏心盘或其他形状的结构传递动力，使从动件平稳地往复运动。从动件就是凸轮接触的连杆。凸轮轴就是连接着凸轮的轴，加扎利把它用在自动机、水钟和抽水机里。在加扎利的自动机中，有一个端饮料的服务员，还有一个自动洗手的机器，它有冲水装置，类似现在的抽水马桶。直到 14 世纪，这种凸轮和凸轮轴才出现在欧洲的机械里。在今天的内燃机中，凸轮轴与正时皮带协同使用，通过准确协调进气口的燃料补充和出气口的气体排放，使燃烧室里的燃烧反应有条不紊地进行。

# 扣眼

约1235年

## 可能诞生于阿拉伯，最早的记录在德国

生活在 19 世纪和 20 世纪的人们普遍用纽扣来固定衣服。但纽扣能够普及，依赖扣眼的发明。关于纽扣的最早证据来自 13 世纪的德国雕塑，雕塑的束腰外套上有 6 颗纽扣，从颈部到腰部依次排列。纽扣有两种基本类型：工字扣的背面有一个用于固定的凸起（扣柄），扣柄越深，纽扣越牢固；后来的四目扣没有扣柄，只在中心有 4 个缝孔。最初，原始人用刺和筋固定衣服，有时也用到骨制的缝纫针。后来，人们又改用金属制成的针和固定环。纽扣最初是用于装饰而非固定，最早的纽扣由贝壳制成，出现在5000 年前的印度

### 纽扣与拉链专卖

1980年，中国桥头（浙江永嘉）的三兄弟在街上摆摊卖纽扣起家。25年过去了，我们身上的每一条拉链和每一颗纽扣几乎都是在桥头镇生产的。自2006年以来，全球60%的纽扣都来自桥头镇，这里有大约700家工厂，每年生产150亿颗纽扣。该镇还有1300家纽扣店，销售1400种纽扣。桥头镇也生产拉链，每年生产的拉链长达2亿米。每条拉链的价格不超过1便士，吸引了世界各地的顾客。桥头镇每天运送200多万条拉链，是中国最大的拉链供应地。中国在国际拉链市场上所占的份额，桥头镇贡献了80%。最近，杭集镇（江苏扬州）成了全球牙刷制造中心，同样的还有盛州（浙江绍兴）的领带，掌起镇（浙江宁波）的廉价打火机以及温岭市（浙江台州）的鞋子。所有这些产品都属于西方知名品牌，在全球销售。义乌（浙江金华）也在附近，义乌生产的袜子比世界上任何产地都多。在那里，世界上最大的袜子制造商浪莎（Lanswe）每天生产500万双袜子，大部分用于出口。

河流域。这些纽扣被雕刻成几何形状，上面有小孔，可以用线或筋固定在衣服上。在中国青铜时代的遗址中，人们发现了用于装饰腰带和其他金属物件的纽扣。古埃及人用布带和胸针（或带扣）系衣服。我们通常认为古希腊人和古罗马人用纽扣固定衣服，但他们实际使用的是编织环。

大约1250年，巴黎教务长制定了管理法国手工业行会的法律，其中就有纽扣制造商协会。多亏了扣眼的发明，人们才能制造出现代意义上的纽扣。扣眼可能是十字军从中东带回欧洲的。这一发明极大地影响了流行风尚，纽扣使得人们可以把布料重叠并扣合。欧洲开始流行合身的衣服，纽扣很快得到普及。然而，当时的纽扣仍然主要用于装饰。直到16世纪后半叶，大多数衣服还是用饰带或挂钩固定，而很少使用纽扣。纽扣在当时还很小，但在接下来的一个多世纪里，纽扣变得越来越大，也越来越华丽。用贵金属制造的纽扣，逐渐成了地位和财富的象征。法国国王弗朗索瓦一世[1]的一件衣服上有13600颗金纽扣。

美国独立战争期间，华盛顿军队制服上的纽扣都是从法国进口的。由于1812年的封锁[2]，康涅狄格州的阿伦·本尼迪克特[3]买了几千个黄铜材质的锅碗瓢盆，在

1 弗朗索瓦一世（Francis I，1494—1547），法国国王，法国历史上最著名也最受爱戴的国王之一，在位时间是1515年至1547年。

2 1812年的封锁，指1812年战争。1812年，美国向英国宣战，攻击英国在北美的殖民地；1815年双方停战。这场战争也称“第二次独立战争”。

3 阿伦·本尼迪克特（Aaron Benedict，1785—1873），美国实业家、商人。

自己的工厂里生产纽扣，这是美国纽扣制造业的源头。工业革命期间，纽扣大量生产，英格兰成为世界领先的纽扣制造商，男子四目扣成为标准的纽扣。纽扣也受到了女装的青睐，但当时大多数女装仍使用饰带和挂钩固定。第一次世界大战之后，纽扣在中性服装中更流行。人们不再想用工字扣作为装饰，因为廉价的服装饰物已经诞生了。再后来，拉链开始取代纽扣的功能，出现在男士的长裤和夹克上。魔术扣也成为一种新的替代品，尤其是在人们因衰老或疾病而手指无力的时候，在人们想要快速脱掉又不想撕坏衣服的时候，魔术扣就有了用武之地。

# 战争中的爆炸武器

约1370年

中国，焦玉（活跃于1350年）和刘基（1311—1375）

12 世纪以来，中国的军事技术一直领先世界。两位军事家焦玉和刘基帮助朱元璋推翻了元朝，建立了明朝[1]。他们合著了一本军事专著《火龙经》，有助于我们了解 14 世纪中叶的军事技术。书中提到了火枪、手榴弹、地雷、水雷、大炮、炮

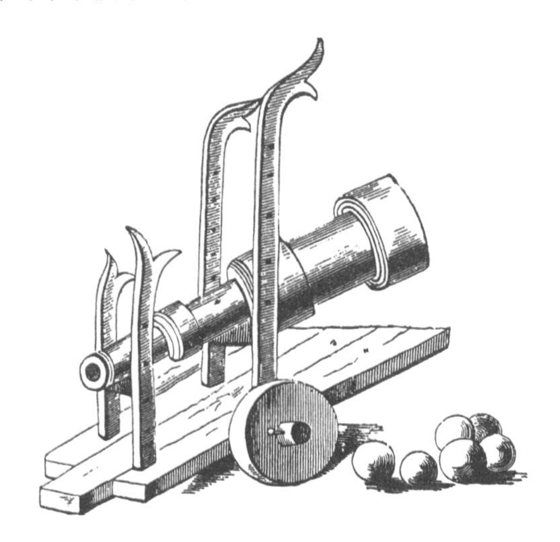

1 1368 年至 1644 年。

弹、火箭弹、毒焰喷射器、手枪、两级火箭弹和毒气。以火药为基础的火力武器最早出现在宋朝[1]。早期的火枪由竹筒制成，相当于枪支和火焰喷射器的结合，最早出现在10世纪。《火龙经》介绍了它的多种制作方法，并配有插图说明。到了12世纪，人们用金属管替代竹筒。一些火器可以散射，还有一些低硝酸盐火药喷火器使用含三氧化二砷等有毒物质的混合物。最早的青铜手枪可以追溯到1288年，当时的战场上也出现过手枪和射石炮。射石炮是一种大型的、前膛装弹的大炮或迫击炮，用于发射石制炮弹。

最早的炮筒设计出现在1128年的石雕上，可能是一种射石炮。而最早的青铜大炮可以追溯到1298年。1341年，张宪写道，炮弹可以"重伤人马，贯穿心腹，连杀数人"，焦玉称之为青铜"霹雳"。有些炮弹很大，一击中就爆炸，他称之为"飞云霹雳炮"。当时的中国人已经学会了用空心炮弹装填火药，使它在接触敌方时才爆炸。直到16世纪，欧洲人才知道这种发明。《火龙经》也提到了"毒药喷火枪"——将可致人失明或中毒的火药填进弹壳，燃烧时即可使敌人失明或死亡。12世纪，有一种大炮的射程达360多米，每门大炮都配备马车，可以随意移动。

1277年，宋朝人使用地雷杀死入侵的蒙古人。地雷由铸铁铸造，当敌军触发机关时，导火线就会点燃：销栓释放使重物落下，转动钢轮，钢轮充当火石，擦出火花，点燃导火线。水雷被伪装成浮木，由缓慢燃烧的焚香点燃，可以定时轰炸敌军的船只。特殊种类的火药还有其他的用途，比如手榴弹可以投掷或弹射。一些炸弹和手榴弹里装有瓷片和铁片，上面涂满了粪便、尿液、有毒植物的提取物以及氯化铵等——这使得在爆炸中幸存的伤者也很少有机会活下来。

几乎自火药发明以来，人们就开始使用火焰箭。人们用火药浸渍火焰箭，然后用弓弩发射。然而到了《火龙经》的时代，火焰箭有点像南宋时期的火箭弹[2]："竹竿长127厘米，铁质箭头长11.5厘米……铁质尾羽长1厘米。竹竿前部绑着纸

1 960年至1279年。
2 引文根据英文直译，原文见《火龙经》："火箭，用小竹竿长四尺二寸，铁镞长四寸五分，翎后钉铁坠长四分，前绑纸筒起火，放时有穿龙形，架或装竹木桶，取其便也。"

管，里面包着火药。发射时，用木管或竹管装填火药，木管和竹管呈龙形或其他形状。”《火龙经》还描述了把火炮和火箭弹结合起来，制作手持火箭弹的过程。

# 印刷机

约1436—1440年

神圣罗马帝国，美因茨（今德国），约翰内斯·古登堡（1398—1468）

印刷机改变了整个欧洲的交流方式，促进了知识的传播和发展。古登堡（Johannes Gutenberg）是铁匠兼金匠，人们普遍认为，他发明的印刷机是第二个千禧年最重要的发明。这是文艺复兴的决定性时刻，爱因斯坦认为古登堡印刷机是中世纪社会变革的“推动者”，并引发了“印刷革命”。虽然中国人早在1040年就发明了活字印刷术，但古登堡是第一个使用活字印刷术的欧洲人，并由此发明了第一台印刷机。古登堡的机器是一台改装过的木制农用螺旋压力机，每天可以印刷3600页。这是一台手动印刷机，滚筒在木制活字的凸面滚动，把字符印在纸上。古登堡还发明了大量生产活字的方法，以及一种油性墨水。印刷机、新墨水和活字（起初是木制，后来是金属制），三者结合成了最早的实用印刷机，我们因此可以大量印刷书籍。对印刷者和读者而言，成本都不算太高。标准化的活字印刷取代了手稿和木版印刷，彻底改变了欧洲的书籍制作。直到今天，欧洲仍在用这种方式。

16世纪初，印刷机已经遍布十几个欧洲国家的200多个城市，印刷量超过2000万册。到1600年，印刷量已经上升到1.5亿至2亿册，古登堡印刷术也在欧洲以外迅速传播。相对自由的信息超越了国界，人们有越来越多的机会识字、学习、接受教

## 《古登堡圣经》

20世纪20年代，纽约的一位书商买到了一本破损的《古登堡圣经》，他把书拆开，分章节和单页卖给藏书家和图书馆。这些书页现在的售价高达2万—10万美元，视每一页情况而定。自1455年以来，我们所知道的完整的《古登堡圣经》只有21本。其中一本在1978年以220万美元的价格售出，接下来也是最后一本于1987年以540万美元的价格卖给了一个日本人，创下了当时纸质书拍卖的最高纪录。如今，一本完整的《古登堡圣经》估价为25亿~35亿美元。古登堡没有意识到，这本用新技术制造出来的"圣经"，会造成基督教的巨大分裂："印刷机源源不断地生产印刷纸……上帝会通过它传播思想。真理的源泉从中涌出：像一颗新星驱散愚昧、黑暗，使光明照亮未知的人间。"

**——引自威廉·费德勒（W. J. Federer）《美国的上帝与国家：语录大全》**

**（*America's God and Country: Encyclopedia of Quotations*）**

育。有了印刷机，革命思想就可以在新兴中产阶层和工农阶层之间传播，进而威胁到传统的执政贵族的垄断权力。印刷小册子是宗教改革能迅速推广的关键因素。大众传播时代到来后，知识逐渐民主化，新闻业得以崛起。此后，人们可以分发批评政治领袖和宗教领袖的小册子。印刷术也在科学革命中发挥了重要的作用，奠定了现代知识经济的基础。古登堡的主要出版物是1455年的《古登堡圣经》（*Gutenberg Bible*，即《四十二行圣经》），因高超的印刷技术而闻名。后来，古登堡与当地的一名放贷者发生争执，不幸破产了。直到生命的最后3年，他的成就才得到认可。

第四章

# 文艺复兴时期的技术与科学革命

# 无限宇宙 | 椭圆轨道 外星人世界

| 1440年 |

神圣罗马帝国，贝恩卡斯特尔-库斯（今德国，摩泽尔河），库萨的尼古拉（1401—1464）

库萨的尼古拉（Nicholas of Cusa，也称尼古劳斯·冯·库斯）是最早否认地球和太阳处在宇宙中心的人，他也确信行星轨道不是完美的圆。他是政治家、神学家、哲学家、数学家和天文学家，人们认为他是那个时代最伟大的天才和博学者。尼古拉最早使用凹透镜来矫正近视，在数学领域也做出了重要的贡献，拓展了无穷小和相对运动的概念。莱布尼茨发现微积分，格奥尔格·康托尔[1]研究无穷大，都受益于尼古拉的研究。开普勒、布鲁诺、哥白尼和伽利略都研读过他的著作。尼古拉说，宇宙中不存在完美的圆。这与亚里士多德的模型相悖，也不同于后来哥白尼假设的圆形轨道。然而，尼古拉影响了开普勒的模型，后者认为行星

1 格奥尔格·康托尔（Georg Cantor，1845—1918），德国数学家，集合论的创始人。

沿椭圆轨道绕太阳运转。尼古拉相信宇宙无穷大，不认为地球处在某个特殊的位置，这一点强烈地影响了布鲁诺。尼古拉认为，既然地球不是宇宙的中心，那它与其他行星就没有高下之分。宇宙无边无际，有许多类似于太阳系的系统。也许还存在其他的外星人生活的世界，那里的理性生命和我们一样平等，甚至可能比我们更加优越。

尼古拉的著作影响了文艺复兴时期数学和科学的发展。他的第一部著作最有名，叫《论有学识的无知》(*On Learned Ignorance*)，其中关于有限和无限的论述可以说是高屋建瓴。这本书还提到了许多大胆的关于天文学和宇宙学的猜测，完全背离了传统的学说。尼古拉提出，地球不仅不是宇宙的中心，而且也不是静止不动的，甚至它的两极也在移动。早在开普勒之前，尼古拉就提出行星的运行轨迹并不是圆："人们认为，世界有一个固定的中心，由可以感知的土、气、火或者别的东西组成，但这是不可能的。运动中不存在最小值，比如固定的中心……世界并非无限，但也不能当作有限，因为它没有边界……正如地球不是世界的中心，天球也不是世界的圆周。"

### 尼古拉、开普勒与无限

尼古拉的研究是关于无限的最早的现代论述。无限就是"没有限度的最大"，比"不可能更大"还要大。尼古拉说，无限只能通过象征的方法来接近(理解)。他推翻了亚里士多德的形而上学，为开普勒的学说铺平了道路。亚里士多德认为宇宙的形式非常完美，就像正圆一样，但尼古拉对此嗤之以鼻。在尼古拉看来，由于宇宙的形状和运动不统一，我们很容易受限于自身的知识。人类思维是通过"联系"来认知世界的，如果运动和形状是统一的或"完美的"，人类就无法认知世界。他坚持认为，现实世界的一切运动和物质都是不统一的："可见，除了上帝以外，一切存在物必然互不相同。因此，一种运动不能等同于另一种运动，也不能度量另一种运动，因为度量者与被度量者之间存在必然的差异。你会发现这一点在很多方面对你有用。例如，如果你去考察天文学，会发现计算是不精确的，因为天文学家想当然地认定，一切行星的运动都可以参照太阳的运动来度量……任何两地的时间因素和空间因素都不可能完全相同，因此，在天文学家的判断中，绝不可能指望非常精确的细节。"

开普勒认为尼古拉"得到了神灵的启发"，他借鉴了尼古拉关于"直线"和"曲线"的论述，即"正多边形的内接多边形角越多，它就越接近圆……但即使这个多边形有无穷多个角，它也不是圆，除非被分解得跟圆完全相同"。直线和曲线在量级上无法比较，所以尼古拉得出结论：宇宙是无限的，没有中心，只有无数颗恒星和行星。

宇宙无边无际，尼古拉认为根本不存在特别的中心，因为任何点都可以看成宇宙的中心。于是，他在宇宙学中引入了空间透视的概念："假设在地球、太阳或是其他恒星上有一个观察者。若他处在宇宙的中心，那么世间万物都在移动，只有他自己不动。这与他在太阳、在地球、在月球、在火星或者在其他任何星体上都没有关系。所以我们可以说，世界的中心无处不在，世界的圆周无影无形，可以说它的中心和圆周就是上帝。因为上帝无处不在，上帝无影无形。"尼古拉认为宇宙并不是有限的、以太阳为中心，而是无限的、根本没有中心。

# 革新机器

| 1495年 |

意大利，佛罗伦萨、米兰和罗马，达·芬奇（1452—1519）

达·芬奇（Leonardo da Vinci）被誉为"举世无双的天才"，他在绘画、建筑、解剖、雕塑、音乐、几何、科学与工程等多个领域都游刃有余。工程学、流体力学、光学、土木工程和解剖学的许多进步都要归功于他。1495 年至 1499 年，达·芬奇在威尼斯做建筑顾问，成为切萨雷·波吉亚[1]的军事工程师。之后他回到佛罗伦萨，在那里创作了《蒙娜丽莎》。在达·芬奇所处的时代，艺术家和工匠都会建造和修理机器，但从来没有想过发明新机器。大约 1425 年，菲利波·布鲁内莱斯基[2]发明了直线透视图，为达·芬奇

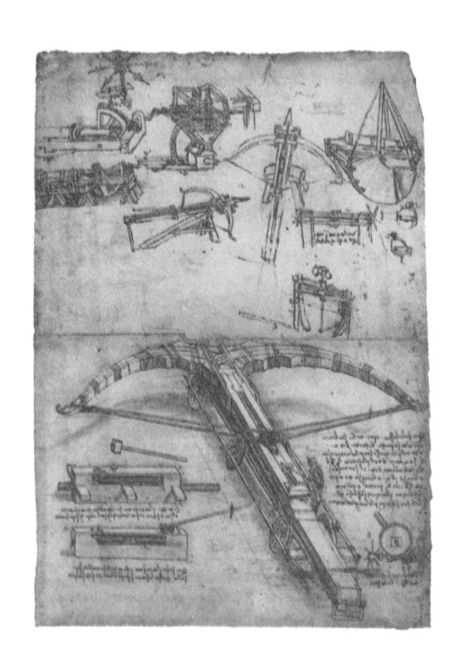

1 切萨雷·波吉亚（Cesare Borgia，1475—1507），意大利文艺复兴时期的军官、贵族。他的父亲是教皇亚历山大六世。
2 菲利波·布鲁内莱斯基（Filippo Brunelleschi，1377—1446），意大利文艺复兴时期的建筑师和工程师。

### 今日机器人

机器人（robot）以前叫“自动机”（automata）。“机器人”这个术语可以追溯到1921年，当时捷克剧作家卡雷尔·恰佩克在他的戏剧《罗素姆万能机器人》（*Rossum's Universal Robots*）中提到了这个词。在剧本中，机器人最终造成工人失业，导致社会崩溃。90年后，恰佩克的设想实现了，机器人正在加快崛起的步伐，从制造汽车到进行精细的脑部手术，它们能完成各种各样的工作。

等人提供了强有力的工具，使他们可以用写实风格描绘机械装置。达·芬奇开始系统地研究机器的工作原理，以及各种部件组合的方式。他认为，通过了解每一个机器部件，就可以改进这些零件，并以不同的方式组合起来，从而改进现有的机器，或创造新的机器。

在完成《达·芬奇笔记》的500年后，现存的13000页笔记和技术图纸中的许多草图，仍可以用于建造完美的工作模型。达·芬奇在日记中记载了许多发明与灵感，包括坦克、悬挂式滑翔机、计算器、直升机、发动机、双层船壳、太阳能、飞行机、乐器、液压泵、降落伞、鳍式迫击炮弹、蒸汽大炮和双曲柄机构。《达·芬奇笔记》揭示了文艺复兴时期多种多样的技术，这些技术催生出了科学革命。他在《蒙娜丽莎》《岩间圣母》等画作中展示了对光线的处理，恒久地改变了艺术家的表现方式。

达·芬奇的几种发明已经得到了广泛的应用，比如透镜研磨机、测试金属抗拉强度的机器和自动绕线的机器。大约1495年，他关于人体解剖的研究促成了最早的自动机设计，这类人形自动机现在叫“达·芬奇机器人”。20世纪50年代，达·芬奇的设计笔记被重新发现。在创作《最后的晚餐》之前，在米兰斯福尔

### 比尔·盖茨与达·芬奇的生意

《莱斯特手稿》（*Codex Leicester*）包含了达·芬奇的大量科学作品，1717年莱斯特伯爵买下了它，因此以他的名字命名。这是达·芬奇最著名的日记，1980年，实业家阿曼德·哈默（Armand Hammer）买下了它。1994年，美国商业巨头比尔·盖茨在拍卖会上以3080万美元的价格买下了这本书，并重新命名。这是有史以来最贵的一本书。《莱斯特手稿》每年在世界各地的不同城市公开展示一次，现在的价值约1亿美元。

扎公爵[1]的王宫里，达·芬奇向他展示了这本笔记。机械骑士由一系列滑轮和缆绳操作，可以站立、坐下、摘下面甲，独立地操纵手臂。手臂由胸部的一个机构控制，并提供动力；双腿则由外部曲柄提供动力。人们根据设计笔记重造了这台功能齐备的自动机。不过，最早的自动机据说是加扎利发明的。

# 太阳系的运行原理

| 1543年 |

波兰，弗龙堡教堂，尼古拉·哥白尼（1473—1543）

尼古拉·哥白尼（Nicolaus Copernicus）出生在波兰，后在克拉科夫和意大利求学，此后余生都在波兰北部的弗龙堡教堂担任教士。他是现代天文学的奠基人，证明了太阳是太阳系的中心，极大地削弱了天主教会的权威。哥白尼的天文学研究安静而孤独，没有任何人帮助，也不跟任何人讨论。早在望远镜发明100年前，哥白尼就在教堂周围的防护墙的炮塔上观测星空。公元1530年，哥白尼完成了他的著作《天体运行论》（*De Revolutionibus Orbium Coelestium*），书中断言地球每天绕地轴自转一圈，每年绕太阳公转一圈。在哥白尼以前，欧洲世界笃信托勒密的学说：宇宙是个封闭的空间，巨大的天球包络着固定的恒星，天球之外一无所有。

托勒密认为，地球固定在宇宙的中心，而太阳和其他星体围绕地球旋转。这是个很诱人的理论，教会尤其推崇，因为教会

1 斯福尔扎公爵，即卢多维科·斯福尔扎（Ludovico Sforza，1452—1508），米兰公爵，因资助过许多艺术家而闻名。达·芬奇的名画《最后的晚餐》就是应他的要求而画。

认为地球和地球上的人由上帝创造，被上帝管理。哥白尼假设太阳是太阳系的中心——这并不是全新的观点，阿里斯塔克此前也提出过同样的观点；但当时的天文学家仍然相信亚里士多德/托勒密的模型，认为地球是宇宙的中心。我们能够确定，哥白尼了解阿里斯塔克的著作，因为我们看到《天体运行论》的原稿中某一段提到了这位希腊人，但为了不损害理论的原创性，哥白尼后来把它删掉了。哥白尼认为，太阳系的每颗行星的轨道周期都与太阳有关。他以正确的顺序排列行星，其中行星围绕太阳转，而月球围绕地球转。库萨的尼古拉认为宇宙是无限的，任何天体都是宇宙的中心。但也许哥白尼不敢认同他的观点，也许他觉得这太过惊世骇俗，不如让教会相信太阳系是宇宙的中心。

不管怎样，哥白尼是第一个把数学、物理学和宇宙学结合在一起，并创造出完整的太阳系模型的人，而托勒密只是把每颗行星单独对待。哥白尼没有急着发表这本书，而是不断修改了大约 30 年，原因可能是害怕教会领袖的反对。然而，他的部分研究已经在少数天文学家之间流传。25 岁的雷蒂库斯[1]当时是德国数学教授，他找到了这位 66 岁的传教士，并阅读了他的一篇论文。雷蒂库斯原本只打算在这里住两周，但实际上他住了两年，并说服哥白尼出版这本书。1539 年，雷蒂库斯发表了《天体运行论》的摘要。1543 年，他发表了完整的《天体运行论》。这一年，哥白尼去世了，他永远都不会知道自己的作品引发了多么大的争议。一些

### 伊甸园怎么了？

哥白尼学说撼动人类意识之深，自古以来没有任何一种发现和创见能与之相比。人们还没有接受地球是个球体，就要被迫放弃宇宙中心这一尊荣。或许，这是人类面临的最大挑战，因为如果承认这个理论，无数事物就将灰飞烟灭！那个清纯、虔敬而又浪漫的伊甸园，将变成什么样子？感官的证据、充满诗意的宗教信仰还有那么大的说服力吗？难怪他的同时代人不愿意放弃这一切，要对这一学说百般阻挠；而在它的皈依者看来，这又无异于呼吁观念之自由，认可思想之伟力，真是闻所未闻，简直连做梦都想不到。

——约翰·沃尔夫冈·冯·歌德[2]

1 雷蒂库斯（Rheticus，1514—1574），奥地利数学家、天文学家。据说他是哥白尼唯一的传人。

2 约翰·沃尔夫冈·冯·歌德（Johann Wolfgang von Goethe，1749—1832），德国戏剧家、诗人、自然科学家，代表作有《浮士德》。

大学在16世纪就开始讲授哥白尼体系，但直到大约1600年，哥白尼的学说才在学术界广泛传播。意大利科学家伽利略和布鲁诺因为信仰“日心说”而被宗教裁判所逮捕，其中布鲁诺因为宣扬“异端学说”被处以火刑。后来由于第谷·布拉赫[1]的观测，开普勒提出了天体运行的数学公式——开普勒定律，牛顿也提出了万有引力定律和运动定律。哥白尼学说逐渐发展成对天体运行规律的解释。1616年，《天体运行论》被列入梵蒂冈的“禁书目录”，直到1835年才被移出。

# 望远镜 | 经纬仪

约1551年（出版于1571年）

英格兰，伦纳德·迪格斯（1520—1559）

伦纳德·迪格斯（Leonard Digges）的第一本著作叫《一般预言》（*General Prognostication*），出版于1553年。这本书在1555年被扩充为《良好预言》（*A Prognostication of Right Good Effect*），之后在1556年被修订为《永恒预言》（*Prognostication Everlasting*）。这些书大受欢迎，迪格斯因此声名鹊起，部分是因为他用英文写作，而当时的科学出版物通常是用拉丁文写作的。迪格斯的书是年鉴，记录了天文学和占星学的数据；是日历，记录了近几年的教会活动和月球运动；也是资料集，记载着时间、气象甚至战争的指令。迪格斯是数学家兼测量员，也是一位伟大的科普作家。在迪格斯去世后出版的测量教科书《测量几何实践》（*A Geometric Practice Named Pantometria*）中，他的儿子、英国著名天文学家托马斯·迪格斯[2]撰

1 第谷·布拉赫（Tycho Brahe，1546—1601），丹麦贵族，天文学家兼占星术士。开普勒根据他的观测数据发现了行星运动规律。

2 托马斯·迪格斯（Thomas Digges, 约1546—1595），文艺复兴时期的英格兰科学家，他是第一个用英文阐述哥白尼学说的人。

写了序言:“他用望远镜帮到了自己，这令人惊叹。（我相信）我们的后代会比现在的人更专业，达成更远大的目标，创造更丰富的可能……通过充满痛苦的实践（实验），在实证数学的帮助下，我的父亲能够研究各个时代、各种角度的望远镜。望远镜不仅可用来发现远处的东西、阅读文字、识别钱的编号以及题字——那是他的朋友故意放在露天场地考验他的，而且可以用望远镜即刻知道 7 英里[1]外私人场所发生的事情。”

### 迪格斯和经纬仪

1551年左右，迪格斯发明了经纬仪，同时也发明和改进了许多其他仪器，供测量员、木匠和石匠使用。经纬仪是一种精密仪器，主要用于测量水平和垂直平面的角度。“theodolite”（经纬仪）一词最早出现在1571年出版的《测量几何实践》中。

1554 年，迪格斯参加了托马斯・怀亚特[2]爵士发起的新教叛乱，反对英国新女王玛丽一世，不幸以失败告终。迪格斯被判处死刑，后来得以减刑，但所有财产都被没收了。他身无分文，后半生都在努力恢复自己的财富和名誉，最终于 1559 年去世。可能是这个原因，望远镜没有得到更广泛的认可，也没能得到普及。

现在普遍认为，德国裔荷兰玻璃工匠汉斯・李普希（Hans Lippershey）最早尝试把透镜组合起来，制作粗糙的单筒望远镜和双筒望远镜。尽管有人声称早就发明过这种装置，但 1608 年，李普希最早向荷兰政府申请专利。政府没有批准，理由是望远镜会侵犯隐私。1609 年，伽利略听说了李普希的装置，并改造了自己的望远镜，将放大率提高了 20 倍。1611 年，开普勒使用由两片凸透镜组成的望远镜，得到了倒立的、放大的图像。据说是牛顿（而不是迪格斯）在 1668 年发明了反射望远镜，他使用曲面镜而不是大透镜聚集光线，从而解决了色差的问题。

1 1 英里约等于 1609.344 米。
2 托马斯·怀亚特，指小托马斯·怀亚特（Thomas Wyatt the younger，1521—1554），英国政治家。他的父亲是英国诗人、外交家托马斯・怀亚特（Thomas Wyatt，1503—1542）。小托马斯・怀亚特童年时随父亲到西班牙任职，对西班牙政府很厌恶。后来英国女王玛丽一世要嫁给西班牙国王腓力二世，他认为这对国家不公正，并因此发动叛乱。后来因为叛国罪被判处死刑。

# 等号

| 1557年 |

## 威尔士，滕比，罗伯特·雷科德（1510—1589）

罗伯特·雷科德（Robert Recorde）出生在威尔士滕比镇。他发明了等号（=），这是代数学的革命。他的数学著作被译介到整个欧洲。雷科德是英国宫廷的医生，但他因天文学和数学而闻名于世。1551 年，他出版了《知识之途》（*Pathway to Knowledge*），这本书被誉为“数学思想史上的里程碑”。有人把《知识之途》当成《几何原本》的精华版；它的确只是英译，但雷科德重新编排了欧几里得的著作，使读者更容易理解。除了这本书以外，雷科德的其他作品都是教师与学生之间的对话体。1552 年，他出版了关于算术学习的《艺术基础》（*The Ground of Artes*），并献给他的资助者爱德华六世[1]。到 1662 年，这本教科书已经有 26 个版本，用雷科德自己的话来说，“教学内容包括算术的完善和实践”。这本书讨论了阿拉伯数字的运算、计数器计算、比例、分数以及“三分律[2]”等。雷科德的算术书有两个创新很值得一提。首先，他的写作形式是老师与学生之间的对话，读起来非常有趣。其次，他用手指符号标明书中的重点（比 Windows 图标早 300 多年）。

之后不久，雷科德出版了一本专著《知识之门》（*The Gate of Knowledge*），其中

### 哥白尼与异端邪说

当时，哥白尼的思想流传不到20年，教会认定他是异端邪说。在《知识堡垒》的第4篇论文中，雷科德这样提到他：

“学生：‘我清楚地意识到，如果总是把地球放在宇宙的中心，那么就一直会出现荒谬的事情。除非地球离开这个位置，荒谬的事情才会消失。’

“教师：‘这就是重点所在。经过多次观察，博学而经验丰富的哥白尼重建了阿里斯塔克的观点，他坚信地球不仅绕着自身的中心旋转，而且，嗯，而且绕着380万英里外的中心旋转。要理解这场争论需要用到许多超纲的知识，所以我们以后再说。’”

1 爱德华六世（Edward VI，1537—1553），英格兰与爱尔兰国王。
2 三分律（rule of three），也就是比例法、交叉乘法，即如果 a/b=c/d，那么也可以写成 ad=bc 或 a=bc/d。

提到了测量和象限仪，但这本书已经失传。他后来说自己发明过象限仪（不知是用于测量还是用于导航），可能就是在《知识之门》里提及的。1556 年，《知识城堡》（*The Castle of Knowledge*）出版了，书中讨论了浑天仪的建造和使用；雷科德赞同托勒密的宇宙体系，但他也非常好心地提到了哥白尼（这在当时非常危险）。1557 年，他出版了《砺智石》（*The Whetstone of Witte*），这是初等代数的教科书。在这本书里，雷科德用两条平行线发明了等号“=”，“因为这是最相等的两个东西”，使用等号可以“避免教材冗长乏味”。作为一名数学家、商人、医学博士、航海家、教师、冶金学家、制图师、发明家和天文学家，雷科德的教科书及其译本在西方世界被广泛研究。

# 避孕套

1564年

意大利，摩德纳、比萨和帕多瓦，加布里瓦·法罗皮奥（1523—1562）

避孕套可以在很大程度上避免女性意外怀孕，无数人因此受益；它还可以预防艾滋病等疾病传播，挽救了不计其数的生命。罗马人用山羊膀胱做避孕套，埃及人用亚麻布，日本人用皮革和玳瑁。中国人把油纸或羊肠套在阴茎上，避免感染疾病和怀孕。加布里瓦·法罗皮奥（Gabriele Falloppio）是帕多瓦大学的解剖学、外科学和植物学教授。他主要研究头部的解剖，我们现在知道的耳朵、眼睛和鼻子的内部结构，很多是他发现的。法罗皮奥最早使用耳镜诊断和治疗耳疾，并发表了 3 篇专著，主题是手术、溃疡和肿瘤。他还研究了两性的生殖器官，描述了卵巢和子宫之间的输卵管（fallopian tube），并以自己的名字命名。法罗皮奥在《论法国病》（*De Morbo Gallico*，“法国病”指梅毒）一书中最早描述了避孕套的使用，这本书是在他去世后的 1564 年出版的。他推荐了一种避孕工具，声称是自己发明的：将亚麻布浸泡在盐或草药溶液中，使用前晾干，布料刚好覆盖龟头，并用丝带系着。法罗皮奥声称他对 1100 名男性做了亚麻避孕套实验，报告表明他们

都没有感染梅毒。不久，帕多瓦的临床医生埃尔科莱·萨索尼亚（Ercole Sassonia）发明了更大的避孕套，仍然由亚麻布制成，可以覆盖整个阴茎。

在《论法国病》出版之后不久，避孕套在整个欧洲普及。除了亚麻布，文艺复兴时期的避孕套也用羊肠子和羊膀胱制成。至少从13世纪开始，人们就出售处理过的清洁羊肠子，用来制作手套。使用避孕套的最初目的是控制出生率，而不是控制疾病。1605年，一位天主教神学家还对此大加反对。1666年，英国出生率委员会把出生率下降归咎于避孕套的使用。这是“condom”（避孕套）一词（或类似的拼写）首次出现在文献里。这个词的起源是有争议的。最早的用动物内脏制成的避孕套可以追溯到1648年以前，发现于英国达德利城堡的一个花园。荷兰人向日本出口优质的皮革避孕套。在那个年代，避孕套不是一次性的，我们在当时的画作上可以看到，人们把避孕套挂在钩子上晾干，以便下一次使用。到了18世纪，欧洲各地都有避孕套专卖店。在英国，“普利菲斯夫人”和“珀金斯夫人”用小册子宣传自己的优势产品，而“珍妮小姐”专门研究可清洗并重复使用的避孕套。当时，避孕套有多种品质、尺寸和材质，主要材料是经过化学处理的亚麻布，以及用硫黄和碱液软化处理过的羊膀胱或羊肠道。

直到1839年，查尔斯·古德伊尔[1]发明了硫化橡胶，避孕套才没有那么昂贵。硫化橡胶比普通橡胶更有弹性，遇冷则硬，遇暖则软。此后，人们开始用橡胶制造避孕套。但最早的橡胶避孕套和自行车内胎一样厚，两侧有很大的裂缝。1844年，避孕套开始批量生产。很快，一种不需要裂缝的制作方法诞生了，这就是现代避孕套。这种避孕套可以清洗和反复使用。1861年，《纽约时报》刊登了一则广

---

1 查尔斯·古德伊尔（Charles Goodyear，1800—1860），美国商人，硫化橡胶的发明者。

### “法国病”

1494年，史上第一次梅毒大暴发出现在法国军队。1495年，这种疾病传播到欧洲，“脓包从脑袋长到膝盖，肉从脸上脱落，患者在几个月内死亡”。1505年，这种疾病已经传播到亚洲。据报道，几十年间，梅毒已经“在中国大片地区肆虐”。

15世纪，梅毒被称为“大痘”，为了区别，天花被叫作“小痘”。在英格兰、意大利和德国，梅毒被称为“法国病”，而在法国，它被称为“意大利病”。荷兰人叫它“西班牙病”，苏联人叫它“波兰病”，土耳其人叫它“基督病”，塔希提人叫它“英国病”。外国水手通常与当地妓女在没有保护措施的情况下性交，这个过程经常传播疾病，因此梅毒就以这些国家的名字命名。在发病初期，“大痘”产生的皮疹与天花类似，但天花更致命。如果不治疗，梅毒致死的概率是8%—58%，而天花的致死率是20%—60%（其中80%发生在儿童身上）。

告，叫“预防法国病的鲍尔医生”，这是第一则避孕套广告。1912 年，乳胶的引入使避孕套更便宜，可以用完即弃。一次性避孕套诞生了。第二次世界大战期间，乳胶避孕套开始大规模生产，并分发给世界各地的军队。20 世纪 50 年代，经过改进，乳胶避孕套变得更薄、更紧，还做了润滑处理。后来的避孕套增加了储精囊，它位于避孕套末端，用于收集精液，进一步降低意外怀孕的风险。即使是在塑料避孕套出现以后，乳胶避孕套仍然是最受欢迎的一种，但所有避孕套都通称“橡胶避孕套”。20 世纪 60 年代，随着避孕药的发明，加上人们有了更好的办法控制性病，避孕套的销量一落千丈。然而，在发现人类免疫缺陷病毒（HIV）和后天免疫缺陷综合征（AIDS，艾滋病）之后，避孕套又重获新生。据说现在每年使用的避孕套达到 6 亿—9 亿个，不过没有可靠的统计数据。

# 绘制世界地图

| 1569年 |

神圣罗马帝国，佛兰德斯（今荷兰），杰拉杜斯·墨卡托（1512—1594）

在绘制了几幅地图之后，1564 年，佛兰德斯数学家杰拉杜斯·墨卡托（Gerhardus

Mercator，原名吉拉德·德·克拉默）被任命为于利希-克里维斯-柏格公爵（Duke of Jülich-Cleves-Berg）的宫廷宇宙学家。墨卡托知道，水手急需实用的航海图。罗盘方位与航海图的指示方向相反，因此在长途旅行中，船只必须靠近陆地，才能根据海岸的特征准确估计所处的位置。人们不能在平面的地图上准确描绘出真正的地球，因此地图无法应用于航行。1569 年，墨卡托找到了解决方法，他把地球投影到一个圆柱体上。他用这种方法（墨卡托投影法）绘制了世界地图，经线和纬线垂直相交，两种线的间距比例相同。

在墨卡托地图中，所有恒向线[1]都是直线，它指示船只在海上航行的路线，而罗盘用于指示方位和引导船只。墨卡托的新地图解决了航海中两个最紧迫的问题之一：在这幅地图里，恒向线可以表示为一条直线（另一个问题是测定经度的方法，参见：约翰·哈里森，1735 年）。墨卡托地图具有两种特性，正形性和直恒向线，因此特别适用于航海。罗经航向可以标为直线，船只的航向与方位可以用“风玫瑰图[2]”或量角器测量。只需要一把平行尺或者一对航海用的罗盘，就可以测量并调整罗盘航向的偏差。墨卡托不仅最早用平面地图表示球形地球，也最早使用“南美洲”和“北美洲”这两个术语，以及最早把新世界[3]描述成跨越南、北的两个半球。墨卡托最早用“atlas”一词表示地图集，“以纪念泰坦阿特拉斯（Atlas），毛里塔尼亚传奇的王，博学的哲学家、数学家和天文学家”。墨卡托投影法彻底改变了世界贸易和探险。在解决海上

1 恒向线：与每条经线以相同角度相交的曲线。——原注
2 风玫瑰图：一种图形设备，可以显示特定位置风速和风向的分布。——原注
3 新世界，指西半球或南北美洲及其附近岛屿。

测定经度的难题之后，远洋航行和世界贸易的发展进程呈指数式增长。

# 抽水马桶

约1584年

英格兰，巴思，约翰·哈灵顿（1561—1612）

人们先发明了抽水马桶，然后才开始处理污水。在此之前，人类排泄物只是随便地倒在街上，这对公共健康构成了极大的威胁。抽水马桶是利用抽水管把排泄物冲到另一个地方。现代抽水马桶采用S型、U型、J型或P型的弯管，使马桶中保留一部分水，以隔绝污水井中散发的臭气。抽水马桶无法处理排泄物，而是由下端的排水管将排泄物输送到化粪池中处理。20世纪中叶以前，抽水马桶叫作“水箱”（water closet）。约翰·哈灵顿（John Harington）是伊丽莎白一世[1]的宠臣，也是一位作家，但女王并不喜欢他的诗歌、翻译以及其他作品。后来，女王及其继任者詹姆斯一世不再宠信他。《旧论新说：关于埃阿斯的蜕变》（*A New Discourse upon a Stale Subject: The Metamorphosis of Ajax*）是哈灵顿的代表作，这是一篇政治寓言，影射了君主政体。书中提到了女王最喜爱的莱切斯特伯爵[2]，所以哈灵顿被逐出宫廷，后来又被监禁。

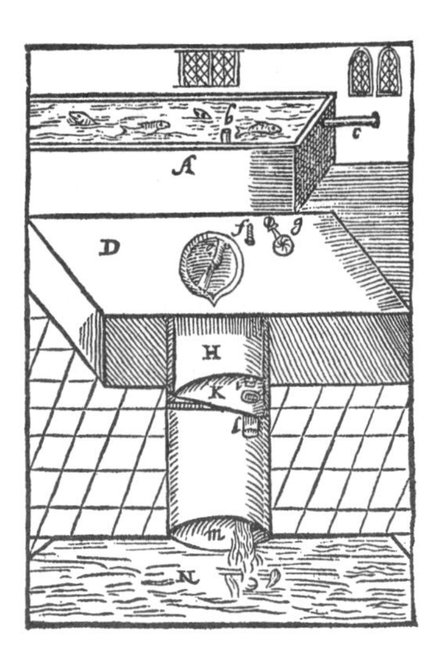


哈灵顿发明了英国最早的抽水马桶，也叫“埃里阿斯”（Ajax）。过去的厕所叫“jakes”，现在还有人使用“jacksy”这个俚语。在巴思附近

1 伊丽莎白一世（Queen Elizabeth I，1533—1603），英格兰和爱尔兰女王，她终身未婚，因此被称为“童贞女王”。她的继任者是詹姆斯一世（James I，1566—1625）。

2 莱切斯特伯爵，这里指的是第一代莱切斯特伯爵罗伯特·达德利（Robert Dudley，1532—1588），16世纪英国和西欧重要的政治人物。

凯尔斯顿的庄园里，哈灵顿于1584年至1591年设计了第一个马桶。1592年，伊丽莎白女王暂时原谅了他的诽谤，并造访了他在凯尔斯顿的庄园。究竟是女王使用了他的马桶，还是他为女王在里士满的宫殿定做了一个，历史上有不同的说法。哈灵顿的马桶有一个底部开口的圆盘，皮革面的阀门密封着开口。此外还有一个由把手、杠杆和配重组成的系统，需要冲水的时候，该系统打开阀门，从水箱往马桶里倒水。然而，那时的大众并不看好这项发明，仍继续使用便壶，通过窗户把排泄物直接倒在街上。马桶问世以后，城市里倒夜香[1]的人将厕所和下水道的排泄物一桶桶地挑走，把它们当成肥料或是倒进河里。但这样做仍然可能导致疾病，甚至引发瘟疫。

1738年，J.F.布隆德尔发明了阀式抽水马桶。1755年，伦敦的亚历山大·卡明斯（Alexander Cummings）首先为抽水马桶申请了专利。他的马桶与哈灵顿的“埃里阿斯”很像，其中的S型存水弯至今仍在使用。S型存水弯用静水封住马桶的出口，防止污浊的空气从下水道逸出。存水弯上方的钵体出口有一个滑动阀。1848年，《公共卫生法》规定，每一座新房子都应该有一个“抽水马桶、厕所或灰坑”。早期有一个抽水马桶从英格兰出口到维多利亚女王[2]位于德国的爱伦堡宫，但出于礼节，只有她一个人能使用。

19世纪80年代，水管工、卫生工程师、浮球阀的发明者托马斯·克拉普尔（Thomas Crapper）推广了虹吸系统，用于清空水箱，取代了早期容易漏水的浮阀系统。1885年，陶器制造商托马斯·特怀福德（Thomas Twyford）利用冲水虹吸管设计了第一个整体陶瓷马桶。

1 夜香（night soil），“人类粪便”的委婉说法。
2 维多利亚女王（Queen Victoria，1819—1901），1837年即位成为大不列颠及爱尔兰联合王国女王。

# 大陆漂移说

| 1596年 |

## 低地国家，安特卫普（今比利时），亚伯拉罕·奥特柳斯（1527—1598）

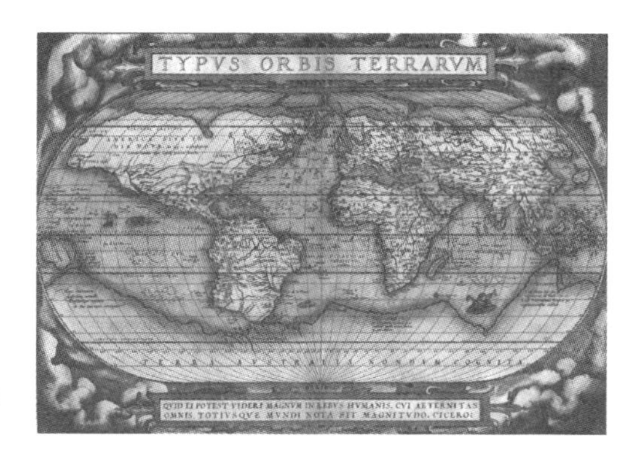


亚伯拉罕·奥特柳斯（Abraham Ortelius）最早提出大陆是如何形成的。他受墨卡托的影响，成为一名地理学家。在墨卡托的鼓励下，1564 年，奥特柳斯绘制了第一本现代地图集，共 8 页。1570 年，这些地图又出现在地图集《世界概貌》（*Theatrum Orbis Terrarum*）中，《世界概貌》共有 53 幅地图。普遍认为，这是第一部真正意义上的现代地图集。1575

### 三个多世纪以后

1912年，德国地理学家、气象学家阿尔弗雷德·洛塔尔·魏格纳（Alfred Lothar Wegener）提出了“大陆漂移说”。他认为，大陆正慢慢地在地球上漂移。在1915年出版的《大陆与大洋的起源》（*The Origin of Continents and Oceans*）一书中，魏格纳认为曾经存在一个巨大的大陆，并尝试用科学的方法证明。1930年，他在格陵兰岛探险时去世。就在去世前不久，魏格纳出版了他的新作，其中表明，从地质学上来讲，较浅的海洋比较深的海洋更年轻。和奥特柳斯一样，魏格纳的观点也被忽视了。1953年，英国科学家利用古地磁技术发现，印度最初是在南半球——与魏格纳预测的一样。海底扩张的发现揭示了大陆漂移的原理，这也是20世纪60年代的板块构造学说的一部分。海底扩张发生在中洋脊，新的海洋地壳通过火山活动而形成，逐渐远离中洋脊。板块构造论揭示了大陆的形成和运动，八大板块在地壳上相互挤压。这些板块以每年几英寸[1]的速度不断运动，海底也不例外。地球内部的放射性衰变导致对流，使板块往不同的方向移动。在板块交界处，地震频繁，形成火山、山脉、中洋脊和海沟。最终，科学界接受了魏格纳的观点。这是20世纪一场重大的科学变革，魏格纳是当之无愧的奠基人。

1 1 英寸等于 0.0254 米。

年，奥特柳斯被任命为西班牙国王腓力二世[1]的地理学家。1578年，他出版了一本关于古代地理学的著作《地理异名录》（*Synonymia Geographica*）。1587年，他将其增订为《地理词典》（*Thesaurus Geographicus*）。1596年，他出版了另外一个增订版，并提出了“大陆漂移说”，认为美洲“由于地震和洪水……从欧洲和非洲分开……如果有人拿出一幅世界地图，仔细研究三大洲的海岸，就会发现断裂的痕迹”。

# 磁

公元1600年

## 英格兰，伦敦，威廉·吉尔伯特（1544—1603）

威廉·吉尔伯特（William Gilbert）证明了地球不是宇宙的中心。为了方便航海，吉尔伯特尝试解释罗盘和磁现象。为了证明关于地球磁性的假设，他花了17年来做实验——这种研究方法现在叫“实验科学”，吉尔伯特的实验是最早的范例。用实验证明自己的假设，这是一种革命性的新思路，从根本上改变了科学的进程，开启了科学理论研究、探索和发现的新时代。吉尔伯特与船长、航海家及

1 腓力二世（Philip II of Spain，1527—1598），西班牙国王，又作费利佩二世。

### 吉尔伯特与大蒜

据美国国家航空航天局（NASA）的大卫·P.斯特恩（David P. Stern）博士记载："吉尔伯特被磁铁迷住了。公元1588年，西班牙的无敌舰队被击败，英国成为主要的航海国家，这为英国殖民美洲开辟了道路。英国船只依赖罗盘，但没有人知道其中的原理，是被北极星吸引吗（如哥伦布的推测）？又或者在极点有一座磁山，而船只永远不会靠近，因为水手担心引力会把船上的所有铁钉和配件都拔出来？大蒜的气味会干扰指南针吗？这就是禁止舵手在指南针附近吃大蒜的原因吗？在将近20年的时间里，吉尔伯特做了一系列巧妙的实验来解释磁力（其中包括证明大蒜对罗盘没有影响）。在那之前，科学实验并不流行；相反，书中只引用古代权威人士的观点，而这正是大蒜神话的起源。"

罗盘制造者合作，用球形磁铁和一根自由移动的针精心设计了实验。他发现，有些金属与磁铁摩擦后能变成磁铁。吉尔伯特还学会了增强磁性的方法，并注意到极端高温会使磁铁消磁。他观察到磁力经常产生圆周运动，于是吉尔伯特开始把磁现象和地球自转联系起来。就这样，他发现了地球自身具有磁性，为地磁学建立了理论基础。1600 年，他成为皇家内科医学院[1]的院长，并担任伊丽莎白一世及其继任者詹姆斯一世的医生。也是在 1600 年，他的《论磁石》（*De Magnete, Magneticisque Corporibus, et de Magno Magnete Tellure*）一书很快被整个欧洲接受，在电磁研究领域受到一致推崇。

吉尔伯特推翻了许多流行的科学理论，他最早全面地解释了磁罗盘的工作原理，也最早研究了磁石（磁铁矿）性质。他区分了磁性和静电。吉尔伯特的研究表明，磁是地球的"灵魂"。如果一个完美的球体磁石与地球的两极对齐，它就会绕着轴自转，就像地球每 24 小时绕轴自转一圈。传统的宇宙学家认为地球固定在宇宙的中心，吉尔伯特不同意这一观点，为伽利略的研究建立了基础。地心说在当时看来是颠扑不破的理论，但吉尔伯特否定了它，进一步提出地球是一颗具有磁性的行星，它的极性对应它的南北极。在接下来的 200 年里，《论磁石》是磁学最重要的专著，吉尔伯特还最早使用"磁极""电力"和"电吸引力"这些术语，也最早明确区分磁力和电力。"electricity"（电）一词就是吉尔伯特创造的，词源是

1 即英国皇家内科医学院（Royal College of Physicians），成立于 1518 年，但直到 1674 年才获得"皇家"的称号。

希腊语中的“琥珀”。虽然吉尔伯特没有把磁力归因于恒星之间的吸引力，但他指出，我们之所以观察到天空中恒星的运动是由于地球的运转，而不是天球的旋转，这比伽利略早 20 年。16 世纪 90 年代，吉尔伯特首次尝试绘制月球表面的地图。在没有望远镜的前提下，他完成了图表，标明了月球表面的暗斑和亮斑。磁通势的单位吉伯（gilbert），就是以他的名字命名的。

# 实验科学

| 1602年 |

意大利，比萨和帕多瓦，伽利略·伽利莱（1564—1642）

伽利略·伽利莱（Galileo Galilei）是“观测天文学之父”，也是实验科学的先驱。和威廉·吉尔伯特一样，伽利略也是最早把实验结果作为理论依据的科学家。1602 年，他做了单摆实验，并提出“单摆定律”，即周期（单摆来回摆动的时间）与单摆的振幅无关。伽利略进一步研究了单摆的时间间隔，并利用单摆定律制造出了更精确的时钟。1609 年，伽利略得知荷兰人发明了望远镜；第二年，他做了一个更好的模型，将放大效率提高了 20 倍。伽利略并没有发明望远镜，但他给望远镜取了名字。伽利略最先使用折射望远镜观察星空，做出了重大的天文发现，包括木星最大的 4 颗卫星（现在叫“伽利略卫星”）。这些天体围绕着地球以外的某个物体运行，这是无可争议的发现，给“托勒密世界体系”以致命的打击。伽利略还发现，金星的相变和我们看到的月相（每个月，我们都能看到月亮从新月到半月再到满月）一样，是金星围绕太阳公转时光线的变化。金星的公转周期是 528 天，伽利略证实了金星围绕太阳运转，而不是围绕地球。1613 年，伽利略发现了太阳黑子。他是第一个发现太阳黑子的西方人，并推断银河系是由众多恒星组成的。

伽利略先在比萨当天文学教授，后来又到了帕多瓦。官方要求他讲授公认的理论，即太阳和所有行星都围绕地球运转。可是，伽利略利用他的新望远镜观察

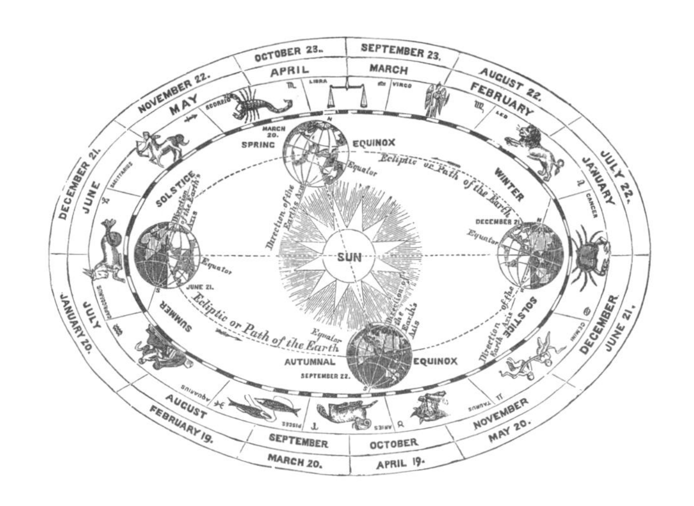


后，证明了哥白尼的“日心说”。伽利略并不是第一个研究太阳黑子的人，大约公元前 90 年，中国人就已经知道它的存在。然而，太阳黑子可以佐证哥白尼的观点，因为亚里士多德和托勒密都认为天体是光滑的。伽利略写信给开普勒，支持哥白尼的观点。在 1613 年出版的关于太阳黑子的书中，他还提到了哥白尼的学说。1614 年，伽利略因为支持哥白尼学说而被指控为异端。1616 年，教会禁止他讲授或宣扬这些学说。1632 年，伽利略出版了《关于托勒密和哥白尼两大世界体系的对话》(*Dialogue Concerning the Two Chief World Systems*)，支持哥白尼的观点。天主教会立即做出反应。宗教法庭认为他是异端，不许他支持哥白尼。《关于托勒密和哥白尼两大世界体系的对话》也被列入梵蒂冈的“禁书目录”。伽利略写道:“我不认为神给予我们感觉、理性和智慧，是为了让我们弃之不用。”由于身体欠佳和年事已高，伽利略被允许在佛罗伦萨附近的一栋别墅里软禁服刑。

同样在 1632 年的书中，伽利略提出了伽利略相对性原理，比牛顿还要早。这是一种相对论原理，指物理学的基本定律在所有惯性系中都是相同的。伽利略以在平静海面上匀速航行而不摇晃的船为例，在甲板下面做实验的观察者不可能分辨出这艘船是移动的还是静止的。在物理学中，相对论原理要求描述物理定律的方程在所有参照系中都适用。伽利略是最早明确表述这一原理的人。

尽管身体状况不好，并且被软禁在家中，伽利略还是完成了《论两种新科学及其数学演化》(*Discourse on Two New Sciences*) 一书，并于 1638 年出版。在这

### 花了13年才接受地球绕太阳运转的事实

1613年，伽利略发现地球围绕太阳运转。之后的366年，这一直是梵蒂冈的禁区。1979年，教皇若望·保禄二世[1]宣布，罗马天主教对伽利略的审判可能是错的，并成立了一个委员会研究此案。但是，委员会效率很低，直到1992年才发表调查结果，若望·保禄二世随后推翻了宗教法庭对伽利略的审判。

本新书里，伽利略为自己的运动理论提供了数学证明，并研究了材料的抗拉强度。亚里士多德认为，如果两个物体同时下落，较重的物体会先着地。伽利略推断，如果同时释放两块大小相同、质量相等的砖，它们会同时着地；如果把两块砖粘在一起，它们下落的速度不会有什么差别；如果有第三块大小和质量完全相同的砖，那么两块砖的下落速度和第三块砖应该是相同的。如果上述推论正确，物体的重量就不会影响下落的速度。只要没有空气阻力，它们就会以同样的速度下落。这就是伽利略的“自由落体定律”。他这样表述：“如果没有空气作用于下落的物体，在重力的作用下，所有物体都会以相同的加速度下落，与大小、质量、密度或水平速度无关。”

一些科学家不同意他的观点。直到1650年气泵（能制造简单的真空）诞生后，伽利略的理论才得到证实。将一枚硬币和一根羽毛同时扔进真空管，它们同时着地（真空能够抵消空气阻力或风对羽毛的影响）。我们许多人都记得这样一个故事：为了证明他的发现，伽利略在比萨斜塔上做落体实验。但没有证据表明这件事确实发生过。更何况，他当时正被软禁。那时，伽利略已经完全失明了，需要助手才能工作。伽利略的研究，以及他处理问题的经验方法，为后来的物理学开辟了道路，最终催生出现代的数学物理学。《论两种新科学及其数学演化》比牛顿运动定律要早得多，爱因斯坦认为伽利略是“现代物理学之父，更准确地说，是现代科学之父”。

1 若望·保禄二世（John Paul II，1920—2005），第264任天主教教皇。

# 行星运动定律

| 1602—1618年 |

神圣罗马帝国，格拉茨、林茨和布拉格，约翰内斯·开普勒（1571—1630）

约翰内斯·开普勒（Johannes Kepler）是科学革命的关键人物，他提出的定律为牛顿的“万有引力定律”奠定了基础。开普勒出生在斯图加特附近，是数学家、天文学家，他证明了行星和地球绕太阳运行的轨道是椭圆的，并给出了行星运动的 3 条基本定律。在大学时代，开普勒的天文学老师迈克尔·马斯特林（Michael Maestlin）被迫给他讲授托勒密的世界体系，但私底下，马斯特林让学生了解哥白尼的“日心说”。1597 年，开普勒出版了第一本重要的著作《宇宙的奥秘》（*Mysterium Cosmographicum*），在这本书中，他认为哥白尼体系中行星到太阳的距离是由 5 种正多面体决定的（当时已知的行星只有 5 颗[1]）。如果知道一颗行星的轨道大小，就能够确定另外一颗的。开普勒的轨道结构非常精确，只有水星例外。这种多面体叫“柏拉图多面体”，在自然界中以晶体的形式出现，即正四面体、正六面体、正八面体、正十二面体和正二十面体。开普勒花了 10 年时间证明毕达哥拉斯的假说，即 5 种多面体与 5 颗行星的轨道大小相匹配。毕达哥拉斯学派认为，正多面体与行星轨道之间存在内在的和谐。

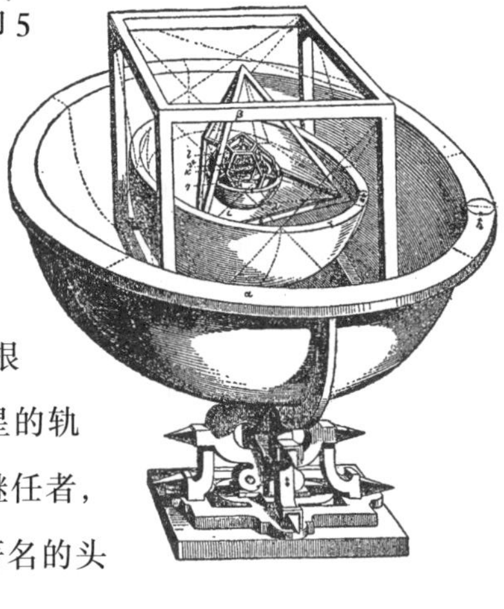

开普勒具有数学家的天赋，1600 年，第谷·布拉赫邀请他到布拉格担任自己的助手。根据布拉赫的观测数据，开普勒重新计算了行星的轨道。1601 年，布拉赫去世，开普勒成为他的继任者，被任命为皇家数学家。这是欧洲数学领域最著名的头

1 即水星、金星、火星、木星和土星，不包括地球。

## 适居星球

NASA的一艘航空器“开普勒”（Kepler），就以这位伟大的天文学家的名字命名的。它的目的是发现围绕在其他恒星周围的类地行星。“开普勒”于2009年3月发射，预计使用寿命至少为3.5年[1]。它的任务是在宜居带内或附近寻找与地球差不多大或更大的行星，也就是所谓的适居星球（Goldilocks Planets）。宜居带指的是到恒星一定距离的区域，在这里，类地行星能够维持表面的液态水，因此可能存在类地生命。适居星球应该处在行星系统中，具备维持碳基生命所需的主要条件。适居星球的名称来自《金发姑娘和三只熊》[2]的故事，女主角金发姑娘从三件物品中挑选一件，没有选择太极端的（太大或太小，太热或太冷），而是选择合适的，因为它“恰到好处”。也就是说，适居星球离恒星不会太近或者太远，因而表面可能存在液态水。

据NASA估计，“在距离地球1000光年的范围内”，至少有30000颗适居的行星。“开普勒”团队估计，“银河系至少有500亿颗行星”，其中至少有5亿颗位于宜居带。2011年3月，NASA的天文学家报告称，在所有类日恒星中，预计有1.4%—2.7%的恒星宜居带内有类地行星。也就是说，仅在银河系里面，就存在大约20亿颗类地行星。根据“开普勒”的数据估计，银河系大约有1亿颗适居星球。天文学家还指出，宇宙中行星数量与银河系相同的星系至少有500亿个，潜在的类地行星可能有$10^{21}$个。适居星球的数量超过了最初的设想，从统计学上来看，宇宙其他地方一定也存在着生命形式。

衔。1604 年，开普勒出版了《天文学的光学须知》（*Astronomiae Pars Optica*），在这本书中，他讨论了大气折射和透镜，并用现代的观点解释了眼睛的工作原理。1606 年，他出版了《蛇夫座脚部的新星》（*De Stella Nova*），主题是 1604 年出现的一颗超新星。

1609 年，开普勒的《新天文学》（*Astronomia Nova*）问世了，这本书包含了开普勒定律的前两条。开普勒尝试计算火星的整体轨道，他首先假设成蛋形轨道，但连续失败了 40 次。1605 年，他终于意识到火星轨道是椭圆形的。他立即提出了我们所熟知的“开普勒第一定律”——所有行星都沿椭圆轨道运行，而太阳位于椭圆的一个焦点。“开普勒第二定律”早在 1602 年就提出过——在相等的时间内，太阳和运动着的行星的连线扫过的面积是相等的。1610 年，开普勒听说伽利略使用新望远镜获得了重大发现，他立即回复了一封信表示支持，后来以《与星夜信

1 实际使用寿命为 9 年 7 个月又 23 天，于 2018 年 10 月 30 日终止通信。

2 《金发姑娘和三只熊》（*Goldilocks and the Three Bears*）是英国 19 世纪的童话，有多个版本。其中一个版本是：迷路的金发姑娘走进熊的房子，房间里分别有三碗粥、三把椅子和三张床，她分别试过以后，选择了不冷不热的粥，不大不小的椅子和床，因为这对她来说刚好合适。这种做选择的方式叫“金发姑娘原则”，在各个领域都有广泛的应用。

使的对话》(*Dissertatio cum Nuncio Sidereo*)为标题发表。那一年晚些时候，开普勒通过望远镜观察后，发表了他对木星卫星（伽利略卫星）的观察结论，给四面楚歌的伽利略提供了巨大的支持。1613 年，开普勒证明基督教历法存在 5 年误差，耶稣的实际生年是公元前 4 年，这个结论现在普遍被人们接受。

1619 年，开普勒发表了他最伟大的著作《世界的和谐》(*Harmonices Mundi*)，这本书从音乐和谐的角度推导出行星到太阳的距离，以及它们的周期。在这本书里，我们发现了他于 1618 年提出的"开普勒第三定律"，把行星的公转周期与平均轨道半径联系起来:"行星绕太阳公转的周期的平方与椭圆轨道半轴长的立方成正比"。早在 1614 年，教会就指控伽利略的观点属于异端邪说，但教会不敢攻击神圣罗马帝国新皇帝马蒂亚斯[1]的皇家数学家，只好把矛头对准开普勒的母亲。1615 年，教会指控开普勒的母亲是女巫，在威逼之下监禁了她。很长一段时间，开普勒无暇顾及他的研究，因为他不得不应付旷日持久的战争、妻子的遗产纠纷、3 个孩子染上天花以及 1 个儿子的不幸夭折。开普勒在法庭上为母亲成功辩护，设法使她出狱，她于 1621 年获释。在三十年战争[2]期间，开普勒印刷了他的《鲁道夫星表》(*Tabulae Rudolphinae*)，这些都是基于布拉赫的精确观察以及开普勒的天文学理论。

1 马蒂亚斯（Matthias of Austria，1557—1619），从 1612 年开始成为神圣罗马帝国的皇帝。
2 三十年战争，指 1618 年到 1648 年发生在神圣罗马帝国的一场战争。

# 报纸

| 1605年 |

神圣罗马帝国，斯特拉斯堡（今法国，阿尔萨斯），

约翰·卡诺鲁斯（1575—1634）

Relation:

Aller Fürnemmen/vnd gedenckwürdigen
Historien/ so sich hin vnnd wider
in Hoch vnnd Nieder Teutschland/ auch
in Franckreich/ Italien/ Schott vnd Engelland/
Hispanien/ Hungern/ Polen/ Siebenbürgen/
Wallachey/ Moldaw/ Türckey/ etc. Inn
diesem 1609. Jahr verlauffen
vnd zutragen möchte.

Alles auff das trewlichst wie
ich solche bekommen vnd zuwegen
bringen mag/ in Truck verfertigen will.

报纸发明以后，时政新闻可以快速地传递给大众，政治宣传也可以通过媒体广泛传播，比如为战争辩护，或者鼓舞一国的士气。在富裕的自由城市斯特拉斯堡，约翰·卡诺鲁斯（Johann Carolus）为富有的订阅者制作手写新闻，这是他维持生计的方式。

1604 年，卡诺鲁斯从一个废弃的印刷厂里买了一个车间。手工抄写新闻太耗时，所以他决定在 1605 年改用印刷机。卡诺鲁斯认为，由于越来越多的人想知道最新的消息，他可以通过印刷增加发行量，以更低的价格赚取更多的钱。1606 年，卡诺鲁斯给斯特拉斯堡市议会写了一份请愿书，试图保护自己的权利，反对盗印他的新闻。

1605 年，卡诺鲁斯出版了《通告报》（*Relation aller Furnemmen und Gedenckwürdigen History*），这是公认的世界上第一份报纸。报纸由印刷机（printing press）生产，这个名称也用于指代记者和媒体（press）。如果我们把“报纸”的功能要素定

**报纸的出生证明**

1606年，约翰·卡诺鲁斯向斯特拉斯堡市议会提交请愿书。20世纪80年代，这份请愿书在斯特拉斯堡市档案馆被发现：“我们每周都能收到新闻通讯，每周都能了解年积金的消息，因此每年付出一些费用是值得的。然而手工抄写太慢了，所以我最近花高价买下了托马斯·乔宾的印刷车间，花了不少钱把它安置在我的房子里，这的确节省了时间。几周以来，现在是第12次，我在印刷车间设置、印刷和出版了上述通讯，不过这同样也花费了不小的力气，因为每次我都必须从印刷机中取出印版。”

义为公共、连续、周期、当下（报纸定期出版一系列时事，让公众以最快的速度了解最新的消息），那么《通告报》就是第一份报纸。据估计，到 17 世纪中叶，在神圣罗马帝国，最受欢迎的时政报纸拥有多达 25 万读者，约占识字人口的 1/4。今天，数十亿人每天阅读报纸，这首先要感谢约翰·卡诺鲁斯和他之后的许多人。

# 对数 | 小数点

| 1614年 |

苏格兰，约翰·纳皮尔（1550—1617）

如果没有对数，当代和后来的科学家就很难取得研究突破。约翰·纳皮尔（John Napier）发明了对数，并改良了计算尺。在 300 多年的时间里，计算尺是主要的大数计算器。许多人或许还记得，在袖珍计算器诞生以前，我们在学校还经常使用对数表和计算尺。纳皮尔研究数学纯粹是出于爱好。他写道，由于他一直潜心研究神学，所以没有足够的时间做必要的计算。纳皮尔发明了对数，这是他最杰出的贡献。但纳皮尔在数学上的贡献远不止于此，比如在球面三角学中，他发明了一个助记公式和两个叫“纳皮尔相似式”的公式。他还发明了“纳皮尔的骨头”（也叫“纳皮尔棒”，一种类似算盘的工具），可以机械地做乘法、除法，求平方根和立方根。纳皮尔有一本用于简单乘法运算的短小著作《筹算集》（*Rabdologiae*）。这本工具书是印刷版的“纳皮尔的骨头”。在附录中，他还介绍了另外一种方法，可以用金属板计算乘法和除法。这相当于设计了一种机械计算方法。纳皮尔对此做了最早的尝试，因此也是现代计算器的鼻祖。

纳皮尔对天文学很感兴趣。由于天文学研究需要计算很大的数字，非常耗时，所以他对数学也很感兴趣。为了找到更好、更简单的方法计算大数，纳皮尔花了 20 年时间发展对数。对数是对求幂的逆运算，计算底数与自身相乘多少次能得到给定的数字。如果 $n^x=a$，那么 $x$ 就是以 $n$ 为底的 $a$ 的对数。他的对数表是一

### 小数点的差异

小数点把数的整数部分与小数部分隔开。小数点在美国用句号表示（3.1415），而在英国用间隔号表示（3·1415），在欧洲大陆用逗号表示（3,1415）。在美国和英国，3.1415或3·1415念成“three point one four one five”（三点一四一五）；而在欧洲大陆，3,1415念成“three comma one four one five”（三逗一四一五）。

个天才的发明，立即被天文学家和科学家采用。据说，对数表深深地触动了英国数学家亨利·布里格斯（Henry Briggs），他前往苏格兰，就是为了见纳皮尔。两人协同改进，发展了以 10 为底数的对数（在常用的数中，小数点的左边或右边的每个数字代表 10 的幂）。纳皮尔在 1617 年就去世了，布里格斯开始以 10 为底数编制更实用的对数表。此外，纳皮尔还引入了小数点，推广了小数的概念。他主张用一个简单的点来区分数的整数部分和小数部分。很快，整个英国都接受了这个建议。人们不用再写 $3\frac{3}{4}$，而是写成 3.75。纳皮尔准确地预测了小数点给数学带来的革命。小数点以这样或那样的形式使用，在纳皮尔的时代被广泛讨论。小数点的发明不可能完全归功于某个人，但纳皮尔是最早使用并推广它的人之一。

1614 年，约翰·纳皮尔出版了《奇妙的对数规律的描述》（*Mirifici Logarithmorum Canonis Descriptio*），这本书包含 37 页的问题解释和 90 页的对数表，促进了天文学、力学和物理学的发展。纳皮尔在序言中写道，他希望利用对数可以节省计算时间，避免容易出现的错误。对数也是航海者的重要工具。以前计算三角函数要耗费一小时，但对数能将计算缩短至几分钟。200 年后，拉普拉斯写道，对数“通过节省计算时间，延长了天文学家的寿命”。在纳皮尔去世后的两个多世纪里，对数一直被广泛使用，成为大学数学的一门课程，直到 20 世纪 60 年代末被科学计算器取代。1621 年，英

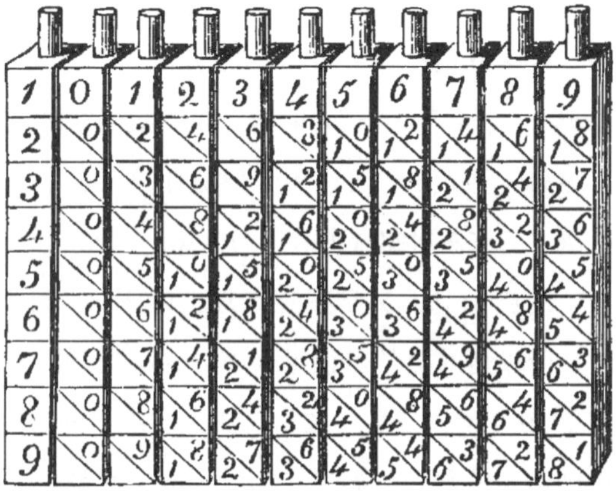

国数学家威廉·奥特雷德[1]发明了标准直线计算尺和圆计算尺，用到了“纳皮尔的骨头”和对数。20世纪70年代，NASA的科学家在太空旅行中仍然使用一种计算尺。纳皮尔的历史地位不可撼动。1911年，《不列颠百科全书》中写道：“……《奇妙的对数规律的描述》在英国科学史上的地位可以排在第二名，仅次于牛顿定律。”

### 纳皮尔的秘密发明

“为了保卫国家免受西班牙国王腓力二世的进侵”，纳皮尔记述了几项发明。其中一项是坦克的前身，那是一辆可以快速移动的圆形战车，使用者可以通过侧面的孔射击。他还介绍了一艘可以在水下航行的船、一面可以烧毁敌方船只的火镜，以及一门可以摧毁全部敌军的大炮。纳皮尔有许多关于耕种的好办法，包括用无机盐做肥料。

# 血液循环

| 1628年 |

英格兰，伦敦，威廉·哈维（1578—1657）

心脏给血液提供动力，使它流过全身。威廉·哈维（William Harvey）是最早准确描述这一过程的人，外科手术和治疗因此有了重大进展。哈维曾就读于剑桥大学，后来在意大利帕多瓦大学研究医学。帕多瓦大学是当时欧洲最重要的医学院。哈维师从伟大的科学家、外科医生和解剖学家西罗尼姆斯·法布里休斯[2]。法布里休斯发现了人体静脉有单向瓣膜，但不确定它的功能。从意大利回国后，哈维娶了伊丽莎白一世的御医的女儿，并在1607年成为英国皇家内

1 威廉·奥特雷德（William Oughtred，1575—1660），英格兰数学家，他发明了滑动的计算尺，最早用“×”表示乘法运算。

2 西罗尼姆斯·法布里休斯（Hieronymus Fabricius，1537—1619），意大利解剖学家，他的老师就是避孕套的发明者加布里瓦·法罗皮奥。

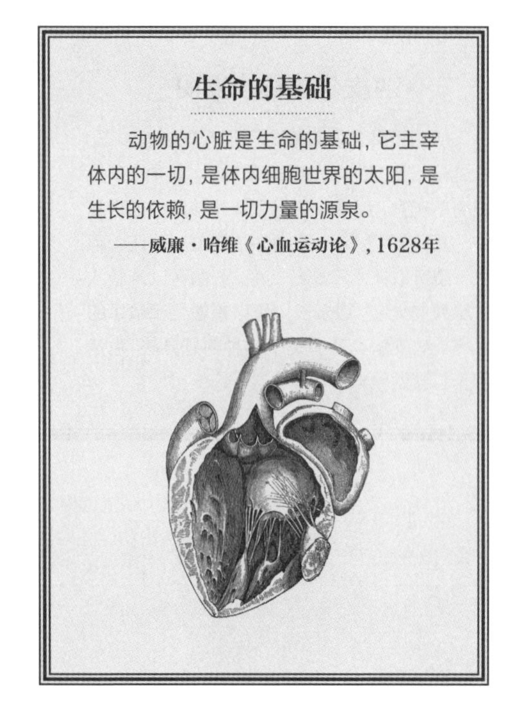

## 生命的基础

动物的心脏是生命的基础，它主宰体内的一切，是体内细胞世界的太阳，是生长的依赖，是一切力量的源泉。

——威廉·哈维《心血运动论》，1628年

科医学院的一员。1618 年，哈维成为伊丽莎白的继任者詹姆斯一世的御医，后来又成为詹姆斯一世的儿子查理一世的御医。1642 年，他参加了内战中的埃奇希尔战役，这场战役没有分出胜负。

在哈维那个时代，科学家认为是肝脏把食物转化成血液，而身体其他部分消耗血液。1615 年，哈维通过研究认为血液实际上在全身循环。1616 年，在医学院的演讲中，他讨论了这个激进的理论。为了证明这一点，哈维研究了活体动物的心脏和血液，并解剖了死刑犯的尸体。盖伦在 2 世纪提出，身体在消耗旧血液的同时产生新血液，哈维对此提出反驳。他发现心脏就像一个泵，通过动脉将血液输送到身体各处，然后血液通过静脉流回心脏。法布里休斯描述的单向瓣膜意味着血液只能朝一个方向流动。

1628 年，他发表了《心血运动论》（*An Anatomical Study of the Motion of the Heart and of the Blood in Animals*），阐述自己的观点。但哈维的研究受到了同时代人的严厉质疑。他们不相信新观点，尤其反对哈维放血的做法（哈维通过放血来研究血液流动方向）。后来，人们认为疾病是由血液过多造成的，哈维的研究才得到了重视。此后，放血疗法成为一种普遍的做法。1651 年，哈维认为动物的生命是从卵细胞开始的。他认为，精子和卵细胞的结合孕育了生命。200 年后，人们在显微镜下看到了哺乳动物的卵细胞。

# 蒸汽机

| 1641年 |

## 威尔士，拉格兰，第二代伍斯特侯爵，爱德华·萨默塞特勋爵（1601—1667）

爱德华·萨默塞特（Edward Somerset）以前的爵位是“拉格兰城堡的赫伯特勋爵”。1655 年，他写了一本书，介绍了 100 多种发明，其中就包括蒸汽机。遗憾的是，他在内战[1]中因为支持保皇派而失去了巨额财富。但有证据表明，在 1642 年战争爆发以前，他拥有过一台可以运转的蒸汽泵[2]。后来他太穷了，无法重造自己的发明。萨默塞特的蒸汽泵是这样运转的：首先，蒸汽进入一个密闭的空腔，然后冷却形成真空。真空吸开一个阀门，阀门连接管道的另一端浸在水里。这时，泵开始抽水。水从管道进入空腔，内外压力平衡后，阀门自动关闭。接着，更多的蒸汽进入空腔，水向上顶开另一个阀门，从出气管喷出，最高可达 12 米。拉格兰城堡在内战中被掠夺，现在的废墟上还矗立着六边形的格温特黄塔，高度和强度都超过别的英国塔。塔与城堡之间连接着一座拱桥，拱桥的外墙有 6 座拱形炮塔，

1 指 1642—1651 年的英国内战，对阵双方是英国议会派和保皇派，最终议会派取得胜利，国王查理一世被公开斩首。
2 蒸汽泵（steam pump）可以说是蒸汽机（steam engine）的雏形，两者的差别是蒸汽机有活塞，蒸汽泵没有活塞。严格来说，蒸汽机的发明者是托马斯·萨弗里（Thomas Savery），爱德华·萨默塞特发明的是蒸汽泵。

## 萨默塞特守卫拉格兰城堡

起义开始的时候，一些国民为了议会的利益，到拉格兰城堡搜查武器。当时城堡还没有驻军。赫伯特勋爵接纳了他们，“带领他们走过高高的桥”——我们已经说过——“桥架在城堡与巨塔之间的护城河上，赫伯特勋爵最近新发明了水厂，安装了引擎和轮子，大量的水从高塔顶部的导水管输送下来”。机器开动了，那群乡巴佬从来没有听过蒸汽机的轰鸣声，他们非常害怕，飞也似的跑了。他们在城堡外面喘着粗气，相互说着“狮子出笼了”——根据当时的风俗，勋爵的宫廷里有一个动物园。水被管理得如此之好，以至于可以赶走宫廷里的突袭者。

——劳拉·瓦伦丁（Laura Valentine）《风景如画的英格兰》（*Picturesque England*，1891）中关于拉格兰城堡的描述

紧挨着9米宽的护城河，河水很深。萨默塞特建造了人工水厂，利用蒸汽泵把水送到城堡之上。根据同时代人的描述，我们现在甚至可以描绘出水厂所在的位置。水厂面对护城河一侧的墙上有凹槽，这是英格兰最早使用蒸汽机的地方。

苏格兰作家塞缪尔·斯迈尔斯[1]写道：“（内战之后），萨默塞特最关心的事情，就是收回自己的部分财产，为自己的发明寻求法律保护。在复辟[2]之后的一年里，他至少为4个方案申请了专利，包括手表或钟表、枪支或手枪、给马车提供安全保障的发动机，以及可以逆风航行的船只。在1662年至1663年的议会上，有一项法案支持他，确保了汲水发动机的利益。”

至于那艘可以逆风航行的船，萨默塞特说：“它上面安装的发动机适用于任何船只，无论是不是特制的。它可以划桨，可以牵引，可以驱动，（如果需要）可以在水位较低时通过伦敦桥逆流而上。船停泊的时候，发动机也可以装卸货物。”

1663年，“伍斯特发动机”获得了专利，萨默塞特叫它“汲水发动机”，因为它的功能是提水。蒸汽泵可以给运河供水，或者从矿井、沼泽里排水。从1663年获得专利，到1667年萨默塞特去世，这台发动机模型一直在伦敦沃克斯豪尔展出。1830年出版的《蒸汽机的历史与发展》（*History and Progress of the Steam Engine*）中也有这台发动机的插图，它是蒸汽机的原型，由大炮的炮管制成。萨默塞特说，某个容器中的蒸汽可以把相当于它40倍体积的水提升到12米的高空。弥留之

---

1 塞缪尔·斯迈尔斯（Samuel Smiles，1812—1904），苏格兰作家、改革者。他的代表作是《自己拯救自己》（*Self-Help*）。
2 1660年，大多数英国人开始怀念王朝的氛围，迎回了查理一世的长子查理二世。

际，萨默塞特提出，希望和他的半万能发动机合葬。足见他对自己的发明是多么自豪。

1663 年，索比埃尔（Sorbière）和玛伽罗蒂（Magalotti）分别阐述了萨默塞特蒸汽机的工作原理。塞缪尔·斯迈尔斯在《博尔顿与瓦特的生活》（*Lives of Boulton and Watt*）中为现代蒸汽机的起源提供了有力的证据。萨默塞特没有因为自己的机器挣一分钱，但半个多世纪以后，托马斯·萨弗里却深受启发（他可能读过萨默塞特写于 1655 年的书），从而成了蒸汽机的发明者。此后，蒸汽机成为全世界工业革命的动力。

# 波义耳定律<br>真空的证据

| 1662年 |

爱尔兰和英格兰，罗伯特·波义耳（1627—1691）

波义耳（Robert Boyle）是“近代化学的奠基人”，他的研究帮助我们理解原子的行为。波义耳是科克伯爵的第 7 个儿子，科克伯爵是当时大不列颠最富有的人，由此波义耳才能游历欧洲。1644 年，他旅行归来后对科学产生了浓厚的兴趣，于是他建立了自己的实验室。1655 年或 1656 年，波义耳聘请罗伯特·胡克担任助手，共同设计了波义耳最著名的实验设备——真空泵。波义耳在物理学和化学领域做出了重要的贡献，最著名的就是“波义耳定律”（有时也叫“马略特定律”），用于描述理想气体：“对于一定量的理想气体，在恒温条件下，气体的压强（P）和体积（V）

成反比（一个加倍，另一个就减半）。”1662 年，他出版了《关于空气弹性及其物理力学的新实验》（*New Experiments Physio-Mechanical, Touching the Spring of the Air and Its Effects*），波义耳定律出现在附录里。波义耳用胡克设计的真空泵做了 3 年实验，这本书就是实验结果。他证明了声音不能在真空中传播，证明了燃烧需要氧气（生命同样需要氧气），并研究了空气的弹性。

波义耳定律指出，（在定量定温的条件下）如果气体的体积减小，压强就会增大。而在定量条件下，体积越小，密度就越大。所以压强增大时，气体体积就

## 预言未来

在24页手写笔记中，波义耳列出了亟待科学家解决的问题。值得说明的是，在其后的几个世纪里，许多想法已成现实。他给科学家列出的愿望清单很简单，首先是“延长寿命”，因为当时人们的预期寿命不到40岁。此外，波义耳还希望设法恢复青春，或者至少恢复青春的一些外在特征。他推测假牙和染发有一天将成为可能。他还希望完善“飞行的技艺”，那时距莱奥纳多·达·芬奇设计出扑翼机已经过了近1个世纪，但距离孟戈菲兄弟实现第一次热气球飞行还需要1个世纪。在波义耳去世200多年后，1903年，莱特兄弟开创了动力飞行的先河。

波义耳希望找到一种方法“远程治愈伤口，或通过移植治愈伤病”。随着机器人手术工具和器官移植的出现，这已经成为现实。1954年，第一例成功的肾脏移植手术在波士顿进行。波义耳还希望，科学家能找到让人们在水下工作的方法，并研制出“能在任何风况下航行，永不沉没的船”。在那之后，我们开发了带有发动机的船，而现代客船几乎不可能沉没。在波义耳的愿望清单上，最激进的项目涉及人类的生理和大脑。他建议科学家研究茶的作用以及研究那些似乎睡眠很少的疯子，设计出一种能使睡眠时间最短化的生活方式。他笔记的标题是“通过饮茶和研究疯子，从睡眠中解脱出来”。茶中含有咖啡因，但直到1652年，英国才有第一家咖啡厅。

他期待“出现强大的药物，能改善或提升想象力、记忆力以及其他功能，能安抚疼痛，使人获得舒适的睡眠和梦境”。他对药物的力量充满信心，现在的LSD、阿司匹林和安眠药都能达到这些效果。他在笔记中还提到“增大作物种植规模”，这在蔬菜中已经实现了。“矿物、动物和蔬菜的变种”可能涉及移植和基因工程，“加速种子生产”为当今农业和基因作物的发展指明了道路。他希望“找到一种切实可行的确定经度的方法”，约翰·哈里森的航海经线仪以及20世纪70年代GPS导航系统在卫星技术中的发展都建立在这一前提之上。除了水下探索，波义耳还想“制作非常轻、非常硬的盔甲”，20世纪60年代，芳酰胺纤维凯夫拉（Kevlar）诞生了，它非常轻，却比钢铁还硬。

会减小，而密度会增大。在高海拔地区，由于大气压强较小，所以空气密度较小，可供呼吸的氧气也比较稀薄。波义耳明白，要想解释他的实验结果，必须有一个前提：所有气体都是由微小的粒子组成。于是他试图构建一个普适的微粒理论。他已经证明气体是可以压缩的，当定量的气体被压缩时，它们占据更小的空间（气体密度随之增大）。他的微粒假说是当时对物理原子最成熟的理解。但直到 1800 年，约翰·道尔顿再现了希腊的原子论，波义耳的微粒理论才被接受。

在 1661 年的出版物《怀疑派化学家》（*The Sceptical Chymist*）中，波义耳用现代方法重新定义了元素。他引入石蕊区分酸和碱，还建立了许多其他的标准化学实验。在当时，实验的方法也是有争议的。当时主流的方法是“发现”，然后再利用既定的逻辑规则进行论证。亚里士多德等人在 2000 年前制定了这种方法。波义耳对观察更感兴趣，倾向于从实际发生的现象中得出结论。他是第一个进行对照实验的科学家，也是第一个发表相关的程序、仪器和观测的详细资料的科学家。他研究了金属的煅烧、酸和碱的性质、相对密度、晶体学和折射，也最早制备了磷。他的第一本书出版于 1659 年，此后余生都在写作，内容涉及哲学、医学、流体静力学和宗教等多门学科。1660 年，波义耳和 11 位科学家在伦敦成立了皇家学会，评审各种各样的实验，讨论我们现在所说的科学话题。

# 手表摆轮

1662年

英格兰，罗伯特·胡克（1635—1703）

如果没有罗伯特·胡克（Robert Hooke）的游丝摆轮，就不可能发明便携计时器，也不可能准确地计时。胡克是第一个用显微镜观察和描述细胞的人。他博学多才，被誉为“英格兰的达·芬奇”，但他没有获得相应的声望，原因可能是他曾与牛顿发生过争论。在与波义耳密切合作之后，胡克一度成为英国皇家学会理事会成员、实验管理者、格瑞萨姆学院几何学教授、天文学家、建筑师以及伦敦大

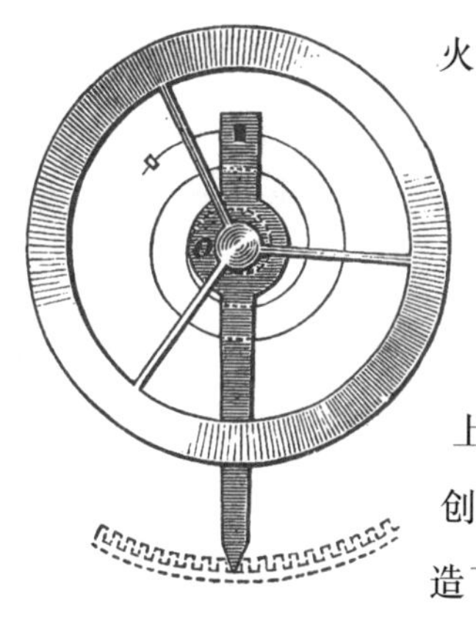

火[1]后的伦敦金融城测绘员。火灾发生后，胡克完成了大部分测绘，官方也委托他设计替代建筑。胡克发明了可变光圈、手表中的游丝摆轮、钟表的锚式擒纵机构、里程表、助听耳机、八分仪、复式显微镜、轮形气压计和机动车上的万向节。在天文仪器的设计上，胡克也做出了重要的贡献。他看重透镜的分辨率，创造性地用头发丝替代蚕丝或金属丝。1673 年，胡克建造了一台反射望远镜，观察到了火星的自转，并最早注意到双星系统。

1657 年，胡克开始改进钟摆机构，同时继续研究引力和计时力学。他想出了一种确定经度的方法，试图申请专利，但没有成功。1660 年，胡克发现了弹性定律：随着弹簧的伸长，张力呈线性变化。但 18 年后他才发表了证明的过程。胡克对弹性的研究达到了极致。出于实用的目的，他发明了游丝，使手表可以精确地计时。这是最早能精确计时的便携手表。同时，胡克还展示了自己设计的怀表，怀表里安有盘簧，盘簧固定在摆轮的架子上。由于投资者不感兴趣，胡克没有继续研究这个领域，但他还是开发出了游丝，比惠更斯[2]早 15 年。惠更斯在 1675 年出版了他的发明细节。在 1670 年 6 月 23 日的《胡克手稿》（*Hooke Folio*）中，胡克描述了一种控制手表的摆轮，后来他还曾向皇家学会展示过。胡克还发明了摆钟的锚式擒纵机构，钟摆每摆动一次，摆轮就前进一定的距离，使指针有规律地移动。在 1715 年直进式擒纵机构诞生以前，这是提升计时精度的最大进步。在《显微图谱》（*Micrographia*）一书中，胡克提出光的波动理论，把光波的振动与水波相比较。1672 年，他提出光的振动方向可能与传播方向垂直。胡克还描述了云母薄片的颜色，指出光的颜色会随云母薄片的厚度而变化。《显微图谱》记录了胡克观察

1 伦敦大火，指 1666 年的火灾，是伦敦历史上最严重的火灾。
2 惠更斯（Christiaan Huygens，1629—1695），荷兰物理学家、天文学家。

的许多东西，有些是小物体，有些是天体，这些观察都用到了放大镜。胡克发明了显微镜[1]，设计出控制显微镜高度和角度的方案，以及照明的机制。光线的变化使胡克能看到样品中新的细节，在绘制任何图谱之前，他都要使用多种光源。胡克利用显微镜将细小的物体放大了50倍，洞察了一个未知的世界。

国王查理二世命令胡克研究昆虫，但胡克超额完成了皇家使命，研究了包括织物、树叶、云母、玻璃、燧石，甚至冰冻的尿液在内的很多东西。胡克让一只虱子从他的手上吸血，观察血液在它的内脏里如何流动；他用荨麻刺自己，看毒液从哪里注入，又是如何注入的。胡克用自制的显微镜观察了软木塞薄片，发现了一些蜂窝状的小室，并将之命名为“细胞”（cell）。但其实他观察到的是细胞壁。胡克因为发现了所有生命的基本组成单位“细胞”而获得了荣誉。很少有人知道，他发明的广泛应用于生物学领域的“细胞”一词，其实是基于对软木塞的研究。之所以用这个词，是因为植物的细胞与僧人的房间（cell）很相似。胡克根据实验还得出结论：燃烧需要一种物质，而这种物质就混合在空气里。很多人相信，如果他继续做实验，就会发现氧气。在《显微图谱》中，他观察了木头化石，认为木头化石和贝壳化石（如菊石）是古代生物的遗骸，这些生物曾被浸泡在富含矿物质的“石化水”中。胡克因此认为，这些化石为研究地球上的生命史提供了可靠的线索。

在《试证地球的运动》（*Attempt to Prove the Motion of the Earth*）中，

### 对活细胞的最早描述

胡克最畅销的《显微图谱》详细记录了他所有的微观发现，其中包括一幅著名的跳蚤图，他形容这只跳蚤“装饰着精心打磨的黑色盔甲，（一片片甲片）连接整齐”。然而，同时代的讽刺作家却这样批评他：“（胡克）在显微镜上花了2000英镑，观察了醋线虫、干酪蛆和蓝色的李子，他巧妙地发现李子是有生命的。”然而，塞缪尔·佩皮斯[2]在日记中写道，他为了读这本书熬夜到凌晨2点，称赞它是“我一生中读过的最特别的书”。关于在软木塞薄片中发现的“细胞”，胡克这样写道：“我可以非常清楚地看到它的所有气孔，排列得就像一个蜂巢，只是没有那么整齐……这些气孔，或者说细胞……确实是我在显微镜中首次见到。也许我之前也见过，但此前从未向任何人提及。”

---

1 事实上，显微镜的发明者是荷兰商人亚斯·詹森与荷兰发明家汉斯·利珀希。伽利略、胡克以及后文的列文虎克都是显微镜的改良者。

2 塞缪尔·佩皮斯（Samuel Pepys，1633—1703），英国政治家，但他因日记而著名。

## 英格兰的达·芬奇

罗伯特·胡克的纪念碑被安放在圣保罗大教堂的地下室里，紧挨着他的朋友兼同事克里斯多佛·雷恩[1]爵士的纪念碑。纪念碑上写着，胡克“是有史以来最聪明的人之一”。1666年的伦敦大火纪念碑是由克里斯多佛·雷恩爵士和罗伯特·胡克共同建造的。它高62.8米，是地球上最高的孤立石柱。纪念碑上的铭文把胡克描述为“自然哲学家和英格兰的达·芬奇”。阿伦·查普曼（Allan Chapman）博士在《罗伯特·胡克和英国复辟时期的实验艺术》中写道：“罗伯特·胡克具有非凡的创造力。他还熟知古代语言和绘画技巧，这在《显微图谱》中得到了体现。他是成功的建筑师，显然有着很高的技术天赋。这个国家最优秀的泵工程师都失败了，但他却能够建造一个气泵。最重要的是，他证明了‘实验哲学’的确有效，可以扩展自然知识的范围。他是欧洲最后一个全才。”

胡克提出一种行星运动的理论，其基础正是惯性原理，以及向心力与太阳引力的平衡。1679年，在一封写给牛顿的信中，胡克提出引力的大小和与太阳距离的平方成反比。胡克的理论是对的，但他只给出了定性的表达，没有足够的数学能力给出精确的、定量的公式。胡克花了20年研究引力。

1675年，牛顿发表《论观测》（*Discourse on Observations*），胡克对此提出抗议，认为“它的主要内容已经包含在《显微图谱》中”。1676年，他在《关于太阳仪和其他仪器的描述》（*A Description of Helioscopes and Other Instruments*）中发表了螺旋弹簧的原理。

在胡克的研究中，最著名的是胡克定律：“弹簧伸长的长度与悬挂在弹簧上的重量成正比。”这项研究源自胡克对飞行和空气弹性的兴趣。1660年他就发现了这个规律，但直到1678年才在《论弹簧》（*De Potentia Restitutiva*）中发表。这几乎跟现在的弹性概念和空气动力学理论完全相同。他对气体和气体的性质非常感兴趣，还研究了呼吸的原理。在一项实验中，胡克坐在密封的钟形罩里，把里面的空气逐渐抽空。因为承受不了压力的变化，他的耳朵和鼻子都受伤了。1666年，胡克阐明引力是一种吸引力。后来，在1670年格瑞萨姆学院的演讲中，他解释说，引力适用于“所有天体”，并且引力随距离增大而减小；如果没有引力，天体就会沿直线运动。胡克曾于1679年写信给牛顿谈及“引力与距离的平方成反比”一事，

1 克里斯多佛·雷恩（Christopher Wren，1632—1723），英国天文学家、建筑师，伦敦大火后参与设计了54座教堂。

后来听说牛顿因为这一发现获得荣誉，胡克怒不可遏。1678年，胡克发表了《彗星》(*Cometa*)，它解决了1677年的“大彗星”问题，也包括一篇声明——平方反比定律。

# 地层

1669年

## 丹麦和托斯卡纳，尼古拉斯·斯丹诺（1638—1686）

尼古拉斯·斯丹诺（Nicolas Steno，也作尼尔斯·斯滕森）曾前往欧洲各地学医。他解剖了一只绵羊的头部，最早发现了腮腺排泄管，证明是腮腺为口腔提供唾液。今天我们也叫它“斯滕森管”。后来，斯丹诺也发现了肌肉收缩的本质，以及人类心肌的本质（当时一些人认为心脏的作用是产生热量，而不是泵血）。他不仅研究了心脏，还细致地研究了大脑

### 世界的开端

在斯丹诺生活的年代，人们相信各种各样的谬见。人们认为化石生长于岩石、水晶和独角兽能治愈疾病、低等动物从腐烂的物质中自发诞生、星座决定了人的命运和性格。直到现在，很多人还相信最后一种说法。那个时代的宗教冲突非常激烈，但所有天主教徒和新教徒都认为世界诞生于公元前4004年，这是爱尔兰大主教詹姆斯·乌雪[1]得出的结论。斯丹诺笃信宗教，从来不会公开质疑地球的年龄。有些人认为，斯丹诺对宗教的接受暗含了他对地质学研究的抛弃。但斯丹诺不这么认为，他写道：“一个人不愿意审视大自然的作品，而满足于阅读他人的作品，这是对上帝威严的冒犯。通过阅读他人的作品，使自己产生各种各样的古怪念头，这不仅无法享受凝视上帝的乐趣，而且也是浪费时间。时间应该花在有用的地方，做对邻居和国家有好处的事情，否则就不配做上帝的子民。”

1 詹姆斯·乌雪（James Ussher，1581—1656），曾任爱尔兰天主教会大主教。他根据《圣经》记载和历法考证，认为世界创造于公元前4004年10月23日礼拜天。

的解剖结构，驳斥了包括笛卡尔在内的许多科学家的猜测。斯丹诺反驳了亚里士多德的“四元素说”，该理论认为每一种元素都有不同的形状：水是二十面体，火是四面体，土是六面体，气是八面体。1659年，斯丹诺在显微镜下观察沙粒，他发现沙粒的形状多种多样：“五面体、梯形体、立方体、七面体……”后来，斯丹诺成为佛罗伦萨大公斐迪南二世的医生。1666年，应公爵的要求，斯丹诺解剖了一条大鲨鱼的头部。他的结论是，岩石中的舌石（glossopetrae）与鲨鱼牙齿是一样的。过去人们普遍认为，舌石是被圣保罗变成石头的蛇舌。接着，斯丹诺在托斯卡纳深入研究了地质学，并于1669年发表了《关于固体自然包裹于另一固体问题的初步探讨》（*De Solido Intra Solidum Naturaliter to Dissertationis Prodromus*）。这本书非常清晰地论述了化石的有机成因，也描述了化石如何被包裹在岩层之中，斯丹诺还阐述了地层学的基本原理。也正是由于这本书，他被誉为“地质学与地层学之父”。斯丹诺原计划写一本更详细的著作，这本书只是序言；但后来斯丹诺把注意力转向了宗教，后续的研究也就无疾而终了。

斯丹诺推断，流体沉积在坚实的地表之下就形成了地层，在这个阶段，坚硬的化石可能并入到松软的沉积物中。每一层都横向连续，趋于水平。地层根据年龄叠加，任何偏移都是后期由地震、火山等引起的变化。在解剖学上，化石与生物体的某些部分成分相同，尤其是牙齿、骨头和外壳。化石变成晶体需要很长时间，因此许多化石肯定与《圣经》中的大洪水一样久远。斯丹诺用流体沉积物解释所有的岩石。原因显而易见，托斯卡纳没有花岗岩和火山岩，斯丹诺对它们一无所知。然而，斯丹诺的结论直到下个世纪才被普遍接受。在斯丹诺那个时代，所有科学出版物都要接受天主教审查官的审查。第一位审查官是温琴佐·维维亚尼[1]，他批准出版《关于固体自然包裹于另一固体问题的初步探讨》。然而，第二位审查官推迟了4个月才批准。在这段时间里，斯丹诺意兴阑珊，这可能是由于他的科学发现

1 温琴佐·维维亚尼（Vincenzo Viviani，1622—1703），意大利数学家、物理学家，他是伽利略的学生和助手，陪伽利略度过了最后的岁月。

与宗教信仰无法调和。他离开佛罗伦萨，前往哥本哈根担任皇家解剖学院的新职位。1669 年，这本书最终出版了，完全由第一任审查官维维亚尼负责。斯丹诺的地质学生涯只有 3 年，1675 年，他成为一名牧师，在余生完全放弃了科学研究。1987 年，教皇若望·保禄二世为他行宣福礼，这是罗马天主教会宣布一个人成为圣徒的第一步。

# 细菌

公元1676年

荷兰，安东尼·范·列文虎克（1632—1723）

安东尼·范·列文虎克（Antonie van Leeuwenhoek）曾经在荷兰一家纺织品店当学徒，他用放大镜数布料上的线（布料越好，线密度就越大）。因为布料商经常用放大镜检查布料的质量，所以列文虎克自学了研磨和抛光镜片的新方法。这种镜片体积很小，曲率很大，可以放大 270 倍，是当时最精细的放大镜。列文虎克研磨了 500 多个光学镜片，制造了最早的实用显微镜。他至少制造了 250 个显微镜，其中有 9 个流传了下来。列文虎克是最早观察和描述细菌的科学家，他也观察了酵母细胞的结构、水滴中不可思议的生命形式，以及毛细血管中的血液循环。50 多年里，他发现了许多不同寻常的新现象，并给英国皇家学会和法国科学院写了 100 多封信，报告自己的发现。

**微小动物、细菌和杆菌**

列文虎克最早观察到细菌，在写给英国皇家学会的信中，他称之为“微小动物”（animalcule）。1828年，克里斯汀·戈特弗里德·埃伦伯格在研究中把它命名为“细菌”（bacterium）。细菌是一个属，包含无芽孢的杆菌。芽孢杆菌（bacillus）是另外一个属，指有芽孢的杆菌。这是埃伦伯格在1835年的定义。

1673 年，列文虎克向英国皇家学

会报告了他的第一个发现：蜜蜂的口器和刺针，人身上的虱子，以及一种真菌。1674 年，他在水中发现了原生生物，也就是单细胞生物。这是人类最早观察到的微生物。1676 年，他在信中宣布了这一发现，引起了皇家学会的争议和质疑，因为单细胞生物在当时是未知的存在。可是，列文虎克重复了实验，并在 1680 年证实了自己的结论。1680 年，列文虎克成为皇家学会的一员，并在余生始终与皇家学会保持通信，报告他的发现。

除了是“微生物学之父”，列文虎克也为植物解剖学奠定了基础，他也是动物繁殖领域的专家。他发现了血细胞和显微镜下的线虫，研究了木头和晶体的结构。1677 年，他发现了精子，并描述了软体动物、鱼类、两栖动物、鸟类和哺乳动物的精子。最后他得出结论：受精就是精子进入卵细胞。1682 年，他描述了肌纤维的带状结构和毛细血管中的血液流动。列文虎克发现，较小的生物体与较大的生物体有类似的繁殖方式，这挑战了当时的观点，即小生物体是自发产生的。最终，他死于一种罕见的疾病，这种疾病引起无法控制的腹部痉挛。现在，人们把这种疾病叫作“列文虎克症”或呼吸肌阵挛。

# 邮票

| 1680年 |

英格兰，威廉·杜克瓦（约1635—1716）和罗伯特·穆里（生卒年不详）

背胶邮票彻底改变了世界各国的通信。在邮票出现以前，邮件需要由收件人付费，这导致了各种各样的问题，比如收件人无力支付，或者不愿意支付。有些人故意发邮件骚扰收件人，使他们不得不为此付款（想象一下，你必须为垃圾邮件和骚扰短信付费）。以前的邮件也经常丢失或延误。转机出现在 1840 年，罗兰·希尔（Rowland Hill）爵士建议使用邮

PENNY POST
W
M O
PAID

票，这是他的邮政改革的一部分。邮票不需要收件人付费，而是由寄件人承担。当时，写信的人需要买一张黑便士邮票（没有背胶的邮票），用胶水把它贴在包裹上，然后送到邮局。

然而，第一张邮票比“黑便士”早两个世纪。罗伯特·穆里（Robert Murray）创办了伦敦便士邮局，之后由威廉·杜克瓦（William Dockwra）接手。不久，大约公元1680年，他们使用了邮票。然而，1680年5月，罗伯特·穆里被捕，同时被捕的还有便士邮局的另一个员工乔治·考德龙，罪名是他们涉嫌传播煽动性内容，批评约克公爵（后来的詹姆斯二世）。杜克瓦不得不自己管理便士邮局。他有一个三角形的邮戳，上面写着“便士邮局已付”，邮戳中间有一个代表寄件邮局的标志。它的邮票贴在信件上而不是贴在信封上，许多历史学家认为，这是全世界第一枚邮票。后来，杜克瓦在伦敦所有地区都开设了邮局，主邮局设在莱恩街，另外还有7个分邮局，400—500个邮件收集站。邮局在工作时间每小时收一次邮件，伦敦每天最多收10次，伊斯灵顿和哈克尼这样的郊区每天至少收6次。便士

## 同等重量和大小中最昂贵的人造物品

世界上最贵的邮票诞生于1855年的瑞士，它是印刷错误的结果。这枚邮票没有印在绿色的标签纸上，而是印在橙黄色的标签纸上，所以它叫“黄色三先令”，目前仅存1枚。1990年售出时，它的价格达到了100万美元。6年后，它又以250万瑞士法郎的价格售出，大约相当于230万美元。2010年，这枚邮票再次打破了销售纪录，成为头条新闻。具体数字尚不清楚，但据拍卖商透露，它的价格不会低于1996年的230万美元。

著名的黑便士没那么罕见，目前一枚黑便士的价值在240美元到3000美元之间不等，取决于品相。1840年至1841年，邮局发行了约6800万枚黑便士邮票，据估计，今天仍然有150万枚。然而，一枚罕见的带有红色马耳他十字的黑便士邮票，最终在拍卖会上以240万美元的价格售出。

美国的富兰克林“Z-Grill”邮票发行于1867年至1868年，毫无疑问，它是美国所有邮票中最吸引人的，仅存2枚。1988年，一枚1868年发行的“Z-Grill”1美分邮票在拍卖会上售出150万美元的高价。

### 邮筒的角色

在美国和加拿大，邮筒有时也叫收集箱、邮箱或投件箱。没有邮筒，就无法收取贴着邮票的信件。在不列颠群岛，第一个圆柱形邮筒于1852年出现在泽西岛。英国的第一个圆柱形邮筒安装在1853年的卡莱尔。路边的壁箱最早出现在1857年，是圆柱形邮筒的廉价替代品。维多利亚早期的邮箱采用绿色作为标准颜色。在1866年至1879年，六角形的“彭福尔德”邮筒成为标准设计，红色首次作为标准颜色。19世纪50年代，美国邮局开始在邮局外和大城市的街角安装邮箱。最开始它们被安装在灯柱上。

邮局可以投递重达1磅[1]的信件和包裹，保证在4小时内送达。每封信都有心形的时间戳，代表邮件投递的时间。新的邮政系统统一以1便士的价格为公众提供廉价的服务，几乎立刻就大获成功。这就是后来的邮政系统的前身。尽管邮费很便宜，但便士邮局利润很高，所以政府在1698年接管了它，并于1700年解雇了杜克瓦。

后来，1840年，罗兰·希尔提出邮票设计的理念以及按重量收费的想法，这些想法大获成功，并被许多国家相继采纳。在按重量计费的新政策出炉后，使用信封寄送文件成为一种常态。罗兰·希尔的哥哥埃德温·希尔发明了一种标准信封制造机，可以把纸折成信封，以配合邮票使用的增长速度。第一张打孔邮票于1854年发行。随着邮票在英国推广，信件的发送量急剧增加，邮票的使用量也水涨船高。1839年以前，英国每年寄信的数量大约是7600万封。到1850年，这一数字已增加到3.5亿封，此后很长时间内仍在猛增。

随着邮票的流行，邮筒也迅速出现。因为人们预付了每封信的费用，邮局赚到了更多的钱，所以能更有效、更准时地投递邮件。不久，其他国家纷纷效仿。瑞士在1843年发行了自己的苏黎世邮票，但邮费根据投递的距离计算。1845年，美国的一些邮局发行了自己的邮票，但直到1847年，美国第一批官方邮票才问世，面值分别是5美分和10美分，上面有本杰明·富兰克林和乔治·华盛顿的头像。第一张背胶邮票是著名的“黑便士”，两天后发行了“蓝色二便士”，这两种邮票引发了全球邮政系统的一场革命。

1 1磅约等于454克。

# 植物解剖学

| 1672—1682年 |

英格兰，纳希米阿·格鲁（1641—1712）

纳希米阿·格鲁（Nehemiah Grew）创立了植物解剖学，被誉为“植物生理学之父”，与马尔切洛·马尔皮吉[1]齐名。格鲁是一名医生，他从1664年开始观察植物的解剖结构。1670年，主教约翰·威尔金斯[2]把格鲁的论文《蔬菜解剖学入门》（*Anatomy of Vegetables Begun*）送往英国皇家学会。在威尔金斯的推荐下，格鲁于1671年被选为研究员；此后又在1677年成为皇家学会的秘书，追随罗伯特·胡克。1672年，当《蔬菜解剖学入门》发表的时候，格鲁正在伦敦定居，并很快获得行医执照。1673年，他出版了《植物史》（*Idea of a Phytological History*）。1682年，他的经典著作《植物解剖学》（*Anatomy of Plants*）问世，这本书在很大程度上是以前出版物的合集，分为4卷:《蔬菜解剖学入门》《根的解剖》《树干的解剖》《叶、花、果实和种子的解剖》。格鲁首次揭示了植物复杂的内部结构和功能，为植物解剖学的发展铺平了道路。他几乎描述了根和茎的所有关键形态差异，并揭示了菊科的花由多个单元组成。他假设雄蕊是雄性器官，花粉是受精的“种子”，这都是正确的。自狄奥弗拉斯图以来，这是第一个提出植物具有性特征的假说。人们通常把这一发

### 植物的性

虽然狄奥弗拉斯图、卡梅拉尼斯和格鲁都是发现植物有性生殖的功臣，但事实上，大约公元前2000年，巴比伦人就知道植物既是雄性，也是雌性，既能传授花粉，也能结出果实。巴比伦人曾给植物施肥，大约公元前1800年，他们为了这一目的而买卖椰枣花。

1 马尔切洛·马尔皮吉（Marcello Malpighi，1628—1694），意大利显微解剖学家，1668年加入英国皇家学会。
2 约翰·威尔金斯（John Wilkins，1614—1672），英国神职人员、自然哲学家，皇家学会的创建者之一。

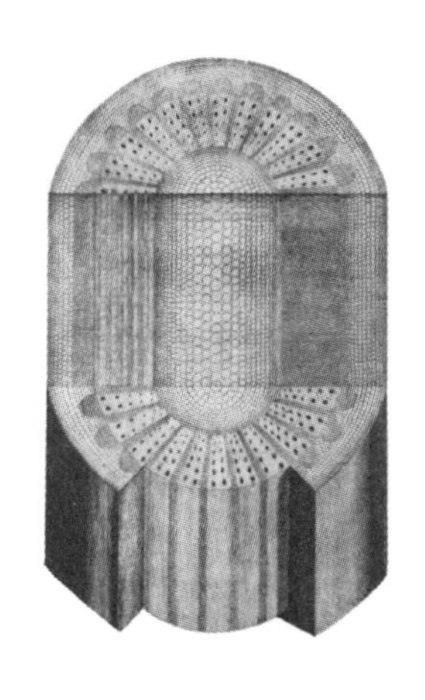

现归功于德国人鲁道夫·卡梅拉尼斯，但实际上他的著作直到 1694 年才出版。

和胡克一样，格鲁也用显微镜观察植物；他与马尔皮吉一起，因为建立了植物学的观察基础而被世人铭记。《植物解剖学》中也有最早的对花粉的微观描述。人们发现，虽然花粉都呈球状，但不同物种的花粉大小和形态各有差异，而同一物种的花粉粒都是一样的。格鲁一生都在发表文章，主要是关于各种物质的化学性质。但可惜的是除了解剖学的研究外，格鲁的其他作品始终默默无闻。得益于格鲁的研究，人们发现植物有内部结构，不同的部位或器官都发挥着重要的功能。人们曾认为，植物的外形代表了它的用途，或者至少暗含了它的用途。但植物中是否有类似动物那样的器官，人们争执不休。通过细致的观察，格鲁确凿无疑地证明了，植物可以根据其功能和形态进行分析。这可以说是复兴了狄奥弗拉斯图的观点。这也是现代比较解剖学的开端。格鲁认为动物和植物的功能可能有相似之处，基于这个想法，他在每种植物中寻找相应的器官。就像威廉·哈维发现的动物血液循环，格鲁相信植物的汁液也会循环。他还假设了植物的呼吸方式，此后也被证实是正确的。

### “和动物一样，植物也有器官”

在很多方面，1675年的评论很好地总结了格鲁观点的重要意义。今天，他的许多重要的价值还没有得到认可：“总的来说，作者注意到，植物并不比动物更低级。和动物一样，植物也有器官，有些也可以称为‘内脏’。每一种植物都有‘五脏六腑’，盛放着各种各样的汁液。植物的存活甚至依赖空气，它们有特殊的器官。而且，上述所有器官、内脏都不像是天然形成的，它们的位置和数量非常精确，就像一朵花和一张脸上的所有数学型线一样。这些结构如此精细，蚕也画不出这样细小的线条。植物的许多行为都是非常精确的，比如树液上升、空气交换以及汁液调配。”

——《自然科学会报》（***Philosophical Transactions***）

# 引力 | 运动定律

| 1687年 |

英格兰，艾萨克·牛顿（1643—1727）

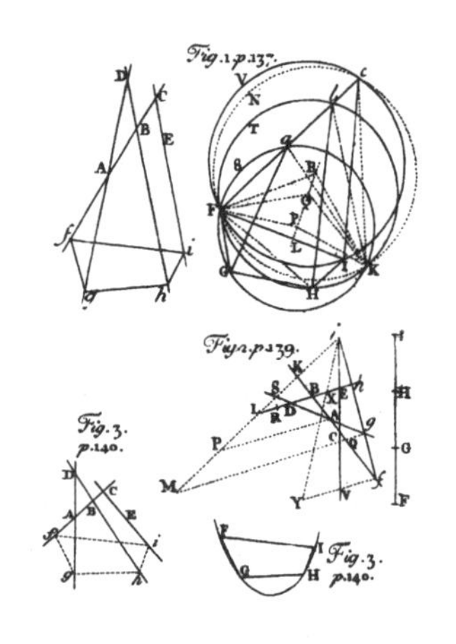

随着万有引力定律的发现，牛顿创立了经典力学和现代物理学。然而，我们怎样才能用几句话概括牛顿的贡献呢？许多人认为他是史上最重要的科学家。他的实验研究与数学研究具有开创性的意义。1661 年，牛顿进入剑桥大学，并开始对数学、光学、物理学和天文学产生浓厚的兴趣。牛顿引起科学界的关注，是因为他在 1668 年发明了反射望远镜。1665 年（一说 1666 年），牛顿在果园看见了一个苹果落地。他假设月球的运动和苹果的运动一样，被相同的力驱动。他计算了把月球固定在轨道上所需要的力，以及把物体拉向地面所需要的力，并把这两个力做比较。他还计算了石头不脱离吊索所需要的向心力，以及单摆的长度与周期的关系。

这些早期工作促进了天文学和行星运动的研究。牛顿与罗伯特·胡克通信后，将注意力转向了星体的轨道问题。对于两个星体而言，其中一个星体受到指向另一星体中心的力，该力与距离的平方呈反比。牛顿证明了星体的轨道是椭圆形，并在 1687 年告诉天文学家埃德蒙·哈雷（Edmond Halley）。哈雷对此很感兴趣，所以牛顿再次论证了这种关系，并撰写了《原理》一书，也就是后来的《自然哲学的数学原理》（*Principiae Naturalis Principia Mathematica*）。1687 年，这本伟大的著作证明了一种普遍存在的力——引力，以及这种力如何作用于宇宙中的所有空间、所有物体。胡克对此也做出了贡献。

《原理》第一卷阐述了力学的基础。星体围绕着某个中心在轨道上运动，牛顿也解释了其中的原理。在牛顿的定义中，引力是控制所有天体运动的基本力。《原理》第二卷开创了流体理论，牛顿解决了流体运动及两层流体之间运动的问题。

### 牛顿的苹果

威廉·斯蒂克利（William Stukeley）是牛顿最早的传记作者之一，他在《艾萨克·牛顿爵士生平回忆录》（*Memoirs of Sir Isaac Newton's Life*）中记录了1726年他与牛顿的一场谈话：

"……他以前就想过万有引力的概念。苹果从树上掉下来，而他坐在那里沉思。为何苹果总是垂直地落向地面？为什么苹果不会斜着落地或飞向天空？很明显，地球吸引着它。物体间一定存在吸引力。地球引力的总和一定在地球的中心，而不会在任何一侧。那么苹果的下落是垂直于地面，还是指向地球的中心？吸引物体的力，一定与物体自身的质量成比例。同时，地球怎样吸引苹果，苹果就怎样吸引地球。"

他还根据空气的密度计算出声波的速度。第三卷展示了万有引力定律在宇宙中的作用，涉及包括地球在内的 6 颗已知行星及其卫星的公转。彗星也遵循同样的规律。在后来的版本中，牛顿补充了一些猜想，认为随着时间的推移，彗星可能经常造访地球。他根据引力计算出天体的相对质量，以及地球与木星的扁率。他还解释并计算了涨潮、落潮、分点岁差，认为这是由太阳和月球引起的。牛顿关于力学的研究很快在英国普及，而且在半个世纪后传播得更加广泛。从那时起，牛顿力学就被列为人类在抽象思维中最伟大的成就之一。

在《原理》中，牛顿介绍了万有引力定律和三大运动定律。他的著作主导了接下来的 3 个世纪中人们对宇宙的科学观点。牛顿证明了他的万有引力定律和开普勒的行星运动定律是一致的，进而证明了地球上的物体和宇宙中的天体受相同的自然法则支配。著名的牛顿"三大运动定律"如下：牛顿第一定律（惯性定律）指出，除非受到合外力的作用，静止的物体趋向于保持静止，匀速直线运动的物体趋向于保持匀速直线运动。牛顿第二定律指出，作用在物体上的合外力等于物体动量随时间的变化率。第一定律和第二定律代表了他与亚里士多德物理学的决裂，因为在亚里士多德看来，力是维持物体运动的原因。牛顿定律表明，力只是改变物体运动的原因（力的国际标准单位是牛顿，以他的名字命名）。牛顿第三定律指出，每个作用力都有一个大小相等、方向相反的反作用力。这意味着施加在物体上的任何力都有一个对应的反作用力，并且二者方向相反。牛顿极大地推动

## 哈德森湾为何“失”重？

20世纪60年代，人们绘制了全球重力场图。人们发现，哈德森湾的重力比其他地区要小。重力与质量成正比，所以当一个区域的质量以某种方式减小时，重力也会减小。在地球的不同位置，重力是不同的。由于地球的自转，通常赤道上重力较大，两极重力较小。地球的质量分布不均匀，而且会随着时间的推移改变。哈德森湾重力较小，主要原因是地幔对流。地幔是一层熔融的岩浆，位于地表下96千米至200千米处。岩浆不断地旋转和移动，上升和下降，形成了对流。对流将大陆板块往下拉，尤其是加拿大的这一部分，该地区质量减小，因此重力减小。

另一个重要的因素是劳伦泰德冰盖。在9.5万年前至2万年前的冰河时期，它覆盖了北美的大部分地区。大部分冰盖的厚度是3.2千米；然而在哈德森湾的两个地区，它的厚度达3.7千米。在1万多年的时间里，劳伦泰德冰盖融化了，最终在大约1万年前消失了。它在地球上留下一个深深的凹痕。凹痕以每年不到1.25厘米的速度“回升”。同时，哈德森湾周围地区的质量也较小，这是因为此前地球的一部分被冰盖推到了一边。质量越小，重力越小。哈德森湾将经历几千年的“失”重。据估计，凹痕要回弹超过200米才能到原来的位置，可能需要5000年。尽管世界各地的海平面都在上升，但哈德森湾沿岸的海平面却在下降，这是因为陆地正在从劳伦泰德冰盖的影响中恢复过来。

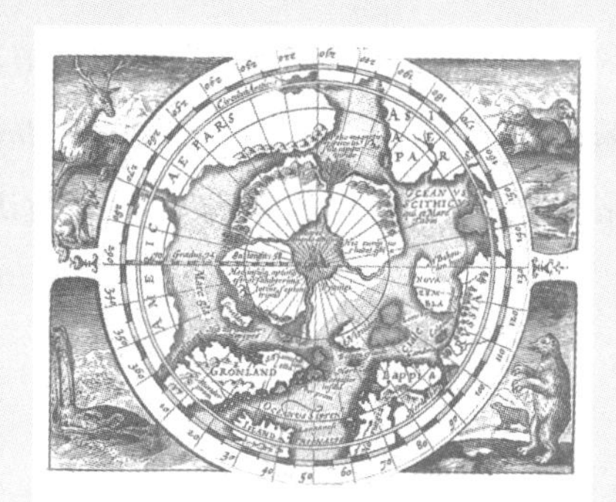


2002年发射的GRACE卫星（重力回溯及气候实验卫星）能观测到更详细的结果，它表明地幔底层的对流可能也是影响的因素之一。自2009年以来，GOCE卫星（地球重力场和海洋环流探测卫星）提供了更好的信息，它测量了地球上引力的增加，但增幅只有1/10000000000000。

了科学革命，诗人亚历山大·蒲柏（Alexander Pope）被牛顿的成就折服，他为牛顿写下了这样的墓志铭：“自然和自然法则隐藏在黑夜之中。上帝说，‘让牛顿出世吧’，于是一切豁然开朗。”

从 17 世纪 60 年代中期开始，牛顿进行了一系列实验来研究光的组成。他发现白光是由几种颜色的光组成的，其光谱和彩虹的颜色一样。这项工作开启了对光的现代研究。1704 年，牛顿发表了《光学》（*Opticks*），解决了光和颜色原理的问题。他用玻璃棱镜研究光的折射。经过几年的实验，牛顿在颜色现象中发现了可以测量的数学模型。他发现白光是由无数种不同颜色的光混合而成（在彩虹和光谱中能看到），每一种光都可以根据它进入或射出特定透明介质时的折射角来确

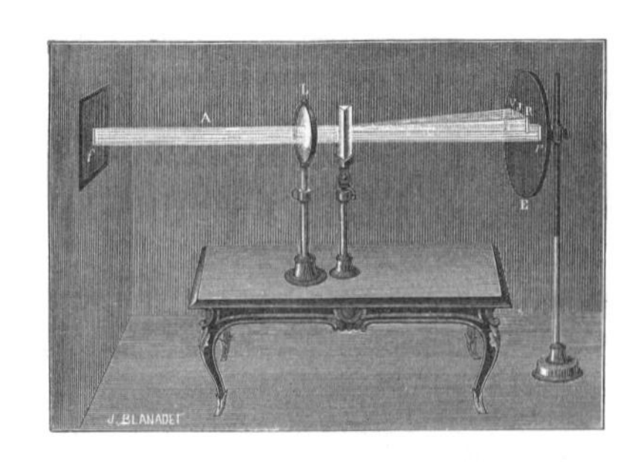

定。与《光学》一起发表的还有两篇论文，一篇求曲线面积（积分法），另一篇给三次曲线分类。《光学》在 1692 年就差不多完成了，但牛顿推迟了出版，直到它的主要批评者去世。

牛顿在数学的各个领域都做出了杰出的贡献，但最著名的是他解决了当代解析几何中求曲线的切线（微分），以及计算曲线区域的面积（积分）的问题。牛顿发现这是相对的两个问题，并提出了解决曲率问题的一般方法。他的《流数法》（*Method of fluxions*）和《反流数法》（*Inverse method of fluxions*）相当于莱布尼茨后来的微分和积分。18 世纪初，牛顿被认为是英国和欧洲大陆科学界的主要人物。

第五章

# 工业革命

# 往复式蒸汽机

| 1705年 |

## 英格兰，托马斯·纽科门（1664—1729）和约翰·卡利（　—1725）

利用往复式蒸汽机，矿业公司可以在更深的地方开矿。它具有深远的影响，既是工业革命的开端，也是瓦特改良蒸汽机的重要基础。托马斯·纽科门（Thomas Newcomen）是德文郡的五金商，住在康沃尔郡附近。康沃尔郡的锡矿由于积水问题，不能开采得太深。纽科门的一些大客户就是那里的锡矿主，他们试图寻找一种新的方法来抽水，替代效率低下且昂贵的手动泵或马拉泵。1698年，托马斯·萨弗里发明了简单的蒸汽机，原理与1641年萨默塞特的蒸汽泵相似，通过冷凝蒸汽产生真空，从而利用大气压来抽水。由于技术的限制，当时人们在施工过程中遇到了一些困难，所以这种方法并不普及。经过多年的尝试，纽科门和搭档约翰·卡利（John Calley）提出了一种设计方案，他们在汽缸内制造真空，真空拉下活塞，然后用杠杆把力传送到井下的泵轴上。这是最早在汽缸内使用活塞的实用蒸汽机。不过，人们面临的难题是，很难铸造一个与活塞匹配的大小合适的汽缸。于是，纽科门故意把活塞设计得小一点，然后用一圈湿皮革或绳子包裹活塞，填补活塞与汽缸之间的缝隙。使用蒸汽机之前，需要把锅炉里的水烧热。蒸汽通过阀门，进入黄铜大汽缸，推动活塞向上。之后再把冷水注入汽缸，从而使蒸汽冷凝成液体，形成真空。外界大气压推动活塞向下运动，从而带动连接活塞的杠杆也向下运动，蒸汽机开始工作。

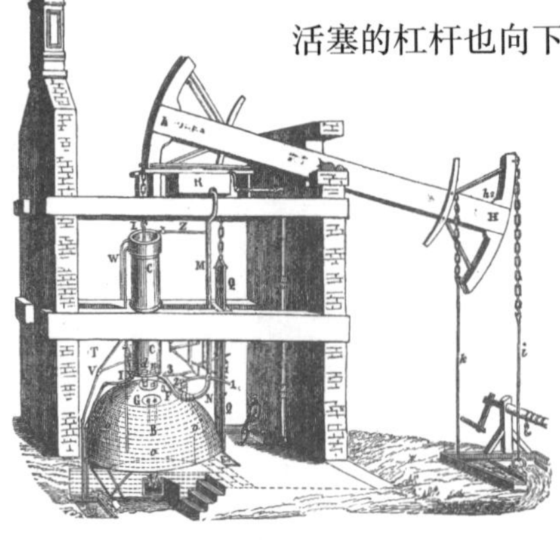

然而此前，萨弗里已经注册了类似的专利，措辞简略而笼统："通过火力驱动抬升水，从而带动各种机械。"为了避免侵权，纽科门不得不与他合作。1712年，纽科门在斯塔福德郡达德利城堡附近的煤矿里安装了第一台机器。它的汽缸直径为53厘米，高接近2.4米，每分钟往复

12 次，功率大约相当于 5.5 马力。每往返一次就可将 45.5 升水提升 47.5 米。这种蒸汽机既可以使用常压，又可以使用低压，欧洲大部分地区用它抽水。1725 年，纽科门进一步改进了设计。纽科门去世的时候，欧洲至少有 100 台这样的机器。然而，尽管纽科门蒸汽机结实可靠，能昼夜不停地工作，但它们效率太低了，价格也很昂贵。1769 年，苏格兰工程师兼发明家詹姆斯·瓦特发明了一种蒸汽冷凝器，大大提高了蒸汽机的效率。到 1790 年，瓦特蒸汽机几乎完全取代了纽科门蒸汽机。瓦特蒸汽机避免了汽缸因冷热交替造成热量消耗，大大提高了经济性。经过细致的研究，达德利的黑乡博物馆已经重建了 1712 年的纽科门蒸汽机，现在展示的是一台完整的复制品。

# 接种

1718年

英格兰，玛丽·沃特利·蒙塔古夫人（1689—1762）；
美国，札布迪尔·博伊斯顿医生（1679—1766）

许多人认为爱德华·詹纳发明了接种，但中国人王旦才是开创者，他于 1000 年左右发明了人痘接种[1]。这种接种疗法是从天花患者身上提取脓疱痂盖，碾碎后像吸鼻烟一样吸进鼻子。这些痂盖取自即将痊愈的天花病患或只有轻微症状的病患。英格兰贵族、作家玛丽·沃特利·蒙塔古夫人（Lady Mary Wortley Montagu）有一个弟弟因患天花而去世，她本人也在 1715 年染上了天花，脸上还留有疤痕。她的丈夫在君

1 关于种痘的最早记载出自清代朱纯嘏的《痘疹定论》：宋真宗时期的宰相王旦一连几个子女都死于天花，后来他老年得子，担心儿子会遭受同样的命运，便请峨眉山神医为儿子种痘。因此，王旦只是较早使用了这种方法，并不能说他发明了人痘接种。

### “一切都非常有趣”

玛丽·沃特利·蒙塔古夫人被认为是“那个世纪最有趣的英格兰女人”，她的谈吐表现了她的风趣：“有一件事让我甘心接受成为女人这个事实，即我并非一定要嫁给谁。”还有一个故事是这样的，在歌剧院里，有人对蒙塔古夫人说她的手很脏，蒙塔古夫人回答：“你应该看我的脚。”蒙塔古夫人葬于伦敦，她的临终遗言大意是：“一切都非常有趣。”利奇菲尔德大教堂还有一座很棒的纪念碑，以纪念她的成就。

士坦丁堡担任大使，1716 年，她陪丈夫前去任职。在那里，蒙塔古夫人听说了奥斯曼土耳其人的人痘接种术。1718 年 3 月，她让大使馆的外科医生查理·梅特兰（Charles Maitland）为她 5 岁的儿子接种了疫苗。1721 年她回到英格兰，在 4 岁女儿的一个小伤口上注射了天花脓疱的脓汁。当时天花的死亡率是 20%—60%。幸存者通常伤痕累累，普遍要忍受长期的疼痛，有时还会失明。但接种过疫苗的人死亡率只有 1%—3%。

欧洲人把天花带到其他地方，摧毁了许多非洲人和美洲原住民的部落。1721 年，波士顿暴发了一场可怕的流行病，大约一半的人口受到感染。传教士科顿·马瑟（Cotton Mather）介绍了非洲人如何处理这种疾病：他们在健康人的皮肤上切开一个口子，把感染者的脓液注入伤口。1721 年 6 月 26 日，札布迪尔·博伊斯顿（Zabadiel Boylston）医生为他的小儿子和两个奴隶接种了天花疫苗。城市里的年长者都吓坏了，但 3 人都活了下来。接着，他又给 248 人接种了疫苗。大约在同一时间，这种疾病侵袭了伦敦，玛丽·沃特利·蒙塔古夫人说服威尔士王妃支持接种疫苗。她请求国王释放 6 名即将被处以绞刑的囚犯，前提是他们愿意接种疫苗。1721 年 8 月 9 日，查理·梅特兰医生为他们接种天花疫苗，他们都活了下来——疫苗起作用了。蒙塔古夫人的努力和英国皇室的接受，为后世的爱德华·詹纳铺平了道路——他于 19 世纪早期在欧洲推广疫苗。

# 飞梭

1733年

## 英格兰，约翰·凯伊（1704—约1764）

飞梭带动纬纱，快速地穿越经纱，可以织出更宽的布料。飞梭的发明大大提高了织布的效率，也使英国成为世界纺织工业的中心。约翰·凯伊（John Kay）的父亲是兰开夏郡贝里的羊毛制造商，他后来在一家羊毛厂担任经理。凯伊掌握了机械师和工程师的技能，并对工厂的机器做了许多改进。1733 年 5 月，他为“新型松毛织毛机”申请了专利。这个机器包含革命性的飞梭装置：一种用于手织机的轮梭。在飞梭诞生以前，织工必须手动传递织梭——织梭带动纬纱穿过经纱。织工必须张开双臂，不断地把织梭从一只手交换到另一只手，才能织出和身体一样宽的布。如果需要织更宽的布，就需要两个织工合作，在宽幅织布机上进行。

> **“无法想象的速度”**
>
> 凯伊把他的发明叫“轮梭”，其他人则称之为“飞梭”（fly-shuttle），后来又演变成“flying shuttle”。这是因为它的速度一直很快，尤其是年轻织工在使用狭幅织布机的时候，它达到了“无法想象的速度，以至于被看成稍纵即逝的小云朵”。
>
> ——让·马利·罗兰（Roland de la Platière）
> 《方法论百科全书》（*Encyclopédie Méthodique*）

凯伊的发明就是把织梭安装在转轮上。织工拉动连接着传动器的绳子，从而操纵织梭。向左拉绳子，织梭穿过经纱飞向左边；然后向右拉绳子，织梭回到原位。现在，带线的织梭可以在更宽的工作面上来回移动。飞梭加快了线往复的速度，从而加快了织布的速度。凯伊的发明使劳动成本降低了一半（宽幅织布机从 2 名工人减少到 1 名），很快被纺织业采用。不幸的是，制造商成立了协会，拒绝向凯伊支付专利费。凯伊为自己辩护，在官司中花光了所有积蓄。他最终搬到法国，并重造了自己的机器。法国纺织业的机械化可以追溯到 1753 年，当时人们广泛采用飞梭。然而，大多数飞梭是仿制品，与凯伊无关。凯伊试图巩固自己在纺织业的垄断地位，但没有成功。他与法国当局争吵不休，最后身无分文地去世了。

# 分类学——给生物命名

1735年

瑞典，卡尔·林奈（1707—1778）

林奈（Carl Linnaeus）是瑞典博物学家、医生，被誉为“分类学之父”。他的分类和命名系统，至今仍在使用。他的分类思想影响了几代生物学家，特别是植物学家。林奈是今天的生物分类学的先驱。尽管有些蘑菇可以食用，而另一些形貌相似的蘑菇却会致病，甚至致死，但在那个时代，除了几种当地的俗名之外，它们都被笼统地称为“蘑菇”。林奈意识到，这种随意的命名方法不能准确地描述斯堪的纳维亚的所有蘑菇，更别提来自新大陆的最新发现。一些植物学家尝试过用不同的方法给植物命名，但收效甚微。例如，番茄的一个学名是“具有光滑草本茎、锯齿羽状叶子以及单花序的茄属植物”。在林奈的分类学诞生以后，番茄最终被正式定义为“植物界，茄目，茄科，茄属，番茄种”。同样，万寿菊被定义为“植物界，菊目，菊科，菊亚科，万寿菊属，万寿菊种”。

在成为乌普萨拉大学的教授以前，年轻的林奈游历过拉普兰德，细致地观察了当地的地理和植物。任教后他就再也没有离开过瑞典，而是靠学生收集动植物标本，并在此基础上制定了新的分类体系和命名方法。他引用过一句格言：“上帝创造，林奈分类。”为

## 为甲虫而疯狂

林奈的学生和追随者从世界各地给他寄来标本。直到今天，人们还非常重视模式标本，也非常推崇这位率先给新物种命名的人。丹尼尔·罗兰德（Daniel Rolander）在苏里南的丛林里辛勤工作，寻找一种胭脂虫，希望这种甲虫能以他的名字命名。胭脂虫曾用于制造鲜艳的红染料，它们生活在新大陆的仙人掌上，并以此为食。在回家的漫长旅途中，罗兰德悉心照料他的珍贵标本，并把甲虫送进了林奈的温室。然而，根据历史学家埃米·巴特勒·格林菲尔德（Amy Butler Greenfield）的说法，当时林奈出门了，他的园丁“看到一株脏兮兮的被感染的植物”。当林奈回家时，园丁已经把所有昆虫都消灭了。这令林奈头疼不已，而罗兰德几乎要发疯。胭脂虫也叫罗兰德胭脂虫，它的标准分类是“真核域，动物界，节肢动物门，昆虫纲，半翅目，胭蚧科，蚧总亚科，胭蚧属，胭脂虫”。

了确定一种植物的分类，他从花园标本、腊叶标本（压在纸上的干制植物标本）或插图开始，进行了全面的描述。在这之后，他收集了更多代表该物种的标本。至此，林奈成功地引入了生物分类系统，后世逐渐完善为界、门、纲、目、科、属、种。林奈采用“双名法”命名，任何生物的学名都是它的属名加上种名。他还把单个物种与某一个“模式标本”联系起来，模式标本是识别该物种的范例。例如，菊科也叫紫菀科、雏菊科或向日葵科，是最大的维管植物科。这个科一共有超过 22750 种，分别属于 1620 个属和 12 个亚科。其中最大的属有千里光属（1500 种）、斑鸠菊属（1000 种）、刺头菊属（600 种）和矢车菊属（600 种）。

1735 年，林奈首次发表他的《自然系统》（*Systema Naturae*），只有 14 页。他把动物分成四足纲、鸟纲、两栖纲、鱼纲、昆虫纲和蠕虫纲。蠕虫纲包括蠕虫、蛇以及其他黏滑的不容易归类的动物。人类被归到四足纲，这激怒了许多人，尤其是传教士和其他有宗教信仰的人。林奈生前出版的最后一版《自然系统》（第 12 版），长达 2300 页。去世之前，林奈给大约 7700 种植物和 4400 种动物分类编目。他希望在自己的墓碑上写“植物学王子”。林奈非常聪明，他创造了一个可以不断延伸的命名系统——现在研究者每年都要命名成千上万种新物种。他的“界”被重新修改，基于 DNA 测

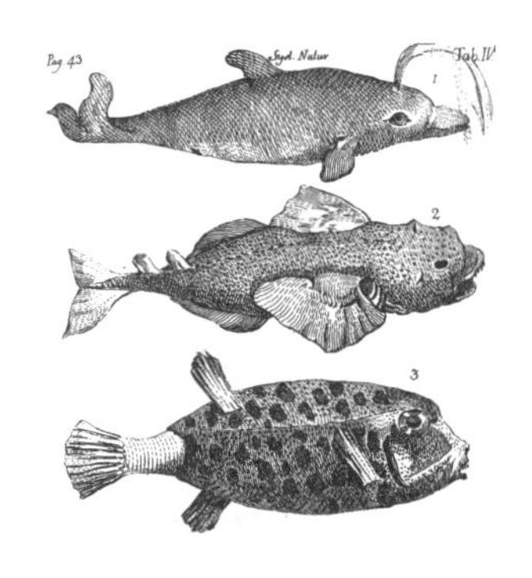

### 方舟能容纳多少物种？

不断增长的物种名单向虔诚的林奈提出了一个问题，所有这些东西是如何装进《圣经》的方舟的？为了解决这个问题，他用一座岛替代方舟。人们相信大洪水淹没了整个地球，但林奈认为有一座岛屿除外，它既是诺亚方舟，也是伊甸园。许多人认为，阿勒山就是诺亚方舟着陆的地方，这完全符合林奈的想法。阿勒山很高，为植物和动物提供了所有必要的气候区，因此能够在《圣经》中的大洪水中幸存下来。

序也调整了部分关系，但最初的命名系统基本上保持不变。

日本第 125 任天皇、鱼类学家明仁天皇非常赞赏双名法，认为它给科学家提供了普遍的分类学依据。2011 年 8 月，一份新闻稿指出，地球上有接近 90% 的动植物物种没有被发现或分类。据估计，地球上共有 870 万个物种（陆地上 650 万，海洋中 220 万）。到目前为止，只有 120 万个物种被正式描述和命名。这表明陆地上 86% 的物种和海洋中 91% 的物种有待描述。研究人员总结说：“许多物种越来越濒临灭绝，我认为需要加快发现地球上的物种，科学界和社会都应该高度重视。”联合国的一些研究表明，地球正面临着自 6500 万年前恐龙灭绝以来最严重的物种灭绝危机，主要原因是开荒、污染、气候变化，等等。

# 航海精密计时器

1761年

英格兰，约翰·哈里森（1693—1776）

象限仪（以及之后 1757 年的六分仪）可以测量海上的纬度，但经度只能用航

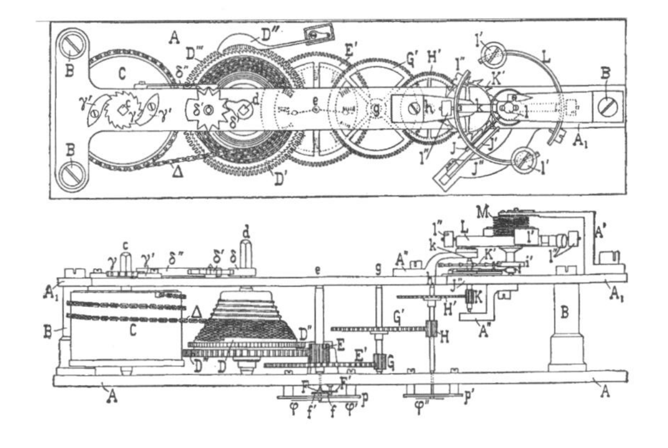

海精密计时器测量。墨卡托投影的发展代表了16世纪航海制图学的巨大突破，但理论不能立即用于实践。第一个难题就是无法准确地测定海上的经度。第二个难题是，导航所指的是磁方向，而不是地理方向。发明航海精密计时器，以及了解磁偏角的空间分布，是航海家充分使用墨卡托投影的前提。（磁偏角是磁北与真北的夹角，随位置和时间而变化。）

在航海中，航位推测法的累积误差经常导致船只失事和人员伤亡。航位推测法以前叫“推算航法”，是指通过已知的船位以及确定或估计的航速和航向，提前计算海上的位置。在航海时代，工业革命导致了贸易和航海的大规模扩张，避免航海悲剧成了当务之急。1714年，英国政府根据《国会法令》（*Act of Parliament*）悬赏2万英镑征集解决方案，要求在半度（相当于2分钟）内精确地测量经度。这些方案将在一艘船上试验。钟表匠约翰·哈里森（John Harrison）拥有世界上最精确的摆钟，他发明了一系列钟表来试图解决这个问题。航海精密计时器必须防腐、防震，不受船舶航行过程中的颠簸、温度和重力变化的影响。H1（哈里森1号的缩写）制造于1730年至1735年，是便携的精密木钟，其运动部件由弹簧控制和平衡，因此不受重力的影响。哈里森在海上做了测试，并继续发明和改进，制造了H2和H3。1761年，他的H4诞生了。H4看起来像一块很大的怀表。在一次前往牙买加的航程中，它只慢了5秒。之后又进行了几次成功的试验后，哈里森的航海精密计时器在世

### 库克船长的经历

詹姆斯·库克[1]船长已经开始了他的第二次发现之旅，他使用科拉姆·肯德尔（Larcum Kendall）的K1确定经度，这是H4的复制品。经过3年航行，库克船长到过热带，也到过南极，并于1775年7月返回。在整个航行中，K1每天的误差不超过8秒（相当于赤道上3.7千米的距离）。库克说这块表“是我们穿越所有气候的忠实向导”。1779年，库克船长在夏威夷被谋杀，由航海经验丰富的威廉·布莱（William Bligh）船长使用K1完成了第三次航行。1789年，在“邦蒂号”（HMS Bounty）上，布莱的K2被反叛者没收。在只剩下一个旧的象限仪和一个指南针，在没有航海图，也没有六分仪的情况下，布莱乘坐一艘小船，花了47天时间，奇迹般地到达了帝汶岛，航行距离6700千米。1808年，“邦蒂号”上幸存的反叛者约翰·亚当斯卖掉了K2。如今，K2与K1、K3一起，被展示在格林尼治皇家天文台。在格林尼治的国家航海博物馆，我们还能看到无价的H1至H4。

界各地普及。船只能以精确的经度航行，这是头一次。

# 珍妮纺纱机

1764年

## 英格兰，詹姆斯·哈格里夫斯（1710—1778）

珍妮纺纱机是最早改进的纺车。13世纪以来，欧洲人一直用纺车生产纱线。几项重要的发明使人们可以大量收获棉花，也带来了英国纺织业的大规模增长。在较短的时间里，飞梭、细纱机、轧棉机、走锭纺纱机和珍妮纺纱机相继诞生了。棉纱供不应求，现有的单线纺车完全跟不上生产（一般来说，女人纺纱，男人织布）。1764年，英国木匠兼织布工詹姆斯·哈格里夫斯（James Hargreaves）改进了纺车，发明了一种手摇多线纺纱机。哈格里夫斯从来没有受过正规学校教育，但他的珍妮纺纱机（可能以他妻子的名字命名）是一件天才之作。通常纺车只有1个纱锭，但珍妮纺纱机有8个。它装有对称的简单转轮，粗纱被固定，一个框架

1 詹姆斯·库克（James Cook，1728—1779），英国皇家海军军官、航海家，曾三次奉命出海前往太平洋。在第三次航海中，他在夏威夷遇刺身亡。

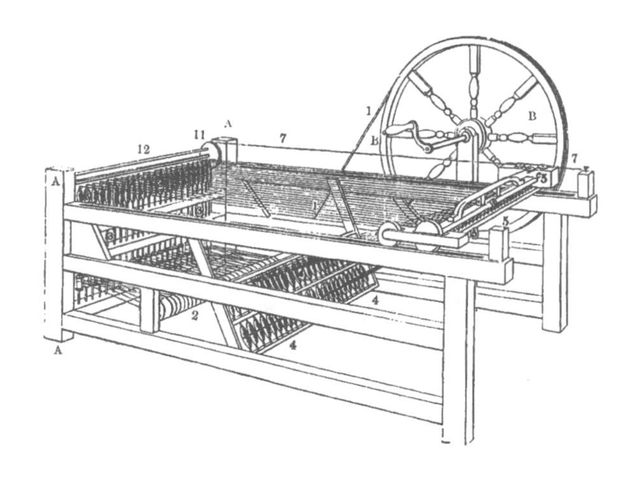


向前移动，拉伸粗纱。框架被推回来的时候，转轮跟着移动，带动纱锭旋转，把粗纱捻成细纱，然后收集在 8 个纱锭上。后来的模型最多有 128 个纱锭。然而，珍妮纺纱机生产的纱线十分粗糙，强度不够，只适合充当纬纱（纬纱就是穿过经纱的线）。

哈格里夫斯制造了许多台珍妮纺纱机，并开始在当地出售。最开始，纺纱工人很喜欢珍妮纺纱机；但后来纱线的价格下跌，他们的情绪发生了变化。1 台机器抵得上 8 个工人，纺纱工对这种“不公平”的竞争感到愤怒。1768 年，一群纺纱工人闯进了哈格里夫斯的房子，捣毁了他的机器。于是，哈格里夫斯从布莱克本搬到诺丁汉，这里的纱线产量因此提高，棉袜业也随之发展。直到 1770 年，哈格里夫斯才为他的 16 纱锭珍妮纺纱机申请了专利。此前，法院驳回了他的 8 纱锭珍妮纺纱机的专利申请，因为他在申请专利之前的很长一段时间里已经制作和销售了好几个样品。其他人没有付给他一分钱就抄袭了他的创意。在他去世的时候，英国有 2 万多台珍妮纺纱机投入使用，其中许多纺纱机可以一次产出 80 根纱线，其效率是单纺锤纺车的 80 倍。

### 粗纱、梳理和起绒草

粗纱是一种细长的纤维条，常用于粗纺毛纱。制造粗纱的过程是梳理纤维，把纤维拉长、拉细，然后纺成细线。梳理（carding）是一种机械加工过程，把没有组织的纤维团分开，使它们排列整齐，尽量保持平行，以便纺丝。“梳理”这个词来自拉丁语中的“carduus”，意思是“起绒草”。干燥的起绒草穗最初用来把纠缠在一起的原毛梳成长束。

# 改良蒸汽机

| 1769年 |

苏格兰，詹姆斯·瓦特（1736—1819）

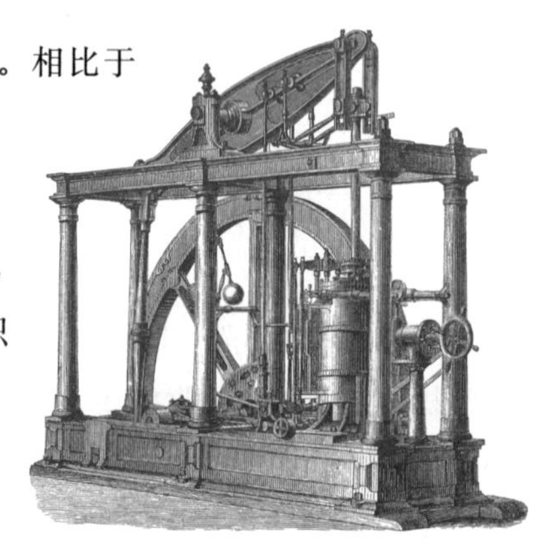

分离式冷凝器大大提高了蒸汽机的效率。相比于蒸汽泵，现代蒸汽机能驱动更多种机器，加快了工业革命的步伐。詹姆斯·瓦特（James Watt）是一名仪器制造商和工程师。1763年，他被派去修理纽科门蒸汽机。其间，瓦特意识到他可以提高蒸汽机的效率。蒸汽冷凝的时候，汽缸也随之冷却下来，这导致许多热量白白散失掉了。对于煤矿而言，这点热量无关紧要，因为煤矿有许多卖不掉的小煤块。但在产煤不多的地方（比如康沃尔），这大大增加了采矿的成本。瓦特意识到，纽科门蒸汽机之所以浪费能源，是因为汽缸反复冷却和加热。因此，他引入了一种与主缸分离的冷凝器，避免了这种浪费，从而在根本上提高了蒸汽机的功率、效率和成本效益。1769年，瓦特获得了专利。由于没有足够的资金推广这种新设计，1775年，瓦特把自己的想法告诉了富有的商人马修·博尔顿（Matthew Boulton）。博尔顿开始着手制造瓦特蒸汽机，并出售给煤矿主，用于矿井抽水。瓦特蒸汽机的功率是纽科门蒸汽机的4倍。1781年，瓦特制造了一台旋转蒸汽机。之前的蒸汽机只能上下泵动，是矿井排水的理想设备，但他的新式蒸汽机可以驱动多种不同类型的机械。1783年，理

### 瓦特和马力

瓦特向消费者收取使用蒸汽机的高昂费用。为了证明蒸汽机的价值，他把蒸汽机与一匹马做比较。瓦特计算出一匹马的拉力为82千克，当他设计出一台蒸汽机时，就将它描述为“20马力的蒸汽机”。接着，瓦特计算出每家公司每年因使用蒸汽机而节省的马费。在接下来的25年里，该公司必须每年向他支付这个数字的1/3。就这样，瓦特发展了“马力”的概念，而功率的国际标准单位“瓦特”就是以他的名字命名的。

查·阿克莱特在他的纺织厂采用了瓦特蒸汽机。到了1800年，英国的矿山和工厂已经有500多台瓦特蒸汽机。

1775年，议会授予瓦特专利，禁止其他人制造相同的蒸汽机。在接下来的25年里，博尔顿 & 瓦特公司几乎垄断了蒸汽机的生产。18世纪20年代，煤溪谷公司采用新型铸铁技术生产出了新的汽缸，比过去使用的黄铜汽缸更大、更便宜。此后，博尔顿 & 瓦特公司成为英国乃至全世界最重要的工程公司，满足了巨大的市场需求。最开始，只有康沃尔的矿主需要蒸汽机，后来扩大到造纸厂、面粉厂、棉花厂和冶铁厂，也延伸到酿酒厂、运河及自来水厂。

# 现代工厂制度 | 水力纺纱机

1771年

英格兰，理查·阿克莱特（1732—1792）

理查·阿克莱特（Richard Arkwright）的创新和发明是工业革命的催化剂，他的工厂制度被复制到世界各地。1762年，阿克莱特还是一名假发制造商，他周游全国收集人们丢弃的头发时，听说有人正在尝试为纺织业生产新的机器。阿克莱特遇到了约翰·凯伊[1]，后者曾试图与托马斯·海兹（Thomas Highs）合作生产一种新的纺纱机。但他们耗尽了经费，被迫放弃了这个项目。阿克莱特帮助凯伊制造细纱机，上面的三对滚轴可以以不同的速度转动。滚轴生产出粗细合适的纱线，再经由一组纱锭把纤维紧紧地

1 不是发明飞梭的约翰·凯伊，两人恰好同名。

绞在一起，比珍妮纺纱机生产的纱线更结实。这种棉线更适合作为经纱（织布过程中需要的长线）。当时英国的棉布常用亚麻线做经纱，用棉线做纬纱，因为棉线不够结实。而由亚麻纤维制成亚麻线，需要很多人力，因此亚麻线价格昂贵。现在，经纱和纬纱都可以用棉线充当，

纯棉的纺织品也更便宜。阿克莱特的细纱机太大了，无法用手工操作。所以在 1771 年，他决定用水车提供动力，这台机器因此也叫“水力纺纱机”。机器取代了许多人力，因而降低了棉线的价格。1775 年，阿克莱特为一台梳棉机申请了专利。梳棉机被用在纺纱过程中的第一阶段，取代手工梳棉机，将原棉（或羊毛）变成连续的棉纤维（或羊毛纤维），然后再纺成纱线。

阿克莱特建造了新式的、利润丰厚的纺纱厂，使用博尔顿和瓦特的新型蒸汽机为水车泵水。蒸汽机和梳棉机的联合使用，最终发展成多种形式的动力织布机。阿克莱特的工厂引入了新的分工模式，纱线生产的全过程由同一台机器完成，大

### 英国最富有的平民

阿克莱特的儿子，另一个理查·阿克莱特（1755—1843），20多岁时就从他父亲手中买下了曼彻斯特工厂。1781年和1787年，他又买了两座工厂。37岁的阿克莱特继承了父亲的遗产，决定专注于地产和银行业。拿破仑战争导致经济衰退，但他在此之前就卖掉了大部分工厂，这很幸运。阿克莱特把钱借给德文郡公爵夫人乔治亚娜，后者急于向丈夫隐瞒自己的赌债。1809年，阿克莱特花了23万英镑的天价，为他的儿子买下赫里福郡的庄园汉普顿宫。在拍卖诺曼顿寺的斯卡斯代尔城堡时，出价迅速上涨。拍卖商开始担心，这位穿着浅黄色外套和浅褐色马裤的无名竞标者可能付不起订金，更别提全款了。随后，阿克莱特站起来，从口袋里掏出一张2万英镑的钞票，说：“只印了4张，还有3张在家里。”他买下了这座豪宅。阿克莱特一直很低调，当他87岁死于中风时，《泰晤士报》没有刊登任何讣告。在报道关于他死亡的消息中，没有提及他拥有的巨额财产，也没有说他是英国最富有的平民，拥有价值超过380万英镑的房产。以今天的货币计算，那将超过3.16亿英镑；以平均收入计算，这一数字将达到29.7亿英镑。银行家总是富有，向来如此……

大提高了效率。阿克莱特更喜欢有大家庭的织工，这样妇女和孩子也能为他的纺纱厂工作，织工可以在家里把纱线织成布。他的雇员从早上6点工作到晚上7点。阿克莱特拥有1900名工人，其中2/3是6岁左右的儿童。和大多数工厂老板一样，阿克莱特不愿意雇用超过40岁的人，因为他们工作相对迟钝。阿克莱特死于1792年，据说身家超过50万英镑。按照今天的零售价格指数计算，相当于5000万英镑。以平均收入衡量，他留下了5.68亿英镑的财产。

# 燃烧氧理论

| 1778年 |

法国，安托万-洛朗·德·拉瓦锡（1743—1794）

18世纪，化学变得和物理学、数学同样重要，其中安托万-洛朗·德·拉瓦锡（Antoine-Laurent de Lavoisier）的贡献最为关键。拉瓦锡是一名激进的法国贵族和化学家，他在学生时代曾说过：“我风华正茂，我渴求荣耀。”（I am young and avid for glory.）拉瓦锡写过一篇关于巴黎街道照明的文章，并因此获奖。他还设计了制造硝石的新方法。经过细致的观测，拉瓦锡证明了“水”不可能转化成“土”，沸水中的沉淀物来自容器本身。他在空气中燃烧磷和硫，结果发现燃烧的产物比原本的物质更重。他推测增加的重量来自空气中减少的物质。由此，他发现了质量守恒定律。

在拉瓦锡开始做燃烧和呼吸实验的时候，化学才刚刚起步。这门学科有大量的经验信息，但几乎没有理论基础，也没有正式的科学语言。酸、碱、盐和金属的许多特性是已知的，通常可以加以区分；但人们对气体的了解非常少。拉瓦锡重复了约瑟夫·普鲁斯特[1]的实验，发现空气由两部分组成，其中一部分与金属结合生成金属灰（残留物质，有时以细粉的形式出现）。在《酸性概论》（*Considérations*

1 约瑟夫·普鲁斯特（Joseph Proust，1754—1826），法国化学家，他发现了定比定律。

*Générales sur la Nature des Acides*）一书中，拉瓦锡认为这部分用于燃烧的“空气”就是酸形成的原因。1779年，他把这部分空气命名为“氧气”（oxygène，在希腊语中的意思是“形成酸的”），把另一部分命名为“氮气”（azote，在希腊语中的意思是“无生命的”）。卡文迪许发现了一种易燃气体，拉瓦锡将之命名为“氢气”（hydrogène，在希腊语中的意思是“形成水的”）。拉瓦锡发现，氢气和氧气结合会生成一种像水的液体。他还证明，水在经过炽热的枪筒时，可以转化成氢气和氧气；氧气与铁反应会形成铁锈。

在《反思燃素》（*Reflexions sur le Phlogistique*）一书中，拉瓦锡证明了“燃素说”的前后矛盾——燃素说假定物质在燃烧时释放出一种叫“燃素”的神秘物质。在《化学命名法》（*Méthode de Nomenclature Chimique*）中，拉瓦锡发明了化学系统命名法，其中包括硫酸、硫酸盐和亚硫酸盐等。这种方法至今仍在广泛使用。他的《化学基础论》（*Traité Élémentaire de Chimie*）是第一本现代化学教科书，统一了新的化学理论。书中提出清晰明了的质量守恒定律，表明反应物的质量一定等于生成物的质量，从而否定了燃素的存在。《化学基础论》还列举了一系列不能被进一步分解的“元素”或物质，比如氧、氮、氢、磷、汞、锌和硫。在

### 燃素理论

17世纪后期，德国医生约翰·贝歇尔（Johann Becher）首次提出了燃素（贝歇尔称之为“油状土”）的观点。这种理论假定所有可燃物中都存在捉摸不定的燃素，这种物质没有颜色、气味、味道和重量。燃烧时，燃素被释放出来。根据这种观点，所有物质都由3种基本部分组成：燃素、杂质以及纯物质。木炭和硫黄能够完全燃烧，这样的物质只含有燃素。然而，木头在燃烧时会留下灰烬，人们认为木头是由纯木头（灰烬）和燃素组成。而铁由铁锈、纯金属和燃素组成。如果某种物质不能被定义为纯物质或燃素，那它就是杂质。溶解在水中的气体就是一种杂质，它既不符合纯物质的标准，也不符合燃素的标准。

### 如何对待一个天才

拉瓦锡是自由主义者，但在法国大革命期间，他被罗伯斯庇尔[1]的议会贴上了卖国贼的标签，罪名是在烟草中掺假。他还为一些外国裔科学家辩护，包括才华横溢的数学家拉格朗日。几年前，科学家、激进政治家让-保尔·马拉（Jean-Paul Marat）向拉瓦锡展示了一项发明，而拉瓦锡认为这项发明荒谬可笑。现在，马拉带头鼓动，要求处死拉瓦锡。据说有人请求放过他，以便让他继续进行化学实验，但法官打断了这一请求："共和国不需要科学家和化学家，正义的进程不能拖延。"拉格朗日对他的死表示哀悼，他写道："他们只一瞬间就砍下了这颗头颅，但再过100年也找不到像他那样杰出的脑袋。"在拉瓦锡被公开处决之后18个月，法国政府宣布他无罪。拉瓦锡的私人物品被转交给他的遗孀，并附了一张简短的字条："致被误判有罪的拉瓦锡的遗孀。"

这本书中，拉瓦锡强调了化学观察："我试图……把真理建立在事实之上，尽可能依从观察和实验的启发，摒弃推理的方法，因为推理往往会欺骗我们。"

拉瓦锡证明，生命体的呼吸会把大气中的空气分解和重构，就像燃烧一样。他和拉普拉斯一起使用热量计估算每一单位二氧化碳产生的热量。他发现火焰和动物呼吸消耗氧气和形成二氧化碳的比率相同，这表明动物呼吸产生能量的方式与燃烧一样。拉瓦锡还发现钻石是碳的结晶。他有意识地把所有实验都纳入同一个理论框架之下，促进了化学革命的诞生。

# 走锭纺纱机

1779年

英格兰，塞缪尔·克朗普顿（1753—1827）

走锭纺纱机大大提高了将原棉加工成纱线的效率。此后，棉纺业开始繁荣发展。塞缪尔·克朗普顿（Samuel Crompton）是一名工厂工人，他学会了使用珍妮纺纱机，但他发现珍妮纺纱机存在一个弊病：纺出的纱线不够结实，经常断开。

1 罗伯斯庇尔（Robespierre，1758—1794），法国大革命时期的政治家。

克朗普顿花了5年多时间，发明并改良了走锭纺纱机。为了实现自己的发明，克朗普顿在博尔顿剧院当小提琴手，尽管一场演出只挣几个便士。他把所有工资都用于自己的发明。克朗普顿的走锭纺纱机把珍妮纺纱机的活动机架与阿克莱特水力纺纱机的滚轴结合起来，能生产非常细的纱线，从而纺成均匀的细布。这种纱线非常结实，适用于任何织品，也能满足空前高涨的对棉布的需求。走锭纺纱机通过间歇纺丝法把棉纤维纺成纱线：在起模行程中，粗纱被捻在一起；在返回行程中，它被绕在纱锭上。克朗普顿采纳了哈格里夫斯的多线纺纱和滚轴细化粗纱的方法，但他把纱锭安在机架上，并在纺纱机上固定了一卷粗纱。滚轴和向外运动的机架使粗纱变得均匀，然后才绕在纱锭上。走锭纺纱机很好地控制了纺纱的过程，能生产任何类型的纱线。

### 棉纺厂和奴隶制的繁荣

为了满足英格兰北部棉纺厂的需求，美国南部各州的种植园相继出现了奴隶潮。19世纪50年代末，兰开夏郡大约3/4的棉花由美国南部的奴隶州供应。工厂十分依赖美国，这是它们的致命弱点。如果美国棉花歉收或供应中断，其后果将波及全球，而首当其冲的是兰开夏郡。1859年，自由的非洲裔美国人萨拉·雷蒙德（Sarah Redmond）在兰开夏郡的曼彻斯特图书馆发表演讲，呼吁女性尤其要提高公共意识，支持美国的废奴主义者。她提醒说，女性奴隶遭到了可怕的虐待，曼彻斯特的繁荣是建立在奴隶种植的棉花之上：“我很羞愧地说，在我们的一些州，男人和女人就像牛一样被饲养起来，卖给市场。当我穿过曼彻斯特的街道，看到一车又一车棉花，我就会想到有8000个种植园供应价值1.25亿美元的棉花，但没有一分钱落到劳动者的手中。”在美国内战期间，北方封锁了南方的港口，货物无法进出，奴隶种植的原棉出口也随之枯竭。利物浦商人囤积居奇，等待价格上涨。这导致了兰开夏郡棉荒（1862—1863年），这是一个难以置信的困难时期，兰开夏郡成千上万的棉纺工人失业。

然而，克朗普顿很穷，他没有钱制造机器，也就不能申请专利。他试图在音乐会上演奏自制的小提琴来筹集资金。但最终，他被迫将自己的权利出售给了阿克莱特的合伙人，继续做纺织工人。后来，阿克莱特申请了专利，走锭纺纱机很快就被纺织业采用。1792 年 3 月，一群愤怒的纺织工闯进了曼彻斯特的格里姆肖工厂，捣毁了所有走锭纺纱机。后来阿克莱特的专利到期，其他几家制造商继续开发走锭纺纱机。1812 年，克朗普顿向议会提交了一份申请，要求得到赔偿。他报告说，英国使用的纺纱机中，有 460 万台是走锭纺纱机，而其他纺纱机加起来只有 47 万台。在博尔顿博物馆，我们能看到唯一一台由克朗普顿制造的走锭纺纱机，制造时间是 1802 年左右。

# 牙刷

| 1780年 |

英格兰，威廉·阿迪斯（1734—1808）

大约公元前 3500 年，巴比伦人用“咀嚼棒”保持口腔卫生，咀嚼棒就是末端去皮的树枝。在印度，人们把尼姆树的树枝嚼软用来刷牙。据记载，中国早在 2000 多年前就懂得保护牙齿的重要性。世界上最早的鬃毛牙刷出现在大约 1498 年的中国，所用的鬃毛来自猪的脖子和肩膀。这些猪生活在寒冷的地方，脖子和肩膀上的毛又密又长。1690 年，古董商人安东尼·伍德（Anthony Wood）购买了一把牙刷，在自传中，他第一次使用“toothbrush”（牙刷）这个词。1770 年，威廉·阿迪斯（William Addis）因制造骚乱入狱。在监狱里，犯人们用布蘸着烟灰和盐清洁牙齿。阿迪斯决定改进这个方法。他找到了一小根动物骨头，然后在骨头上钻了几个小孔。接着，他从一个守卫那里得到了一些鬃毛，并把它们粘在一起，

> **闪亮如象牙的牙齿**
>
> 在我到过的所有国家里，威尔士的男性和女性都更加注重保养牙齿。他们不断用绿色的榛芽清洗，然后用羊毛布擦拭，直到牙齿和象牙一样闪闪发光。为了更好地保持口腔卫生，他们不吃热食，只吃冷的、温的或温度适宜的食物。
>
> ——吉拉尔德斯·坎布伦西斯《威尔士见闻》
> （*The Description of Wales*）

固定在骨头的小孔中。他的另一种牙刷用的是马毛，他用细线把马毛固定在小孔里。阿迪斯是最早大规模生产牙刷的人，他创办了一个家族企业销售牙刷，刷柄用牛骨雕成。他很快就变得富有。直到 1845 年，牙刷仍然是手工制作的，刷柄的材料是骨头或象牙，上面固定着猪鬃或其他毛发。制作刷背和刷柄的骨头来自牛大腿或臀部，需要先煮沸并去除上面的油脂。骨头的末端被切掉，卖给了纽扣商人，因为制造牙刷只需要中间的部分。

制造一把阿迪斯牙刷需要 53 道工序，填充刷毛主要由在家工作的妇女完成。便宜的牙刷用猪鬃制造，更贵的牙刷则使用獾毛。19 世纪 60 年代，阿迪斯公司是英国最早使用自动化生产系统的制造商之一。1869 年，第一把由机器生产的牙刷柄诞生了。在第一次世界大战期间，阿迪斯公司为军队提供牙刷，从而培养了全国人刷牙的习惯。到 1926 年，该公司每年生产 180 万支牙刷。1927 年，第一个塑料牙刷柄（材料是赛璐珞）诞生了，刷毛由机械填充。

第二次世界大战期间，军队得到了 100 万支牙刷供应。1940 年，“WISDOM”品牌推出了一款带有塑料刷柄和塑料刷毛的尼龙牙刷。早在 1938 年，杜邦公司就生产了第一款尼龙毛刷。动物鬃毛不是理想的材料，因为它含有细菌，不易干燥，容易脱落。阿迪斯的骨制刷柄在 1947 年停产。1960 年，施贵宝公司在美国首次推出了电动牙刷，叫“Broxodent”。通用电气在 1961 年推出了一款充电无线牙刷。洁齿白（Interplak）是第一款家用的电动旋转牙刷，于 1987 年推出。1996 年阿迪斯的家族企业在运营 216 年后被收购，3 年后又被德国的 EMSA 控股公司收购。

# 油灯

1782年

法国，弗朗索瓦·皮埃尔·艾梅·阿尔冈（1750—1803）

工业革命期间，“阿尔冈灯”是家庭、商店和工厂照明的通用光源。油灯拥有几千年的历史。最早的记录出现在9世纪，拉齐在《秘典》中介绍了用粗矿物油照明。埃及和中国出现过带有油槽和灯芯的油灯，可以控制火焰的大小。公元前700年左右，希腊人在油灯上增加了把手，使它更实用。然而，早期油灯不够亮，人们无法在晚上做精细的工作。1782年，瑞士科学家弗朗索瓦·皮埃尔·艾梅·阿尔冈（François Pierre Aimé Argand）最早发明了具有科学结构并经过大幅改进的油灯。1784年，他在英格兰申请了专利。这是几千年来油灯设计的首次重大改变，后来应用于煤气炉中。

阿尔冈灯由空心的玻璃管和一根圆形灯芯构成，空气可以在火焰的内部和外部流动。灯芯浸在燃油里，被夹在两个套着的金属管之间。空气可以从内管上升，

## 油灯与“照亮世界的城市”

由于整个世界开始使用阿尔冈灯，人们极度需要鲸油，捕鲸业得到了极大的发展。鲸油主要用于油灯和制造无烟蜡烛。它是第一种实现商业化的油，也是工业革命期间新机器的可靠润滑剂。后来人们也用鲸油制造黄油，以及一种钢铁防锈涂料——爱丽（Rust-Oleum）。19世纪晚期，人们在钻探过程中发现了石油，它可以制造蜡和油，在绝大多数场合取代了鲸油，尤其是非食品类应用中。值得庆幸的是，煤油与石油的发现和使用，挽救了可能被猎杀到灭绝的鲸鱼。19世纪初，新英格兰的捕鲸船开始到太平洋寻找抹香鲸，马萨诸塞州的新贝德福德成为世界捕鲸中心。19世纪40年代，全世界有700多艘捕鲸船，其中400多艘从新贝德福德港出发。捕鲸船船长在最好的住宅区建造了大房子，新贝德福德被称为“照亮世界的城市”。

从而接触火焰。套在外面的玻璃“烟囱”确保空气能够在灯芯附近流通，使燃烧速度更均匀、更适当。通过侧面通风，可以使火焰更加明亮。阿尔冈灯的亮度是同等大小的传统油灯的 10 倍，火焰也更加清洁，但耗油量更大。由于油灯比蜡烛亮得多（亮度大约是蜡烛的 5—10 倍），所以相对而言更便宜。通过抬高或压低灯芯，还可以调整火焰的亮度。后来，还诞生了有 10 多个灯芯的阿尔冈灯。

1783 年，阿尔冈与孟格菲密切合作，在实验中设计了一个热气球。一个熟人抄袭了阿尔冈灯，从而引发了漫长的诉讼。在批量生产阿尔冈灯之前，有很多问题需要解决。灯芯是一个难题，由一位制造带子的人解决了。另一个难题是寻找耐热的、能在高温火焰旁使用的玻璃。他们尝试了各种各样的油，并试过多种提纯方法，阿尔冈最终决定使用鲸油。他发现油箱焊点存在泄漏，于是研制了一种新的焊接物。阿尔冈与英格兰的马修·博尔顿、威廉·帕克合作生产这种油灯，但还是供不应求。1846 年，人们从烟煤中蒸馏出了煤油。1850 年以后，煤油灯迅速取代了鲸油灯。现在世界各地仍在使用油灯，通常储备着以防停电；阿米什人至今还使用油灯，因为他们中的许多人不用电。

# 地球的年龄

1785年（出版于1788年）

苏格兰，詹姆斯·赫顿（1726—1797）

18 世纪末，人们普遍认为地球诞生于公元前 4004 年 10 月 23 日。这个日期来自 17 世纪爱尔兰大主教詹姆斯·乌雪对《圣经》的分析。《圣经》中有一场大洪水，人们认为化石是死于这场洪水的动物遗骸——尽管沈括、斯丹诺和胡克很早就知道它们是什么。至于地球的结构，科学家一致认为，大部分基岩是长而平行的地层，这些地层以不同的角度出现，把大洪水的沉积物

压成石头。然而，詹姆斯·赫顿（James Hutton）意识到，这种沉积作用非常缓慢，用他自己的话来说，即使最古老的岩石也是来自“过去大陆的废墟”。而当岩石暴露在大气中发生腐蚀和衰变，就会发生相反的变化。他把这种重组和瓦解叫“地质循环”，并意识到这种循环已经发生了无数次。作为苏格兰的农场主，赫顿在观察了农场周围的岩石后，得出了“地球在不断地成形和改造”的结论。例如，他认为地下的岩浆喷涌而出，被侵蚀，然后又被沉积物掩埋。赫顿最早意识到，可以通过了解侵蚀和沉积的过程来了解地球的历史。他的思想和方法使地质学成为一门正式的学科。

### 赫顿与达尔文主义

赫顿甚至把他的均变论应用到动物中，提出了进化和自然选择的过程，比达尔文和华莱士早70多年。“现代地质学之父”直接影响了达尔文。在1859年版的《物种起源》（*On the Origin of the Species*）一书中，达尔文用赫顿的发现解释了生物几万年的进化。

赫顿在爱丁堡大学、巴黎大学和莱顿大学学习医学和化学，之后花了 14 年时间经营了两个小型家庭农场。农业使赫顿开始好奇：风和天气如何影响到土地？“地质学”是一门得名不久的学科，赫顿开始在这门学科中运用自己的科学知识和观察能力。1768 年，他搬到爱丁堡，几年后，一位拜访者形容他的书房“摆满了化石和化学仪器，几乎没有地方落脚”。1785 年，他向爱丁堡皇家学院提交了一篇论文，标题是《地球学说，或对陆地组成、瓦解和复原规律的研究》。在这篇论文里，他表达了对地球持续变迁的看法。根据长达25年的观察和实验，赫顿描述了一个连续的循环：沙土被冲到海里，压实形成基岩，基岩被地壳运动推到地表，然后再次变成沙土。赫顿总结道：“因此，物理探究的结果是，我们找不到任何地球诞生的证据，也不会有任何地球终结的可能。”

### 赫顿与深时

“深时”（Deep time）是赫顿提出来的概念。因为地球非常古老，所以地质时间的尺度非常大。1981年，约翰·麦克菲[1]在他的著作《盆地与山脉》（*Basin and Range*）中用这个比喻解释深时：“把地球的历史看成英国旧尺度的一码，也就是从国王的鼻子到他伸出去的手的指尖的距离。在他中指的指甲上划一下，就抹去了人类的历史。”

赫顿的证据是西卡角附近的悬崖。西卡角是苏格兰东海岸贝里克郡的一个海岬，垂直的灰色页岩层与水平的红色砂岩层紧贴在一起。这只有一种解释，海岬长期受到很大的力的作用。赫顿告诉读者，灰色页岩代表沙土沉积成岩层后，被倾斜、抬升出海面，在遭受外部侵蚀后再次被海水淹没；接着红色砂岩开始在它之上沉积出来。两种类型的岩石出现在西卡角的边界，这种现象现在叫“赫顿不整合”。导致这种变化的根本力量是地下的热能，温泉和火山的存在就是证据。赫顿仔细地观察了英国各地的岩层，提出地层深处的高温和高压会引起化学反应，从而形成玄武岩、花岗岩和矿脉。他还提出，地热导致地壳升温和膨胀，形成山脉。同样的过程也导致岩石层的倾斜、褶皱和变形，就像西卡角的海岬一样。

赫顿的另一个重要概念是“均变论”。地质力量虽然肉眼不可见，但影响巨大；它在今天仍然发挥作用，就和过去一样，而且发生侵蚀或沉积的速度也和过去是一样的。因此，我们可以估算沉积一层一定厚度的砂岩所需要的时间。通过这种分析，我们可以很明显地看出，形成裸露的岩层需要很长的时间。因此，均变论成为地球科学的基本原则之一。赫顿的理论是对当时流行的“灾变论”的正面攻击。灾变论认为，只有大洪水这样的自然灾害才能解释6000岁的地球的形态和性质。地球的年龄成为地质学中第一个革命性的概念。赫顿的研究影响了所有

1 约翰·麦克菲（John McPhee，1931— ），美国非虚构作家，四次入围普利策奖。

的科学，但直到他去世30年后，查尔斯·莱尔（Charles Lyell）出版了《地质学原理》（*Principles of Geology*），人们才普遍接受他的均变论。

# 动力织布机

1787年

英格兰，埃德蒙·卡特赖特（1743—1823）

埃德蒙·卡特赖特（Edmund Cartwright）是英国国教的牧师，也是大教堂的受俸者。1784年，他到德比郡的克劳姆福德参观阿克莱特的棉纺厂，由此受到启发建造了一台可以提高织布的速度和质量的机器。卡特赖特说："1784年夏天，我正好在马特洛克。我陪同一些来自曼彻斯特的绅士，参观了阿克莱特的纺纱厂。同行的一个人注意到，一旦阿克莱特的专利到期，人们就会建立许多工厂，把大量棉花纺成纱线，纺织工人会变得稀缺。对此我回答说，阿克莱特必须设法建造一个织布厂。但我直到1787年才完成发明，在8月1日才拿到了我的最后一个织造专利。"人们一度认为，如此复杂的程序不可能实现自动化。卡特赖特的灵感来自观看一台自动机器下象棋，他认为下象棋要复杂得多。卡特赖特雇了一个木匠和一个铁匠，然后在1785年申请专利，取名为"动力织布机"。它很粗糙，效率也不高，但后来得到了改进。卡特赖特的第二次尝试要好很多。

1787年，卡特赖特申请了一项新专利。同年，他在唐卡斯特建了一个织造车间。卡特赖特用一头公牛驱动织布机。两年后，他安装了一台瓦特蒸汽机。织造车间中有20台织布机，其中18台纺织棉布。到1790年，卡特赖特的前途一片光明。他向罗伯特·格里姆肖（Robert Grimshaw）出售了一张许可证，允许格里姆肖在曼彻斯特的诺特工厂建一间可容纳500台新织布机的织造车间。然而，这座建筑于1792年被焚毁，数以百计的

走锭纺纱机也毁于一旦。几乎可以肯定，这是手工织布机的工人所为，他们担心生计受到威胁，自己的工作会被动力织布机取代。过去由人力完成的操作，现在都可以用机器来完成。卡特赖特的公司也雇用织工，但他们的主要任务是处理机器上的断线。

在火灾发生之前，格里姆肖只安装了 24 台动力织布机。由于他之前收到了匿名的威胁，现在不愿意重建工厂。他原本计划在戈顿附近建第二家工厂，同样使用卡特赖特的织布机，但这个计划也搁置了。纵火事件使其他制造商不敢购买卡特赖特的机器。动力织布机没有新的订单，与此同时，位于唐卡斯特的工厂遭受了财务和技术问题的困扰。1793 年，卡特赖特被迫关闭了工厂，宣布破产。他的兄弟姐妹团结一致，同意卖掉位于马卡姆的家产来偿还债务。幻想破灭以后，卡特赖特放弃了棉纺业，也放弃了另外一项很有前途的发明——1790 年获得专利的梳棉机。梳棉机可以完成 20 名工人的工作，因此也遭到了类似的反对。卡特赖特还发明了一台用酒精替代水的蒸汽机，并于 1797 年申请专利。此外，他还发明了一种制绳机。

负债累累的卡特赖特搬到了伦敦，继续研究其他发明，如连锁砖和防火地板，但都没有成功。他很看好另一款蒸汽机，这款蒸汽机有一个新颖的机制，可以把活塞的上下运动转化成旋转运动。它还安装了有弹簧的钢质活塞环，取代了绳子和皮革——早在瓦特之前，绳子和皮革就被应用于蒸汽机。然而，卡特赖特缺乏

### “拉布拉多”·卡特赖特

卡特赖特的哥哥约翰·卡特赖特（1740—1824）是英国最著名的激进政治家之一，他积极鼓吹议会改革，被誉为“改革之父”。他最大的哥哥乔治（1739—1819），在军队生涯中曾到达加拿大，成为一名毛皮猎人和探险家。乔治·卡特赖特的绰号是“拉布拉多”·卡特赖特，他最早把因纽特人带回英国。他带着一家五口漂洋过海回来，成为朝廷的宠儿，但其中四人在返回纽芬兰的途中死于天花。

商业头脑，也没有人支持，这个项目最终失败了——尽管罗伯特·富尔顿（Robert Fulton）表现出兴趣。19 世纪初，许多工厂都在使用改良版的动力织布机。卡特赖特为此向下议院提出了赔偿申请。1809 年，经过投票决议，他获得了 1 万英镑，以表彰他的动力织布机为国家带来的利益。自动化改变了纺织生产。

# 现代肥皂

1789年

英格兰，安德鲁·皮尔斯（1766—1845）

大约公元前 2800 年，美索不达米亚人发明了肥皂。但在本书中，我们要说的是第一块公认的“现代”肥皂。不知以何种方式，古代美索不达米亚人把动物脂肪和木灰混在一起，制造出一种可以清洁衣服和身体的物质。公元前 2200 年左右，巴比伦人在一块黏土上写下了肥皂的配方：水、碱和肉桂油。公元前 1550 年的《埃伯斯纸草文稿》记载，埃及人经常洗澡，并且把动物油、植物油和碱性盐混合在一起，制造出一种类似肥皂的物质。罗马人在帝国各处修建公共浴场，但他们不使用肥皂。罗马人先在身体上涂油，然后用一种特殊的刮刀刮掉。这种刮刀叫“刮肤器”。当时，有钱的罗马人会雇用奴隶帮忙清洁身体。

### 第一块白色肥皂

亨利·戴维斯·波钦[1]发明了一种澄清松香的方法，发了大财。松香是一种用于制造肥皂的棕色物质。波钦让蒸汽通过松香，蒸馏后肥皂就变成了白色。用这种方法可以生产漂亮的白色肥皂，也可以经过染色生产出彩色肥皂。

公元 7 世纪，欧洲人开始制作肥皂，但当时的人们没有那么重视个人卫生。肥皂很昂贵，在 19 世纪中叶以前，一直是一种奢侈品。肥皂的制作方法是把动物脂肪或植物油与含有木灰的碱一起煮沸。后来的两项科学发现改进了制造肥皂

1 亨利·戴维斯·波钦（Henry Davis Pochin，1824—1895），英国工业化学家。

### 肥皂故事和体臭

1879年的一天，宝洁公司（Procter & Gamble）的一位肥皂工人去吃午饭，但忘了关掉肥皂搅拌器。这批肥皂混进了比平常更多的空气。由于担心被解雇，这位工人没有声张，而是把“充气肥皂”包装起来，运到美国各地的顾客手中。不久，顾客想要更多的“漂浮肥皂”（这种肥皂因为混入了更多的空气，可以漂浮在浴缸中）。公司高层发现了这件事，并将它转化成宝洁最成功的产品之一——象牙肥皂。1895年，利华兄弟公司（Lever Brothers）发明了卫宝肥皂（Lifebuoy soap），大力宣传它的抗菌功能。卫宝肥皂后来又改名为卫宝保健香皂。该公司首次使用“B.O.”代表体臭（body odour），这是营销活动的一部分。1806年，威廉·高露洁（William Colgate）在纽约开了一家蜡烛和肥皂制造公司。到1906年，他的公司生产了3000多种不同的肥皂、香水等产品，包括高露洁牙膏（产于1877年）。

1864年，凯莱布·约翰逊（Caleb Johnson）在密尔沃基创立了约翰逊肥皂公司。1898年，他推出一款由棕榈油和橄榄油混合制成的肥皂，叫“棕榄”。它非常成功，以至于1917年约翰逊肥皂公司改名为棕榄公司。它后来成为高露洁-棕榄公司的一部分。

的方法。1790年，法国化学家尼古拉斯·勒布朗[1]发明了用氯化钠制造氢氧化钠（也叫苛性钠）的方法。天然脂肪和油脂与氢氧化钠反应，可以制造廉价的肥皂。1823年，法国科学家米歇尔·欧仁·谢弗勒尔[2]发现了脂肪和油脂的性质，进一步完善了肥皂的制作工艺。随着肥皂生产成本的降低以及人们对个人清洁态度的改变，肥皂制造业成为一个重要的行业。

工业革命以前，肥皂制造业规模很小，导致产品粗糙、质地不均匀。安德鲁·皮尔斯（Andrew Pears）在伦敦时髦的Soho住宅区[3]开了一家理发店，吸引富裕的家庭光顾。他知道伦敦上流阶级喜欢白皙的皮肤，而露天劳动的工人阶级通常长着一张黝黑的脸。安德鲁·皮尔斯试图开发一种绅士肥皂，他找到了一种去除杂质和精炼肥皂的方法，后来还添加了香料。1789年，他开始制作一种高品质的透明肥皂——梨牌香皂（Pears' soap），其泡沫持续时间更长。透明是它独特的

1 尼古拉斯·勒布朗（Nicolas Leblanc, 1742—1806），法国化学家、医生，发明了勒布朗制碱法，制备纯碱。
2 米歇尔·欧仁·谢弗勒尔（Michel Eugène Chevreul，1786—1889），法国化学家，因对动物脂肪的研究而著名。
3 Soho，即居家办公（Small Office，Home Office），这里指自由职业者聚集的住宅区。

卖点，制作方法是先将香皂软化，然后再老化两个多月。梨牌香皂经久耐用，并一直延续到现在。之前的梨牌香皂的气味是天然油脂、纯甘油混合着迷迭香、雪松和百里香的香味。遗憾的是，由于最近成分改变，梨牌香皂闻起来更像是煤焦油。梨牌香皂是世界上最早注册的肥皂品牌，因此也是历史最悠久的肥皂品牌。女演员莉莉·兰特里（Lillie Langtry）拥有著名的象牙色皮肤，她是第一个为商业产品代言的女性，代言的产品就是梨牌香皂。

# 轧棉机

1793年（1794年获得专利）

美国康涅狄格州，纽黑文，伊莱·惠特尼（1765—1825）

伊莱·惠特尼（Eli Whitney）发明了轧棉机，彻底改变了棉花产业。美国也因此能够大规模生产棉花。收获棉花以后，要把棉籽从原棉中分离出去，然后清洗，这需要耗费许多工时。简单的棉籽分离设备已经诞生了几个世纪，但伊莱·惠特尼使这个过程自动化。他的轧棉机是一个木制圆筒，外围布满了细长的尖齿，可以把棉绒从梳状的栅栏间拉出来。这些栅栏排列紧密，棉籽无法通过。尖齿把棉花梳理得很干净，同时把棉籽分离出去。刷子不断地把松散的棉絮从圆筒上刷掉，以免机器堵塞。惠特尼说，他当时正在考虑改良播种棉花的方法，突然看见一只猫试图把一只鸡拉过栅栏，结果只能拉过去一些羽毛。于是他受到启发，发明了轧棉机。

惠特尼的轧棉机每台每天可以生产 23 千克清洁棉花，大大提高了南方各州棉花产业的利润。这些棉花被加工成棉制品，棉籽则用来种植更多棉花，或者生产棉籽油。再后来，轧棉机由马力或水力驱动。棉制品产量增加，成本降低，很快就成为销量最好的纺织品，占美国出口量的一半以上。南方各州供应了三分之二

### 轧棉机与内战

轧棉机虽然减轻了分离棉籽的劳动量，但并没有减少奴隶种植和采摘棉花的需求。过去由于种植水稻、棉花和烟草变得无利可图，像乔治·华盛顿这样的奴隶主一直都在赠送奴隶。但突然之间，奴隶又有了价值。对农场主而言，种植棉花有暴利，因此他们对土地和奴隶的需求大大增加。1790年，美国只有6个蓄奴州，但到1860年，增加至15个。在伊莱·惠特尼获得专利之前，美国的奴隶只有70万；但1850年，这个数字增加到320万。“棉花王国”的崛起使南方在奴隶制的基础上富裕起来，但这也成为美国内战的主要原因。

的世界棉产品需求。1793 年的出口量是 47 万磅，1810 年增加到 320 万磅。1800 年以后，原棉产量每 10 年翻一番。工业革命的其他发明，如纺纱机、织布机以及运输棉花的轮船，满足了人们对原棉的需求。

# 铅笔

1795年

法国，尼古拉-雅克·康特（1755—1805）

字母表、书写和阅读的发展可能是人类历史上最重要的里程碑。然而，如果没有钢笔和铅笔这些方便使用的书写工具，教育和读写就不可能普及。铅笔既方便又便宜，使每个人都能写字。铅笔的起源可以追溯到古代埃及和罗马，他们使用的书写工具叫“stylus”。这是一根又细又短的金属棒，通常用铅制成，可以在涂蜡的莎草纸上写字。最早的钢笔是用鹅毛制成的，僧侣用它抄写手稿。直到 20 世纪，人们仍在使用鹅毛笔。

1564 年，人们在英格兰坎布里亚郡博罗代尔发现了大量石墨。这是迄今为止发现的唯一一个大型纯石墨矿床。当地人用石墨标记绵羊，很快他们就发现可以把石墨切

### 铅笔为什么叫“铅”笔？

1564年，博罗代尔的石墨矿被发现，当时科学家认为石墨是一种铅。这就是铅笔得名的原因。德语中的铅笔是“bleistift”，意思是铅质钢笔。“pencil”（铅笔）一词源自拉丁语中的“pencillus”，意思是小尾巴。

成小块，以便随身携带。石墨容易断裂，所以意大利的使用者把杜松木掏空，然后在中间填充石墨。这样，杜松木就可以起到保护石墨的作用。后来他们把杜松木一分为二，把石墨夹在中间，然后把杜松木重新黏合在一起。这种方法一直沿用至今。木质套筒可以防止石墨芯断裂，也可以防止在使用过程中划伤手。1662 年，第一批大规模生产的铅笔诞生在德国纽伦堡，原料是石墨粉、硫黄和锑。

尼古拉－雅克·康特（Nicolas-Jacques Conté）是一名法国军官、热气球运动员和画家。法国政治领袖拉扎尔·卡诺（Lazare Carnot）请他开发一种铅笔，这样就无须依赖国外进口。当时英国是世界上唯一的纯石墨棒供应国，他们封锁了法兰西共和国；而法国也无法进口德国的劣质铅笔作为替代品。康特发现了用其他矿物制造石墨粉的方法，然后将石墨粉与黏土混合制成棒状，在窑中烧制。康特把石墨棒压在两片木质的半圆筒中。1795 年，他获得了专利，并成立了一家生产铅笔的公司。他还发明了康特蜡笔，这种硬蜡笔得到了艺术家的喜爱。1770 年，英国工程师爱德华·奈姆（Edward Naime）发明并销售了最早的橡皮擦。

### “我要拿起我的铅笔”

1880年，26岁的文森特·凡·高（Vincent van Gogh）第一次精神崩溃。在一段绝望的流浪之后，他给唯一的支持者、他的弟弟西奥写信说：“不管发生什么事，我都要重新振作起来。我要拿起我的铅笔，继续作画。”在生命的最后10年里，凡·高在巴黎遇见了印象派，并搬到法国南部，形成了自己独特的风格。凡·高使用辉柏嘉铅笔，因为它们“比木工铅笔好，颜色十足地黑，令人赏心悦目”。

19 世纪 90 年代，铅笔的木制部分被涂成黄色。铅笔制造商使用的是高质量的中国石墨，他们想要宣传这一点，因此把铅笔涂成了与中国皇室有关的颜色。今天，在美国销售的铅笔中，75% 呈黄色。19 世纪末，仅仅在美国，每天的铅笔使用量就超过 24 万支。最受欢迎的木料是北美红杉，因为它有香味，而且削铅笔的时候也不容易折断。通过物理摩擦，铅笔在纸张或在其他表面留下一串由固体芯材粉末构

成痕迹。通过改变石墨和黏土的比例，可以改变石墨棒的硬度。德文特铅笔厂生产了 20 种不同硬度的铅笔，从 9H（hard，非常硬）到 9B（brittle，非常软）。全世界每年生产的铅笔超过 140 亿支。

# 接种疫苗

1796年

英格兰，伯克利，爱德华·詹纳（1749—1823）

爱德华·詹纳（Edward Jenner）开创了天花疫苗接种的先河，挽救了数百万人的生命，因此被誉为“免疫学之父”。詹纳是格洛斯特郡伯克利的普通乡村医生，他为一个叫莎拉·奈尔姆斯（Sarah Nelmes）的挤奶女工治疗由牛痘引起的脓疱，这些脓疱遍布在她的手掌和手臂上。詹纳从脓疱中取出脓汁，注射到 8 岁的詹姆斯·菲普斯（James Phipps）手臂上的小伤口中。结果菲普斯染上了牛痘，证明这种疾病可以在人与人之间传播。当地有个民间传说，患有轻微牛痘的挤奶女工从来没有感染过天花。詹纳总结出一个理论，并进行试验。天花是当时最致命的“杀手”之一，在儿童中尤其普遍。詹纳随后给菲普斯注射了少量天花病毒，但他完全没有感染天花。詹纳已经证明，接种牛痘使菲普斯对天花产生了免疫力。他这样描述自己的感受：“一想到我即将消灭世界上最大的灾难，我的喜悦就难以克制，不禁开始幻想。”

1797 年，詹纳向英国皇家学会提交了一篇论文，描述了他的实验。但皇家学会告诉

### 消灭病毒

20世纪50年代初，在接种疫苗的150年后，全世界估计每年有5000万个天花病例。由于接种疫苗，到1967年，这个数字下降到1000万至1500万。1967年，世界卫生组织启动了一个加强计划，目的是彻底消灭天花。天花威胁着全球60%的人口，每4个重症患者就有一人死亡，其他幸存者要么遍体瘢痕，要么失明，任何治疗都没有用。随着全球消灭运动的成功，天花被逼退到“非洲之角”（Horn of Africa），然后在1977年，最后一个自然病例发生在索马里。一些研究人员提出毁掉病毒样本，另一些人则想要保留它，以免将来还要研究。人们还担心，天花病毒可能被用于恐怖袭击，遭故意散布，然后和空气溶胶一起随风传播。

他，需要更多证据才有说服力。詹纳于是对其他几个孩子做了实验，包括他 11 个月大的儿子。1798 年，他的研究结果最终发表，并得到了认可。詹纳从拉丁语中的“vacca”（牛）创造了“vaccine”（疫苗）一词。神职人员不接受来自患病动物的疫苗。1802 年，詹姆斯·吉尔雷[1]在一幅漫画中讽刺了这种疗法引发的公共争议。在漫画里，接种疫苗的病人身体上长出了牛头。然而，1854 年，议会通过了一项法案，强制要求所有人接种牛痘疫苗。此后，死于天花的人大幅减少。1979 年，世界卫生组织宣布，天花已经被彻底消灭。

# 化石的意义

| 公元1796年 |

英格兰，威廉·史密斯（1769—1839）；法国，乔治·居维叶（1769—1832）

威廉·史密斯（William Smith）和乔治·居维叶（Georges Cuvier）的研究是

1 詹姆斯·吉尔雷（James Gillray，1757—1815），英国讽刺漫画家和版画家，他创作的漫画对整个欧洲都有影响力。

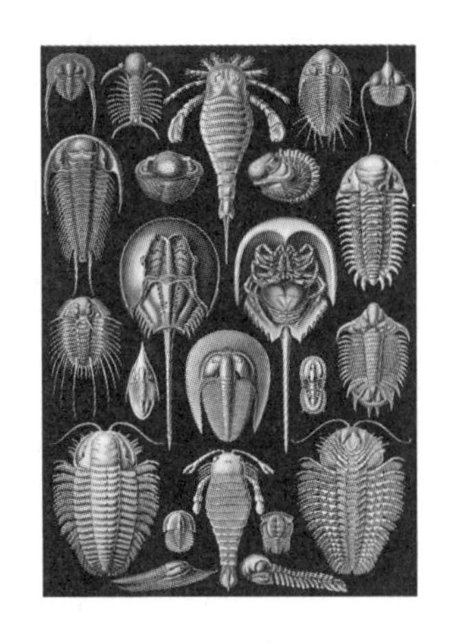

独立进行的。根据地质学的证据，他们证实进化一直在发生。当时萨默塞特郡正在挖一条运河，史密斯是测量员，他在挖掘过程中发现并观察了化石。当时人们通常认为，化石只是看起来像生物，其实和生物没有任何实质的联系。1796年，史密斯在笔记本中写道："长久以来，化石被当成古董来研究，人们不辞劳苦地收集，不计代价地购买，小心翼翼地珍藏，然后津津有味地把玩和欣赏，就像小孩子向伙伴展示自己的玩具马。这都是因为化石很漂亮。成千上万人趋之若鹜，完全不关心其中美妙的秩序和规律。大自然通过这些秩序和规律处理这些非凡的珍品，并把它们分配到特定的地层。"史密斯在记录中表明，每一种特定的化石都与特定的地层有关，在不同的地理位置，这些地层以相同的顺序逐层覆盖。他写道："……每一层都包含特定的化石。在其他不确定的情况下，通过检验，我们可以识别和区分类似的化石，哪怕它们是位于同一统[1]的不同部分。"

化石在不同的、往往是相隔甚远的地区以相同的顺序垂直排列，史密斯把这一现象称为"动物区系演替"。现在，人们把它当成确定岩石、地层和化石相对年龄的基本原则。动物区系演替也提出了一个问题：为什么生物的演替会随着时间改变，又是如何改变的？史密斯和居维叶的研究共同促进了进化论的第一次讨论。史密斯经常在英国各地的山岭旅行，收集矿物样本和化石，最终绘制了不列颠岛上的第一幅地质图，于1815年出版。有一段时间，他靠售卖地图为生，但抄袭者压低了价格，他被迫破产，因负债被关进伦敦的一所监狱，房子和财产都被没收了。1819年，史密斯被释放，继续干测量员的工作。很多年来，他对地球生命史的开创性见解始终没有得到认可。然而，到了1831年，伦敦地质学会授予他第一枚沃拉斯顿奖章，这是该学会的最高荣誉。协会主席把史密斯称为"英国地质学之父"。

居维叶是法国神童，后来成为博物学家和动物学家，同时也是脊椎动物古生

1 统（Series），地层年代单位，对应的时间跨度是数千万年。

物学和比较解剖学领域的创始人。1982 年，恩斯特·迈尔（Ernst Mayr）写道，居维叶“对科学的贡献太多了，以至于无法穷举……”1796 年，居维叶指出，长毛象和大地懒等大型动物的遗骸与现存的任何动物都不同，从而证明了灭绝是一个事实——当时人们普遍怀疑这一点。在《动物界》（*Le Règne Animal*）一书中，居维叶最早给化石分类，他的许多描述都源自自己的发现；此外，这本书也给活着的生物分类。在达尔文以前，没有其他研究者提出更多新证据，证明进化确实发生过。在《四足动物化石研究》（*Recherches sur les Ossemens Fossiles de Quadrupèdes*）中，居维叶为进化论提供了无可辩驳的证据。他发现，地层越深，其中的动物群就与现存动物差异越大（现代物种的比例越低，已灭绝物种的比例越高）。居维叶记录了进化的事实，后来的理论家试图解释它，并开始认为化石讲述了地球上过去生命的故事。这个观点变得越来越流行。

1811 年，居维叶在巴黎盆地做地质学研究，结果表明，特定的化石具有特定地层的特征，相同的地层以相同的顺序出现——哪怕地理位置不同。和史密斯一样，居维叶断定这些化石是在很长一段时间内形成的，并且随着时间的推移，很明显出现过动物区系演替。他还提供了确凿的证据，证明巴黎盆地曾经周期性地位于海面以下。他的研究和史密斯、赫顿的研究一起，创立了地层学。这是古生物学、地质学和进化论发展过程中的重要一步。

# 太阳系的起源和稳定性

| 1796年 |

法国，皮埃尔-西蒙·拉普拉斯（1749—1827）

> **拿破仑、拉普拉斯和上帝假说**
>
> 拉普拉斯觐见拿破仑，请他收下一本《天体力学》。但有人告诉拿破仑，书中没有提到上帝的名字。拿破仑问他："拉普拉斯阁下，有人告诉我你写了一本关于宇宙的著作，却没有提到它的创造者……你把上帝放在哪里呢？"拉普拉斯直截了当地回答："我不需要那个假设。"拿破仑大笑："啊，这是个好假设，可以解释很多问题。"

皮埃尔 - 西蒙 · 拉普拉斯（Pierre-Simon Laplace）最早解释了太阳系的形成，也最早解释了太阳系的稳定性。他甚至在理论上预测了黑洞的存在。拉普拉斯是数学家、物理学家和天文学家，被誉为"法国的牛顿"。他的科学发现是在 20 到 40 岁之间完成的，在之后的 37 年里，他撰写了《宇宙系统论》（*Exposition du Système du Monde*）和《天体力学》（*Méchanique Céleste*）。在天体力学领域，拉普拉斯发现了行星平均运动的不变性，这是太阳系之所以稳定的原因。《天体力学》非常重要，因为他把牛顿力学的几何研究转化为基于微积分的几何研究，这在后来被称为"物理力学"。

拉普拉斯证明太阳系在较短的时间尺度上具有动力学稳定性（不考虑潮汐摩擦）。而在较长的时间尺度上，这一论断直到 20 世纪 90 年代初才被推翻。拉普拉斯计算出"月球天平动"（经度天平动和纬度天平动）的原因。根据他的假设，太阳系是从一个球状的炽热气体团衍化而来，它绕着一个穿过质心的轴旋转。当气体团冷却的时候，太阳系开始收缩，外围的环状星云从它外表面脱落。这些星云环依次冷却，最后凝聚成行星。而太阳就是最终保留在中心的核。拉普拉斯发现了引力势，并证明它在真空中符合拉普拉斯方程。他计算了当太阳达到某一质量时，引力能吸引

所有物体，形成一个连光都无法逃逸的黑洞。在后来的版本中，拉普拉斯抛弃了这个概念，因为没有人能够理解。1814 年，拉普拉斯还发表了《概率分析理论》（*Théorie Analytique des Probabilités*），系统地阐述了概率论。现代的数学分析主要归功于拉普拉斯充分发展了拉普拉斯系数、势函数和概率论。1827 年，拉普拉斯去世，享年 77 岁。据报道，他的遗言是："我们所知的，很少；我们所不知的，无限。"

# 高压蒸汽机

1797年（1802年获得专利）

英格兰，康沃尔，理查德·特里维希克（1771—1833）

理查德·特里维希克（Richard Trevithick）是工业革命的幕后英雄，他开创性地设计了一台蒸汽机，为蒸汽汽车（1801 年）、第一辆铁路机车（1804 年）、蒸汽挖泥船（1806 年）和蒸汽脱粒机（1812 年）提供动力。特里维希克对这些不可思议的突破并不满足：1812 年，他制造了最早的火管锅炉；1815 年，他制造了一种螺旋桨。特里维希克是"铁路之父"，他比乔治·斯蒂芬森（George Stephenson）早 25 年发明火车头。特里维希克的蒸汽机极大地提高了工业效率和效益。

特里维希克的父亲是康沃尔郡的一名矿工经理，他从小就在父亲的矿上耳濡目染，渐渐掌握了工程学的知识。特里维希克学得很快，19 岁的时候，他被聘为

顾问工程师。对康沃尔郡的锡矿主而言，瓦特蒸汽机和分离式冷凝器的专利非常昂贵，所以特里维希克主张尽量不使用瓦特的专利。1797 年，特里维希克制造了第一台高压蒸汽机模型，汽缸里的蒸汽排放到大气中，因此不需要单独的冷凝器，也就用不着瓦特的专利。高压蒸汽机能产生更多的能量，但同时也会产生很大的噪声，特里维希克称之为“吹气恶魔”或“吹气者”。后来这个名字成为铁路蒸汽机车的诨名。

大约 1800 年，也就是瓦特蒸汽机专利到期的那一年，特里维希克准备推出高压蒸汽机。现在他将其改造得更小，可以充当运输动力。制造技术的发展与提高使人们能设计出更高效的蒸汽机。现在，蒸汽机可以更小、更快或更有力，取决于它的用途。在 20 世纪以前，蒸汽机一直是主要的动力来源。后来随着电动机和内燃机的进步，它们取代了商业中的绝大多数往复式蒸汽机。人们用涡轮机发电，取代了普通的蒸汽机。1801 年，特里维希克在坎伯恩建造了第一辆公路蒸汽机车。1802 年，他为固定高压蒸汽机和车用高压蒸汽机申请了专利。1803 年，他制造了第二辆蒸汽机车，并在伦敦街头展示。特里维希克的“伦敦公路机车”穿过牛津街，行驶在皮革巷和帕丁顿之间。这是第一辆在公路上行驶的动力机车，事实上也是第一辆汽车。然而，当时英国的公路不适合蒸汽机车，特里维希克赔了钱，这项研究也中止了。于是，他把精力集中在改良蒸汽机上。

特里维希克制造了第一台铁路机车，而不是乔治·斯蒂芬森。据说，特里维希克在 1804 年就设计了潘尼达伦蒸汽机。但早在 1802 年至 1803 年，他就已经为什罗浦郡的煤溪谷公司制造了一台。这是自 1802 年特里维希克获得专利后，第一家对高压蒸汽机产生兴趣的公司。然而，我们不清楚这台蒸汽机是否真的在运行。后来，潘尼达伦钢铁厂的萨缪尔·汉弗莱（Samuel Homfray）也对他的蒸汽机产生了兴趣。他为汉弗莱制造了几台固定高压蒸汽机。1804 年，特里维希克的第一辆铁路蒸汽机车在南威尔士的潘尼达伦钢铁厂的普通铁路上运行，拉动了 10 吨铁和 70 个人。遗憾的是，铸铁铁轨不够结实，无法承受蒸汽机车的重量，很多轨枕和连接零件被压坏了。后来的熟铁铁轨能够支撑更大的重量。25 年后，斯蒂芬森的“火箭号”机车诞生，这得益于熟铁铁轨的诞生。不管怎样，特里维希克最早证明蒸汽动力可以拉动货物，只要确保机车在铁轨上运行就行。后来，他又使用了几次蒸汽机车。同年 3 月 4 日，特里维希克尝试拉动 25 吨铁，蒸汽机车依旧轻松胜任。4 月，蒸汽机被用来抽水。汉弗莱在一封信里写道，锅炉由铸铁制造，高 1.82 米，直径 1.3 米；汽缸直径 20.3 厘米，能够把水抬升到 8.5 米高。其中泵的直径是 46.4 厘米，冲程为 1.37 米，每分钟 18 个冲程。在 7 月以前，他至少拉动了两次蒸汽机车，但在那以后，蒸汽机车没有在铁轨上运行，而是用来绕线或在矿井里操作铁锤。

这时，乔治·斯蒂芬森和特里维希克相遇了。特里维希克和斯蒂芬森的儿子罗伯特的相识给他制造了一个奇妙的巧遇（见下文）。1805 年，一台相似的机器在泰恩河畔的纽卡斯尔诞生了，它是潘尼达伦蒸汽机的翻版，与特里维希克的机器规模相当。这辆机车用于驱动一艘明轮驳船。很有可能，纽卡斯尔的乔治·斯蒂芬森见过特里维希克的机器。很明显，由于这台机器，“斯蒂芬森”后来成为铁路时代的代名词。特里维希克不安分的本性使他转向其他研究，把蒸汽机用于挖掘淤泥和隧道。1806 年，他建造了第一台蒸汽挖泥船，在泰晤士河上使用。蒸汽挖泥船运行良好，但相比付钱给体力劳动者，它的成本更高。后来，特里维希克又参与在莱姆豪斯挖掘一条泰晤士河隧道。他使用蒸汽机通风和抽水，但经过几年的努力，这个项目失败了。同时，特里维希克的脑中不断冒出新想法。1808 年，他在伦敦尤斯顿建造了一条环形铁路，供游客乘坐蒸汽机车，每次收费 1 先令。

## 从摇篮到坟墓

学校的一份报告说，特里维希克是“一个不听话、迟钝、固执、被宠坏的男孩，总是迟到，非常不专心”。1833年，特里维希克在肯特州达特福德的约翰霍尔工程公司工作，62岁的他病倒了。特里维希克险些被埋在无名的墓穴中，好在霍尔的机械工程师为他募集了一些资金，用于支付葬礼的费用。几个月前，他在给戴维·吉尔伯特[1]的信中写下了自己的墓志铭：“我被打上了愚蠢和疯狂的烙印，因为我试图去做这个世界认为‘不可能’的事情。甚至最伟大的工程师、已故的詹姆斯·瓦特先生，曾对一位在世的杰出的科学家说，我理应为发明高压蒸汽机而受刑。这是到目前为止我从公众那里得到的回报。但如果这就是全部，那我应该感到窃喜和自豪，因为我提出了新的规则和方法，这对我的国家具有不可估量的价值。无论我在经济上多么拮据，我永远不会失去这个巨大的荣耀，对我来说，它胜过任何财富。”

1 戴维·吉尔伯特（Davies Gilbert，1767—1839），康沃尔工程师。1827 年至 1830 年担任英国皇家学会会长。

广告中的宣传语是:“特里维希克:‘看谁能逮到我’”“特里维希克的环线”。1809年，特里维希克为浮船坞、铁船、铁桅杆、铁浮标和船用蒸汽机申请了专利。1810年，他获得海上船舶蒸汽推进装置的专利。

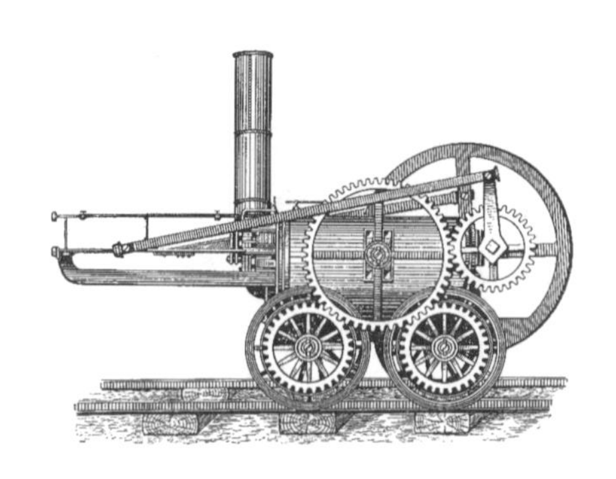

1811年，特里维希克宣布破产，但他仍然能够安装最早的“康沃尔锅炉”。这种成功的高压锅炉是最早的火管锅炉，它是一根长长的水平圆筒，内置一根巨大的火管。火管中横着铁制的栅栏，火在栅栏上燃烧。栅栏下面有一个浅色的炉灰盘，用于收集不燃烧的残渣。在今天看来康沃尔锅炉只能算是低压(大约1.7个标准大气压)，但在当时就算是高压了，它比纽科门使用的草堆形锅炉强得多。康沃尔锅炉依靠自然通风，需要在火管的远端安一个高烟囱，从而给炉火提供足够的空气。为了提高效率，新锅炉的底部通常建有砖砌的燃烧室。烟气诞生于燃烧室，经过火管和烟囱(烟囱安装在锅炉的正面)，排放到铁制锅炉壳之外。这是最早也是最简单的锅炉，1812年首次安装在坎伯恩附近的多尔蔻驰铜锡矿。相比于过去的矿用车式锅炉，康沃尔锅炉有很大的优势。

接下来，特里维希克率先在农业中使用高压蒸汽。1818年，他在康沃尔为克里斯多夫·霍金斯爵士制造了一台脱粒机。它非常成功，一直用到了1879年，然后交由伦敦科学博物馆收藏。特里维希克还设计了蒸汽耕田机，但可能没有制成。他的蒸汽机也用于驱动西印度群岛的糖厂的机器。1812年，特里维希克为普利茅斯的防波堤公司建造了一台岩石钻孔机。1815年，特里维希克为高压蒸汽机、柱塞式蒸汽机、反动式汽轮机和螺旋桨申请了专利。

1816年，特里维希克乘船前往秘鲁，处理9台蒸汽机的问题，他在1814年把这些机器卖给了塞罗德帕斯科的银矿。特里维希克后来与矿主发生了纠纷，他走遍

全国为其他矿山提供咨询。秘鲁政府授予他部分采矿权，他才得到了回报。特里维希克在哥斯达黎加、厄瓜多尔和尼加拉瓜准备经营铜矿和银矿的时候，被迫在西蒙·玻利瓦尔（Simon Bolivar）的军队服役。特里维希克为革命者设计并制造了一辆反枪炮机车，后来他被释放去过平民生活。然而，西班牙军队接管了他所在的地区，他的机器也在革命战争中被摧毁，特里维希克不得不逃离。在秘鲁待了10年后，他长途跋涉来到哥伦比亚。这时，他已经病入膏肓、一贫如洗了。在一封家书中，他说自己“几乎要被淹死，几乎要被绞死，几乎要被鳄鱼吃掉”。幸运的是，他遇到了斯蒂芬森的儿子罗伯特，罗伯特给他50英镑作为回英国的路费。特里维希克试图重新开始他的工程师生涯，他向议会提出一项申请，希望康沃尔的矿能得到拨款，但没有成功。后来他申请了更多的专利：1827年，把军械集中在枢轴上的新方法；1828年，货船卸货；1829年，改进蒸汽机；1831年，锅炉、冷凝器和便携火炉；1832年，船舶运动和喷气推进的过热器。为了纪念改革法案，他还设计了一个330米高的铁柱。国会通过了法案，但铁柱没有建成。这个天才给世界带来了高压蒸汽机、铁路机车和火管锅炉，死的时候却身无分文。

# 人口增长与资源关系

1798年

## 英格兰，托马斯·罗伯特·马尔萨斯（1766—1834）

马尔萨斯（Thomas Robert Malthus）是数学家兼统计学家，1805年，他成为全世界第一位政治经济学教授。他最著名的作品《人口原理》（*An Essay on the Principle of Population*）发表于1798年。这是最早对人类社会进行系统研究的一部著作。马尔萨斯认为，人口增长最终将使世界无法自足，因为人口的增长将超过生存资源的增长。他说，人口增长的速度已经超过了耕地增长的速度，

## 人口过剩的后果

人口增长的能力远远大于地球生产资源的能力，因而一定会以某种方式，使人类不得善终。人类的各种罪恶正积极有力地抑制人口，它们是毁灭大军的先锋，往往自发完成这种可怕的行为。如果它们在这种削减人口的战争中失利，季节性流行病、时疫、流行病和黑死病就会以可怕的阵形进击，杀死无数人。如果仍不能完全成功，严重而不可避免的饥馑就会从背后潜步走近，给以强有力的一击，使地球的人口和食物维持平衡。

——托马斯·罗伯特·马尔萨斯《人口原理》

“马尔萨斯灾难”将迫使人们退回到仅能维持生存的水平。随着新农业技术与合成化肥的诞生，农业革命推迟了这一预言，但马尔萨斯的思想也被推广到粮食短缺以外的现象，比如能源供应和清洁水源供应。许多科学家认为，农业效率的提高和替代能源的增加会使马尔萨斯模型失效，但他们没有考虑到，在中国和印度经济力量增长的同时，消费也在快速增长。目前世界人口超过 70 亿，其中 37% 生活在这两个国家。

1798 年，马尔萨斯断定，当人口不超过某个数值时，所有人都能生活得很舒适。但现在人类总人口已经超过了这个数值。我们已经进入了另一个阶段，世界上的许多公民和我们的后代都将处在痛苦之中。即使在今天，发展中国家的儿童大约每年有 1100 万死于本可预防的疾病。在全球范围内，许多地区婴儿死亡率高，儿童营养不良，卫生标准低，饮水不足，污染严重，疾病频发，局部战争严重，政治动荡。在一些最需要粮食的地区，粮食产量已经不可能再增长。在亚洲南部，大约一半的土地已经退化，无法再生产粮食。在马达加斯加，过去可耕种的土地有 30% 已经彻底变贫瘠，

## 世界人口在歌唱

1939年，第二次世界大战爆发的时候，世界人口大约是23亿。现在它正在以惊人的速度向71亿迈进。笔者生于1946年，还记得20世纪50年代汤姆·莱勒（Tom Lehrer）的讽刺歌曲，其中最受欢迎的一首是《我们一起毁灭》（*We Will All Go Together When We Go*），主题是核战争的影响。当时世界人口不到30亿，在我的有生之年几乎增长到3倍。下面是这首歌的一节：

我们在一起烘烤面包，
守丧时却没有人出席。
完全目睹了那场大火焚烧，
熟透的牛排有将近三十亿。

无法恢复。

通过进一步分析资源限制，人们得出了一个严峻的结论：能够处理土壤污染物和污水的地方日益减少。环境中有毒化学品在高速增长（特别是不易分解的有机化学品和改变内分泌的化学品），是造成资源限制的一种情况（如安全的饮用水和安全的耕地）。由于人口过剩，海洋正在酸化。过度捕捞导致海洋物种灭绝。马尔萨斯的可持续第一定律是："人口增长或资源消耗的速度不可能（无限）持续下去。"石油、天然气和煤炭等能源正在以越来越快的速度枯竭，这些正在减少的资源不可能稳定供给。在某个阶段，政治家可能会意识到，世界面临的紧迫问题不是气候变化，而是人口增长。气候一直在变化，而且永远会变化。马尔萨斯认为，人口增长将导致战争、饥荒和掠夺。随着时间的流逝，他的预言将得到证实。

# 电池

1800年

意大利，亚历山德罗·伏特（1745—1827）

1774 年，亚历山德罗·伏特（Alessandro Volta）成为科莫皇家学院的物理学教授。第二年，他发明了一种能产生静电电荷的设备，他称之为"起电盘"，这是一种电容式发电机，能利用静电感应产生电荷。早在 1762 年，他曾发明过一种起电盘，但后来他改进并推广了这个装置。1776 年至 1777 年，伏特投身于化学领域，开始研究大气电力，并设计了一些实验，包括在密闭的容器里用电火花点燃气体。1777 年，伏特研究了气体的化学成分，并发现了甲烷。

路易吉·伽伐尼（Luigi Galvani）注意到，把两种不同的金属和被切断的青蛙腿串联起来，会产生"动物电"。伏特意识到，青蛙腿既是电导

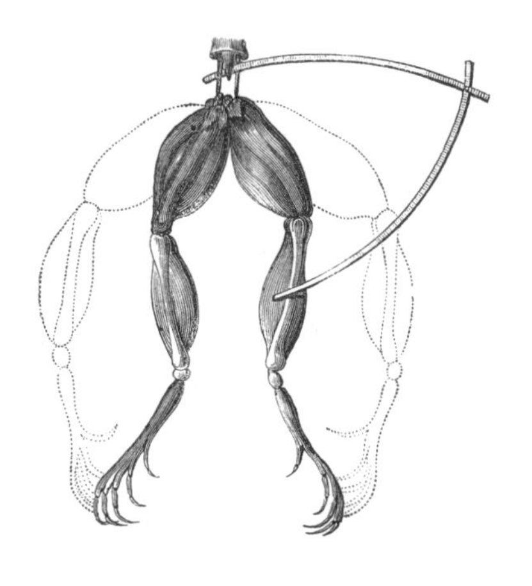

体（电解质），又是测电器。后来，他用盐水浸泡过的纸代替青蛙腿重复了这个实验。1800年，伏特发明了“伏打电堆”，这是电池的前身。电池是一种储能装置，能将化学能转化成电能，并产生稳定的电流。之所以叫这个名字，是因为电池（battery）是一排电化学设备连在一起。最早的电化学电池是伏特电池，通常有一个铜质的电极和一个锌质的电极。金属之间的电解质可以是浸在硫酸或盐水混合物中的硬纸板。伏特还通过绝缘电线把电流信号从科莫传送到米兰，距离长达48千米。这是电报的前身——电报也是通过电流远程发送信号。此外，伏特在气候学、静电学和气象学方面也有发现。为了纪念他在电学领域的研究，1810年，拿破仑封他为伯爵。1815年，奥地利皇帝任命他为帕多瓦哲学教授。他的作品后来在佛罗伦萨出版，一共5卷。1881年，电学单位“伏特”以他的名字命名。电池是当今世界一种广泛使用的能源，每年销售额超过500亿美元。

# 水的加氯消毒法

| 1800年 |

苏格兰，威廉·坎伯兰·克鲁克香克（1745—1800）

与医学或公共卫生领域的其他任意一项成就相比，水的加氯消毒法可能挽救了更多的生命，预防了更多的疾病。对大多数生命形式而言，氯是必需的化学元素，它最常见的化合物是食盐（氯化钠）。二氯化物是强氧化剂，可用于漂白和消毒。大约1630年，人们才知道氯是一种气体。1774年，卡尔·威尔海姆·舍勒[1]首次制

1 卡尔·威尔海姆·舍勒（Carl Wilhelm Scheele, 1742—1786），瑞典化学家，发现了氧气、氯气及多种金属元素。

## 氯作为战争武器

1915年4月22日黎明，德军首次在伊普尔使用氯气作为武器。他们共释放了5700个氯气罐，装有168吨氯气。由于防毒面具还没有诞生，氯气造成了灾难性的后果。法国士兵报告说，他们看到了黄绿色的云慢慢飘向盟军的战壕，并带有菠萝和胡椒的独特气味。法国军官断定，德国步兵正在烟幕后面前进。氯气覆盖了6.4千米的战壕，1万名士兵受到影响，其中一半士兵在10分钟内死亡。幸存者暂时失明，在混乱中跌跌撞撞，咳嗽不止。这些士兵中大约有2000人被俘。德国士兵担心氯气会对自己造成影响，因此在前进时犹豫不决。他们的拖延使英国和加拿大的军队在德军突破防线前夺回了阵地。氯气破坏了伤者的呼吸系统，导致他们窒息而死。一名护士描述了在战壕中遭遇氯气袭击的士兵的死亡："他坐在床上，呼吸困难，嘴唇发紫。他是个了不起的加拿大年轻士兵，在氯气引起的窒息中失去了全部希望。我永远忘不了他的眼睛。他转过身，喘着气对我说：'我不想死！没有别的办法吗？'"但是医生束手无策。氯气攻击有一个缺点，就是氯气会使受害者咳嗽，因而限制了毒气的摄入量。战争双方都发现，碳酰氯比氯气威力大得多，少量的碳酰氯就会使士兵失去战斗能力，然后在48小时内死亡。

备了氯气。舍勒观察并研究了氯气的几种特性：能漂白石蕊、能杀死昆虫、呈黄绿色、有刺激性的气味。1797 年，解剖学家、化学家威廉·克鲁克香克（William Cumberland Cruikshank）首先使用硝酸从尿液中析出晶体。1800 年，他发现一氧化碳是碳和氧的化合物。同年，他用氯气净化水。一年以后，法国的居顿·德·莫沃（Guyton de Morveau）推荐用氯消毒空气。

如果饮用水中含有致命的微生物，则可能引起伤寒、痢疾、霍乱、肠胃炎等病症。饮用受污染的水后，是否会感染疾病，取决于病原体的种类、数量（水体中病原体的密度）、毒性、饮水量以及个人的易感程度。消毒就是净化含有致病微生物的饮用水。虽然方法有很多，但加氯消毒法成本最低，所以最常用。氯对许多致病菌有效，但普通的剂量不足以杀死所有病毒、囊虫和蠕虫。如果和过滤结合在一起，那么加氯消毒法是非常好的饮用水消毒方法。然而，人们担心有潜在的副作用，所以公共饮水的加氯消毒最初遇到了阻力。加氯消毒法也用于清理游泳池中的水，或用于污水处理的消毒环节。

最初，印度医疗服务组织的中尉内斯菲尔德提出用液氯消毒："我突然想到，如果使用正确的方法，氯气或许会令人满意……接下来的重要问题是如何使它便于携带。可以尝试两个步骤：先将氯气液化，然后装进内衬铅的铁罐里。铁罐上

安装一个非常细的毛细管喷嘴，并配备水龙头或阀帽。将水放入一个圆筒容器，打开水龙头把氯注入水中，10 至 15 分钟后，水就绝对安全了，只需要再加入硫酸钠（常用于制作蛋糕或药片），消除氯气残留的味道……当然，圆筒可以重复使用。这种方法将大规模普及，比如用于卖水车。”1910 年，美国陆军医疗队的卡尔·罗杰斯·达诺尔（Carl Rogers Darnall）少校第一次实际演示了这种方法的可行性。他发现液氯可以在战场上净化水。氯通过自动减压阀从钢瓶进入水中，自动减压阀为需要处理的水提供均匀的气流。均匀的水流通过混合管，确保剂量一致。1910 年发明的液氯净化器（氯化器）是今天世界各地政府的供水技术的原型。美国财政部呼吁，所有家庭都要使用加氯消毒后的水，以节省治疗疾病的费用。加氯消毒系统在 20 世纪 30 年代得到完善。第二次世界大战期间，美国广泛采用了这种加氯消毒系统；战后，欧洲各国也紧随其后。

在相同的浓度下，水中的氯杀死大肠杆菌的效率是溴的三倍多，是碘的六倍多。和臭氧相比，氯的优势是在水中保留的时间更长。氯可以通过供水系统，从而有效地控制了疾病的回流污染。氯是对抗霍乱以及其他水传播疾病的救星，它的消毒特性使社区和城市得以发展，为家庭和工厂提供安全的自来水。

## 便宜的昂贵水

许多人不喜欢经氯消毒的饮用水的气味、味道或化学作用。然而，许多瓶装水也经过了氯化处理，而且成本更高。家用过滤系统可能很贵，所以有一个便宜的替代品：在碗里装上自来水，然后（不盖盖子）放在冰箱里。24小时后，自来水中的氯和相关化合物将会自动消失。

# 光的波动性

| 1800年 |

英格兰，托马斯·杨（1773—1829）

托马斯·杨（Thomas Young）研究了光的性质，这是科学史上最伟大的突破之一。我们该怎样描述像他那样博学的人呢？托马斯·杨比让－弗朗索瓦·商博良[1]更早破译了部分埃及文字，并因此而闻名。赫歇尔、爱因斯坦等著名物理学家对他不吝赞美之词，因为他在弹性、光、视觉、固体力学、生理学、语言学、和声学以及能量等领域做出了突出的科学贡献。他的朋友、物理学家约翰·赫歇尔（John Herschel）爵士写道，要想公正地评价托马斯·杨，“需要综合考虑他的所有成就”。托马斯·杨13岁的时候，就已经阅读了用希伯来语书写的30章《创世记》（*Book of Genesis*），他自学了这门语言。他说过：“任何想要达到卓越水平的人都必须自学。”此外，托马斯·杨也自学了希腊语。一位伦敦书商看到年轻的托马斯·杨正在阅读一本昂贵的经典著作。他承诺，如果托马斯·杨能翻译其中一页，就可以获得这本书。托马斯·杨做到了。艾萨克·阿西莫夫[2]指出：“他是最完美的那种神童：小时候是神童，长大后是奇才。”托马斯·杨在剑桥大学被誉为“奇迹”，1793年，年仅20岁的他向英国皇家学会宣读了一篇论文，主题是眼睛如何适应不同的焦距。眼睛通过肌肉的运动改变晶状体的曲率（随着年龄增长，这种能力会逐渐消失，年长者在阅读时会意识到，必须调整拿书的距离）。托马斯·杨在21岁时被选为皇家学会会员。

1816年至1825年，托马斯·杨为新版《不列颠百科全书》撰写了不少于63

1 让－弗朗索瓦·商博良（Jean-Francois Champollion，1790—1832），法国历史学家、语言学家，埃及学的创始人，他最早破译了埃及象形文字和罗塞塔石碑。
2 艾萨克·阿西莫夫（Isaac Asimov，1920—1992），美国作家，以科幻小说和科普著作闻名。

> **光的日常模式**
>
> 越来越多的人支持托马斯·杨的波动论，詹姆斯·麦克斯韦把它纳入电磁辐射理论。然而，1905年，爱因斯坦的光电效应显示，光是一束粒子流，或者说是一束光子。光既表现出波动性，也表现出粒子性。这两种模型都可以用来解释物理定律。20世纪20年代，威廉·布拉格（William Bragg）爵士曾开玩笑地告诉他的学生："周一、周三和周五，光表现得像波；周二、周四和周六，光表现得像粒子。星期天，它就放假了。"

个词条，据他的传记作者说，"很少有专家敢于尝试撰写多个词条"。托马斯·杨撰写了下列词条：字母表、养老金、沐浴、桥梁、木工、色学、凝聚力、露水、埃及、日晕、光的偏振、筑路、船、蒸汽机、潮汐和波，他还写了 23 则人物传记。托马斯·杨说，他只有两件事不需要学："起床和睡觉"。安德鲁·罗宾逊（Andrew Robinson）是爱因斯坦的传记作者，他认为，就成就和渊博而言，托马斯·杨在爱因斯坦之上。在他的书中，关于托马斯·杨的标题是："最后一个无所不知的人——托马斯·杨，不知名的博学者，他证明了牛顿的错误，解释了眼睛的原理，治愈了疾病"。

在生理学领域，托马斯·杨研究了眼睛的机制，并取得了重大进展，他解释了眼睛如何聚焦，最早定义了散光，并提出了视网膜感知颜色的"三色说"——后者在 1959 年才得到证实。一位现代科学家这样形容他的贡献："毫无疑问是所有精神物理学中最有先见之明的工作。"在工程领域，杨氏模量至今仍是工程师衡量弹性的标准，用于解释不同材料如何收缩或膨胀。托马斯·杨是经度委员会的负责人，同时也在继续他的医学实践——在医学领域（他接受过正规训练），他也很杰出。杨氏规则用于把成人的剂量调整为给儿童的剂量，至今还在使用。在音乐领域，杨氏乐律是一种键盘乐器的调音技巧。在语言学方面，他对 400 种语言进行比较分析，然后创造了"印欧语系"这个词。

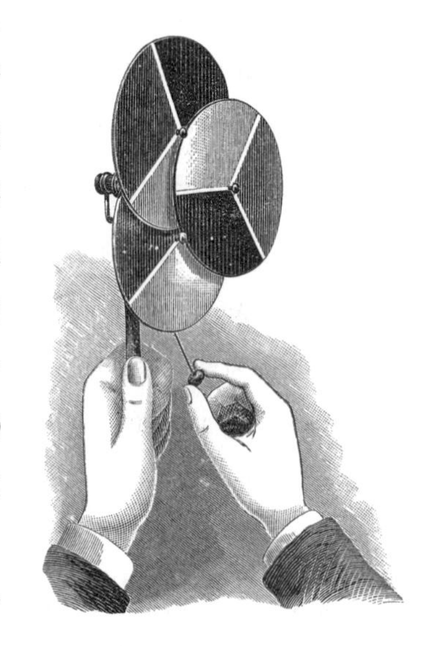

自罗马帝国覆灭以来，托马斯·杨是第一个

阅读世俗体[1]的人。他也是破译罗塞塔石碑的主要推动者，使埃及学作为一门学科而诞生。当时的流行观点是，象形文字是一种图画文字，与读音无关，其符号只代表含义。从 1740 年的威廉·沃伯顿（William Warburton）开始，很多人认为象形文字最开始可能是表意的，但后来演变成了字母。1814 年，托马斯·杨也投入到破译罗塞塔石碑上的世俗体行列中（他列出了一个清单，包含 86 个词汇）。之后，托马斯·杨煞费苦心地把世俗体和象形文字做比较。他曾写信给在巴黎一起做破译工作的西尔维斯特·德·萨西（Sylvestre de Sacy），说自己“对破译世俗体的可能性感到绝望”。他又补充说：“如果你想知道我的‘秘诀’，很简单，就是不存在这样的字母……（世俗体）模仿了象形文字……也混合了字母表中的字母。”最终，商博良破译了罗塞塔石碑，获得了巨大的荣誉，但如果没有托马斯·杨的突破，这是不可能的。

### 压力与心脏

托马斯·杨的评论令人难忘：“科学调查是一场战争……对抗所有今人和古人。”那些在学术上遭到否定的人经常对他怀有敌意。1829年，55岁的托马斯·杨死于心脏衰竭，他对人类知识的贡献戛然而止。他曾详细地计算了心脏血液循环，并于1808年在英国皇家学会就这一主题发表了演讲。

托马斯·杨最伟大的成就在物理学。杨氏条纹假定光是一种波，而不是一束粒子。托马斯·杨在搬家的时候弄清楚了光，一个世纪后爱因斯坦在搬家的时候发现了相对论，两者如出一辙。托马斯·杨在今天如此著名，还跟一个实验有关。他让一束光通过两个狭缝，并描述投射在屏幕上的图案，证明了光的干涉。它“表明光和光叠加可以变亮——最令人惊讶的是，也可以变暗”。干涉图案（杨氏条纹）只能用光的波动性解释。到 19 世纪末，托马斯·杨的波动论已经取代了牛顿的粒子论。爱因斯坦在 1905 年的论文中指出，光是一束粒子。但现在我们已经知道，光既表现出波的性质，也表现出粒子的性质。即使在量子物

1 一种古埃及文字，用来与僧侣体、圣书体区别。

理的新时代，托马斯·杨的双缝实验也为光的波粒二象性提供了宝贵的证据。托马斯·杨最开始用水波来试验自己的想法，并创造了世界上第一个波动箱。波动箱是今天许多物理教室的标准设备。两股水波会相互干涉，产生一个“巨波”或一个平静点，这取决于波在什么位置。

# 吊桥

1801年

美国，马里兰州，詹姆斯·芬莱（1762—1828）

在不容易建造垂直桥墩的深谷与河流，吊桥通常横跨其上。桥面是吊桥的承载部分，悬挂在悬索下面，与吊杆垂直。在中国西藏和不丹，15世纪就有过这种用绳子建造的简易窄桥。詹姆斯·芬莱（James Finley）设计并建造了第一座现代吊桥，他使用桥塔结构固定悬索。1801年，他在宾

### 最长的吊桥

明石海峡大桥位于日本神户，1998年通车（桥面为双向六车道的高速公路）。它是世界上中心跨距最长的吊桥，测量值是1991米；另外两边的跨距均为960米。1995年，中心跨距的桥塔正在建造，神户碰巧发生地震，桥塔受到干扰，锚碇悬置，所以中心跨距不得不增加1米。这座桥可以承受时速286千米的大风、里氏8.5级的地震，以及非常大的潮汐流。它的钢索总长30万千米，每根钢索直径为112厘米，内有36830股金属丝。

夕法尼亚州建造了雅各布溪大桥，当时造价 600 美元。这是第一座用熟铁链和水平桥面建成的桥，全长 21.3 米，宽 3.8 米，此举激励了世界各地的桥梁设计师。此后，它于 1833 年被拆除。詹姆斯·芬莱的另一座铁链吊桥位于宾夕法尼亚州的邓拉普溪，后来被大雪和 6 匹马的车队压垮。1835 年，它被美国第一座铸铁桥取代。芬莱于 1808 年在费城的斯库基尔瀑布修建了一座链桥，1816 年也被大雪压垮。后来，它被世界上第一座钢丝绳吊桥取代。托马斯·特尔福德[1]设计的通往威尔士安格尔西岛的梅奈吊桥跨度为 58.2 米。1831 年，他又在布里斯托尔的埃文河上设计了一座优雅的克里夫顿吊桥，跨度为 70.4 米。这两座桥至今仍在使用。

# 通用件

| 1802年 |

法国和英国，马克·伊桑巴德·布鲁内尔（1769—1849）

大规模生产依赖标准化的通用件，它加速了工业革命，也使流水线成为可能。零件都是按照相同的规格精密制造的，这样它们就可以适用于任何相同类型的设备。一个零件可以自由地用另外一个零件替换，而不需要单独定制，装配方便，维修也更容易，生产所需要的时间和技能要求可以降到最低。1908 年，亨利·福特（Henry Ford）引入了流水线，而通用件是流水线的关键，它使现代制造方法成为可能。枪支这样的传统设备过去都是由枪匠制造的，每一把枪都是独一无二的，不仅造价昂贵，而且只能由枪匠维修。1778 年，洪诺留·勃朗（Honoré Blanc）在法国证明，他的步枪可以用一堆随机挑选的零件组成。1801 年，伊莱·惠特尼在美国国会证明了相同的事情，但他的枪是手工制造的，成本很高。

1 托马斯·特尔福德（Thomas Telford，1757—1834），苏格兰土木工程师，修建过公路、桥梁和运河。英国土木工程师学会第一任主席。

### 春田步枪

在美国内战期间，马萨诸塞州的联邦春田兵工厂及20家承包商生产了大约150万支春田步枪。但是，南部联邦缺乏制造能力，只能使用进口的恩菲尔德步枪。这种步枪不能使用春田步枪的通用件，所以处于劣势。一些历史学家认为，春田步枪是内战的决定性因素。

1796 年，法国流亡者马克 · 布鲁内尔（Marc Isambard Brunel）被任命为纽约市的总工程师。他听说英国皇家海军每年需要大费周章地为船只采购 10 万个手工滑轮，于是设计了一台自动生产滑轮的机器。布鲁内尔乘船来到英国，找到了机床制造商亨利 · 莫兹利（Henry Maudsley）来为他的机器制造模型。1802 年，他们在普利茅斯海军基地附近安装了 45 台新的滑轮制造机。他们没有使用熟练工，但生产速度提高了 10 倍。到 1808 年，该厂每年可以生产 13 万个滑轮。1816 年，西米恩 · 诺思（Simeon North）等人发明了铣床，可以制造误差较小的零件。从此，人们能够大规模生产带有可拆卸部件的复杂机械，比如步枪。生产通用件的系统又叫“美国制造系统”，因为它首先在美国被完善。

# 原子理论

1803年

英格兰，约翰·道尔顿（1766—1844）

约翰 · 道尔顿（John Dalton）是贵格会教徒，在曼彻斯特教授数学和自然科学。他关于大气的想法在化学中得到应用，于是他的兴趣从气象学转向了化学。道尔顿开始研究气体，进而在 1803 年提出了原子理论。原子理论认为，首先，一切物质都是由不可分割且不可摧毁的微小粒子组成的，这种粒子叫“原子”。其次，他认为同一种元素的所有原子完全相同，但又与其他元素的原子完全不同，即特定的原子具有特定的性质和重量。最后，当元素结合形成化合物时，它们的原子以简单的数学比例混合，比如 1∶1，2∶1，4∶3。道尔顿认为存在 3 种类型的原子：简单原子（元素）、复合原子（单质分子）和复杂原子（化合物分子）。道尔顿在《化学哲学新体系》（*New System of Chemical Philosophy*）一书中提出了这些理论。这本书把化学元素定义为一种特殊类型的原子，从而推翻了牛顿的化学亲和力理论[1]。按照里希特（Richter）的说法，道尔顿提出化学元素结合的方式遵循积分比。他推测原子之间的主要区别在于质量，并试图通过研究特定化合物中元素的比重计算出不同原子的相对质量，从而编制最早的原子量表。道尔顿通过计算反应物的质量来推断化合物中元素的质量，并把氢原子的质量设定为 1。这是最早把原子当成物理实体的观点。

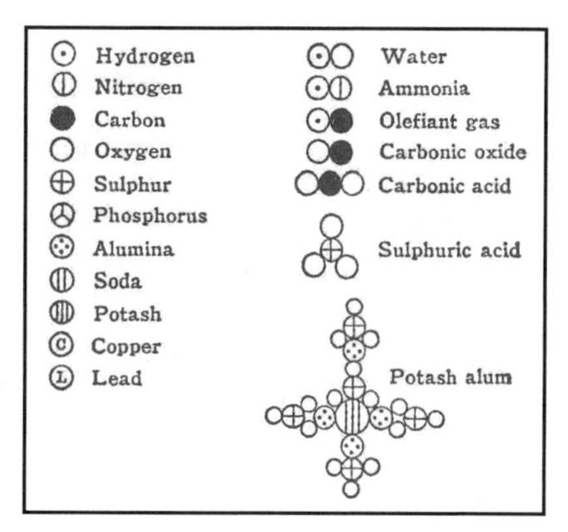


几个世纪以前，德谟克利特就提出过原子的概念。但道尔顿建立了一个自洽的理论，这是重大的突破。道尔顿还制定了一套代表元素的符号系统，摒弃了古代炼金术士流传下来的晦涩难懂的图画。他创造了简明的符号代表不同元素的原子，并用图画表示化学反应发生的过程。例如，分子是一组连在一起的原子。1803 年，道尔顿指出，氧和碳会形成两种化合物：一氧化碳和二氧化碳。当然，这两种化合物中氧和碳的比重不同（一氧化碳 1.33∶1；二氧化碳 2.66∶1），但是如果碳的数量相同，那么一种化合物中的氧恰好是另一种化合物的两倍。他因此提出倍比定律（道尔顿定律），后来被瑞典化学家约恩斯·雅各布·贝尔塞柳斯

### 道尔顿与色盲

约翰·道尔顿27岁时被选为曼彻斯特文学与哲学学会会员，随后，他在该学会宣读了自己的论文，最早阐述了色盲。他本人也患有色盲。这篇论文非常引人注目，因为在他写下自己的视觉问题之前，科学界甚至还没有注意到色盲这种缺陷。所以，色盲有时也叫“道尔顿症”。

1 化学亲和力指不同物质由于电子特性而形成化合物的难易程度。化学亲和力越强，化学反应越容易发生；当化学亲和力消失时，化学反应达到平衡。

> **道尔顿错在哪里?**
>
> 人们认为道尔顿的原子理论是对的，但其中有两项例外。第一个错误是："原子在化学反应中结合、分离或重新排列，但它们不能再细分、创造或分裂成更小的粒子。"这与现在的核聚变、核裂变相抵触。另一个错误是："任何特定元素的原子，其物理性质和化学性质都是相同的。"这并不完全正确，因为一种元素有不同的同位素，尽管质子数一样，但中子数不同。

（Jöns Jacob Berzelius）证实。然而，一个世纪以后，原子理论才被所有科学家接受。道尔顿的理念革命为今天的化学家和物理学家树立了标杆。

# 罐装工艺

1810年

法国，尼古拉·阿佩尔（1749—1841）；

英国，彼得·杜兰德（活跃于1810年）

食品的密封保存极大地造福了各国人民，它使食品出口成为可能，人们因此能吃到健康的过季农产品。1795 年，法国政府悬赏 12000 法郎，征集保存食物的方法。因为死于饥饿和坏血病的士兵甚至比死于战争的士兵还要多，所以需要一种保持食物不变质的方法，从而把食物运送到遥远的前线，即使几星期后打开也仍旧可以食用。巴黎糖果商尼古拉·阿佩尔（Nicolas Appert）做了 15 年实验，最终成功保存了食物。他的方法是把食物煮至半熟，然后用软木塞和蜡密封在玻璃瓶中，接着把玻璃瓶浸入沸水。阿佩尔假设食物和葡萄酒一样，暴露在空气中才会变质。他的假设是正确的。食物装在密闭的容器里，煮沸过程会继续排出空气，使食物保持新鲜。阿佩尔的罐头食品样品跟随拿破仑的部队一起远征海外。一共有 18 种不同的食物被密封在玻璃容器中，包括山鹑、蔬菜和肉汁。在长达 4

## 如何打开罐头

直到19世纪后期，锡罐才开始大规模生产，一部分原因是锡罐很难打开。早期的说明书上写着“用凿子和锤子切开罐顶外缘”。1855年，罗伯特·耶茨（Robert Yeates）发明了开罐器。他是餐具和手术器械的制造商，设计了第一个爪式开罐器，用手动刀具在金属罐顶部划开。后来的设计利用了杠杆原理，通常还有蝴蝶轮。

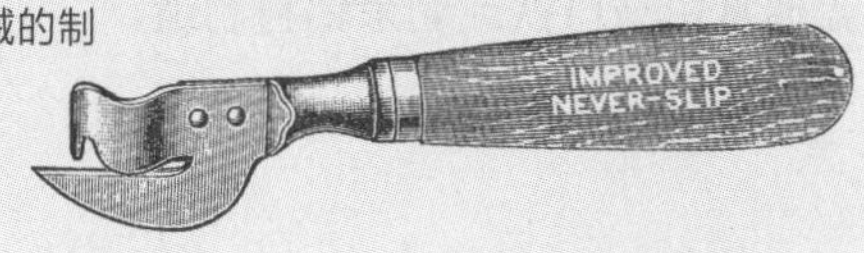


个多月的时间里，它们始终保持新鲜。阿佩尔这样记述试验的过程：“在海上，这些食物几乎没有任何变化。”1810年，他赢得了拿破仑的12000法郎的赏金。同一年，他出版了《保存肉类与蔬菜食材的技术》（*L'Art de Conserver les Substances Animales et Végétales*），这是最早的关于现代食物保存方法的烹饪书。巴黎附近的阿佩尔宫是全世界第一家瓶装食品厂。50多年后，路易·巴斯德才证明高温可以杀死细菌。

也是在1810年，一位叫彼得·杜兰德（Peter Durand）的法裔英国人把食物保存在“玻璃、陶器、锡或其他金属器皿”中，获得了乔治三世授予的专利认可。杜兰德认为，用马口铁制作的容器比玻璃罐更容易储存和运输。马口铁就是在铁的表面镀锡，可以防止铁生锈和腐蚀。它既可以隔绝空气，也不像玻璃那样易碎。相比于易碎的瓶子和不可靠的软木塞，圆筒罐和焊接盖用起来更方便。另外两名英国人布莱恩·唐金（Bryan Donkin）和约翰·霍尔（John Hall）购买了杜兰德的专利，经过一年多的实验，1812年，他们在伦敦的伯蒙赛建立了第一家商业罐头厂，使用的就是马口铁罐头。如果法国军队需要远距离长时间运输食物，那么英国军队也同样需要。1813年，唐金的锡罐头食品开始供应给英国陆军和海军，营养丰富的罐装蔬菜对水手而言是一种莫大的安慰。以前水手的食物只有活的动物和咸肉，长期出海航行容易得坏血病，导致身体虚弱。1820年，罐装食品在英国和法国一致得到认可；1822年，它在美国同样得到了认可。

在当前广泛使用的罐头中，没有一种是完全或主要由锡制成。马口铁结合了钢材的物理强度和价格以及锡的抗腐蚀性，一直被用到了20世纪下半叶。1957年，人们开始使用铝罐。铝的成本比马口铁低，它不仅有同样的耐腐蚀性，还有更强的延展性，从而更方便制造。现在我们使用的罐头由两片金属制成，除罐头盖以外，罐头的其余部分都是由一片铝冲压而成，再也不需要费力地用两片钢制造。罐头盖通常由马口铁或剩余铝料制造。

# 精密机床

| 1817年 |

威尔士，理查德·罗伯茨（1789—1864）

理查德·罗伯茨（Richard Roberts）可能是19世纪最重要的机械工程师。他出生在威尔士拉纳马内赫附近，起初只是一位仅仅接受过基础教育的、不太知名的发明家和创新者。罗伯茨曾在斯塔福德郡的布拉德利钢铁厂从事制作模型的工作。为了避免在拿破仑战争期间被迫加入民兵组织，罗伯茨先后搬到了伯明翰、利物浦、曼彻斯特、索尔福德和伦敦，然后在1816年回到曼彻斯特。他在曼彻斯特建立了自己的工作室，最初成功制造了一个煤气表，后来又转向其他发明，但都失败了。由于缺乏资金，罗伯茨没有为煤气表申请专利。伦敦的塞缪尔·克莱奇（Samuel Clegg）抄袭了他的煤气表设计，改造成水表，后来又改成煤气表。在商业上，罗伯茨的首要任务是制造一台齿轮切割机，以及一个精确测量齿轮坯料的函数尺。他的第一个商业成果似乎是凸版印刷。他受到金属平刨车床的启发，于1817年发明了用于生产凸版印刷板的刨床，并卖给其他公司和工程师。以前，装配工利用锤子、凿子、锉刀和刮刀等工具手工制作平板，耗时耗力。罗伯茨还意识到，这种机器拥有巨大的潜力，不仅可以制造水平平面，还可以制造有一定倾角的斜面。他还应用了平面曲线和螺旋知识，使刨床成为工程车间必不可少的工具。伦敦科学博物馆现在还展示着他的刨床。

1817年，罗伯茨改进了此前的金属切削车床。他的车床可以加工长1.82米、直径0.46米的金属制品。这种车床还安装了背轮——可能是最早的背轮。1820年，罗伯茨还制作了用于螺纹切削的专用车床。他还有一种普通车床，可以带动齿条和螺钉横向运动，也可以切削螺钉。它能生产各种尺寸的零件。直到 20 世纪，拜尔－皮科克工厂仍在使用这两种车床。现在它们陈列在伦敦科学博物馆。1818 年，罗伯茨为布拉德伯里先生制造了一门后膛装弹的线膛火炮。1821 年，罗伯茨在《曼彻斯特卫报》(*Manchester Guardian*) 的第一期刊登了一则广告，介绍了一种经他改进的齿轮切割机，其中一台现在保存在伦敦科学博物馆。

罗伯茨不满足于发明刨床以及车削、螺旋切削和齿轮切削机床，又把注意力转向了织布机。1822 年，他为一台动力织布机申请了专利。到 1825 年，其产量据说达到了每年 4000 台。罗伯茨为国内外多家纺纱企业供货，这样的批量生产需要相关的技术和专用机床。在他的动力织布机上，滑轮和齿轮必须用钥匙固定在轴上。为了切割插槽，罗伯茨在 1824 年引入了键槽切槽机。后来在 1825 年，他又改进了多用插床。他把齿轮和滑轮固定在插床的轴上，然后切出键槽。以前，这种工序要用手工切削和锉削完成。罗伯茨采用了亨利·莫兹利的滑动刀架，使工作台能全方位运动，包括直线运动和旋转运动，从而可以加工复杂工件的切面。后来他又发明了牛头刨床，让刀具在工件上水平往复移动，而工件可以通过螺旋传动向各个方向移动。为了扩大宣传范围，罗伯茨还生产和销售了一系列把手和模具，其他工程师因此能够减少螺母、螺栓和其他机器零件的螺纹。罗伯茨还制造了铸造厂的炉用吹风机，有点像阿基米德螺旋。不久他又制造了第一台冲剪机。

于是，罗伯茨的发明里又新增了动力织布机、插床、牛头刨床和冲剪机。1825 年，罗伯茨为他设计的第一台自动走锭纺纱机申请了专利。由于当地的熟练纺织工人罢工，工厂主只好请罗伯茨帮忙，让纺纱机自动工作。他最开始拒绝了，但后来又同意了。要不是 1825 年夏天环球工厂发生了一场火灾，这台纺纱机可能还在工作。尽管它不如预期那么成功，但罗伯茨设计了标准模板和计量表，以确保制造的准确性。这些想法后来成为罗伯茨主要产品的特点，也很快被人模仿。

1830 年，罗伯茨又获得了一项专利，其中包括复杂的象限绕线机制。由于开发成本较高，这项发明给他带来的收益并不理想。它是一个很好的解决方案，但 100 多年的时间里，这项专利几乎没有得到改进，也没有被投入生产。

1825 年，罗伯茨研究了火车车厢的摩擦力，并建造了一列可以载 35 名乘客的蒸汽火车，并于 1834 年试运行。接下来，他设计并制造了几辆铁路机车。1835 年，英国和欧洲许多铁路公司订购了他设计的 2-2-2 型小机车[1]。罗伯茨发明了圆柱形滑阀，并在 1832 年获得专利。同时，他也发明了蒸汽机的膨胀阀齿轮和公路机车的差动齿轮。他还发明了一种蒸汽闸。罗伯茨的机车建造标准十分严格，他建造的机车有坚固的车架和宽大的支座表面。罗伯茨可能是最早用配重平衡车轮质量的英国工程师。这种机车的市场需求变得很大，以至于供不应求，所以他不得不建造了一座新的工厂。罗伯茨继续把越来越多的零件标准化，使它们可以在专用的机床上生产。

除了螺母和螺栓制造机，罗伯茨还引入了新的牛头刨床、轧板机和改良的冲剪机。他走在时代的前沿，设计了制造曲轴的旋转刀具，其原理和现代铣床类似。罗伯茨的曲轴用到了六角螺栓，轴承上有油沟。他还制造了各种各样的钻机，并发明了非常重要的摇臂钻床。罗伯茨继续为纺织业改进精梳机、新织布机和精加工机，并都申请了专利。他发明了一种卷雪茄机，并发表了关于浮在水中的灯塔船的论文。这一时期，罗伯茨最著名的发明是提花冲孔机（因为它的工作原理与提花织机相同而得名），用于给铁板冲铆钉孔。人们用这些铁板在威尔士的康威修建铁路桥。如果没有这种冲孔机，就不可能有康威和不列颠的管式桥梁。规则的铆钉孔可以与钢板完全匹配。

1 这里采用了华氏轮法，由美国铁路工程师弗雷德里克·梅斯文·华特提出，3 个数字分别代表前端的导轮、中间的动轮以及后端的从轮的数量。

在这段时间里，罗伯茨的专利包括液体量表、涡轮机、钟表机构、精密计时器、钻表盘的机器等。他现在意识到，可以像修建管式桥梁那样修建铁船，并用钢管作为加固梁。1852 年，他发明了可以搭载 500 名乘客的先进客轮，并获得了专利。如果这艘船建造完成，将成为当时海上最大的船。这项专利包含了一系列新奇的设计主张，对商业和军事船只的设计都非常有启发。能够独立工作的双螺旋桨具有更大的机动性，这是罗伯茨船的另一个特点。至少有一艘船“弗洛拉号”（SS Flora）配备了他的双螺旋桨，它在美国内战中用于穿越封锁线，表现突出。罗伯茨去过几次法国，为一位纺织制造商在阿尔萨斯建立了一座工厂，该工厂后来改为制造机械。罗伯茨回到英国，提出改进军舰设计，提高功能和内部服务，使士兵不容易受到敌人火力的攻击。罗伯茨一直工作到生命的尽头，并在 28 年里取得了大约 30 项专利。但他最终在贫困中去世。

# 隧道盾构

1818年

英格兰，马克·伊桑巴德·布鲁内尔（1769—1849）

在软土或流体土中开挖隧道，隧道盾构是必不可少的防护结构。当工人在隧道里铺设混凝土、铸铁和钢等支撑结构的时候，盾构保障了稳定性。布鲁内尔开发了这种最早的隧道临时支撑结构，并在 1818 年与科克伦勋爵（Thomas Cochrane）一起获得了专利。1825 年，马克·布鲁内尔与他更著名的儿子伊桑巴德·金德姆·布鲁内尔一起工作，使用隧道盾构挖掘了泰晤士河隧道。泰晤士河隧道于 1843 年通车。强化的铸铁盾构让工人可以在不同的隔间里工作，掘进隧道。盾构由大千斤顶支撑着向

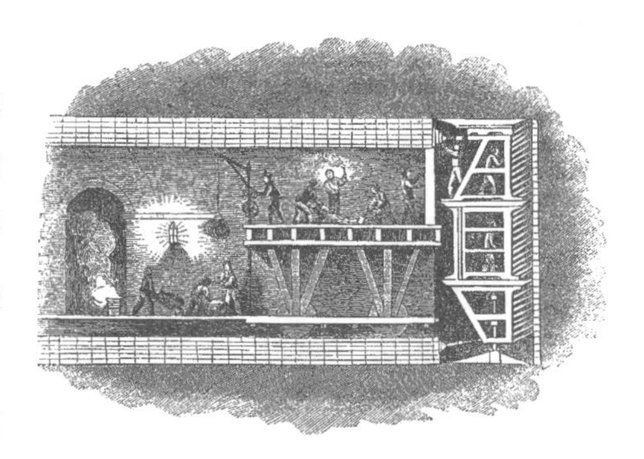

**海中之狼**

海军上将托马斯·科克伦勋爵与布鲁内尔共享专利，他是拿破仑战争中最勇敢的海军上校。法国人叫他“海中之狼”。1814年，科克伦勋爵被皇家海军解雇，开始领导智利、巴西和希腊的海军独立作战。1832年他复职，成为海军上校。他的故事为C.S.福里斯特的霍恩布洛尔船长[1]以及帕特里克·奥布莱恩的杰克·欧布瑞船长[2]提供了灵感。

前推进，它后面的隧道已经覆盖着铸铁衬圈。砖匠紧随其后，用 750 万块砖砌墙。这条隧道现在是英国地铁东伦敦线的一部分。亨利·莫兹利帮助制作了这些隧道盾构，并提供了蒸汽泵。一些人认为，布鲁内尔是在伦敦码头看到蛀船虫而产生了灵感。当蛀船虫用牙齿啃咬船身的木材时，坚硬的外壳保护着它的头部。早期的伦敦地铁深隧道就是用盾构法建成的。盾构把工作面分割开，所有工人可以同时挖掘。有了这种发明，隧道可以在任何地质条件下施工。多年来，布鲁内尔一直在改进他的设计，但所有的隧道盾构的工作原理都是相同的。

# 摩擦火柴

| 1826年 |

英格兰，蒂斯河畔斯托克顿，约翰·沃克（1781—1859）

1819 年，约翰·沃克（John Walker）在蒂斯河畔斯托克顿开了一家药店。他发现在木棍末端涂抹化学物品，晾干后，就可以将它与粗糙的表面摩擦产生火焰。这是最早的摩擦火柴。沃克使用的化学物品是硫化锑、氯酸钾、树胶和淀粉，他把这种火柴称为“康格里夫”（指 1808 年发明的康格里夫火箭），但他没有申请专利，而是继续研究。不过，他也没有透露更多关于火柴的具体内容。1827 年 4 月 7 日，在他的药店里，沃克把最早的“擦火”卖给了一位当地的律师。第一批火柴

1 电影《怒海蛟龙》中的人物。
2 电影《怒海争锋：极地远征》中的人物。

## 把烦恼打包

下面这首歌流行于第一次世界大战期间，指的就是“路西法”：

把烦恼打包，
微笑，微笑，微笑，
有路西法来点燃苦恼，
孩子们，请微笑，这是生活的格调。
担心有什么用处？
这些都没有必要，所以
把烦恼打包，
微笑，微笑，微笑。

是用硬纸板做的，但很快他就改成用手工切割的木夹板做。一盒 50 根的火柴可以卖 1 先令（相当于今天的 5 便士）。每盒火柴都有一张折叠的砂纸，火柴必须在砂纸上摩擦才能点燃。它非常简单，却很有效，能点燃可燃物和可燃气体，从而造福人类。

艾萨克·阿西莫夫在《事实之书》（*Book of Facts*）中写道，沃克拒绝申请专利，因为火柴对全人类都有益处。沃克说，最好能让公众免费使用火柴，而不是被拥有制造权的人独占。来自伦敦的塞缪尔·琼斯（Samuel Jones）看到了沃克的“擦火”，决定申请专利并把它推向市场，他给火柴取名叫“路西法”。“路西法”很受欢迎，尤其是在烟民中，但它燃烧时会产生难闻的气味，并且火焰也不稳定。最开始人们担心火花会引发令人不安的灾难。据报道，“路西法”点燃时会爆炸，有时火花会溅射到很远的地方。在比利时与荷兰，火柴现在还叫“路西法”。1830 年，法国人查尔斯·索里尔（Charles Sauria）在火柴中添加了白磷，从而去掉了硫的气味，而且火柴必须放

## 安全火柴1844

早期的火柴无论是对使用者还是对工人都很危险。白磷会附着在皮肤上，如果人体吸收了白磷，那么再轻微的烧伤都会导致器官受损。在法律禁止使用白磷后，人们开始寻找替代物，生产了所谓的“安全火柴”。

1844年，瑞典人古斯塔夫·艾里克·帕斯（Gustaf Erik Pasch）发明了安全火柴。1847年左右，延雪平的伦德斯特伦兄弟改良了安全火柴，并开始大规模生产。直到1850年至1855年，他们改良后的安全火柴才投入市场。1858年，他们的公司生产了大约1200万盒火柴。由于石蜡浸渍的火柴头与火柴盒侧面的特殊材料分离，确保了火柴的安全性。另外，安全的红磷替代了危险的白磷。摩擦表面由大约25%的玻璃粉末、50%的红磷、5%的中和剂、4%的炭黑以及16%的黏合剂组成。火柴头的成分通常是45%—55%的氯酸钾，20%—40%的硅质填料以及少量硫黄、淀粉、硅藻土、胶水、中和剂。磷与火柴头中的氯酸钾发生剧烈反应，点燃了安全火柴。长期以来，瑞典人在世界范围内垄断了安全火柴的生产。

在密闭的盒子里。事实证明新火柴很受欢迎，但遗憾的是，制作新火柴的工人都患有磷毒性颌骨坏死以及其他骨骼疾病，因为白磷具有高毒性，少量白磷就足以杀死一个人。

# 维勒尿素合成推翻生命力论

1828年

德国，弗里德里希·维勒（1800—1882）

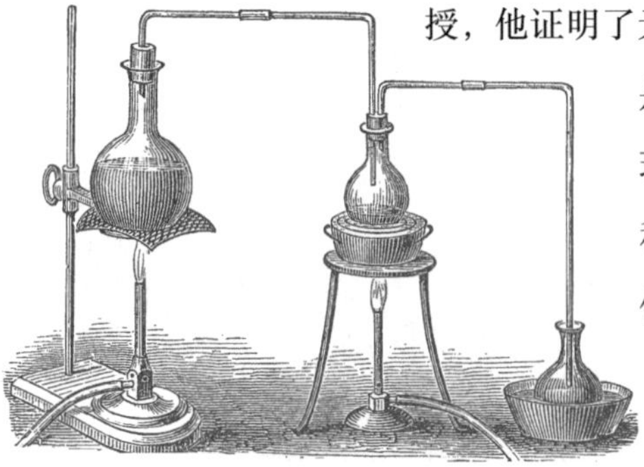

弗里德里希·维勒（Friedrich Wöhler）是德国教授，他证明了无机化合物可以合成有机化合物。维勒是有机化学的先驱，因为在 1828 年发现“维勒尿素合成”而知名。从古埃及和古典时代开始，人们就认为活的生命体具有“生命力”，并把化合物分为有机物和无机物两类。“生命力论”遵循了亚里士多德对动物、植物和矿物的分类。科学家还相信，有机物和无机物之间的差别太大了，因此不能用（死的）无机化合物合成（活的）有机化合物。然而，在实验室研究氰酸铵的时候，维勒制备了尿素晶体，尿素是人类尿液的一种成分。他原本想用氢化银和氯化铵制备氰酸铵，但意外地合成了这种有机物。这个过程没有用到活细胞。维勒发现，尿素和氰酸铵具有相同的化学分子式，但化学性质截然不同。这是最早发现的同分异构现象。维勒随后写信给他以前的老师、生命力理论的拥护者约恩斯·雅各布·贝尔塞柳斯，说他目睹了“科学的巨大悲剧，丑陋的事实扼杀了美丽的假设（生命力理论）”。维勒尿素合成是科学史上的里程碑，它证明了无机化合物可以合成有机化合物，从而推翻了生命力理论。

**《科学美国人》悼词**

从1820年到1881年，维勒一直在为科学杂志撰稿。1882年，维勒去世的时候，《科学美国人》写道：“……他的两三种研究就应该获得科学的最高荣耀，但他的工作量绝对是压倒性的。如果他不曾存在，化学的面貌将和现在大不相同。”

一般还认为，维勒独自或与他人合作，发现了硅、钇、铍、铝、氮化硅和铍。1834年，他和尤斯蒂斯·冯·李比希[1]证明了包含碳、氢、氧的一组原子可以像单个原子一样运动，能够置换化合物中的元素。这奠定了基团理论的基础，深刻地影响了化学的发展。1862年，维勒还发现，水和碳化钙反应能生成乙炔，乙炔现在被用于制造PVC（聚氯乙烯）。他还找到了从矿石中分离纯净镍和钴的方法。

# 电磁感应

1831年

英格兰，迈克尔·法拉第（1791—1867）

迈克尔·法拉第（Michael Faraday）发明的电磁旋转设备奠定了电机技术的

1 尤斯蒂斯·冯·李比希（Justus von Liebig，1803—1873），德国化学家，创立了有机化学。

基础。电力的应用在很大程度上要归功于法拉第的变压器和发电机。在法拉第那个时代，有许多出身富裕、受过良好教育的“绅士科学家”，他们把科学当成一种爱好。但法拉第不同，他出身贫寒，给一个书籍装订商做学徒。他阅读工作时借来的书籍，包括《不列颠百科全书》的“电力”部分，以及简·马舍特（Jane Marcet）的《化学谈话》（*Conversations on Chemistry*）。当时，著名化学家汉弗莱·戴维（Humphry Davy）在伦敦的英国科学研究所开设讲座，装订商的一位顾客赠送了免费门票让法拉第去听。法拉第非常崇拜戴维，并以之为榜样。他将讲座的内容整理成一份详尽、精美的笔记。这份笔记令戴维印象深刻，并于 1813 年雇用了法拉第做助手。后来，法拉第成为一名分析和实验化学家。1825 年戴维病重的时候，法拉第继承了他在英国科学研究所的职务，并开始指导实验室。1833 年，法拉第被选为终身化学教授，这是英国科学研究所为他设置的特殊职位。法拉第液化了多种气体，包括氯气和二氧化碳。他通过加热一种油状液体，发现了苯和其他碳氢化合物。他也详细地研究了各种合金钢及光学玻璃。

法拉第最著名的贡献在电和电化学领域。他相信大自然的统一性，以及各种力能够相互转换，这些信念驱动了他的研究。1821 年，法拉第成功地利用永磁体和电流产生机械运动（法拉第把一个永磁体放到有电流通过的导线旁边，结果那根导线绕着永磁体的磁极旋转起来）。这种电磁旋转就是电动机的原理。遗憾的是，其他工作的压力使法拉第在整个 20 年代几乎没有时间做实验。1831 年，法拉第发明了世界上第一台发电机，把磁力转化成电力。法拉第证明了产生电的各种方法其实是相同的，并提出了电化学的两条电解定律。第一，化学物质反应或分解的质量与溶液中通过的电量成正比。第二，不同物质沉积或溶解的质量与它们的化学当量成正比。法拉第发现了电磁感应、抗磁性和电解定律，其中电磁感应也是变压器的原理。1833 年，他和威廉·惠威尔（William Whewell）根据希腊语为电化学现象制定了新的命名法，比如离子、电极、阳极、阴极等。1839 年，法拉第由于过度的思考和劳累，患上了严重的神经衰弱症，但最终他还是回到了电磁学研究。这一次他研究的是光与磁的关系。法拉第发现磁力可以影响光线，所以认为这两种现象之间一定有关联。法拉第无法用数学语言表达他的理论，但 19 世纪 50 年代至 60 年代，詹姆斯·克拉克·麦克斯韦在法拉第研究的基础上，建立了电磁场（经典场论）的基础和公式。法拉第被认为是史上最好的实验科学家，他非常有影响力，受到爱因斯坦等科学家的尊敬。

# 冰箱

| 1834年 |

美国马萨诸塞州，雅各布·帕金斯（1766—1849）

冷冻食品彻底改变了我们的饮食习惯，人们可以把食物运往世界各地。在冰箱发明以前，富人用冰库冷藏食物——冰库通常建在淡水湖附近，或者冬天时藏在冰雪之下。后来人们可以购买冰块，把食物保存在冰盒里。1748 年，爱丁堡大学的威廉·卡伦（William Cullen）利用气泵在一个装着乙醚的容器里制造了一个局部真空，沸腾的乙醚吸收了周围环境中的热量，制造了少量冰块，但似乎没有什么实际用处。了不起的威尔士裔美国发明家奥利弗·埃文斯（Oliver Evans）曾在 1805 年设计了最早的冰箱，但他从来没有制造过。埃文斯使用的是水蒸气而非液态水。雅各布·帕金斯（Jacob Perkins）与埃文斯密切合作，他仔细研究了埃文斯的研究成果，并在 1834 年获得了“蒸汽压缩循环制冷”的第一项专利，专利标题是“制冰和冷却液体的设备与方法”。帕金斯最早描述了挥发性化学物质如何填充管道。这些化学分子很容易蒸发，可以使食物保持“凉爽”，就像人从海里出来后风吹过皮肤一样。然而，帕金斯没有发表过相关的技术描述，冰箱的改进也非常缓慢。大约 1850 年，约翰·哥里（John Gorrie）展示了一台制冰机；1857 年，澳大利亚人詹姆斯·哈里森（James Harrison）设计了最早的实用的制冰机和制冷系统，用于维多利亚州的酿酒和肉类加工行业。

### 冰箱的普及程度

在家用冰箱和冷柜出现以前，商用冰箱和冷柜已经使用了近40年。这些冰箱和冷柜含有毒气，偶尔会泄漏，因此不适合在家中使用。实用的家用冰箱在1915年问世，随着价格的降低，以及无毒不易燃的合成制剂引入，它们于20世纪30年代在美国被普遍接受。20世纪30年代，美国60%的家庭拥有电冰箱，但直到70年代，英国才达到同样的水准。这可能是因为英国采用电力较晚以及各种各样的食品商店较多。

1922 年，两名瑞典学生设计了吸收式冰箱，在世界范围内获得成功，后来被伊莱克斯公司商业化。吸收式冰箱利用热源驱动冷却系统，压缩式冰箱则使用电力。1895 年，卡尔·冯·林德（Carl von Linde）获得了液化空气的专利，从而制造了第一台实用的小冰箱。1922 年，一台家用冰箱比一辆福特 T 型车贵大约 50%。此时，制冰格也诞生了。早期冰箱的压缩装置会释放出大量热量，所以经常安在冰箱顶部。人们在 20 世纪 20 年代引入了氟利昂，并在 30 年代扩大了冰箱市场。相比于过去使用的制冷剂，氟利昂是一种更安全、毒性更低的替代品。20 世纪 20 年代末，通用食品公司的前身购买了克拉伦斯·伯宰（Clarence Birdseye）的食品冷冻方法，成功地处理了新鲜蔬菜。1940 年，美国引入了有单独隔间（比制冰格大）的家用冰箱。冷冻食品在以前是一种奢侈品，但现在变得非常普遍。

简单来说，冰箱就是一个隔热的空间，热泵把热量从冰箱内部输送到冰箱外部，这样内部的温度就会比室温更低。低温抑制了细菌的繁殖，所以食物可以保存更长时间。冷藏的温度比水的冰点高几摄氏度，在 3℃—5℃；冷冻的温度比水的冰点低几摄氏度，这样储存食物的时间可以更长。冰箱使我们的饮食更加多样化，可以改善我们的健康状况。但人们研究了使用微波炉加热冷冻快餐和肥胖之间的关系，实验证明，方便食品导致人类健康状况普遍下降。

# 分析机

| 1834—1871年 |

英格兰，查尔斯·巴贝奇（1792—1871）

1828 年到 1839 年，查尔斯·巴贝奇（Charles Babbage）是剑桥大学的卢卡斯数学教授[1]。在 20 世纪人类成功实现计算自动化之前，科学家、导航员、工程师、测量员、精算师等人都使用印刷的数学表格进行计算，但这些表格的精确度却有待提高。巴贝奇被誉为计算机领域的先驱，原因是他研究了两种自动计算引擎：差分机和分析机。在概念、尺寸和复杂性方面，这些机器都是不朽的。1821 年，巴贝奇开始用机械化的方法制作数学表格，汇编过程非常辛苦，而原始内容记录、印刷和最终誊抄等步骤都很容易出错。巴贝奇的想法是，自动计算引擎不仅要准确无误地计算，还要能够自动打印结果，从而一次性解决上述三种错误来源。

巴贝奇因此设计了一种差分机。差分机不是用来执行基本运算的，而是用来计算一系列数值并自动打印结果的。差分机的原理是"有限差分法"，这在当时十分普遍。差分法的优点是，在计算多项式的时候不需要用到乘法和除法，而只用到加法，因为加法比乘法和除法更容易实现机械化。标准的全尺寸"差分机 1 号"大约需要 25000 个部件，总重量达 13 吨。巴贝奇最开始制造了一个六轮模型，用于给观众演示。他雇用约瑟夫·克莱门特（Joseph Clement）制造差分机，这是一位熟练的工具制造者和绘图员。差分机的第一部分于 1832 年完成，这是计算机历史上最著名的象征物，也是现存最古老的自动计算器，是当时精密工程的代表物之一。

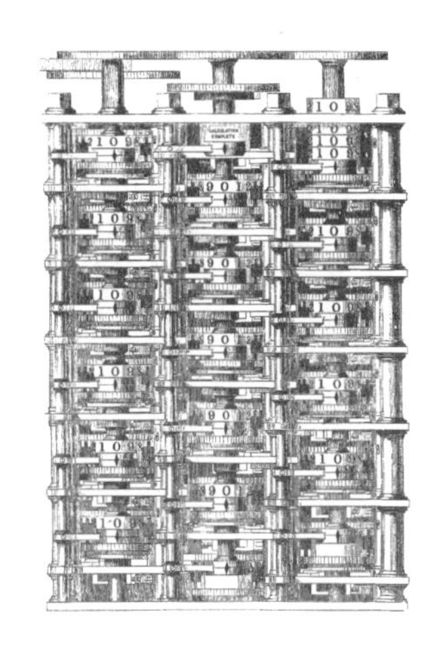

1834 年年底，"差分机 1 号"还没有完成，巴贝奇就已经构想出了分析机。这是一台革命性的机器，巴

1 卢卡斯数学教授是剑桥大学的一个荣誉职位，只授予数理相关的研究者，同一时间只授予一人。著名的卢卡斯数学教授有艾萨克·牛顿、威廉·惠更斯、保罗·狄拉克、史蒂芬·霍金等。

贝奇也因此被誉为计算机的先驱。建造分析机耗资更大，技术要求也更高。和差分机一样，分析机也没有被完整建造出来。分析机的原理是使用穿孔卡片传递指令，从而能够完成任何计算。它有一个存储数字的存储单元，以及许多其他部件，这些对今天的计算机仍然至关重要。现在我们能看到的是完成了一部分的机械装配和一些小的测试模型。分析机的开拓性研究在 1840 年基本完成。1847 年，巴贝奇开始设计“差分机 2 号”，他使用了优雅简洁的技术，这些技术原本是为更复杂的分析机而准备的。“差分机 2 号”可以自动运算，不需要人类操作员一直操作。差分机是第一个成功地把数学规则运用在机械中的设计，但它不是通用机器。差分机只能按特定的顺序把输入的数字相加。与之相比，分析机不仅是自动的，而且是通用的，因为用户可以编写程序，为任何需要的顺序执行指令。巴贝奇设想中的分析机是通用机器，可以计算几乎所有代数函数的值。这不是一台普通的计算机器，而是巴贝奇在 1871 年去世以前不断改进的一系列设计。

巴贝奇不断改进分析机的设计，使它几乎包含了现代电子数字计算机的所有逻辑特征。它可以用穿孔卡片进行编程，其中包含存储数字和中间结果的“仓库”

### 第一个计算机程序员是拜伦勋爵的女儿

1842年，意大利工程师兼数学家路易斯·梅芮布利（Louis Menebrea）用法语出版了一篇研究报告，主题是分析机。巴贝奇指定奥古斯塔·爱达·金[1]翻译这篇文章。奥古斯塔即洛芙莱斯伯爵夫人，她是拜伦勋爵唯一合法的孩子。奥古斯塔补充了一系列详尽的笔记（比原文更长），她的理解甚至比巴贝奇本人更高明。这令巴贝奇印象深刻，他写道：“忘掉这个世界，忘掉它的所有麻烦，如果可能，还要忘掉众多的骗子——总而言之，忘掉一切，除了数字女巫。”在写给奥古斯塔的信里，巴贝奇称呼她为“我亲爱的、备受尊敬的译者”。奥古斯塔知道分析机的重要性，也知道它对计算方法的影响。她明白，通过把穿孔卡片输入设备，分析机就可以运算所有符号，而不仅仅是数字。这是一个崭新的机会。正如她所观察到的，“我们可以很恰当地说，分析机改造了代数学”。考虑到维多利亚时代英国人对女性追求知识的态度，奥古斯塔的成就非常不凡。她在翻译笔记中详细介绍了用这种机器计算伯努利数的方法，如果建造了分析机，这种方法就可以正确运行。人们认为，这是第一个专为在计算机上实现而定制的算法。因此，人们普遍认为奥古斯塔是世界上第一个计算机程序员。由于子宫癌和严重失血，她年仅36岁就去世了。

1 奥古斯塔·爱达·金（Augusta Ada King，1815—1852），英国数学家兼作家。她原姓拜伦，是英国诗人、浪漫主义文学泰斗乔治·戈登·拜伦（George Gordon Byron，1788—1824）唯一的婚生子女。

（内存），以及一个单独的、可以进行数学处理的“工厂”（中央处理器）。“仓库”和“工厂”的分离是现代计算机内部组织的一个基本特点。分析机是闭环的，也就是说，它可以重复相同的操作程序，重复预定的次序。它还能够处理条件语句，根据计算结果采取相应的路径（我们现在称之为“If...Then...”语句）。分析机需要由某种蒸汽机驱动，但是巴贝奇没有尝试筹集资金来建造分析机。相反，他继续研究用更简单、更便宜的方法制造零件，并建造了一个小型的试验模型。当他去世的时候，这个模型仍在建造。巴贝奇没有完成任何一台机器，因为这些复杂的机器不是那个时代可以完成的，制造它需要特殊的夹具和工具，也需要数百个几乎完全相同的精密零件。当时，生产技术正处在从传统工艺走向大规模生产的过渡时期，自动生产重复零件的方法还没有出现。

**巴贝奇和未来**

巴贝奇是发明家、数学家、科学家、政治家、科学机构批评家和政治经济学家。他是灯塔信号的先驱，也是第一个提出用黑匣子来监测铁路灾难的人。他提议采用十进制货币，一个世纪后十进制货币才问世。他也提议在煤炭储量耗尽后使用潮汐能。

# 摄影

1835年

英格兰，威廉·亨利·福克斯·塔尔博特（1800—1877）

照片能让人看到过去的时刻，为数十亿人捕捉愉快的回忆。威廉·亨利·福克斯·塔尔博特（William Henry Fox Talbot）是个全才，在数学、植物学、天文学、考古学和摄影等领域都有研究和论著。但这位英国的博学者不擅长绘画，他形容自己的一幅素描“看起来很忧郁”——这给了他灵感。塔尔博特希望把几个世纪以来人们用暗箱观察到的图像定格在纸上，由此他发明了正负摄影系统（negative/positive process）和早期的摄影技术，为几十年后的摄影树立了标杆。为了捕捉无法绘制的图像，塔尔博特研究了一些化学物质对光的反应。在约翰·赫歇尔爵士

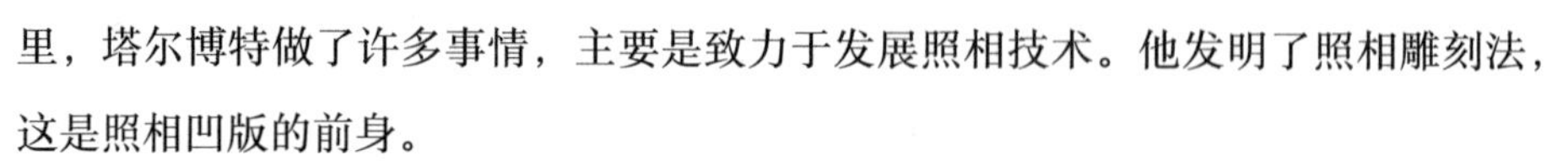

的帮助下，塔尔博特成功完成了这个过程，并定格了图像，最终得到一张底片。在经过化学处理的高度敏化的信纸上，塔尔博特得到了摄影图像。物体的白色图像是在黑暗背景下长时间曝光形成的，这就是底片。底片可以冲印成无数张正片。在接下来的 30 多年里，塔尔博特做了许多事情，主要是致力于发展照相技术。他发明了照相雕刻法，这是照相凹版的前身。

1840 年 9 月，塔尔博特利用碘化银和硝酸银制作感光纸，这是摄影技术的重大飞跃。感光纸在曝光的最初几秒内获得一个不可见的（隐藏的）图像，用五倍子酸溶液处理可以使其显影。这种改进方法最开始叫“碘化银纸照相法”，后来改名为“塔尔博特照相法”。在数码相机出现以前，所有摄影都是建立在这一基础之上。1841 年，塔尔博特申请了专利，试图收回部分实验成本。1851 年，他引入了费德里科·斯科特·阿切尔（Frederick Scott Archer）的火棉胶摄影法，这是一种即时摄影法。1852 年，塔尔博特发明了照相雕刻法。大约 1854 年，他用蛋清使相片有了光泽。1852 年，在英国皇家学会和英国皇家科学院主席的请求下，塔尔博特同意任何人都可以免费使用这项专利，唯一例外的是“向公众出售摄影肖像的人”（专业摄影棚摄影师）。塔尔博特本人也是一位著名的摄影师，在摄影作为一种艺术媒介的发展过程中，他做出了重大贡献。

塔尔博特早在 1834 年年初就开始从事摄影实验，而法国人路易斯·达盖尔（Louis Daguerre）直到 1839 年才展示了太阳光“拍摄”的照片。1839 年 1 月 25 日，在达盖尔的发现被公布后（但没有公开具体细节），塔尔博特在皇家学会展示了他 5 年前拍摄的照片。现存最早的底片是塔尔

### 乔治·伊士曼

1888年，乔治·伊士曼（George Eastman）发明的柯达相机使摄影开始普及，这是他为自己新发明的胶卷而设计的。1889年，他还发明了一种可弯曲的透明胶卷，从而开创了电影工业。伊士曼还是一位伟大的慈善家和杰出的发明家，他一生捐赠了大约1亿美元，其中大部分是匿名的。他在77岁时患上了脊柱退行性疾病，身体经常感到疼痛。他很痛苦，于是留下一封遗书后开枪自杀了：“我的使命已经完成了，还等什么？”

博特在 1835 年拍摄的。两周内，他坦诚地向皇家学会描述了“光绘”过程。而达盖尔直到 1839 年 8 月才透露拍摄的细节。关于究竟是谁发明了最早的照相机和冲印工艺，法国和英国的科学家展开了激烈的争论。达盖尔发明的银版摄影法虽然拍摄的照片很好看，但是 1860 年之后很少被摄影师采用。1865 年，它在商业上也失宠了。法国人最终认可了塔尔博特的成就，并在 1867 年的巴黎博览会上授予他金牌。

# 船用螺旋桨

1836年

英格兰，弗朗西斯·佩蒂特·史密斯（1808—1874）

螺旋桨是一种风扇，它将旋转运动转化成推动力，一般用于船舶和涡轮螺旋桨飞机。19 世纪以前就有过几项螺旋桨专利。1815 年，理查德·特里维希克也发明了一种螺旋桨。但螺旋桨的发明实际上要归功于“螺旋”·史密斯。史密斯（Francis Pettit Smith）是一个农夫，在肯特郡罗姆尼沼泽附近牧羊。1834 年，26 岁的史密斯制作了第一个螺旋模型，安装在他的小船上，一根强有力的弹簧驱动着螺旋。1836 年，史密斯改进了螺旋桨，使螺旋桨可以在水下旋转，从而推动船只。他为此申请了专利。同年秋天，为了测试自己的发明，史密斯建造了一艘 6 马力的小蒸汽船。螺旋桨是木质的，有两个完整的螺距。小船在泰晤士河上试航，运行平稳，但速度很慢。当它逆流而上的时候，浮在水面的木头撞断了螺旋桨，只剩下了半截。这时，船速却意外地提高了。受此启发，史密斯改用只有一个螺距的新螺旋桨，使小船航行得更快。后来，安装在船上的所有现代螺旋桨都只有一个螺距。

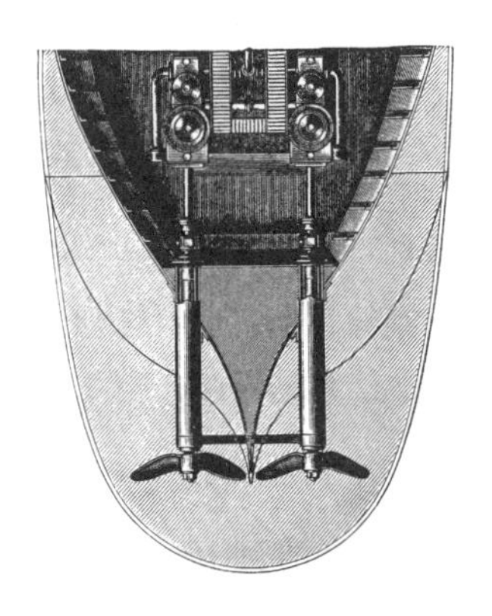

1839 年，史密斯建造了装有螺旋桨的木船“阿基米德号”，排水量为 240 吨。造船工人估计船的时速达不到 9.3 千米，但测试结果表明，其时速超过

17.6千米。1840年，史密斯驾驶“阿基米德号”游览了大不列颠的所有主要港口。伟大的工程师布鲁内尔研究了“阿基米德号”，然后重新设计了他的“大不列颠号”（Great Britain），并安装了螺旋桨。“大不列颠号”始建于1843年，长83.5米，是当时最大的轮船。第一艘配备螺旋桨的英国军舰是“响尾蛇号”（Rattler），排水量为902吨。在与“阿莱克托号”（Alecto）的较量中，“响尾蛇号”的速度快得多。史密斯把所有的钱都花在了吸引造船公司、船主和英国皇家海军上。1856年专利到期时，他仍旧一贫如洗。然而，为了表彰他，英国土木工程师学会捐赠他2000英镑，维多利亚女王授予他每年200英镑的皇室津贴。他还被任命为南肯辛顿专利博物馆馆长。1871年，“螺旋”·史密斯被授予爵位。不过，3年后他就去世了。

# 跨大西洋蒸汽轮船<br>铁壳螺旋桨客轮

1837年和1843年

英格兰，伊桑巴德·金德姆·布鲁内尔（1806—1859）

伊桑巴德·金德姆·布鲁内尔（Isambard Kingdom Brunel）设计并建造了许多铁路、隧道、桥梁、码头和轮船，他的方法被应用到世界各地。布鲁内尔的第一个著名成就是与他的父亲马克·布鲁内尔共同设计了从罗瑟希德到沃平的泰晤士河隧道，于1843年竣工。1831年，年仅24岁的布鲁内尔赢得了一场设计比赛，随后被任命为建造横跨埃文河的克里夫顿悬索桥的项目工程师。托马斯·特尔福德曾扬言说，任何一座吊桥都不可能比他的梅奈吊桥更长——梅奈吊桥跨距为176米。但克里夫顿悬索桥的跨距为412米，其中心跨距为214米，它于1831年动工，但由于财政困难，直到1864年才完工。克里夫顿悬索桥是当时世界上

最长的悬索桥，至今每天仍然有 1.2 万辆汽车通过。

布鲁内尔为大西部铁路修建了一个由隧道、桥梁和高架桥组成的交通网络，这可能是他最突出的成就。1833 年，他被任命为大西部铁路的总工程师，最开始的工作是修建连接伦敦和布里斯托尔之间的铁路线。在这期间，令人印象深刻的成就包括汉威尔和奇彭纳姆的高架桥、梅登黑德大桥、箱型隧道和布里斯托尔寺院草原站。布鲁内尔引入了宽铁轨替代标准铁轨，从此声名鹊起。在从斯温登到格洛斯特和南威尔士的铁路线上，布鲁内尔的设计结合了管桥、吊桥和桁架桥，使铁路线顺利跨越切普斯托的怀河。在普利茅斯附近的索尔塔什，著名的横跨塔马河的大桥上，这一设计有了进一步改进。布鲁内尔还负责重新设计和建造了英国许多重要码头，包括布里斯托尔、韦尔茅斯、加的夫、普利茅斯和米尔福德港。

布鲁内尔建造的轮船“大西部号”“大不列颠号”和“大东方号”在建造类型、速度、动力和大小方面都创下了纪录。1837 年，布鲁内尔在布里斯托尔推出了他的木制明轮船“大西部号”，全长 72 米。这是大西部铁路的延伸。乘客可以乘坐火车从伦敦抵达布里斯托尔，然后乘船到达纽约。1838 年，在前往纽约的处女航中，“大西部号”与“天狼星号”进行了一场比赛，最终前者以更快的速度获胜。布鲁内尔的“大不列颠号”是全世界第一艘远洋铁轮船，也是第一艘由螺旋桨驱动的轮船。它不仅是当时全世界最大的船（长 92 米），也是全世界动力最强劲的船。1843 年，“大不列颠号”首次下水，打破了“大西部号”横渡大西洋的纪录。它曾是一艘横渡大西洋的客轮、一艘前往澳大利亚的移民船、一艘克里米亚战争中的运兵舰，后来被改装成帆船，为福克兰群岛（马尔维纳斯群岛）的仓库运送货物。现在它回到了自己的出生地布里斯托尔，在一家非常棒的博物馆里展出。“大东方号”建成时是当时最大的船，约翰·斯考特·拉塞尔（John Scott Russell）也参与了设计。它于 1859 年下水，但没有取得商业上的成功。这艘巨大的明轮船

### 《80天环游地球》

英国和美国的竞争公司分别派出了“大西部号”和“天狼星号”竞赛，目的地是纽约。“天狼星号”是航行在伦敦和科克郡之间的定期班轮，排水量为700吨。该公司拆除了部分乘客舱位，为跨越大西洋的航行腾出额外的煤舱。4月4日，它比“大西部号”提前4天离开伦敦，在科克郡续加燃煤，然后动身前往纽约。“大西部号”在布里斯托尔因火灾而延误，直到4月8日才出发。最终“天狼星号”在4月22日抵达纽约，仅以微弱优势击败了“大西部号”。当煤炭耗尽时，“天狼星号”的船员烧掉了船内的家具、备用桁端和一根桅杆——此事激发了儒勒·凡尔纳（Jules Verne）的灵感，在小说《80天环游地球》（*Around the World in 80 Days*）中描写了类似的场景。“大西部号”晚1天抵达，船上还有200吨煤。实际上，“大西部号”比“天狼星号”快3天，航速为16千米/小时；而“天狼星号”的速度只有14.9千米/小时。

长 213 米，有 5 个烟囱，在它服务的从英国到印度的航线中，不需要在中途多次装煤。但“大东方号”还没有开始处女航，就被亏本卖掉了。1860 年至 1864 年，它航行于大西洋；1866 年至 1874 年，它被用于铺设跨洋电缆；1888 年，被拆毁。

# 燃料电池

1838年

威尔士，威廉·罗伯特·格罗夫（1811—1896）

威廉·罗伯特·格罗夫（William Robert Grove）是威尔士高等法院的一名法官，后来成为英国皇家学会的研究员和伦敦研究所的教授，撰写了 19 世纪开创性的科学著作《物理力的相互关系》（*Correlation of Physical Forces*）。格罗夫被誉为“燃料电池之父”，催生了“清洁能源”。在电池的发展中，格罗夫的贡献是把金属和液体混合起来，大大减少了电压损失。在早期的简易电池中，氢气泡聚在两极，形成一个反向电压，大大削弱了电流——这种现象叫“电池极化”。为了解决这个问题，实验人员使用液体去极剂，通过氧化把氢转化成水，但这导致电池电压较低。于是，格罗夫尝试用硝酸作为氧化剂进行实验，制造出了电压更高的电池。后来在 1839 年伯明翰的一次会议上，格罗夫阐述了他的研究结果。他为会议“匆忙地制造了”一个电池，锌（正）电极与稀硫酸放在一个隔室，铂（负）电极和浓硫酸放在另一个隔室。这些隔室是多孔的罐子，电流很容易通过，但液体无法通过。这些电池电压高、内阻低，因此电流更强。而且，格罗夫电池不会产生有害气体，而是产生水。在美国政府的资助下，今天的新一代氢动力汽车采用了格罗夫电池。NASA 曾使用燃料电池为“阿波罗号”和航天飞机计划提供动力。詹姆斯 · 焦耳[1]后来认为自然界中各种力和能量都能够相互转化，这一论断最初来自格罗夫的《物理力的相互关系》。

### 燃料电池的燃料

燃料电池是一种电化学电池，它把燃料的化学能直接转化成电能。燃料和氧化剂之间的反应产生电。反应物流入电池，生成物排出电池，而电解质始终留在电池里。只要保证持续供应反应物和氧化剂，燃料电池就能连续发电。

燃料电池与传统的电化学电池截然不同。燃料电池需要消耗来自外部的反应物，而这些反应物必须定期补充。这在热力学上是一个开放的系统。传统电池是封闭的系统，电池本身只储存电能。氢燃料电池使用氢作为燃料，包括酒精和碳氢化合物；氧化剂是氧（通常来自空气），也可以是氯和用于漂白的二氧化氯。

# 木浆纸

1838年或1839年（1845年获得专利）

加拿大，查尔斯·凡纳利（1821—1892）；

德国，弗里德里希·哥特罗布·凯勒（1816—1895）

查尔斯 · 凡纳利（Charles Fenerty）和弗里德里希 · 哥特罗布 · 凯勒（Friedrich

1 詹姆斯 · 焦耳（James Joule，1818—1889），英国物理学家，以研究功与热的转换关系而著名。能量的单位焦耳是以他的名字命名的。

## 凯勒的发明

凯勒几乎与凡纳利同时发明了木浆纸。他的伐木机把木材转变为制浆所需的纤维。凯勒的灵感来自法国数学家瑞尼·瑞欧莫（René de Réaumur）的一篇文章，其中提到了树木可以用来造纸。1841年，凯勒在他的“理想之书”中草草记下了一台用于提取纸浆造纸纤维的碎木机。1844年，凯勒用他的碎木机制作了一张木浆纸，但没有得到政府的支持。他制造了一种更先进的碎木机，并以80英镑的价格卖给了造纸专家海因里希·弗尔特（Heinrich Voelter）。1845年，凯勒和弗尔特在萨克森州获得了专利。1848年此专利保护的第一台碎木机诞生了，但两人的专利在1852年到期，凯勒没有钱更新自己的那部分专利，所以弗尔特就成了专利的唯一持有者。凯勒的碎木机销往欧洲和美洲，弗尔特因此获得了丰厚的利润。20年后，报纸和书籍的印刷商才接受木浆纸。到19世纪末，木材已经成为造纸的首选材料。而凯勒一生都没有从他的发明中得到任何报酬。

Gottlob Keller）使用取之不尽的木材造纸，革新了工业革命期间的通信技术，其影响力不啻今天的互联网。凡纳利在新斯科舍省自家的大农场长大，那里有三个加工木材的锯木厂。随着公众受教育程度的提高，人们对书籍和报纸的需求越来越大，但凡纳利发现，造纸厂无法获得足够的棉布和亚麻布，也就无法满足人们对纸张的需求。他觉得可以用木头造纸。加拿大和美国有大片的森林，所以木头的价格非常便宜。凡纳利知道木头是一种植物纤维，这一点和棉花、亚麻相同。他用轻软的云杉木做实验，认为这种木头最适合做木浆纸。黄蜂用咀嚼过的木头建造的蜂巢，其质地与纸相似，凡纳利可能是由此获得了灵感。另一种说法是，他在锯木厂待了很长时间，发现笨重的木头在固定的锯上来回移动时会产生少量柔软的废料。

凡纳利已经意识到，如果把这种废料处理后压制成型，就可以用来造纸。据说，凡纳利在1838年或1839年向他的连襟查尔斯·汉密尔顿展示了一小块木浆纸，当时他只有17岁或18岁。因此，他的发现可能比德国织工凯勒更早。然而，凡纳利直到1844年10月26日才公开自己的发现，当时他的一封信发表在《阿卡

**凡纳利的信**

各位先生:

随信附上一张小纸片，这是我的实验成果，目的是证明这件有用的物品可以用木头制成。结果表明，我的想法是对的，因为你们已经看到了它。正如各位所见，这张纸手感很好，和常见的用亚麻、棉布制成的包装纸一样耐用。这种纸的原料很普通，就是云杉。它只需要用到一种纸浆，而且造纸流程没有任何改变。也就是说，我的方法并不会给造纸带来很大的困难。我认为，常见的木材，无论是硬木还是软木，特别是冷杉、云杉和白杨，它们的纤维质量很好，在机器上切割时很容易产生废料。这些废料可以制成最好的纸张。先生们，实验已经证明我的观点是对的，科学家和好奇者可以进一步研究。

谨启

你们顺从的仆人

查尔斯·凡纳利

——《阿卡迪亚记事报》，新斯科舍省，哈利法克斯，1844年10月26日

迪亚记事报》上。可惜凡纳利的发现并没有给新斯科舍省带来商业上的利益。现今，造纸厂生产纸浆有两种方法。第一种是热磨机械法制浆（TMP），就是将木材切成小块，放入精制机中，通过用蒸汽加热，在其中将木屑挤压并捣碎成纤维。第二种方法是在碎木过程中，将剥去树皮的原木直接送入研磨机制成纤维。

# 太阳能电池

1839年

法国，亚历山大-埃德蒙·贝可勒尔（1820—1891）

贝可勒尔（Alexandre-Edmond Becquerel）是法国物理学家，主要研究太阳光谱、磁学、电学、光学和摄影，他与他的儿子亨利·贝可勒尔一起研究了荧光和磷光。贝可勒尔在 19 岁时就发现了光伏效应，这是太阳能电池的工作原理。用电解质溶液和固体电极做实验的时候，贝克勒尔观察到，光线照射在电极上会产生电压。太阳能电池就是利用光伏效应把光能直接转换成电能。太阳光由光子构

成，光子蕴含了太阳的能量。不同波长的光子包含着不同的能量。光子在撞击光电池时，可能被反射或吸收，也可能直接穿过。其中被吸收的光子会产生电。19 世纪 70 年代，亨利希·鲁道夫·赫兹（Heinrich Rudolf Hertz）在硒等固体中研究了这种效应，他后来在 1887 年发现了光电效应。1877 年，W.G. 亚当斯和 R.E. 戴发表了一篇论文，主题是硒的光伏效应。不久之后，硒光电池就诞生了，它的光能转化为电能的效率是 1%—2%。很快，在新兴的摄影领域，人们用硒制造光测量设备。1883 年，查尔斯·弗里茨（Charles Fritts）制造了第一个真正意义上的太阳能电池。他在半导体硒线上涂了一层薄薄的黄金，但能量转化率只有 1%。1888 年至 1891 年，亚历山大·史托勒托夫（Alexander Stoletov）发现了外光电效应（光电发射），这是早期太阳能电池的基础。

1941 年，美国工程师罗素·奥尔（Russell Ohl）发明了效率更高的硅太阳能电池。1954 年，三位美国研究员吉拉德·皮尔森（Gerald Pearson）、卡尔文·富勒（Calvin Fuller）和达里尔·查宾（Daryl Chapin）设计了一种硅太阳能电池，在阳光直射下，它的能量转换效率可以达到 6%。他们创造了一组由几个硅条组成的阵列，将它们置于阳光下，捕获自由电子并将其转化为电流。他们因此发明了第一块太阳能电池板。纽约的贝尔实验室随后公布了新型太阳能电池的雏形。1955 年，贝尔太阳能电池首次应用于美国佐治亚州的载波电话，该公司随后开发了用于太空活动的电池。随着效率提升，价格下降，太阳能电池（光伏系统）正日益成为我们生活的一部分。最简单的太阳能电池为日常生活中的许多小型计算器和手表提供动力。更复杂的系统应用于抽水、供电、通信，甚至为我们的家庭照明和家用电器供电。到 2007 年，特拉华大学和美国能源部已开发出能量转换效率超过 40% 的太阳能电池。

# 自行车

| 约1839年 |

## 苏格兰，柯克帕特里克·麦克米兰（1812—1878）

据说，大约 1790 年，希夫拉克伯爵（Comte Mede de Sivrac）在法国制造了第一台类似于自行车的机械（不过，这位伯爵很可能是虚构的）。它最开始叫“célérifère”，不久改名为“vélocifère”。这种木头机械有点像脚踏车，但没有踏板和车把。经验丰富的骑手可以抬起前轮使它转向，就像现代的自行车前轮离地平衡特技。1816 年，德国男爵卡尔·冯·德赖斯（Karl von Drais）在德国也发明了一种类似的机械，他把转向装置安在前轮。这种机械叫“laufmaschine”或“跑步机”，但男爵称它为“draisienne”。它更常见的名字叫“小马”，备受绅士喜爱，在花园和公园里很流行。骑手坐在两轮之间的座椅上，像脚踏车一样用脚驱动。

柯克帕特里克·麦克米兰（Kirkpatrick MacMillan）是一位年轻的苏格兰铁匠。1824 年，当他还是个孩子的时候，麦克米兰看到有人在附近骑一辆“小马”，于是决定自己做一辆。完工后，他意识到，如果想要双脚离地，就必须彻底地改进它。麦克米兰在铁匠铺工作，大约 1839 年，他完成了新的机械产品。麦克米兰的自行车有一个木质框架，车轮也是木质的，但包有铁皮，前轮可以稍微转向。前轮直径是 76 厘米，后轮直径是 102 厘米，后轮通过连杆与踏板相连。骑手的脚在踏板上水平往复运动，这就是最早的脚踏自行车。它很笨重，也很费力。不过，麦克米兰很快就学会了在崎岖的乡间道路上骑车，不到一小时就行驶了 22.5 千米

## 第一起自行车事故

1842年6月，麦克米兰从敦夫里斯郡骑行109千米到达格拉斯哥，想让公众关注他的发明。这次旅行花了两天时间，他被罚款5先令，原因是他撞伤了一个小女孩，好在只是轻伤。格拉斯哥的报纸报道了这起事故："昨日，一位来自敦夫里斯郡的绅士被押送到格拉斯哥警察局，罪名是在人行道上骑自行车，妨碍通行并撞倒了一个孩子。据他说，他昨天从老卡姆诺克大老远赶来，骑自行车花了5小时，行驶了64千米。一到戈尔巴斯男爵的领地，他就上了人行道，这时一大群人聚集过来，想看一看这台新奇的机械。被撞倒的孩子受伤并不严重，因此这位绅士只被罚款5先令。自行车看起来非常巧妙，它由脚驱动曲轴，而用手转动轮子控制方向。但是，要使它'前进'似乎需要更多体力。这项发明不会取代铁路。"法官在听证会上要求麦克米兰以"8"字形路线骑车，他照做了。据说法官偷偷给他钱让他支付罚款。在回家的路上，麦克米兰又与公共马车进行了比赛。

的路程。麦克米兰没有想过为自己的发明申请专利，也没有试图从中赚钱，但其他人从中发现了商机，很快就生产并销售了复制品。1846年，莱斯马哈格的加文·达尔泽尔（Gavin Dalzell）仿制了麦克米兰的自行车，并且把其中的细节告诉了很多人，以至于50多年来，许多人认为他才是自行车的发明者。而麦克米兰一直满足于铁匠的工作，从未试图将自行车商业化。其他人制造了自行车，以每辆7英镑的价格出售，这在当时可不是一笔小钱，但他毫不在意。

1867年左右，一对父子皮埃尔·米肖（Pierre Michaux）和欧内斯特·米肖（Ernest Michaux）在巴黎首次组装了一辆两轮自行车，他们用曲轴把踏板和前轮连起来。这辆车也有个昵称叫"老爷自行车"，原因是坚硬的铁框架和包在铁皮里的木车轮使它异常颠簸。米肖父子的雇员皮埃尔·拉雷曼特（Pierre Lallement）把这个设计带到了美国，并宣称是自己的创意。他说自己在1863年开发了这个模型，然后动身前往美国。1866年，他向美国专利局申请了第一个自行车专利。1870年，金属加工技术已经非常发达，自行车车架可以完全由金属

制造，它的性能和强度都有了提高，设计也随之改变。踏板仍然与前轮相连，但车轮换成了实心橡胶轮胎，前轮较大，有很长的辐条，令骑手更加舒适。而且，车轮越大，速度越快。在 19 世纪 70 年代和 80 年代，这种前轮大后轮小的自行车非常受欢迎。因为高大的前轮直径达 1.5 米，所以也叫“高轮车”。

1885 年，随着安全自行车的发明，自行车进入了新的阶段。英国人约翰·肯普·斯塔利（John Kemp Starley）的设计特点是两个轮子大小相同，骑手坐在中间，位置低了很多。这种自行车靠后轮驱动，后轮连接着链齿轮和链条。这种设计后来叫“宝石形”，也应用在今天的自行车中。斯塔利的设计后来与充气橡胶轮胎结合。由于生产规模的扩大以及道路状况的改善，自行车的价格下降了，它变得更加普及。据估计，全世界有超过 10 亿辆自行车，仅中国就有约 4.5 亿辆。麦克米兰的发明已经成为造福所有阶级的、最流行的交通工具。1896 年，美国著名的女权主义者苏珊·布朗奈尔·安东尼（Susan B. Anthony）在一次采访中说：“在女性解放方面，我认为它（自行车）的贡献最大。”

# 过磷酸钙肥料

1842年

英格兰，约翰·贝内特·劳斯（1814—1900）

约翰·贝内特·劳斯（John Bennet Lawes）开创了化肥（人造肥料）工业，大大提高了全球农业和畜牧业的产量。劳斯奠定了现代农业科学的基础，确立了作物营养的规则。他继承了超过 400 公顷的地产，并在赫特福德郡建立了面积达 101 公顷的洛桑实验农场。大约在 1837 年，劳斯开始研究各种肥料对盆栽植物的影响，然后推广至田野中的作物，进行了相同的实验。他用硫酸处理磷酸盐获得了一种肥料，并在 1842 年申请了专利，从而开创了化肥工业。

同年，劳斯创办了第一家化肥厂。

磷是一种重要的营养物质，在现代肥料中很常见，但它必须溶解在水中才能使用。过磷酸钙是硫酸与磷矿粉的产物。含氮较多的过磷酸钙混合肥有利于植物生长，含磷较多的过磷酸钙混合肥有利于植物萌芽。化肥能改良土壤，促进植物健康生长。当通过叶片给植物施肥时，它还能起到杀菌的作用，可以抑制土壤中的线虫，并使堆肥快速分解。他与约瑟夫·亨利·吉尔伯特（Joseph Henry Gilbert）合作，在接下来的57年里继续做实验，不断提高农业和畜牧业的产量。实验的主要目的是测量无机肥料和有机肥料对作物产量的影响。对现代科学家来说，他们的“经典田间实验”是一种宝贵的资源。在去世前，劳斯拿出10万英镑的巨款，用于洛桑实验农场的运行。它一直持续到今天。

劳斯去世的时候，“经典田间实验”已经积累了大量数据。由于田间实验本身存在可变性，他们需要一种周全的统计方法。现在普遍认为，洛桑实验农场是现代统计理论和农业实践的诞生地。多年来，洛桑实验农场的研究员做出了重大的科学贡献，包括发现和开发菊酯类农药，以及在病毒学、线虫学、土壤科学和抗

### 海鸟粪——最早的过磷酸钙肥料

大量鸟粪堆积就可以自然形成过磷酸钙。南太平洋的瑙鲁岛是最著名的采矿地点，当地居民通过开采肥沃的土壤赚钱。“guano”这个词源自印加文明的奇楚亚语，意思是“海鸟的粪便”。海鸟以鱼为食，它们的粪便和腐烂的动物尸体、羽毛、蛋壳、沙子混在一起，甲虫和微生物可以将其加工成一种最好的天然肥料。蝙蝠的粪便也叫“guano”。几个世纪以来，它们的粪便大量堆积在洞穴的地面，与某些植食性昆虫的残骸混合在一起。在海鸟和蝙蝠的粪便中，营养物质的相对含量各有不同，但平均含量大约是15%的氮、9%的钾和3%的磷。印加人从秘鲁海岸收集海鸟粪给土壤施肥。他们把海鸟粪视为珍宝，限制人们接近和骚扰海鸟，严重者甚至会被处以死刑。

秘鲁的海鸟粪享誉全球，这种商品开始在全世界销售。秘鲁洋流把南极洲的冷水带到赤道，冷水和暖空气的结合阻止了降雨。海岸附近的岛屿都很干燥，这意味着海鸟粪中的硝酸盐不会蒸发或渗透到岩石里，所以肥料仍然有效。美国在1856年通过了一项法案，肯定了海鸟粪的价值。该法案保护任何发现海鸟粪的公民，发现者可以拥有这片无主土地，并有权独享这些矿藏。这条法案只针对美国公民。在1864年至1866年的钦查群岛战争中，秘鲁-智利联盟与西班牙交战，西班牙军队占领了钦查群岛，夺走了秘鲁人从海鸟粪中获得的丰厚收入。直到19世纪末，化肥大量生产和普及，才使得海鸟粪变得没那么重要了。

药性等领域做出了开创性研究。20 世纪后半叶，空中施肥技术的发展使过磷酸钙化肥能在大片土地上播撒，成本不高，但大大提高了农作物的产量。1900 年 9 月 1 日，《泰晤士报》刊登了劳斯的讣告，其中这样写道：“约翰·劳斯爵士是全世界最伟大的农业捐助者之一——或者没有之一。他的实验完全是独创的，目标非常笃定，再加上他有超凡的天赋，因此他发现的真理对农业产生了深远的影响。”

# 硫化橡胶

1843年

英格兰，托马斯·汉考克（1786—1865）

作为造车工人，托马斯·汉考克（Thomas Hancock）对防水面料很感兴趣，他想用防水面料保护车厢里的乘客。1819 年，汉考克开始研究液态橡胶。1820 年，他为一些松紧带申请了专利，这些松紧带被用于吊裤带、手套、鞋子和袜子。汉考克发现自己浪费了大量橡胶，所以他发明了一种粉碎橡胶的机器，使橡胶可以循环利用。1821 年，化学家查尔斯·麦金托什（Charles Macintosh）发明了一种防水布料：他把橡胶溶解在煤焦油里，然后用它将两块布料黏合在一起。同年，汉考克与麦金托什开始合作，他们制造了一种双面防水面料，也就是后来的麦金托什雨衣。汉考克用液体橡胶做实验，发明了人造皮革工艺，并在 1825 年申请了专利。这种工艺用到了液体橡胶、各种纤维和溶剂、煤油、松节油。很明显，到 1830 年，汉考克用碎橡胶做的皮革比麦金托什溶解在煤焦油中的橡胶要好。

在工厂里，汉考克用他发明的新机器加工生产橡胶。他的机器能大量生产均质橡胶，这种橡胶可以塑形、可以与其他材料混合，比生橡胶更容易溶解。1837 年，汉考克最终为他的捏炼机和涂布机申请了专利，原因可能是与麦金托什在法律上发生争执。当时，汉考克正在为防水面料的制作方法申请专利。1841 年，汉考克发明了一种机器，可以同时处理 91 千克的橡胶。他生产的橡胶应用于气垫、床垫、枕头、软管、管道、实心轮胎、鞋子、填充物和弹簧，汉考克成为全世界最大的橡胶制造商。1843 年 11 月 21 日，汉考克申请了硫化橡胶的专利，比美国的查尔斯·古德伊尔（Charles Goodyear）早 8 周。硫化橡胶以罗马神话中“火神”（vulcanization）的名字命名，它不那么黏软，机械性能更好，使生产轮胎、软管和鞋底更高效。汉考克的发明以及后来的橡胶工业对道路运输的发展产生了巨大的影响。

# 皮下注射器

1844年

爱尔兰，弗朗西斯·赖恩（1801—1861）

在弗朗西斯·赖恩（Francis Rynd）的发明诞生以前，药物不可能通过静脉注射（穿过皮肤注入静脉）。早在 10 世纪初，埃及外科医生阿里·毛斯里等人就开始使用玻璃制成的注射器摘除患者的白内障。然后，直到 19 世纪 40 年代初，针头才细到足以刺穿皮肤，这就是皮下注射器。爱尔兰医生赖恩最早使用皮下注射器注射镇静剂，来治疗神经痛。他只是轻轻推一下活塞，却给医学界带来了一场革命。1844 年 5 月，赖恩发明了一种滴针（后称作“皮下注射器”），用于把药物注射到静脉，再一次尝试治疗神经痛。在那以前，人们认为不可能通过皮肤给药，大多数药物只能口服。1845 年，赖恩医生发表了一篇文章，报道了他如何成功地使用皮下注射器。文中写道：“1844 年 5 月，我在爱尔兰米斯医院第一次尝试皮下注射液剂来缓解神经痛。这些病例发表在 1845 年 3 月 12 日的《都柏林医学报》上。从那以后，我使用了很多种液剂，治疗了很多患者，取得了不同程度的成功。我发现最有用的液剂是溶解在杂酚油中的吗啡溶液，比例是 10 ∶ 1。”人们常常误以为是亚历山大·伍德（Alexander Wood）在 1853 年发明了第一支皮下注射器，但实际上，赖恩更早一些。现在的注射器一般是一次性的，全球每年的使用量超过 150 亿支。

# 霍乱的起因

1849年

英格兰，约翰·斯诺（1813—1858）

> **斯诺的其他研究**
>
> 斯诺是最早研究把乙醚和氯仿用于外科麻醉并计算它们剂量的医生。1847年，他发表了一篇关于乙醚的文章，标题是《关于对乙醚蒸气吸入的研究》（*On the Inhalation of the Vapor of Ether*）。他去世后，1858年，一部更长的题为《关于氯仿和其他麻醉剂药效和施用的研究》（*On Chloroform and Other Anaesthetics, and Their Action and Administration*）的著作出版了，里面讲述了斯诺在实验中如何控制乙醚和氯仿的剂量、测试这些剂量对动物和人类的影响，使它们更安全、更有效；1853年4月，维多利亚女王的儿子利奥波德王子出生时，斯诺给她使用了氯仿麻醉；1857年4月，她的女儿比亚特丽斯公主出生时，斯诺再次使用氯仿为其麻醉。产科麻醉因此更广泛地被接受。

约翰·斯诺（John Snow）是最早采用麻醉的人，也是医疗卫生和流行病学的先驱。他出生在约克郡的一个劳工家庭，兄弟姐妹共 9 人。14 岁时，斯诺跟随一名外科医生做学徒。11 年后，也就是 1838 年，他成为皇家外科医学院的一员，并在 1850 年进入皇家内科医学院。在他那个时代，人们认为霍乱这种致命的疾病是通过空气传播的，然而，斯诺不同意这种“空气污染论”，他认为霍乱病菌是通过口腔进入人体的。1849 年，他在《论霍乱的传染方式》（*On the Mode of Communication of Cholera*）中发表了自己的观点。1854 年 8 月，他以引人注目的方式证明了自己的理论——伦敦 Soho 住宅区暴发了霍乱，斯诺在该地区的地图上绘制了霍乱病例的分布，由此最终确定布劳德大街（今布劳维克大街）的一个公共水井是疾病的源头。虽然报道说疫情因此结束，但很有可能疫情只是在快速减轻。斯诺本人这样解释：“毫无疑问，正如我之前所说，由于疫情暴发后许多人离开了这里，死亡率大大降低了。也因为这里的人不再使用这口井里的水，霍乱感染也因此大幅减少，但我们无法确定水井中的病毒是否还活跃。”

> **用斯诺自己的话来说**
>
> 在现场观察时，我发现几乎所有死亡都发生在布劳德大街的水井附近，只有10个人是死在另一个街道的水井附近。其中有5个案例，死者家属告诉我，他们总是派人去布劳德大街的水井打水，因为相对而言，他们更喜欢那里的水。还有3个案例中，死者都是孩子，他们的学校就在布劳德大街附近……在这个地区，我发现，有61个案例的死者经常或者偶尔饮用布劳德大街的井水……此外，调查结果表明，除了习惯饮用上述井水的人之外，伦敦其他地区没有单独暴发或流行霍乱。
>
> ——写给《医学时事与公报》（*Medical Times and Gazette*）的信，1854年9月23日

1855年，斯诺更细致地调查了Soho住宅区供水的影响，发表了霍乱论文的第二版。他公布了萨瑟克区和沃克斯豪尔水务公司取水的情况——这些公司在泰晤士河被污染的水域取水。后来人们发现，距离这口公共水井不足一米远就有一个污水坑，粪便细菌已经开始渗透。一个婴儿从其他地方感染了霍乱，他的尿布在这个水坑里清洗，于是霍乱开始肆虐。当时的房子底下通常有一个污水池，为了避免污水池溢满，倒夜香的工人把未经处理的污水集中起来，倾倒在泰晤士河里。斯诺的研究是公共卫生史的重大事件，也为流行病学奠定了基础。然而，直到19世纪60年代，斯诺关于这种疾病如何传播的理论才被广泛接受。

1857 年，斯诺在《柳叶刀》上发表了一篇鲜为人知的文章，也对流行病学做出了贡献：文章题为《论面包掺假（明矾）导致佝偻病》。佝偻病是一种骨骼软化疾病，年轻人缺乏维生素 D 和微量元素就容易得这种病。直到 1861 年，人们才知道微生物理论，所以斯诺当时并不知道疾病传播的机理。

### 霍乱致死

霍乱是一种急性肠道感染，由霍乱弧菌污染的食物或水引起。霍乱弧菌的潜伏期很短，通常只有1—5天。它会产生一种肠毒素，引起严重的急性腹泻，虽然不引发疼痛，但如果不及时治疗，可能迅速导致严重脱水和死亡。大多数病人也会呕吐。现今，霍乱仍然是全球性的威胁，是社会发展的关键指标。对卫生达到最低标准的国家而言，这种疾病不再构成威胁，但在那些无法保证获得安全饮用水和适当卫生设施的国家，尤其是较为落后的发展中国家，它仍然是一项挑战。截至2010年，全世界每年有300万至500万人感染霍乱，造成10万至13万人死亡。

# 牙膏

1850年和1892年

美国，华盛顿·文特沃斯·谢菲尔德（1827—1897）、卢修斯·特雷西·谢菲尔德（1854—1911）

牙膏中含有研磨成分，能清洁口腔，清除牙菌斑和食物残渣，并抑制口臭。它的有效成分是碳酸钙、氟化物和木糖醇，能预防蛀牙和牙龈炎。然而，大部分清洁工作是由牙刷的机械运动完成的，而不是牙膏。盐和小苏打可以代替牙膏。早在公元前 5000 年，埃及人就制作过一种牙粉，材料是牛蹄粉、没药、烧焦的蛋

### 如何制作彩条牙膏

一般而言，牙膏管里装满了白色牙膏。有些牙膏管里充满了红色“条纹”。这两种材料都非常有黏性，因此不会混合。制造彩条牙膏的诀窍是让这两种材料以不同的方式同时从牙膏管里挤出来。喷嘴不仅仅是牙膏口的一个洞，相反，它是一根很长的管子，一直延伸到牙膏管底部，正好结束在载体材料（白色牙膏）的填充层。长管上有一个小洞，离喷嘴或近或远。挤牙膏的时候，白色牙膏会进入长管，同时挤压“条纹”，“条纹”从小孔里进入长管。当牙膏挤出来的时候，条纹就黏在牙膏表面。

壳粉末以及浮石。公元前500年，中国人和印度人开始用“牙膏”。希腊人和罗马人先后改进了牙膏的配方，添加了碎骨和牡蛎壳等研磨剂，用来清洁牙齿上的残渣。为了改善口气，罗马人又添加了木炭粉和更多调味剂。

现代牙膏是从19世纪起逐步发展而来的。1824年，一位叫皮博迪的牙医最早把肥皂添加进牙膏里。19世纪50年代，约翰·哈里斯（John Harris）在牙膏里添加了粉笔。1850年，牙医兼化学家华盛顿·文特沃斯·谢菲尔德（Washington Wentworth Sheffield）在美国康涅狄格州新伦敦发明了最早的现代牙膏。谢菲尔德医生一直在积极推广他的发明，并称之为“谢菲尔德医生乳剂牙膏”。使用者反响热烈，所以他把这种牙膏装在罐子里销售。谢菲尔德为此还建造了一个实验室来继续改进发明，以及一个小工厂投入生产。1841年，生活在英国的美国艺术家约翰·戈夫·兰德（John Goffe Rand）为一种金属软管申请了专利，它可以方便地储存颜料和墨水。华盛顿·谢菲尔德的儿子卢修斯·谢菲尔德（Lucius Tracy Sheffield）在巴黎学习了两年，看到法国画家使用这种颜料管，于是在1892年，他把这个想法应用到牙膏上。谢菲尔德的公司后来属于高露洁公司。1896年，高露洁牙膏被包装在软管里——在此之前，牙膏装在铅管里。高露洁牙膏的广告语是“像丝带一样出来，平躺在牙刷上”。然而，直到第一次世界大战，预混合牙膏的使用才超过牙粉。

第二次世界大战以后，合成清洁剂大力发展，人们可以用乳化剂代替肥皂来生产牙膏。1955年，宝洁公司推出佳洁士牙膏，这是第一款临床认证的含氟牙膏，可以预防蛀牙。2006年，欧洲首次出现含合成羟基磷灰石的牙膏，它是氟化物的替代品，可以使牙釉质再矿化。它在牙齿周围形成一层新的合成牙釉质来保护牙齿，而不是用氟化物硬化现有的牙釉质层。氟化物会通过化学方式把牙齿变成氟磷灰石。

# 第六章

# 新工业技术

# 大规模炼钢

1855年（专利）

英格兰，亨利·贝塞麦（1813—1898）

钢是全世界最常用的材料之一，全球年产量超过 13 亿吨。它构成了建筑物、公共设施、工具、船舶、电缆、汽车、机器、电器和武器的主体结构。高炉生产铸铁的效率很高，但把铸铁精炼成熟铁的过程仍然很低效。熟铁的延展性更好（熟铁也叫“锻铁”，因为它通常用手工锻造）。19 世纪 60 年代，随着铁路的修建和装甲战舰的诞生，人们对熟铁的需求达到顶峰。但随着廉价低碳钢的出现，熟铁的需求又急剧下降。在文艺复兴以前，炼钢的方法非常低效，因此钢材十分昂贵；但在 17 世纪出现了更高效的炼钢法，钢材变得更加普遍。1850 年，埃布韦尔钢铁厂采用了高炉炼钢，获得了巨大的经济效益。乔治·帕里（George Parry）是负责这一过程的化学家，也是最早在高炉上使用杯锥断口的人。这种高炉后来被整个欧洲效仿。1855 年，“贝塞麦转炉炼钢法”的专利诞生了，钢很快成为一种廉价的材料，可以用熔融的生铁大规模生产。

### 非洲钢铁

大约2000年前，坦桑尼亚的哈亚人发明了一种高温窑炉，可以在1802℃的高温下锻造碳钢。直到工业革命，这种生产优质钢材的方法才传到欧洲。人类学家彼得·施密特（Peter Schmidt）偶然发现了这一方法，当时他正在通过哈亚人的口头传说了解他们的历史。施密特被带到一棵树前，据说哈亚人的祖先曾在这里炼钢。施密特请一群年长者重建窑炉。由于哈亚人开始大量进口钢材，所以这种方法已经失传，只有老人们还记得。尽管从没有实践过，他们还是用泥和草搭建了一个炉子，燃烧的时候，炉子中的碳把铁转化为钢。后来的调查发现，当地还有13座类似的窑炉。该工艺与平炉炼钢非常相似，根据碳年代测定，它们建于2000多年前。

1851 年，威廉·凯利（William Kelly）在美国独立发现了这一炼钢方法，但他破产了，不得不把专利卖给亨利·贝塞麦（Henry Bessemer）。亨利·贝塞麦当时也有类似的想法。他还花了 3 万英镑，买下了埃布韦尔炼钢厂的制造专利。乔治·帕里得到了 1 万英镑，他的炼钢方法与凯利相似，其中的关键原理是，向熔融的铁水鼓入空气，通过氧化去除铁中的杂质。氧化还会提高铁的温度，使其保持熔融状态。这种使用碱性炉衬的工艺现在叫“碱性贝塞麦转炉炼钢法”，其发明者是西德尼·吉尔克里斯特·托马斯（Sidney Gilchrist Thomas），因此也叫“托马斯法”。1855 年，美国人 J.G. 马蒂恩买下了乔治·帕里的炼钢法，并做了改进。也就是说，“贝塞麦转炉炼钢法”并不是贝塞麦单独发明的，而是由马蒂恩、帕里和托马斯共同发明的。进一步精炼（如碱性氧气转炉炼钢法）提高了钢材的质量，同时降低了成本。

# 印字电报系统（电传打字机）

1856—1859年

威尔士和美国，大卫·爱德华·休斯（1831—1900）

在电话、广播、电报和粉末涂料等领域，大卫·爱德华·休斯（David Edward Hughes）取得了开创性的突破。除了在 1856 年至 1859 年成功发明了电传打字机和电报系统外，休斯还于 1877 年发明了碳粒麦克风，这对电话和广播至关重要。并且，他还发明了感应秤（1878 年）、最早的无线电通信（1879 年）和粉末涂料技术（1879 年）。休斯出生在威尔士，7 岁时随家人移居美国。他精通钢琴演奏，19 岁时就在美国肯塔基州巴兹顿的圣约瑟夫学院担任音乐和自然哲学教授。23 岁时，休斯发明了印字电报机。使用他设计的键盘可以在远处的接收器上打印相应的字母，工作原理有点像最早的电动打字机。现代的电传打字机、用户电报系统甚至电脑键盘，都是休斯机器的直系后代。1856 年，这项技术获得了专利，几家小型电报公司因此合并，成立了西联电报公司。他们利用休斯的系统在美国各地拓展电报业务。休斯的系统比美国电报公司的莫尔斯系统更好，也更便宜。

休斯在美国申请了一些专利，包括 1856 年的电报机（带有字母键盘和打印机），以及 1859 年的双工电报机和印字电报机（带有打字机）。回到欧洲以后，休斯开始在欧洲各地旅行，推广自己的电报系统。此后，休斯电报系统成为欧洲公认的标准系统。他本人也成为当时最受尊敬的科学家之一，在大多数欧洲国家获得荣耀。1827 年，查尔斯·惠斯通（Charles Wheatstone）发明了“microphone”（麦克风）一词。1878 年，休斯借用了这个词，作为新发明的名字。他发现，在“接触不良”的电路中，听筒会发出声音，这种声音与话筒或发射机膜片上的振动是一致的。1877 年，休斯发明了“接触不良”的碳粒麦克风，为实用电话的诞生创造了可能。1878 年 5 月 8 日，休斯在伦敦向英国皇家学会公布了自己的秘密发现，并在同年 6 月向公众公开。这项发明对电话以及后来的广播、录音都至关重要。休斯拒绝申请专利，而是把这项发明赠予全世界。

同样在 1878 年，休斯发明了感应秤，当时叫“休斯感应秤”，可以探测看不见的金属，比如伤员体内的子弹。今天的金属探测器就是在它的基础上发展而来的。1879 年，休斯在伦敦大波特兰街做了个实验。他在街道的一端用火花发射器激发电磁波，在另一端用金属屑检波器接收电磁波。他曾向詹姆斯·克拉克·麦克斯韦提及这个理论，英国皇家学会的主席和秘书亲眼见证了实验的成功。休斯展

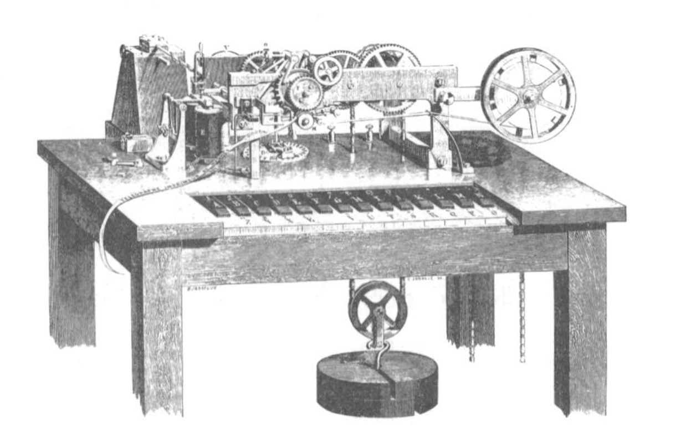

示了全世界第一台无线电发射机和接收机，从而证明了电磁辐射的存在。然而，委员会对此并不以为然，他们认为这不是电磁辐射，而是法拉第的电磁感应。休斯甚至开发了一套无线电系统，通过布里斯托尔海峡，从威尔士南部向对面英格兰西南部传递信号，距离达数英里。也就是说，休斯是第一个传递和接收无线电波的人，比赫兹早 8 年；他才是无线电通信的真正发明者，而不是马可尼[1]，后者非常了解休斯和他的研究。1879 年，休斯发现把覆有铜粉的木棒放入电路中，当火花产生时，铜就会附着在木棒上。这一发现后来发展成粉末涂料技术。休斯关于磁的实验研究是对电学的重大贡献。20 世纪 30 年代以前，他的电报机一直在国际上使用。他的麦克风是今天使用的所有碳粒麦克风的鼻祖。

# 金属弹壳和左轮手枪

| 1857年 |

美国，丹尼尔·贝尔德·韦森（1825—1906）、
贺拉斯·史密斯（1808—1893）

在枪支发展史上，引入自成一体的子弹和装填火药的弹壳是非常关键的一步。两个世纪以来，前装式燧发枪一直是主要的火器，但在 18 世纪末，撞击式机枪取代了它，火器的效率由此显著提高。武器技术的进步也使多发左轮手枪成为可能。1837 年，塞缪尔·柯尔特[2]发明了最早的左轮手枪。柯尔特曾是一名水手，他把起锚的机械装置应用在左轮手枪的转轮上。1847 年，根据得克萨斯州骑警队的萨缪尔·沃克（Samuel Walker）的建议，柯尔特制造了一种口径为 0.44（英寸）的柯尔特沃克左轮手枪。随着武器制造技术突飞猛进，人们发明了纸壳弹。在美国内战期间，军队定期向士兵发放纸壳弹，里面装着定量的火药、填料和实心弹头。

1 古列尔莫·马可尼（Guglielmo Marconi，1874—1937），意大利工程师，公认的无线电通信的发明者。1909 年获得诺贝尔物理学奖。
2 塞缪尔·柯尔特（Samuel Colt，1814—1862），美国发明家、实业家，左轮手枪的发明者。

士兵咬掉纸的末端，把填充物倒进枪管，然后压实。制作弹壳的时候，要事先把纸浸在硝酸盐溶液中，这样比较容易点燃。这样的子弹可以整个装进枪管，大大减少了重新装弹所需的时间。然而，由于纸壳弹易燃，又容易受到外界干扰，经常会引发灾难性的爆炸。有时，子弹会卡在士兵的枪膛里，无法发射。

1857 年，史密斯 & 韦森公司生产了最早的后装式左轮手枪，并使用了金属弹壳。这是火器技术的重大突破。人们不再需要把火药、填料和实心弹头包起来，而是用火帽引燃火药。子弹是一个整体，上膛即可发射。柯尔特的雇员罗林·怀特（Rollin White）曾为一款左轮手枪申请专利，其中用到了贯通式转轮。他向柯尔特展示了自己的新设计——能够使用金属弹壳的、尾部装弹的转轮。但柯尔特认为，火帽击发式左轮手枪永远不会过时。丹尼尔·贝尔德·韦森（Daniel Baird Wesson）听说了怀特的设计，1856 年，他与怀特召开了一次会议，并达成了一项协议——史密斯 & 韦森公司获得制造贯通式转轮的独家专利权。1857 年的“史密斯 & 韦森 1 型左轮手枪”是该公司生产的第一款火器，也是最早用边缘发火弹替代散火药、火枪子弹和火帽的商用左轮手枪。这是一支单动中折式左轮手枪，装有七发口径 0.22（英寸）的子弹。它结合了新的技术、贯通式转轮和自成一体的金属弹壳，这是它成功的原因。内战爆发时，口径 0.32（英寸）的“史密斯 & 韦森 2 型左轮手枪”需求量非常大，以至于该公司一度被迫停止接单，因为他们的生产速度无法满足订单需求。

### 弹药纸

最早的军用子弹可以追溯到1586年，是将弹头和一定量的火药装进纸质的弹壳中。到现在厚的书写纸和包装纸仍叫“弹壳纸”（cartridge paper），因为这种纸曾用于制造弹壳。

1870 年，史密斯 & 韦森公司的专利到期，柯尔特公司立即把火帽击发式左轮手枪改装成子弹枪。两名雇员锯掉转轮的后端，把弹壳安在转轮孔上，他们拆掉了火药填料杆，把凹槽填平，并在转轮后面增加了一个装弹口盖，同时在枪管的一侧新增了抛壳口——他们因

**你感到幸运吗?**

史密斯&韦森公司的左轮手枪和军用手枪已经成为全世界警察和军队的标配。它们也出现在许多好莱坞电影里，特别值得一提的是克林特·伊斯特伍德（Clint Eastwood）主演的电影《警探哈里》（*Dirty Harry*）。伊斯特伍德配备了一把六发双动式“史密斯&韦森M29左轮手枪”和“.44麦格农子弹”。手枪爱好者、执法人员和猎人都钟情于这种手枪。1971年电影上映后，这种手枪变得供不应求。饰演哈里·卡拉汉的伊斯特伍德说：“我知道你在想什么：‘他开了六枪还是五枪？’说实话，我兴奋得早就忘了。但这是全世界最厉害的‘.44麦格农’，能把你的脑袋打飞，你应该问自己一个问题：‘我感到幸运吗？’你觉得呢，痞子？”

此又获得了一项专利。之后，美国军队开始改用这种武器。1870 年，顾客可以把自己的“黑火药”左轮手枪寄回柯尔特工厂，花 5 美元就可以改装好。1871 年，柯尔特公司生产了第一支使用专用子弹的左轮手枪。它其实是在“黑火药”左轮手枪的顶部安装了一个开口。1873 年，柯尔特公司推出了口径 0.45（英寸）的柯尔特单动式陆军左轮手枪，也就是著名的“和平捍卫者”或“柯尔特 .45”。1876 年，“野蛮比尔”·希科克在戴德伍德（美国南达科他州）玩牌时被谋杀，他身上正带着一把口径 0.32（英寸）的史密斯 & 韦森左轮手枪。他死的时候，手上拿着一对 A 和一对 8，这后来被称为“亡者手牌”[1]。今天的手枪制造技术基本上与史密斯、韦森和怀特时期的相同。

# 物种起源

| 1858年 |

威尔士，阿尔弗雷德·拉塞尔·华莱士（1823—1913）

阿尔弗雷德·拉塞尔·华莱士（Alfred Russel Wallace）最早提出了自然选择理论，这促使查尔斯·达尔文在 1859 年发表了《物种起源》。华莱士是一位年轻

1 “亡者手牌”（Dead Man's Hand），由于希科克死的时候拿到的牌是一对黑 A 和一对黑 8，所以这种牌型就叫“亡者手牌”。

的科学家，在太平洋工作。1858 年，他向达尔文递交了一篇学术论文，主题是物种多样性偏离原始类型的趋势。当时华莱士在国外，达尔文很快就以两个人的名义发表了一篇论文。这是生命科学领域最伟大的发现之一，华莱士与达尔文的名字紧紧地连在一起。华莱士很荣幸能与这位更年长、更著名的博物学家并列，因为他知道，达尔文的认可会帮助他得到更多的资助，从而继续后面的研究和旅行。达尔文以华莱士的理论为框架，把自己过去 30 年的研究囊括其中。现在，达尔文和《物种起源》蜚声国际，但华莱士几乎被人们遗忘了。19 世纪 40 年代，政府聘请华莱士重新划分土地边界。公共土地已经建了围墙，富有的乡绅阶层瓜分了土地——华莱士后来称之为“对穷人的合法掠夺”。1848 年至 1852 年，华莱士探索了南美洲，但他乘坐的船在返航途中沉没，所有珍贵的标本都遗失了（除了早先寄回家的那些）。1854 年至 1862 年，华莱士在马来群岛工作，收集了 12.5 万个标本；1869 年至 1870 年，他在婆罗洲工作。在阿德里安·德斯蒙德和詹姆斯·穆尔写的传记《达尔文》（*Darwin*）中可以看到，华莱士是一个“自学成才的社会主义者”，他“把人类看成由自然法则统治的进步世界的一部分”，“把道德看成一种文化产物”。华莱士将马尔萨斯的人口过剩理论应用到动物界。他对婆罗洲的原住民（比如迪雅克族）满怀敬意，因为他们适应了当地的环境（相比之下，独立而富裕的达尔文在旅途中对火地岛的当地人感到厌恶）。因此，华莱士提出了更全面的选择和进化理论，即物种必须适应环境，不适者将被淘汰。这不同于达尔文所说的“物种间竞争”。

1848 年至 1870 年，华莱士一直在海外做研究和收集标本（只有 8 年除外），无法与达尔文在国内科学界的声望相抗衡。达尔文只在海外待了 5 年：1831 年至 1836 年，他作为自费的“绅士博物学家”，生活在“比格尔号”上。华莱士则一直生活在丛林和沼泽里。理查·欧文（Richard Owen）爵士是达尔文的同事，他在 1849 年发表了《论四肢的本质》（*On the Nature of Limbs*），提出人类最初是由鱼进化而来的，这是自然法则的结果。罗伯特·钱伯斯（Robert Chambers）在 1844 年以匿名的方式发表了《创造的自然史之残迹》（*Vestiges of the Natural History of Creation*），主张进化论的存在。他的观点与让-巴蒂斯特·拉马克（Jean-Baptiste Lamarck）的阶梯进化论相同。其他声称发现进化论的人还有 1785 年的詹姆斯·赫顿、1796 年的威廉·史密斯和 1812 年的乔治·居维叶。达尔文作品的理论基础已经完全准备就绪，甚至只需要修改拉马克的著作就行，但华莱士的信迫使他行动起来——这时距离达尔文的发现之旅已经过去了 22 年。

在大卫·逵曼（David Quammen）的《渡渡鸟之歌》（*The Song of the Dodo*）中，我们看到了达尔文的“水门事件”，他撒了一些谎：至关重要的信“丢失了”：华莱士给这位伟人寄来了信，但“有人清理了文件”；“华莱士正准备发表一篇文章论述被达尔文抛弃的问题——自然选择的目的是什么？进化驱使社会迈向公正，在某一时刻，人们‘都变成理想的人’。达尔文没有接受这些乌托邦的东西”。华莱士的著作包括《亚马孙流域游记》（1853 年）、《论引入新物种的规范》（1855 年）、《马来群岛自然科学考察记》（1869 年）以及《对自然选择理论的贡献》（1870 年）。1876 年，他的《动物的地理分布》开创了“动物地理学”的先河。华莱士超前于他所处的时代：他是一个社会主义者；他为争取女性的选举权而积极奔走，为此遭到了学术界的批评；他还建议土地国有化。华莱士是博物学家、地理学家、人类学家和生物学家，是生态学的先驱，被誉为“生物地理学之父”。

### 华莱士线

华莱士线位于巴厘岛和龙目岛、婆罗洲和西里伯斯岛之间，为第一批生物地理学家展示了相似气候条件下植物区系和动物区系的划分。这条线西面的生物与亚洲有关，东面的生物是亚洲与大洋洲的混合。华莱士在亚马孙盆地待了4年，在马来群岛又待了8年，他收集标本，游历了数百个岛屿，这些岛屿构成了今天的印度尼西亚。

# 电灯泡

| 1860年 |

英格兰，约瑟夫·威尔逊·斯旺（1828—1914）

1860 年，约瑟夫 · 斯旺（Joseph Wilson Swan）发明了最早的电灯泡，在真空的玻璃灯泡里用碳化的细纸条做灯丝。可是，由于缺乏良好的真空技术和充足的电力，这种电灯泡寿命很短，发光效率也很低。1875 年，在更好的新真空技术和碳化灯丝的辅助下，斯旺重新开始研究电灯泡。真空管中有少量残留的氧气，作用是点燃灯丝，使其在不产生明火的前提下发出白光。然而，灯丝电阻很小，需要连接较粗的铜丝。1878 年，斯旺在英国获得了白炽灯的专利。在美国，托马斯 · 爱迪生（Thomas Alva Edison）一直在研究斯旺灯泡的复制品，努力提高发光效率。

爱迪生在美国获得了改良版斯旺灯泡的专利，并发起了一场广告宣传活动，声称自己才是真正的发明者。斯旺并没有强烈地想从这项发明中赚钱，所以为了节省诉讼费用，他同意爱迪生在美国销售电灯泡（但要支付给他一笔费用），但保留了在英国的权利。斯旺一直在寻找更好的灯丝，直到 1881 年，他发明了一种方法，将硝化纤维通过小孔拉成细丝，碳化后作为导电纤维，并申请了专利。斯旺电灯公司转而在灯泡里使用这种纤维（爱迪生使用的是竹丝）。在爱迪生与斯旺合

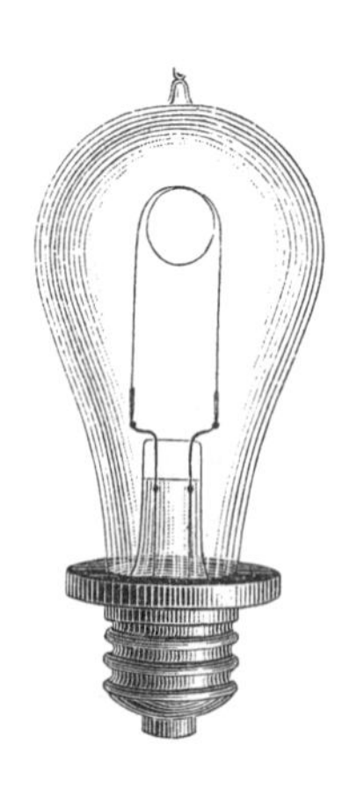

**斯旺与胶片，1879年**

斯旺还发明了“干版摄影法”。在处理湿版的底片时，斯旺注意到高温可以提高溴化银乳剂的灵敏度。1871年，他发明了干燥湿版的方法，使摄影更加便利。8年后，斯旺获得了溴化银相纸的专利，这种相纸在现代摄影冲印中被广泛使用。这项发明使摄影技术有了巨大的进步，也推动了现代胶片的发展。

### 第一个用电灯照明的房间

第一个用电灯照明的房间是诺森伯兰郡的威廉·阿姆斯特朗（William Armstrong）爵士的宅邸克拉格塞德宫。1878年，全世界第一座水力发电站为它走廊上的弧光灯供电。1880年，走廊上的弧光灯被斯旺的白炽灯取代，斯旺认为这是“第一次正确安装”电灯。当时还没有开关，如果想要关掉，就得拿出水银浴中的铜底座，使电流断开。直到今天，斯旺的那四盏灯还在克拉格塞德宫的走廊里。

作成立了“艾迪斯旺”之后，美国电灯泡也开始使用纤维灯丝。纺织工业也开始使用斯旺的方法生产纤维。全世界第一个完全由灯泡照明的房子是斯旺在（英国）盖茨黑德的房子。1880 年 10 月 20 日，斯旺在纽卡斯尔附近的文学与哲学学会阅览室发表演讲，这是第一个由电灯照明的公共建筑。1881 年，伦敦的萨沃伊剧院被斯旺的白炽电灯泡照亮，这是第一个完全采用电力照明的剧院和公共建筑。

# 邮购

1861年

威尔士，普莱斯·普莱斯-琼斯（1834—1920）

从 12 岁到 21 岁，普莱斯·普莱斯-琼斯（Pryce Pryce-Jones）在一家布料店工作，之后他在威尔士开了一家小布料店。纽镇是威尔士羊毛工业的中心，当地的威尔士法兰绒是他的主要产品。法兰绒是一种柔软的织物，16 世纪诞生于威尔士，最初由粗梳羊毛织成。得益于 1840 年的国家邮政服务和 1859 年的纽镇铁路，琼斯把自己的商店变成了一家全球性的公司。他决定散发促销传单，人们可以从中选择自己心仪的商品，然后琼斯通过邮局和火车发货。他的这个想法可能来自对乡村社区的了解。工作日的时候，农场主和工人没有时间骑马去商店，但星期天休息的时候，商店却关门了。琼斯开展了世界上最早的邮购业务，改变了零售业的本质。铁路的扩张使他能接受来自更远地区的订单，他的生意也越做越大。

19 世纪 70 年代，琼斯参加了世界各地的展览会，赢得了数枚奖牌，闻名海外。

到了 19 世纪 80 年代，琼斯的客户包括奥地利、英国、丹麦、德国、汉诺威、意大利、那不勒斯和俄国的王室。1862 年，他收到弗洛伦斯·南丁格尔[1] 的订单，立即在广告材料中写上了她的名字。琼斯在传单上大肆宣传他的著名客户，这些传单发展成越来越大的商品目录，包括家用器皿、服装和布料。琼斯把威尔士法兰绒从纽镇卖到美国、澳大利亚和印度，经营场址不断增加。1879 年，他在纽镇中心建造了皇家威尔士货栈，这是一幢高大的红砖建筑，至今仍屹立不倒。到 1880 年，琼斯的顾客已经超过了 10 万人。1887 年，维多利亚女王授予他爵士封号。琼斯的皇家威尔士货栈公司在纽镇的办公场所安装了一台印刷机，1890 年以后，他开始自己制作邮购目录。夏季的商品目录有许多休闲和运动服装可供选择。和许多现代邮购目录一样，琼斯的重点在女装。男装目录很短，但也有布料样品、裤子、背心、斜襟衣、教士服、衣领、袖口、衬衫以及板球服、网球服和划船服。此外还有家具和儿童商品目录。1885 年，琼斯当选该地区的议员。邮购成为一种全球性的现象和生活方式，尤其是在美国，邮购为人

### 第一家邮购公司

大多数资料表明，1872年，亚伦·蒙哥马利·沃德（Aaron Montgomery Ward）最早在芝加哥创办了邮购行业，他有两名员工和包含163种产品的目录。然而，此时普莱斯-琼斯已经闻名世界，他的产品也已销往美国。琼斯的邮购布料业务迅速增长，他也很擅长为此宣传。在1869年的插图小册子里，琼斯展示了自己的公司在1865年、1866年、1868年和1869年威尔士国民大会上获得的“最佳威尔士法兰绒奖”，使顾客能放心地购买。19世纪60年代，琼斯的传单已经提供了一般的家庭用品和服装，远远早于蒙哥马利·沃德。

1 弗洛伦斯·南丁格尔（Florence Nightingale，1820—1910），英国护士、统计学家，1953 年成为伦敦慈善医院的护士长。她是护士精神的代名词，每年 5 月 12 日（她的生日）被定为国际护士节。

口稀少的乡村提供了购物方式。琼斯改变了全球零售业的性质。在过去 20 年左右的时间里，网络购物已经摧毁了目录购物，但本质上的营销原则是相同的。

# 加热杀菌法

1862年

法国，路易斯·巴斯德（1822—1895）、克洛德·贝尔纳（1813—1878）

1862 年，路易斯·巴斯德（Louis Pasteur）和克洛德·贝尔纳（Claude Bernard）指出，只需加热片刻就可以终止葡萄酒的发酵过程——不需要煮沸，只加热到 57℃左右（14.5° 的红葡萄酒沸点是 88℃）即可。他们在研究防止葡萄酒和啤酒变酸的方法，这项实验就是其中的一部分。这种方法叫巴氏消毒法（pasteurization），足以杀死牛奶、葡萄酒、啤酒、奶酪、鸡蛋等食物中的有害微生物。换句话说，把液体加热到一般细菌致死的临界温度并维持一段时间，就可以消除其中致病的细菌和病毒。经过巴氏消毒后，液体中仍然存在一些中性的或有益的微生物，这和医学中的杀菌（sterilization）完全不同，后者会破坏所有的生命体。牛奶中包含对我们有益的可食用成分，但不幸的是，这些成分对致病细菌也很重要。巴氏消毒法可以预防布鲁氏菌病、白喉、猩红热和 Q 热病。它可以杀死生牛奶中的有害细菌，如大肠杆菌 O157:H7、弯曲杆菌、沙门氏菌、李斯特菌、鼠疫耶尔森氏菌、结核杆菌、金黄色葡萄球菌等。

巴氏消毒法通常用于消毒牛奶，这是 1886 年弗兰兹·里特·冯·索格利特（Franz Ritter von Soxhlet）最早提出的。巴氏消毒法是牛奶得以延长保质期的主要原因。一般来说，可以把牛奶在 63℃加热 30 分钟，或者在 72℃加热 15 秒，然后迅速冷却。医学杀菌的目的是杀死食物中的所有微生物，而巴氏消毒法的目的是减少病原体的数量，从而降低致病的可能。在商业领域，医学杀菌并不常见，因

## 自然发生

“自然发生”是亚里士多德的观点，他认为生命可以从无生命的物质中自发地生成，而不需要“双亲”，例如，蛆“自然”出现在腐肉上。在1859年的一项实验里，巴斯德把肉汤放在倒置的长曲颈烧瓶里煮沸。很长一段时间，烧瓶里没有任何生物“生长”。但如果把烧瓶正过来，空气中的微粒落到烧瓶中，肉汤很快就会变混浊。通过这个简单的实验，巴斯德证明了在受控条件下，生命不能自然发生。他的发现最终打破了“自然发生”的古老概念。

为这会损害产品的味道和质量。用高温短时杀菌法（HTST）消毒的牛奶，冷藏保质期为两到三周；而用超高温瞬时灭菌法（UHT）消毒的牛奶，保质期为两到三个月。超高温瞬时灭菌的牛奶和奶油需要加热到更高的温度，一般是在138℃—150℃加热至少2秒钟。然后，把牛奶包装在无菌密封的容器里，它在室温下可以保存几个月。可是一旦开封，它的保质期就与普通的高温短时杀菌牛奶相同。遗憾的是，巴氏消毒法同样破坏了一些可能有益的酶和微生物。近年来，人们发现了许多耐热的病原体，它们数量很多，能够在巴氏消毒法中存活下来。巴氏杀菌牛奶得到了越来越多的关注。也许我们应该去寻找更可靠的健康饮料。正如巴斯德本人在《葡萄酒研究》（*Études sur le Vin*）中写道：“葡萄酒是最健康、最卫生的饮料。”

# 星云的光谱和物质的起源

1864年

英格兰，威廉·哈金斯（1824—1910）

威廉·哈金斯（William Huggins）发现星云呈气态，证实了赫歇尔[1]的断言，

1 赫歇尔（Frederick William Herschel，1738—1822），英国天文学家，天王星的发现者，被誉为“恒星天文学之父”。

即恒星和行星可能是气体。早期使用望远镜的人在天空中看到了小而明亮的光斑，他们称之为“星云”。随着望远镜孔径越来越大，人们能观察到的星云越来越多，开始把星云解释成一群恒星。天文学家赫歇尔认为，如果有足够好的望远镜，就可以解答有关宇宙星云的所有问题。赫歇尔提出了这样一个理论：星云是由“构成未来世界的原始物质”组成。他也相信，人们观察到的可能是星云的某个阶段，恒星和行星正从发光的星云中诞生。在哈金斯开始观察星空时，以上就是人们对星云的全部了解。1854 年，哈金斯出售了家族在伦敦的布料生意，成为一名“业余”的天体物理学家。与法拉第、达尔文和瑞利一样，哈金斯“除了对研究的强烈热爱，没有什么其他动机，也不会因为阻碍或缺乏工具而受挫”。1856 年，他得到了第一架望远镜，孔径为 5 英寸。两年后，他买了一架 8 英寸的折射望远镜，用于观察恒星和星云光谱。1870 年，哈金斯住在伦敦的山顶，还安装了一架 18 英寸的反射望远镜。此后直到去世，他都没有再购置更大孔径的望远镜。他知道折射望远镜在不断改进和发展，但他买不起新的望远镜。他也不满足于天文学中重复的常规工作，而是努力寻找解答天体问题的新方法，特别是星云的问题。

早期的观测者使用低分辨率望远镜观察星空，在他们的视野中，M27 星云以及后来发现的行星状星云，类似天王星这样的巨行星。天王星的发现者赫歇尔创造了“行星状星云”这个术语。哈金斯开始利用棱镜使光线散射，从而研究天体的光谱。1861 年，他最早使用光谱测定星云的成分。早期的光谱学研究主要是针对太阳，太阳光谱有很多黑线，当时人们不确定这代表什么。恒星

### 创生之柱

星云通常是恒星的发源地，比如鹰星云。“创生之柱”是美国航空航天局（NASA）最著名的图片之一，它描绘的就是鹰星云。在这些区域，气体、尘埃等物质聚集在一起，形成更大的质量，吸引更多的物质，最终变得足够大，形成恒星。一般认为，剩下的物质构成了行星系统中的行星和其他天体。

光谱非常微弱，唯一的办法是把光谱分成不同的类型，祈祷每一种类型都对应特定的恒星类型或恒星发展的特定阶段。无论如何，哈金斯决心完善自己的仪器，从而能够真正地分析恒星光谱。1863 年，他已经成功地根据恒星的发射光谱推断出了一些恒星的化学成分。他的发现非常惊人。1864 年，哈金斯在天龙座发现了一个明亮的星云，光谱清晰地表明它是一团发光的气体。

哈金斯发现行星状星云和不规则星云都是由发光的气体组成的，这一结论支持了星云假说，即恒星和行星是由大量发光的流体物质凝结而成的。1866 年，哈金斯第一次对一颗新星做了光谱检测，发现它被炽热的氢包裹着。1868 年，他证明了彗星光的主要来源是炽热的碳蒸汽。通过分析 1868 年的太阳光谱，科学家发现了氦元素，其中哈金斯的研究功不可没。氦是宇宙中第二丰富的化学元素，仅次于氢，但直到 1895 年才在地球上被发现。哈金斯最早确定太阳等恒星由氢元素组成。1868 年，哈金斯确定了光谱学的革命性地位，这是无可争议的。从此，天文学家可以理解天体的运动。哈金斯证明了这种运动只有一种方式。声波在移动过程中音调会发生变化（多普勒效应），哈金斯与之类比，推断可以通过光谱的变化测量星体的运动，比如明亮的天狼星以每秒 47 千米的速度远离太阳。

哈金斯的妻子玛格丽特·林赛·默里·哈金斯（Margaret Lindsay Murray Huggins）是一位自学成才的天文学家，在光谱学和摄影领域进行了诸多研究。猎户座是最亮的星云之一，她对猎户座进行了深入的研究。玛格丽特和哈金斯最早意识到一些星云（如猎户座星云）由无定形气体组成，与星团（如仙女座星系）不同。哈金斯在 1886 年发表研究报告时，已经研究了 60 多个星云和星团的光谱，其中大约 1/3 呈气态。根据赫歇尔和拉普拉斯的理论，气态星云为原始气体的存在提供了证据。哈金斯还证明了月球上没有大气，因为光线没有折射。

摄影天文学的真正成功始于 1875 年哈金斯采用并改进了明胶干版，取代了湿版摄影法。这样，观测者就可以设定曝光的时间，通过光线在极其敏感的表面上的累积作用，得到天体的精确图像。这些天体非常暗淡，即便使用最好的望远镜，也无法用肉眼观测。在 19 世纪最后的 25 年里，光谱学和摄影学共同推动了观测天文学的革命。哈金斯是这两个领域的先驱。

# 温室效应

| 1865年 |

爱尔兰和英格兰，约翰·丁达尔（1820—1893）

约翰·丁达尔（John Tyndall）对科学有许多贡献，其中最重要的是证明了某些气体对地球气候的影响比其他气体更大。1827 年，法国数学家、科学家让·傅里叶（Jean Baptiste Fourier）最早提出了“温室效应”（greenhouse effect）一词。在《热的解析理论》（*Theorie Analytique de la Chaleur*）一书中，傅里叶观察到某些气体会在大气中积聚能量，这个现象与园艺很相似，所以他创造了这个词。傅里叶说大气就像温室（greenhouse）的玻璃，它让阳光射进来，使温度升高；但它也提供了屏障，防止累积的热量逃逸。丁达尔最初是铁路工程师，后来成为绘图员、测量员、物理学教授、数学家、地质学家、大气科学家、公共演讲者和登山家。在 1853 年之后的 34 年里，他是迈克尔·法拉第的继任者，成为皇家科学研究所的教授。在抗磁性领域有所建树后，1859 年，丁达尔开始研究各种气体的辐射特性。他建造了第一台比率分光分度计，用来测量水蒸气、二氧化碳、臭氧和碳氢化合物等气体吸收热辐射（现在改称“红外辐射”）的能力。他最重要的发现之一是，“完全无色、看不见的气体和蒸汽”吸收和传递热辐射的能力存在巨大差异。他指出，氧气、氮气和氢气几乎无视热辐射，而其他气体会吸收和传递热辐射。丁达尔的实验表明，水蒸气、二氧化碳和臭氧吸收热辐射的能力最好，即使少量气体，也比大气本身的吸收能力更强。

丁达尔最早正确地测量了氮气、氧气、水蒸气、二氧化碳、臭氧、甲烷等气体吸收红外线的相对能力。他得出结论，在大气成分中，水蒸气吸收热辐射的能力最强，因此是控制地表温度最重要的气体。他断言，如果没有水蒸气，地表将被“牢牢地控制在霜冻铁腕之下”。丁达尔后来推测，气候变化可能与水蒸气和二氧化碳的波动有关。其他人也曾想到温室效应，但丁达尔是最

### 水蒸气的重要性

丁达尔指出，有证据表明温室效应的确存在，无论是自然形成的还是人为造成的。关于水蒸气，他写道："……水蒸气对英格兰蔬菜的重要性要超过衣服对人类的重要性。如果在某个夏夜去掉弥漫在这个国家上空的水蒸气，那么冰点会摧毁每一株植物，田野和花园的热量会毫无保留地倾泻到太空，太阳会从这座被牢牢地控制在霜冻铁腕之下的岛屿上升起……水蒸气会抑制地球的能量损失，保持空气的透明度，如果没有它，地球上的热量就会散发到无穷无尽的宇宙中。"

早证明它的人。他说："热浪从地球飞到太空，需要穿过大气层，受到来自氧气、氮气和水蒸气的冲击。这些气体分布稀疏，但我们仍然可以把它们视为阻挡热浪的屏障。"19 世纪 60 年代，丁达尔提出，大气成分的轻微变化就可能导致气候变化。

丁达尔把他的辐射研究与夜间最低温度及露水的形成联系起来，正确地指出露和霜是由于辐射过程中散热造成的。他甚至认为伦敦是一座热岛，意味着这座城市比周围地区更暖和，这也是正确的。在其他领域，丁达尔完善了无菌箱，帮助证明了巴斯德的灭菌理论。他知道煮沸可以杀死所有细菌，但他发现有一种芽孢细菌是例外。丁达尔找到了消灭这种细菌的方法，也就是后来的"丁达尔灭菌法"。丁达尔在 1849 年游历了阿尔卑斯山，此后每年都去那里研究冰川的形成。他是第一个登上马特洪峰的人，也是第一个攀登魏斯峰的人。1856 年，丁达尔与托马斯·亨利·赫胥黎（T.H. Huxley）一起去瑞士探险，并联合发表了一篇论文《论冰川的构造与运动》。他的其他著作还有《阿尔卑斯山冰川》（1860 年）、《登山》（1861 年）、《热作为运动的一种形式》（1863 年）、《论辐射》（1865 年）、《论声音》（1867 年）、《论光》（1870 年）和《水在云、河、冰、冰川中的形态》（1872 年）。他的作品引起了整个科学界的关注，并指

### 蓝色的天空

丁达尔最早研究天空为什么是蓝色的。这是因为大气中的大分子对蓝光的散射更强烈。他还解释说，当太阳接近地平线时，太阳光线横穿大气层，蓝光和其他色光都被散射，到达观测者眼睛的只有红光，这就是为什么我们在黄昏和黎明会看到红色的太阳。

明了新的研究领域。

# 气体分子运动论

1866年

苏格兰，詹姆斯·克拉克·麦克斯韦（1831—1879）

詹姆斯·克拉克·麦克斯韦（James Clerk Maxwell）是现代物理学的奠基人，为狭义相对论和量子力学等领域奠定了基础。人们认为，麦克斯韦、爱因斯坦和牛顿是史上最杰出的三位物理学家。麦克斯韦在电磁学和气体分子运动论等领域做了革命性的工作。他的"三色法"几乎是所有色彩处理方法的基础。1855 年，麦克斯韦在一篇关于色彩视觉的论文中首次提出这种方法。1861 年，在麦克斯韦的一场关于色彩的讲座中，托马斯·萨顿（Thomas Sutton）采用了三色滤镜法，分三次投影显示颜色。麦克斯韦使用红、绿、蓝三种颜色的滤镜，拍摄了苏格兰花格呢缎带。这个过程是现代彩色摄影的鼻祖。

麦克斯韦的第一个重大科学贡献是对土星环的研究。他指出，只有固体小颗粒组成的环才可能稳定存在——直到近些年，航空探测器证实了这一观点。接着，麦克斯韦研究了快速运动的气体分子。根据统计分析，他在 1866 年独立于路德维格·爱德华·玻尔兹曼（Ludwig Eduard Boltzmann）提出了气体分子运动论，也就是后来的"麦克斯韦-玻尔兹曼气体分子运动论"。该理论表明，气体的温度和热量只与分子运动有关，意味着它从确定性的概念（热量从热流向冷）转变成统计学的概念（高温分子有很大的概率向低温分子移动）。麦克斯韦对热力学的发展做出了最根本的贡献，他的理论把热力学与力学联系起来，创造了统计物理学这门新学科。这种理论至今仍然广泛应用于稀薄气体和等离子体的研究中。

# 遗传学

| 1866年 |

奥地利，摩拉维亚，格雷戈尔·约翰·孟德尔（1822—1884）

格雷戈尔·约翰·孟德尔（Gregor Johann Mendel）是圣奥古斯丁修道院的修士和生物学家，他最早对连续几代生物的性状进行追踪观察。他的开创性成果就是“孟德尔定律”。孟德尔住在摩拉维亚布尔诺的圣奥古斯丁修道院，位于今天的捷克共和国。在一次散步时，他发现了一种观赏植物的非典型品种。孟德尔把它种在这种植物的典型品种旁边。他把它们的后代放在一起培养，看是否有类似的性状遗传给下一代。孟德尔的实验旨在支持或阐明拉马克的观点，即环境对植物有影响。但他发现下一代植株保留了亲代的基本性状，也就是说，环境对植物没有影响。孟德尔的简单实验使他产生了“遗传”的想法。他发现后代的性状以特定的比值遗传，所以他发明了两个概念：基因的显性原则和分离定律。为了验证自己的想法，孟德尔开始在修道院的花园种豌豆。1856 年至 1863 年，孟德尔培育并测试了约 2.8 万株豌豆，比较分析了它们的 7 种性状，包括种子的形状、颜色以及茎的长度等。

孟德尔有条不紊地给花授粉，并把每一株植物罩起来，防止昆虫意外授粉。他收集了这些植株的种子，并研究它们的后代。孟德尔观察到，一些植株的繁殖是纯一传代[1]，而另一些不是。他发现，将高茎植株与矮茎植株杂交，得到的后代与高茎植株相似，而不是中等高度。孟德尔提出“遗传因子”的概念，也就是现在我们所说的“基因”。基因通常表现出显性或隐性，孟德尔研究了各种性状的遗传模式，后来归纳成“孟德尔定律”。遗传因子并不结合，而是完整地传递下去。亲代双方只把遗传因子的一

1 纯一传代，指子代的性状与亲代的性状相同。

半传递给子代（某些遗传因子是显性的）。同一亲本的不同后代得到不同的遗传因子。后代中出现的性状称为“显性”，被显性所掩盖的性状叫“隐性”。

> **实验的难点**
>
> 现在还没有普遍适用的定律可以解释杂交的形成和发展。任何人如果了解这项任务有多么复杂，这类实验有多么困难，就不会为此感到惊讶。
>
> ——格雷戈尔·约翰·孟德尔《植物杂交实验》，1866年

1866 年，孟德尔在《布尔诺自然史学会杂志》上发表了一篇简短的论文《植物杂交实验》（*Experiments with Plant hybrid*），介绍了自己在遗传方面的研究成果。可是，这个领域的权威人士也无法理解这项细致而复杂的工作。该杂志知名度不高，所以孟德尔的发现没有被广泛传播。孟德尔试图联系国外的重要科学家，将论文重新印刷并寄出，但总的来说，这位不知名的作者在一本不知名的杂志上发表的文章被忽视了。论文发表两年后，孟德尔被选为修道院院长，他开始致力于自己的本职工作，一直到 16 年后去世。伟大的捷克作曲家莱奥什·雅那切克（Leoš Janáček）在他的葬礼上演奏风琴。修道院的新院长烧毁了孟德尔的所有研究论文，直到 1900 年，也就是《植物杂交实验》出版 34 年后，三位独立的研究者认可了他的研究，其中包括荷兰植物学家胡戈·德·弗里斯（Hugo de Vries）。然而，在接下来的 25 年里，人们还是没有真正重视孟德尔的研究。现在，科学家已经证明，孟德尔相对性状的基因频率的变化理论可以用于解释进化论。孟德尔的遗传研究成果成为现代遗传学理论的基础。

# 炸药和葛里炸药

1867年和1875年

瑞典，阿尔弗雷德·伯恩哈德·诺贝尔（1833—1896）

1842 年，阿尔弗雷德·伯恩哈德·诺贝尔（Alfred Bernhard Nobel）一家从瑞

典搬到了俄罗斯，他的父亲艾马纽·诺贝尔（Immanuel Nobel）开了一家工程公司，为沙皇提供军事装备。1850 年，阿尔弗雷德被父亲先后送到欧洲和美国学习化学工程。后来他家的企业破产，1863 年，阿尔弗雷德跟随父亲回到瑞典。1864 年，阿尔弗雷德的弟弟耶米尔·诺贝尔（Emil Nobel）死于硝化甘油爆炸。之后，阿尔弗雷德致力于研究爆炸物。硝化甘油是一种非常不稳定的爆炸物，阿尔弗雷德尝试研究如何安全地生产和使用它。他把硝化甘油加入到二氧化硅中（二氧化硅是一种惰性物质），形成一种更安全、更容易处理的混合物。1867 年，阿尔弗雷德为自己的发明申请了专利，取名为“炸药”。不久，炸药就被用于开凿运河、爆破隧道以及修建世界各地的铁路和公路。炸药是一种烈性爆炸物，能量比 TNT 高 60%。炸药比火药和硝化甘油更安全，因此很快在全世界流行起来。出售的炸药通常被制成一根 20 厘米长的管状物，重约 225 克，保质期为一年。阿尔弗雷德也许被误导了，他原本以为自己的工作是促进和平，而不是引发战争。他写道：“就带来和平的能力而言，我的炸药胜过一千个国际公约。一旦人们发现炸药可以瞬间摧毁整支军队，他们一定会珍惜宝贵的和平。”

诺贝尔对他弟弟的早逝深感悲恸。他知道炸药在某些情况下也会变得不稳定，所以他致力于生产更安全的爆炸物。1875 年，他从胶棉（一种火棉）中开发出葛里炸药。葛里炸药溶解在硝化甘油或硝化甘醇中，与木浆、硝石混合。与炸药不同的是，葛里炸药不会渗漏，也就是说不会从固体基质中漏出硝化甘油。葛里炸药很容易成型，而且它需要雷管才能引爆，所以更安全。民间普遍在采石场和矿场使用葛

### 诺贝尔提前的讣告

诺贝尔“更安全”的炸药彻底改变了采矿和土木工程，挽救了成千上万人的生命。然而，1888年，他的哥哥路德维希·诺贝尔（Ludvig Nobel）去世时，几家报纸错误地刊登了阿尔弗雷德·诺贝尔的讣告。4月12日，一家法国报纸的讣告写道：“兜售死亡的人已死。”另一家报纸则写道：诺贝尔“发现了更快杀死更多人的方法，并因此致富”。诺贝尔对这些评价深感震惊。他于8年后去世，并留下了遗嘱：把巨额财产中的大部分用于诺贝尔奖，每年颁发给获奖者。

里炸药，这些炸药经常被革命者和罪犯偷走。19 世纪 70 年代和 80 年代，诺贝尔在欧洲建立了一个由 90 家工厂组成的网络来制造炸药。1894 年，他在瑞典博福斯购买了一家铁厂，这就是后来的博福斯兵工厂。诺贝尔继续在实验室里做实验，发明了许多合成材料。他去世的时候，已经注册了 355 项专利。

# 打字机

1868年（1873年生产，1874年获得专利）

美国，克里斯托夫·拉森·肖尔斯（1819—1890）

一个多世纪以来，机械打字机和后来的电动打字机在商业中扮演了不可或缺的角色，现代电脑仍然采用它的“QWERTY”键盘布局。克里斯托夫·拉森·肖尔斯（Christopher Latham Sholes）是一位美国机械工程师，他在 1868 年发明了第一台实用的现代打字机。肖尔斯的商业伙伴塞缪尔·索尔（Samuel Soule）和卡洛斯·格利登（Carlos Glidden）为他提供了资金和技术上的支持。在 5 年的时间里，肖尔斯和同事做了几十次实验，获得了两项专利，最后生产出一种改进的模型，类似于今天的打字机。“QWERTY”键盘的名称源自字母键盘最上面一行（数字下面那一行）的前六个字母。有人指责肖尔斯之所以这样排列键盘，是为了减慢打字速度，否则他的反应迟缓的打字机跟不上打字员敲键盘的速度。然而，这并不是他的初衷。

1868 年的键盘按字母顺序排成两行。当时简陋的机床无法生产精密的仪器，所以这台最早的打字机经常卡顿。肖尔斯通过重新排列字母解决了这个问题。打字机的字母安装在铅字连动杆的末端，杆上挂着一个环，放置纸的滚轴安装在环上。按键的时候，对应的铅字连动杆就会向上运动，把字印在纸上。如果两个铅字连动杆的环挨得很近，连续输入时它们就会发生冲突。所以肖尔斯根据教育家阿莫斯·登斯莫尔（Amos Densmore）对字母频率的研究，决定将常用字母对作为按键，比如“TH”和“ES”，并确保铅字连动杆之间保持安全的距离。这些铅字

连动杆以符合人体工程学的非字母表顺序放置。“QWERTY”键盘布局是由机器内部的铅字连动杆和外部键之间的机械连接决定的。肖尔斯的解决方案并没有彻底消除铅字连动杆之间的冲突，但大大减少了冲突。他的新键盘设计非常重要，但直到 1878 年，也就是这台机器投入生产的几年后，肖尔斯才获得这项专利。通过减少铅字连动杆的冲突，“QWERTY”键盘加快了打字速度。

詹姆斯·登斯莫尔（James Densmore）是阿莫斯·登斯莫尔的哥哥，他花了 1.2 万美元向肖尔斯购买专利。之后，詹姆斯·登斯莫尔找到了缝纫机制造商雷明登，开始批量生产打字机。1873 年，第一台肖尔斯 & 格利登打字机推向市场。这种打字机安装了脚踏板，相当于现在的回车键。之所以出现这个结构，可能是因为制造雷明登打字机的工程师威廉·延内（William Jenne）是从缝纫机部门调过来的。它不是很成功（销量不到 5000 台），但它建立了第一个全球性的产业，在无数沉闷、耗时的办公室里引入了机械化的工作方法。1878 年，雷明登推出了第二款打字机，销量开始飙升。1873 年的打字机只有大写字母，但“雷明登 2 号”添加了我们很熟悉的“shift 键”，同时提供大小写功能。之所以叫“shift 键”，是因为同一个铅字连动杆上有两个字母，导致回车键的位置移动（shift）。现代电子键盘的“shift 键”不需要机械移动，但仍然保留了名称。雷明登的工程师还做出了其他改进，从而增加了其市场吸引力，使它在 19 世纪 80 年代销量暴增。使用这台机器，繁重的书写任务可以在几分钟内完成，让人们有时间享受“生活中更美好的事物”，因此雷明登的第一句广告语是：“节省时间就是延长生命。”

雷明登打字机的铅字连动杆向上敲击，打字员在工作过程中看不到字符（和

> **最早使用打字机的作家**
>
> 马克·吐温(Mark Twain)也许是第一个使用肖尔斯&格利登打字机的作家,时间是1874年12月9日。那天的两封信总结了他的使用感受。第一封信是写给他的哥哥奥利安,信中赞扬了这项发明:“这是我第一次尝试,但我觉得我很快就能掌握这种优良的设备的使用方法。”之后他给自己的朋友、作家兼文学评论家威廉·迪安·豪威尔斯(William Dean Howells)写信表示他的热情正在减退:“这不能怪我。需要天分才能做好这件事。”马克·吐温很喜欢这项新发明,他是第一个向出版社提交打字机手稿的人。他写道:“在这本自传出版以前,我曾声称我是全世界最早为了实用目的而安装家庭电话的人。现在我要宣称,我是世界上第一个将打字机用于文学的人——除非有人已经霸占这个位置。这本书就是《汤姆·索亚历险记》。1872年以前我写了前半部分,1874年以后我写了后半部分。机器帮我打印了这本书。那台机器反复无常,充满了可怕的缺陷。它有许多漏洞,但正如它有许多优点。”

输入错误),除非按回车键使字符回到视野中。要解决这个问题就要确保松开按键时,铅字连动杆回到原位。这个难题最终得到了解决,1895 年,可视打字机问世。雷明登缝纫机深刻地影响了这些早期打字机的外观和工作原理。打字机开始出现在美国和欧洲的家庭和办公室里,并且创造了一种新的工种——打字员。19 世纪 80 年代,许多不同类型的打字机诞生了,其中就包括安德伍德的“打字机 1 号”。今天我们使用的键盘就延续了它的风格。1886 年,美国田纳西州孟菲斯市的乔治·K. 安德森为打字机色带申请了专利。

# 元素周期表

1869年

俄国,德米特里·门捷列夫(1834—1907)

元素周期表准确地预测了各种元素形成化合物的能力,它提供了一个可以分类、归纳和比较不同形式的化学行为的框架,被应用到化学领域的方方面面。德米特里·门捷列夫(Dimitri Mendeleev)是圣彼得堡大学的教授,他最著名的贡献是根据原子相对质量把已知的63种元素排列到元素周期表中，并于1869年发表在《化学原理》(*Principles of Chemistry*）上。最早的元素周期表是根据相对原子质量按升序排列，并把性质相似的原子分组。之前有人尝试过给原子分类，但都不如门捷列夫的方法好。门捷列夫预测了新元素的存在和性质，并指出某些元素的相对原子质量的数值存在错误。他严格按照相对原子质量给元素排序，为新元素留出了空间，并预测了三种尚未发现的元素，包括类硅、类硼。门捷列夫的元素周期表没有稀有气体，因为当时人们还不知道这种物质。在标准条件下，稀有气体的性质很相似：无色，无味，单原子，化学活性很低。自然存在的稀有气体有6种，分别是氦、氖、氩、氪、氙、氡。

元素周期表后来又经过了几次修订，其中以亨利·莫塞莱（Henry Moseley）的修正最为著名。门捷列夫也考虑到了同位素、稀有气体等。他编制的元素周期表最大的优点可能是，他准确地预测了未知元素的性质，并为这些未知元素预留了位置。例如，类铝的性质介于铝（13号元素）和铟（49号元素）之间。1875年，这种元素被发现了，命名为镓（31号元素）。目前元素周期表的118格均已填

## 莫塞莱是谁?

英国化学家亨利·莫塞莱曾在卢瑟福手下工作。他出色地把X射线应用到原子结构的研究中。他用这种方法更精确地测定了原子序数，从而确定了元素在元素周期表中的位置。不幸的是，1915年，莫塞莱在加里波利之战中牺牲，年仅28岁。1913年，莫塞莱发表了他对一些元素的X射线光谱波长的测量结果。结果表明，元素的X射线辐射波长的排列顺序与原子序数的排列顺序一致。门捷列夫、迈耶尔等人认为相对原子质量在元素周期律中扮演重要的角色，但随着同位素的发现，很明显，事实并非如此。更准确地说，元素的性质随原子序数周期性地变化。按照原子序数排列元素，门捷列夫元素周期表的几个问题就消失了。由于莫塞莱的发现和改进，现代元素周期表是基于原子序数排列的。

满。从氢到钚（94 号元素）的所有元素，都或多或少地在地球上存在。但锝（43 号元素）、钷（61 号元素）、镎（93 号元素）是三个例外，它们含量很低，只出现在重元素衰变的核反应中，而这个过程非常罕见。112 号以前的元素都已经被分离、表征和命名，113 号到 118 号元素在世界各地的实验室已经被合成。目前科学家正在研究 118 号以后的元素。元素周期表不仅在物理和化学中有许多应用，也在农业、医学、营养学、环境卫生、工程学、地质学、生物学、材料科学以及天文学中发挥作用。

### 元素周期表的结构

元素周期表是根据特定的原子性质排列118种已知元素的表格。从1号元素氢开始，元素的原子序数逐渐增加。“1”表示原子核中的质子数。第118种元素是氮，它是第18族中唯一的合成元素。元素周期表在整体上呈矩形，但有些水平的行（称作“周期”）里有空格，它们确保了具有相似性质的原子保持在同一列（称作“族”）中，比如稀有气体、碱金属、碱土元素和卤素。元素周期表是有体系的化学信息的杰作。它演化成今天的形式，许多著名科学家做出了巨大的贡献，这是一项惊人的成就。

# 电磁场理论

1873年

苏格兰，詹姆斯·克拉克·麦克斯韦（1831—1879）

从 1864 年到 1873 年，麦克斯韦用一些相对简单的数学方程表示了电场和磁场的行为，以及它们的相互关系。他解释说，振荡的电荷产生电磁场。麦克斯韦的 4 个偏微分方程首次完整地出现在《电磁通论》（*Electricity and Magnetism*）中，这些方程叫“麦克斯韦方程组”，是 19 世纪物理学最伟大的成就之一。麦克斯韦是最早把电与磁综合起来的人，并为电磁光谱的研究指明了方向。他把“场”定义为介质中的张力，并提出了一个新的概念：能量既存在于场中，也存在于物体中。由此，电磁辐射可以应用于无线电、电视、雷达、红外望远镜、微波和热成像等。麦克斯韦计算了电磁波的速度。他假设光也是一种电磁波，具有压力和动

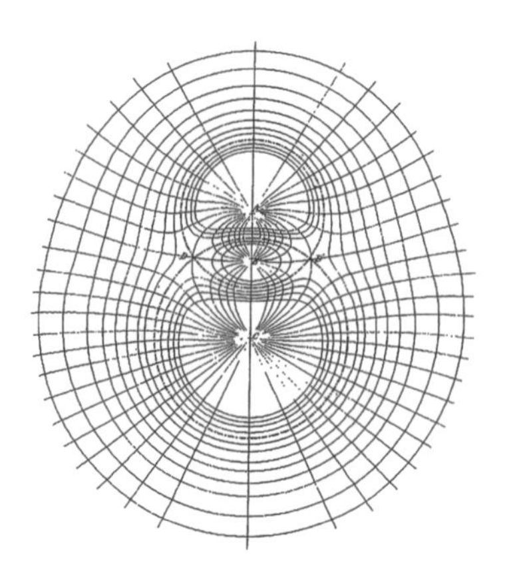

量。麦克斯韦证明了电场和磁场以波的形式在空间里传播，且速度等于光速。这为爱因斯坦的相对论研究提供了基础。相对论中能量、质量与速度的关系为后来原子能的应用提供了理论基础。

# 电话

| 1876年 |

## 苏格兰和加拿大，亚历山大·格拉汉姆·贝尔（1847—1922）

电话有 4 个基本要素：对着说话的麦克风，接收声音的听筒，提醒用户的警铃和输入号码的拨号盘（后来改成按键）。直到 20 世纪 50 年代，打电话的人还需要先拨给总机接线员，然后接线员把电话转接到想拨打的号码。固定电话需要通过两根线连接电话网络，而移动电话（或手机）是便携的，通过无线电与电话网络通信。麦克风把声波转换成电信号，发送到另一部电话，然后听筒把电信号转换成声波。现在的通信系统连接着全球的网络，包括电话线、蜂窝网络、海底电话电缆、光纤和通信卫星。它们通过转接中心连在一起，任意两部电话都可以通信。电话语音通信系统已经应用于电传、传真和拨号上

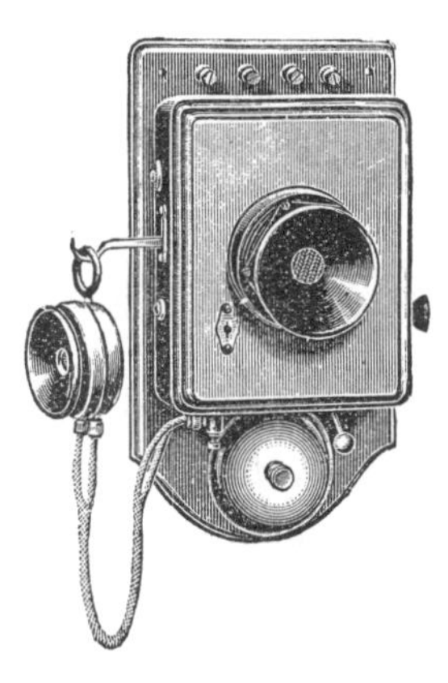

网等数据通信。今天，全世界大约有 13 亿根电话线。

像收音机、电视机、电灯泡、电脑等发明一样，人们对电话的发明也有争议。几位发明家先是试验了声音在导线中的传播，又改进了彼此的想法。1844 年，伊诺琴佐·曼泽缇（Innocenzo Manzetti）首次提出“语音电报”的概念。1854 年，查理斯·博修（Charles Bourseul）出版了《语音的电传递》（*Transmission Électrique de la Parole*）。1861 年，法兰克福的约翰·莱斯（Johann Reis）成功传递了音乐，但声音模糊不清。（1875 年，爱迪生收到了描述这个实验的译文，所以他的科学家复制并改进了莱斯的电话。）安东尼奥·梅乌奇（Antonio Meucci）为一种“声音电报”申请了专利，它能使两个人通过导线交流。安东尼奥把专利延期了两次，最后在 1874 年不得不放弃。大卫·休斯对电话技术做了必要的创新，其中最重要的是 1877 年的碳粒麦克风。然而，亚历山大·格拉汉姆·贝尔（Alexander Graham Bell）最早获得美国专利局的电话专利，之后的电话设备与功能的发展都是建立在贝尔的发明之上。

19 世纪 70 年代，美国电气工程师伊莱沙·格雷（Elisha Gray）和贝尔竞争制造第一台实用电话，最终贝尔胜出。在 1875 年 7 月 1 日的一封信里，贝尔写道：“电报在今天有了重大的突破……它第一次传递了声音……在接下来的改进中，我希望它可以区别声音的‘音色’。如果这样，通过电报实时通话将指日可待。”1875 年 4 月，贝尔在美国获得了一项专利，专利名称是“电报发射机与接收器”。在这个装置中，贝尔在通断电路中使用了多个振动钢簧片。1876 年 3 月，他在美国获得了专利“改进电报技术”，该专利涵盖了“用电报传递声音的方法和设备……通过引起点波动，形式类似于伴随声音的空气振动”。就在当月，贝尔对着他的设备讲话，成功地用液体介质发射机拨出了一个清晰的语音电话：“沃森先生，请过来一下。”他的助手沃森听得很清楚。1877 年 1 月，贝尔在美国获得了电磁电话的专利，该电话

### 电话的普及速度

电话诞生14年之后，1890年，马克·吐温在圣诞贺卡上这样揶揄道：“在圣诞节的时候，我衷心祝愿所有人，无论高矮，无论贫富，无论尊卑，无论爱憎，无论文明或野蛮（地球上所有兄弟姐妹），最终都能在天堂获得永恒的宁静、和睦与幸福——电话的发明者除外。”

### 第一场电话交谈

然后我对着话筒说："沃森先生，请过来一下。"令我高兴的是，他过来了，并且说他听清楚并理解了我的话。我让他把这句话重复一遍，他回答说："您刚才说——'沃森先生，请过来一下。'"然后我们交换了位置。沃森从一本书里读了几段，我在听筒里听到了他的声音——很明显声音是从听筒传来的。他的声音很响，但有些沉闷和模糊。因为我事先没有读过那篇文章，所以没能完全听明白每一个词，我不知道这段话是什么意思，但我听清楚了其中几个词，"to""out"和"further"。最后一句话非常清楚，他说："贝尔先生，您听清楚我说什么了吗？您——听——清——楚——我——说——什——么——了——吗？"而当我摘下听筒时，我什么也听不到。

——亚历山大·格拉汉姆·贝尔的实验笔记本，1876年3月10日

使用了永磁体、铁膜片和呼叫铃。1877 年 4 月，爱迪生申请了一项关于碳粒（石墨）麦克风的专利，但由于诉讼，这项专利 15 年后才被批准。1877 年，匈牙利工程师提瓦达·普斯卡（Tivadar Puskás）发明了电话交换机，从而形成了电话交换的模式，并最终组成了网络。当时普斯卡正在研究电报交换，他听说了关于电话的事情，于是联系爱迪生，提出了电话交换机的想法。之后，普斯卡在欧洲为爱迪生工作，并在巴黎制造了第一个电话交换机。

# 现代钢铁工业——卡内基法

1877年

威尔士，西德尼·吉尔克里斯特·托马斯（1855—1885）、珀西·吉尔克里斯特（1851—1935）

1856 年，埃布韦尔钢铁厂的化学家乔治·帕里发明了"碱性贝塞麦转炉炼钢法"。亨利·贝塞麦花 3 万英镑的高价买下了它。帕里得到了 1 万英镑，钢铁厂

老板得到了2万英镑。帕里使用的生铁来自布莱纳文，这种生铁不含磷。亨利·贝塞麦正打算设计枪支，因此需要大量生产优质钢铁。“贝塞麦转炉炼钢法”是通过向转炉中熔融的铸铁鼓入空气，从而制得大块的钢。剧烈的反应除去了铸铁中的碳，得到的是低碳钢而不是熟铁。该工艺不能使用含磷的铁矿石，因为含磷的钢较脆，易断折。但不含磷的铁矿石只能从瑞典或西班牙进口，90%以上的欧洲铁矿石和98%以上的美国铁矿石都含磷，这使得“贝塞麦转炉炼钢法”不够经济。

1870年以来，西德尼·吉尔克里斯特·托马斯（Sidney Gilchrist Thomas）一直在进行实验，致力于解决生铁脱磷的问题。平炉炼钢法是另外一种常用的炼钢法，它生产的钢也很脆。世界各地的铸造厂都雇用了当时最伟大的科学家来解决这个问题。1875年年底，托马斯发现了一种临时的解决方案，并告诉了他的表弟珀西·吉尔克里斯特（Percy Gilchrist）。珀西是工业化学家，在布莱纳文的一家大型钢铁厂工作。两人又进行了很多次实验，1877年，这对表兄弟发现了去除磷的方法。遗憾的是，托马斯在7年后就去世了，年仅35岁，原因可能是他在几乎没有任何防护的情况下连续进行实验。1878年，托马斯向英国钢铁协会宣布了他的发明，并获得了他的第一项专利。托马斯在自己的实验室里进行实

### 托马斯法和第一次世界大战

德国的钢铁生产，此前在英国面前不值一提，直到洛林的含磷铁矿石云煌岩被用于工业生产，使用的正是托马斯法。英国历史学家罗伯特·恩索尔（R.C.K. Ensor）注意到：“这一发现使德国工业出现了巨大的飞跃。到1895年，德国的钢铁产量已经超过英国。德国发动侵略战争，并在1914年后能够维持战争，钢铁产量的提高功不可没。”

验，珀西在布莱纳文进行实验；1879 年 4 月 4 日，两人的实验都在米德尔斯堡的一个约 15 吨的转炉里得到了证实。世界各地的钢铁生产商纷纷涌向伦敦，购买新专利的使用许可证，其中就包括卢森堡-德国的生产商 Metz&Cie。该公司在实验成功后仅 16 天就获得了许可证，并立即建造了一家新的钢铁厂。

托马斯更换了贝塞麦转炉的酸性炉衬，改用碱性的煅烧白云石炉衬，托马斯法因此也叫“碱性底吹转炉炼钢法”。加入石灰岩可以形成碱性炉渣，碱性炉渣吸收了熔融铸铁中被氧化的磷。欧洲各地广泛使用贝塞麦的转炉，平炉炼钢的企业也采用了这一方法。这就是世界各地普遍采用的“碱性炼钢法”。后来，人们在托马斯法的基础上，引入了“碱性氧气吹炼法”。世界范围内的钢铁产量激增，导致了转炉中的剩余炉渣大幅增加。托马斯用碱性炉渣进行实验，发现这是一种很好的土壤肥料。在德语中，这种富含磷酸盐的肥料被叫作“托马斯粉”。为了纪念这对表兄弟的发明，人们在布莱纳文竖起了一座方尖碑，上面写着“开创了贝塞麦或托马斯碱性炼钢法”。

安德鲁 · 卡内基（Andrew Carnegie）买下了“托马斯法”的专利，这就是今天的“卡内基法”（就像乔治 · 帕里把自己的转炉炼钢法卖给贝塞麦），他用这种方法在美国和其他地方获取了丰厚的利润。卡内基承认这不是自己的原创，他说：“布莱纳文的托马斯和珀西两人对英国的贡献，比国王和女王加起来还巨大。摩西击石出水[1]，他们把无用的磷铁矿打造成钢铁，这是更伟大的奇迹。”使用托马斯法可以用含磷的铁矿石生产优质钢材，于是世界各地巨大的磷铁矿石储备有了用武之地。托马斯的发现大大加速了欧洲和美国的工业扩张。这些改进“贝塞麦法”和发明“托马斯法”的人改变了世界。1890 年，英国是世界上最大的钢铁生产国；但到了 1902 年，受惠于这项伟大的发明，卡内基公司和德国埃森市的克虏伯公司推动了整个美国和德国的钢铁生产，使其产量在全世界位列第一、第二名。

1 摩西是《圣经》中的人物，他带领希伯来人逃离埃及，到达加低斯。这里没有水源，摩西于是用牧羊杖敲击石头，石头中流出了水。

# 油轮

| 1878年 |

瑞典和俄罗斯，路德维希·艾马纽·诺贝尔（1831—1888）

路德维希·诺贝尔（Ludvig Immanuel Nobel）是阿尔弗雷德·诺贝尔的哥哥，他在圣彼得堡的工厂制造铸铁炮弹和炮架。路德维希让他的哥哥罗伯特·诺贝尔（Robert Nobel）前往俄罗斯南部，为沙皇寻找制造枪托的木材。幸运的是，罗伯特发现了石油，兄弟俩于是在阿塞拜疆的巴库建立了一家石油蒸馏厂。1879 年，路德维希的公司“诺贝尔兄弟”（Branoble）控制了俄罗斯的大量油田，他建立了实验室，试图寻找石油的新用途，并开发新产品。路德维希发明了更好的石油管道，建立了更好的炼油厂，并设计了一艘运输石油的轮船。当时，宾夕法尼亚州把石油装在厚重的木桶里，用船运输，每只木桶能装 150 升石油。木桶容易泄漏，而且通常是一次性的，所以非常昂贵，导致运输成本占石油成本的一半。1874 年，比利时的一位船主在英国建造了一艘油轮，但由于担心火灾和泄漏问题，美国等政府不允许它靠近港口。路德维希意识到，他不仅需要使货物和烟气远离机舱，避免发生火灾；而且当温度变化的时候，使石油能有足够的空间膨胀和收缩；再者，这类危险货物要适当通风。路德维希的“琐罗亚斯德号”是世界上第一艘成功的油轮，他和斯文·阿奇思特（Sven Almqvist）在瑞典哥德堡合作设计了这艘船。由于路德维希拒绝为任何部分申请专利，其他人纷纷效仿。

“琐罗亚斯德号”可装载 242 吨煤油，此时煤油正迅速取代鲸油用于照明。“琐罗亚斯德号”成功之后，路德维希开始委托建造更大的船。然而，1881 年，当同型号的船在巴库装载煤油时，一场大风袭来，油管被猛地拉开，煤油四处飞溅，这艘船爆炸了。路德维希吸取了这场事故的教训，设计出一种灵活的、防泄漏的装载管道。1883 年，一名员工发明了一种新的油轮设计，将储油空间细分为更小的储油罐，从而最大限度地减小自由液面效应，否则原油从一边晃动到另一边可能导致船只倾覆。路德维希去世后不久，美国第一艘油轮就是按照他的设计图纸建造的。石油不仅是汽车、轮船和飞机的燃料，也是许多化工产品的原料，包括药品、溶剂、化肥、农药、服装和塑料。

# 电影

| 1879年 |

## 英格兰和美国，埃德沃德·詹姆斯·迈布里奇（1830—1904）

埃德沃德·詹姆斯·迈布里奇（Eadweard James Muybridge）的“动物实验镜”可以投映电影，比灵活的穿孔胶卷要早问世，他也启发了爱迪生等人研究电影摄像机。迈布里奇（原名爱德华·詹姆斯·马格里奇）是生活在美国的英格兰移民，他先是一名书商，37 岁时开始学习摄影。42 岁时，迈布里奇已经是美国西海岸最顶尖的摄影师，享誉国际。阿马萨·利兰·斯坦福（Amasa Leland Stanford）是实业家、企业大亨、政治家、前加州州长、未来的加州参议员和斯坦福大学创始人。斯坦福想知道一匹马的四蹄能否同时离地，他委托迈布里奇用摄影技术确认。斯坦福想要真凭实据，所以出价 2000 美元让迈布里奇弄清楚。但迈布里奇知道摄影技术有局限性。当时的相机和胶卷都不适合捕捉运动画面，运动物体的照片通常是模糊的。快门速度太慢了，尽管机械快门已经诞生，但大多数摄影师在遮盖或揭开镜头的时候，还是使用镜头盖、板盖、帽子或其他任何物体。当时的摄影师也自己制作胶卷——他们把一种叫“湿胶棉”的复杂溶液倒在一块玻璃板上，然后涂上硝酸银溶液。现代胶卷的感光性是它的 300 多倍。一份使用手册建议：“相机曝光的时间完全取决于判断和经验。”接着又补充道，“在阳光明媚的日子里，15 秒到 1 分钟就足够了。”然而，一匹马的速度是每秒 12 米，除非拍摄照片的时间不到 1 秒钟，否则捕捉它的运动是不可能的。迈布里奇花了 5 年时间才拍到

一张自认为满意的奔跑的马的照片。

1872 年，迈布里奇用 24 个相机拍摄了斯坦福的一匹赛马。当它跑过的时候，相机共拍下了 24 张照片，这标志着“定格动画摄影”的开端。1873 年 5 月，《纽约时报》报道说：“一位旧金山的摄影师声称，他拍到了一匹马全速奔跑的完美照片。”以前从来没有人见过这种东西。通过快速浏览一系列静止图像来展示运动，这是电影技术的开端。1874 年，迈布里奇又用相机拍摄了定格动画，通过一系列照片，人们可以清楚地看到，马的四蹄在某一时刻同时离地。照相机沿着跑道排列，并以适当的间隔触发快门。马到摄像头的距离是 12 米，曝光时间为千分之一秒。穿过跑道的电线以电磁方式触发曝光。这是电影发展史上最重要的时刻之一。1881 年晚些时候，这一系列图片以“运动中动物的姿态”为题出版。1897 年，这种定格动画摄影获得了专利。

### 摄影定胜负

1882年5月，迈布里奇在《自然》杂志上发表了关于赛马的文章，他说：“没有摄影的辅助，任何重要的比赛都无法进行……在重要的比赛中，相机的裁定应该优先于裁判的裁定。”1888年，美国新泽西州平原镇赛马协会的官方摄影师欧内斯特·马克斯（Ernest Marks）在一场有争议的比赛结束后三分钟内提供了确定的照片。这张照片没有保存下来，现存最早的用于裁定胜负的照片是于1890年6月25日在纽约布鲁克林羊头湾赛马场拍摄的。

1874 年，迈布里奇发现他的妻子与一个叫哈里·拉金斯的年轻男人通奸。当时在场的一名护士说，迈布里奇瘫倒在地，哭了起来。那天晚上，迈布里奇跟踪拉金斯到卡利斯托加附近的一所房子，朝他的心脏开了一枪。在 1875 年的谋杀审判中，陪审团驳回了精神错乱的抗辩，但接受了自卫杀人的辩护，认定迈布里奇无罪。获释后，迈布里奇乘船前往中美洲，并在接下来的一年里过上了“流亡”的生活。1879 年，迈布里奇设计并推出了“动物实验镜”，电影历史学家认为这是电影放映机的前身。这是最早的动态图像，与西洋镜不同，它可以投映图像，让许多人同时观看。迈布里奇把动物实验镜的首映式留给了他的赞助人，他向斯坦福夫妇和几位朋友展示了全世界第一部“电影”。第二年春天，它在旧金山公演，一名报纸记者激动地说：“马蹄踏在草地上，蒸汽机偶尔冒着热气，足以使观众相信这是一匹有血有肉的骏马。”

宾夕法尼亚大学为迈布里奇提供了 5000 美元的资助，鼓励他在定格动画摄影

上的研究。从1883年到1885年，迈布里奇拍摄了超过10万张照片，并于1887年发表。从那时起，迈布里奇的工作表明，真正的电影或摄影成像是有可能实现的，而且离完美并不遥远。迈布里奇的照片是世界上最早的电影。1883年和1888年，迈布里奇与爱迪生会面，提出把迈布里奇的动物实验镜（视觉）和爱迪生的留声机（听觉）结合起来。这是实现有声动画的第一步。

# 指纹识别

1880年

苏格兰，亨利·福尔茨（1843—1930）

亨利·福尔茨（Henry Faulds）是生活在日本的苏格兰传教士，他在东京建立了一家医院，并担任外科医生。福尔茨能讲一口流利的日语，还成立了东京盲人

### 破坏指纹

美国臭名昭著的银行抢劫犯约翰·迪林杰（John Dillinger）用酸灼伤了自己的指尖，以免指纹被识别出来。然而，他死后的指纹显示，后来长出来的脊线纹理与他之前的指纹完全相同。1934年也发生了一起有文件记录的指纹破坏案件。希欧多尔·卡鲁塔斯（Theodore Klutas）是“大学绑匪”团伙的头目，当警察最终围捕他的时候，卡鲁塔斯试图持枪反抗，警察最终将他击毙。警方比较尸检指纹时，发现卡鲁塔斯的每一根手指都用刀划过，每个指纹周围都有一道半圆形的疤痕。虽然媒体很赞赏他，但他的做法很外行，因为即便这样，仍留下了足够多的脊线纹理，可以确认他的身份。1941年，另外一名美国罪犯罗斯科·皮茨（Roscoe Pitts）让整形外科医生把自己的胸部皮肤移植到手指第一个关节上。然而，调查人员还是能根据他的“新”指纹和掌纹辨别他的身份。

## 指纹缺失

2009年5月的《肿瘤学年鉴》(*Annals of Oncology*)报道，一名62岁的新加坡男子在前往美国的途中被拘留，原因是常规指纹扫描显示他根本没有指纹。为了控制头颈肿瘤，该男子一直在服用化疗药物卡培他滨(品牌名“希罗达”)。这种药物使他患上了重度的手足综合征(也叫掌跖红斑综合征、布格道夫反应)，导致手掌和脚底肿胀、疼痛和脱皮，而且很明显，还会导致指纹缺失。他的医生撰写了这份报告，同时也在网上发现了一些非正式报告，其他化疗患者也在抱怨指纹缺失。其他疾病，比如皮疹等，也有同样的效果。但通常我们的皮肤再生速度很快，除非对组织造成永久伤害，否则还会再生。最容易缺失指纹的似乎是砖瓦工，在处理粗糙、沉重的材料时，脊线经常被磨损；使用石灰(氧化钙)的时候，工人也会被腐蚀掉表层皮肤。秘书的指纹也很容易被抹去，因为他们整天与文件打交道，而纸张会磨损脊线。奇怪的是，专业的竖琴师和面包师也可能缺失指纹。皮肤弹性会随着年龄增长而降低，脊线会变得更宽更平，不那么突出，所以许多老年人的指纹也很难识别。

协会。19 世纪 70 年代，他参与了日本的考古发掘。福尔茨注意到古代的陶工在挖掘出的陶器碎片上留下了指纹，于是他开始研究指纹，并写信把自己的想法告诉了达尔文。1880 年，福尔茨在《自然》杂志上发表了一篇关于指纹的论文，敏锐地指出可以用指纹抓捕罪犯，并提出用油墨记录指纹的方法。1886 年，福尔茨回到英国，在斯塔福德郡担任警方外科医生。他把指纹识别系统提供给伦敦警察厅总部，但遭到了拒绝。直到 86 岁去世的时候，福尔茨还在为自己的研究得不到认可而痛苦。达尔文把福尔茨的信转交给自己的表弟弗朗西斯·高尔顿(Francis Galton)，经过 10 年的研究，高尔顿发表了一份详细的指纹分析和鉴定模型，并建议用于法医学。高尔顿计算出，假阳性(两个人拥有相同的指纹)的概率是 640 亿分之一。在过去大约 100 年的时间里，指纹识别帮助世界各国的政府准确地识别犯罪身份。在数十亿次人类和计算机比对中，从没有发现两个人的指纹完全相同。

# 自动机枪

1883年

美国和英格兰，海勒姆·史蒂文斯·马克沁（1840—1916）

在大英帝国的军事扩张中，海勒姆·史蒂文斯·马克沁（Hiram Stevens Maxim）的自动机枪可以说是居功至伟，在第一次世界大战中，各方都使用了这种武器。马克沁出生在美国，41 岁时移民到英格兰并取得英国国籍。他发明了世界上最早的便携式自动机枪“马克沁机枪”，并于 1883 年申请了专利。马克沁机枪可以关闭后膛，同时压紧弹簧。弹壳抛射而出的时候，其后坐力储存在弹簧中，以便插入下一颗子弹。相比以前的速射枪（比如依赖机械曲柄的加特林机枪），马克沁机枪效率更高，而且更省力。在 1884 年的试验中，马克沁自动机枪每分钟可以发射 600 发子弹，火力相当于当时的大约 30 支后膛栓动式步枪。

为了生产机枪，马克沁成立了一家军备公司，后在 1896 年并入维克斯公司。

### 马克沁的飞行器

马克沁发现了一种制作高质量灯丝的技术，但爱迪生抄袭了他的想法；马克沁与发明电灯的荣誉失之交臂，他一生都在后悔。他也没有为自动复位捕鼠器和火灾自动报警系统申请专利。19世纪90年代初，马克沁开始研制载人飞行器。他非常有先见之明地预测：“在几年之内，有人——如果不是我就是别人——将使机器飞上天空，人们将以非常快的速度旅行。在充分控制的条件下，这种机器也可以用于军事目的。”1894年7月31日，马克沁首次公开展示了一架飞行器，他延长了导轨的长度，并亲自驾驶这架飞行器，想要使这一奇迹更加完善。飞行器脱离轨道后，短暂地实现了自由飞行。尽管机组人员都失去了平衡，但马克沁还是成功地切断了电源，使飞机降落。飞行器降落时由于撞击地面，造成了严重的损坏。马克沁有理由声称，是他设计了第一架自动起飞（不依赖坡道或其他附件）并实现自主飞行的机器。

1886年至1890年，亨利·莫顿·史丹利（Henry Morton Stanley）在艾敏帕夏救援远征的时候就使用了一种马克沁机枪，并帮助英国成为布甘达王国（今乌干达）的“保护国”。1889年，新加坡也使用了这种机枪。马克沁机枪也出现在第一次马塔贝列战争（1893—1894年）中。在其中的尚加尼战役里，50名士兵带着4挺马克沁机枪击退了5000名敌人。欧洲国家在征服数个非洲王国时，大量使用了马克沁机枪。马克沁机枪后来升级为“维克斯机枪”，这在第一次世界大战期间是英国的标准机枪，并沿用了许多年。在第一次世界大战中，双方都使用了维克斯机枪的变种，其中俄罗斯版和德国版的机枪几乎一模一样。与现代机枪相比，马克沁机枪笨重、庞大、操作不便。它只需要一名士兵开火，却需要一队人来操作：几个人用三脚架移动或改变位置，几个人不断加水使枪管冷却，否则就不能持续开火。在一场战役中，愚蠢的步兵指挥官命令英国军队向德国工事前进，这些工事前

**马克沁论摩擦**

没有两个理论家能在这个话题（飞行器表面摩擦）或其他任何话题上达成一致，除非他们推翻一年前的结论。我认为可以把所有的分歧放下，把所有结果加在一起，再除以数学家的数量，然后求出平均误差系数。

——海勒姆·马克沁爵士《人工飞行与自然飞行》（*Artificial and Natural Flight*）

方缠绕着铁丝网，士兵无法冲锋、闪避或迂回，由于军纪不严也无法有条不紊地行进。成千上万的人因此倒在了德国的维克斯机枪下。

# 摩天大楼

| 1884—1885年 |

美国，威廉·勒巴隆·詹尼（1832—1907）、乔治·富勒（1851—1900）

摩天大楼突破了原有建筑物的高度限制，使人们可以更高效、更经济地利用空间。现在，各机构可以把业务集中在一栋大型建筑里。事实上，亨利·贝塞麦的专利“利用空气脱碳的方法”为我们带来了现代钢铁工业，也促成了新的建筑技术的应用。纵观历史，多层建筑的重量主要由墙壁支撑。建筑越高，下层承受的压力就越大。因此，承重墙能承受的重量成了建筑物在工程上的限制。大型建筑要求低层的墙壁非常厚，这意味着其高度有非常明确的限制。19 世纪下半叶，建筑师和工人利用廉价的多功能钢材打破了这些限制。整个社会正在走向城市化，需要更新、更高大的建筑。19 世纪 80 年代中期，人们开始建造摩天大楼，钢铁的大规模生产是其主要的推动力。从 1867 年到 1895 年，贝塞麦钢材的价格每年都在下跌，从每吨 166 美元下降到每吨 32 美元。通过使用钢梁构架，工程师可以建造细长的高楼，它拥有相对坚固而精致的钢骨架。建筑物中的其他构件，如墙壁、地板、天花板和窗户，都由钢铁来承重。这种新的框架结构使建筑物纵向延伸，而非横向扩展。内墙不必承重，因此可以设计得更薄，使用空间也就增大了。摩天大楼结合了钢结构、电梯、集中供暖、电气管道和电话等创新，在 19 世纪末勾勒出了美国的天际线。它的发明要归功于几位建筑师。

1864 年利物浦的“奥丽尔钱伯斯”是早期的高楼，由彼得·埃利斯（Peter Ellis）设计。这是全世界第一座铁框玻璃幕墙的办公楼，只有 5 层。接下来的发展是芝加哥的“家庭保险大楼”（1884—1885 年），它有 10 层，被认为是世界上第一座“摩天大楼”。威廉·勒巴隆·詹尼（William LeBaron Jenney）是它的建筑师，

## 海上摩天大楼

19世纪末，“skyscraper”（摩天大楼）一词最早用于指代超过十层的钢结构建筑，这是因为芝加哥、底特律、圣路易斯和纽约等大城市的高层建筑让公众感到惊讶。这个建筑术语起源于18世纪，指的是老式四角形帆船上挂着的比天帆还要高的三角形小帆，它能够捕捉到更高处的风。这种帆被称为“摩天者”（scrape the sky）。后来人们也用这个词形容高个子的人，并在19世纪80年代首次用它形容高楼大厦。船上最高的帆还有其他不同类型的名称：顶桅轻帆、天使脚凳、轻帆、观星者、顶桅和上桅副帆。它们只在风平浪静时使用，因为强风会把它们刮走。

传统船夫号子《闪光护卫舰》（*The Flash Frigate*）第五节这样写道：

我们听到“全体船员准备开船！”

“升顶”“张帆”“放下”，一齐呼喊，

噢，你的顶桅，你的天帆，你的轻帆，全都高悬，

摩天大楼就要起航，只需一声召唤。

詹尼发明了一种承重构架，它承受了大部分石墙的重量，取代了支撑整个建筑的承重墙。这种构架后来演变成芝加哥建筑的钢框架形式。家庭保险大楼是第一座全金属框架建筑，它用钢框架替代石头建造的柱和梁，以支撑建筑的上层。相比于用砖石建造的同等建筑，钢材框架的重量仅仅是三分之一。由于建筑物的重量减轻了，所以有可能建造更高的大楼。后来，詹尼解决了高层建筑防火的问题，改用砖石、铁和陶瓷替代木头建造地板和隔墙。

乔治·富勒（George A.Fuller）致力于提高高层建筑的承重能力。他于1889年在芝加哥建造了塔科马大楼，这是有史以来第一幢不用外墙承重的建筑。通过使用贝塞麦钢梁，富勒发明了支撑高楼全部重量的钢结构。1892年，纽约市修改了建筑法规，允许“骨架结构和幕墙”，在这种结构中，内部骨架承担建筑物的载荷，而不是外墙。多年来，芝加哥的建筑法规一直允许这种施工方法。1896年，这

一变化促使富勒在纽约开设了办事处。标志性建筑熨斗大厦是纽约市最早的摩天大楼之一，于 1902 年由富勒的公司建造。19 世纪末，许多早期的摩天大楼出现在芝加哥、伦敦和纽约人口密度较大的地区。现代的摩天大楼几乎都是用钢筋混凝土建造的。吉达塔[1]是正在建造的最高的摩天大楼，官方最近宣布它是吉达市的一部分，标志着“通往麦加的大门”。

# 高速汽油发动机和四轮汽车

1885年和1887年

德国，戈特利布·威廉·戴姆勒（1834—1900）、威廉·迈巴赫（1846—1929）

戈特利布·威廉·戴姆勒（Gottlieb Wilhelm Daimler）是尼古拉斯·奥古斯特·奥托（Nikolaus August Otto）的车间经理，奥托是四冲程内燃机的发明者。威廉·迈巴赫（Wilhelm Maybach）是固定发动机的设计师，后来成为戴姆勒的终身合作伙伴。1882 年，戴姆勒和迈巴赫建立了一家工厂，生产一种轻型、高速、汽油驱动的内燃机。他们希望用发动机给车辆提供动力。戴姆勒发明了一种实用的自点火系统，也就是伸入汽缸的炽热的瓷管。迈巴赫为一种类似于化油器的装置申请了专利，这种装置可以提高发动机的燃油效率。他们的发动机有许多优势，比如尺寸较小，这使他们领先于其他有竞争力的发明家。现在他们专注于设计和制造轻型高速内燃机，可用于陆上、空中或海上运输。

1885 年，戴姆勒和迈巴赫设计了现代汽油发动机，并申请了专利。之后，他们把发动机安装在一辆两轮摩托车上，这是最早的动力摩托车。他们还把发动机

1 吉达塔，位于沙特阿拉伯，预计高度约为 1000 米，建成后将成为全球最高的建筑物。该塔于 2013 年开工，预计 2020 年竣工。

安装在一辆公共马车和一艘船上。1887 年，这种新型发动机被应用到四轮汽车上，这是第一艘真正意义上的汽车，包括驱动车轮的皮带机构，转向舵柄，以及四速变速箱。奥托最初的四冲程发动机通常使用甲烷气体，经过很长时间的讨论，戴姆勒和迈巴赫决定改用汽油。在此之前，汽油主要用作清洁剂，在药店出售。在 1889 年的巴黎博览会上，戴姆勒和迈巴赫展示了一台 V 形双缸发动机，这可能是最早采用 V 形设计的发动机。它被安装在一辆有商业价值的四轮汽车上。1890 年，戴姆勒和迈巴赫成立了戴姆勒汽车公司，但他们在 1891 年就离开了公司，专注于各种技术和商业开发项目。1894 年的“巴黎—鲁昂赛”是第一场国际赛车比赛，一辆戴姆勒动力汽车获得了第一名。在 102 辆参赛汽车中，只有 15 辆跑到了终点，而所有完赛者都安装了戴姆勒发动机。这场比赛促进了汽车概念的诞生。1895 年，戴姆勒和迈巴赫重新加入戴姆勒汽车公司。1896 年，该公司生产了第一辆公路货车。1899 年，该公司又生产了第一辆梅赛德斯汽车（以支持戴姆勒的金融家埃米尔 · 杰利内克的女儿的名字命名）。1926 年，戴姆勒汽车公司与卡尔 · 本茨（Karl Benz）的公司合并，成为梅赛德斯 - 奔驰公司。戴姆勒和迈巴赫是所有使用汽油的公路运输的先驱。

第七章

# 电气时代

# 多相交流电系统

| 1888年 |

塞尔维亚和美国，尼古拉·特斯拉（1856—1943）

尼古拉·特斯拉（Nikola Tesla）是电气工程领域的天才，他曾在新泽西州的爱迪生实验室工作，致力于改进爱迪生的发电机。特斯拉想象力丰富，既能提出科学假设，又能把它们付诸实践。特斯拉指出，爱迪生在大西洋沿岸建造的直流发电站效率很低。爱迪生的供电系统有一个严重的缺陷：由于电压太低，电力输送的极限距离是3.2千米。也就是说，每隔3.2千米就需要建一个新的直流发电站。特斯拉认为，解决方案是使用交流电。特斯拉离开了爱迪生实验室，然后在1882年2月发现了旋转磁场，这是物理学的基本原理，也是几乎所有交流电设备的基础。特斯拉利用旋转磁场原理建造了交流异步发动机，以及多相发电、输电、配电和用电的系统。

1888年，特斯拉向美国电气工程学会提交了论文《交流电动机和变压器的新系统》，其中介绍了自己的电动机和电力系统。随后，西屋电气公司的创始人乔治·威斯汀豪斯（George Westinghouse）买下了特斯拉交流电系统的专利权，最终击败了爱迪生的直流电技术。在1893年芝加哥的哥伦布纪念博览会上，特斯拉展示了交流电的奇迹，震惊世界。交流电成为20世纪的通用电源，特斯拉改变了世界。1895年，特斯拉在尼亚加拉大瀑布设计了第一座水力发电站，标志着交流电的最终胜利。特斯拉还开发了新型发电机、变压器、交流输电系统、荧光灯、X射线和新型汽轮机。他花光了所有资金，因此最终没能建立无线广播公司。直到现在，科学家仍然从他的笔记本里寻找新想法。特斯拉的交流感应电动机广泛应用于世界各地的工业和家用电器。他的发明能够发电、输电，把电能转化为机械能，这就是我们今天使用的电力。特斯拉点亮了全球，加速了工业革命。磁感应强度的国际标准单位“特斯拉”，就是以他的名字命名。1983 年，本·约翰逊（Ben Johnston）在《我的发明：尼古拉·特斯拉自传》一书中总结了他对科学的贡献：“尼古拉·特斯拉是电气时代真正的幕后英雄。如果没有他，就不可能有我们现在使用的收音机、汽车点火装置、电话、交流发电和输电设备、广播和电视。”

# 充气橡胶轮胎

1888年

苏格兰，约翰·博伊德·邓禄普（1840—1921）

约翰·博伊德·邓禄普（John Boyd Dunlop）是兽医。事实上，充气橡胶轮胎并不是他发明的，而是另一位苏格兰人罗伯特·威廉·汤姆森在 19 世纪 40 年代首次提出这一设想，但邓禄普是最早制作了实用的充气橡胶轮胎，并申请了专利的人。1888 年，邓禄普看着儿子骑三轮车，注意到在鹅卵石路面上骑车有些费力和颠簸。他意识到，这是因为车子的橡胶轮胎是实心的，所以他开始想办法改进轮胎。邓禄普提出的解决方案是改用充气橡胶管，这样它就能起到缓冲作用。邓禄普为这一设计申请了专利，自行车和汽车制造商很快就意识到它的潜在价值。当时正好赶上公路运输发展的关键时期。1890 年，邓禄普轮胎开始在贝尔法斯特生产，在十年专利期内，它几乎完全取代了实心轮胎。邓禄普创立了邓禄普轮胎公司（现在是美国固特异轮胎公司的子公司），此后他的名字始终和汽车行业联系

在一起。1891 年，米其林兄弟为可拆卸的充气轮胎申请了专利，使用这种轮胎的自行车赢得了世界第一届“巴黎—布雷斯特—巴黎”长途自行车赛。1895 年，安德烈 · 米其林（André Michelin）最早为汽车安装充气轮胎。1903 年，固特异轮胎公司为第一个无内胎轮胎申请了专利，但直到 1954 年才在帕卡德汽车上推出。1911 年，菲利普 · 斯特劳斯（Philip Strauss）发明了第一个拥有充气内胎和橡胶外胎的实用轮胎，很快被自行车制造商采用。

**被遗忘的发明家**

1845年，罗伯特 · 威廉 · 汤姆森（Robert William Thomson）申请专利时只有23岁。这项专利将在世界上留下他的印记——专利号10990。汤姆森的充气橡胶轮胎将改变公路交通。尽管汤姆森的发明具有显而易见的优势，但由于它超前了50年，那时不仅没有汽车，自行车也刚刚起步，再加上缺乏需求、成本高昂，所以充气轮胎仅仅被当作一种新奇的东西。但汤姆森没有气馁，他在1849年为自动注入式钢笔的原理申请了专利。在汤姆森死后多年，1891年，邓禄普的轮胎专利使汤姆森的轮胎专利被判无效。

# 电影摄影

| 1888年 |

英格兰，威廉 · 爱德华 · 弗里斯–格林（1855—1921）；
法国，路易斯 · 艾梅 · 奥古斯汀 · 雷 · 普林斯（1841—1890）

威廉 · 爱德华 · 弗里斯-格林和路易斯 · 艾梅 · 奥古斯汀 · 雷 · 普林斯都是电影产业的先驱。早期电影的发展历程耐人寻味，多人都声称是自己发明了电影。海格特公墓有一座由埃德温 · 鲁琴斯（Edwin Lutyens）设计的纪念碑，以纪念“电影摄影的发明者”威廉 · 爱德华 · 弗里斯-格林（William Edward Friese-Greene）。弗里斯-格林是发明家和肖像摄影师，在英国巴思工作的时候，他遇到了约翰 · 亚瑟 · 吕布克 · 卢奇（John Arthur Roebuck Rudge），当时卢奇已经开始制作“幻灯机”（magic lantern）。卢奇发明了一种独特的“贝尔芬提克幻灯机”（Biophantic Lantern），也叫“范塔斯科普幻灯机”（Phantascope），它可以连续快速地显示 7 张幻灯片，给人一种运动的错觉。自1886年起，弗里斯-格林开始与卢奇合作，使照相底片能够通过机器投映。他们把这种设备叫“幻影镜”（Biophantascope）。弗里斯-格林意识到，感光玻璃板不可能是电影的实用媒介，于是他开始用涂了油的纸做实验。

1887年，弗里斯-格林最早尝试使用“赛璐珞”这种新材料作为电影摄影机的媒介。他致力于把爱迪生的留声机与自己正在研究的放映机结合起来。他写信给爱迪生，但没有得到回复。然而，此后爱迪生也开始研究这个领域。弗里斯-格林的论文引用了信中的话：“动态图片为什么不与声音结合起来？演讲，行车的声音，马蹄踩在草上的声音，板球比赛中击球的声音，人类说话的声音——任何声音都可以。声音与视觉的同步仅仅是改善机制的问题。”1889年，弗里斯-格林的电影摄影机每秒可以拍摄5帧，他用赛璐珞胶片推出了一部短片。1891年，他在美国申请了专利，命名为“改进的快速摄影设备”。1891年，英国杂志《光学幻灯机和照相放大机》刊登了一篇文章：“把这种仪器对准一个特定的物体，转动手柄，每秒可以拍摄几张照片。将这些照片转换成幻灯片，依次放在条状胶片上，绕过滚轴，利用一台造型奇特的幻灯机（也是弗里斯-格林先生的发明）投映到屏幕上。如果需要语音，就把它和留声机一起使用。”

1889年6月21日，弗里斯-格林获得了“定时摄影相机”的专利，它每秒可以拍摄10张照片，使用的是穿孔赛璐珞胶片。1890年2月，《英国摄影新闻》（*British Photographic News*）刊登了一篇关于新相机的报道。3月，弗里斯-格林又写信给爱迪生，并附上了一张剪报，这时威廉·肯尼迪·劳里·迪克森（William Kennedy Laurie Dickson）正在为爱迪生研制一种电影系统“活动电影放映机”（Kinetoscope）。4月，《科学美国人》也报道了弗里斯-格林的这项发明。弗里斯-格林在1890年又做了一次公开演示，但他的新机器帧率较低、可靠性较差，没能吸引到资金支持。19世纪90年代早期，弗里斯-格林尝试用相机创造立体的动态图像，期间他花光了所有的钱，最终在1891年宣布破产。为了偿还债务，弗里斯-格林以500英镑的价格出售了定时摄影相机的专利权。由于付不起续展费，这项专利最终失效了。然后，弗里斯-格林开发了用于彩色电影的“贝尔彩色法”（biocolour）。他的竞争公司（Kinemacolor）声称弗里斯－格林侵权了；弗里斯-格林提起反诉，认为自己的贝尔彩色法细节更详细。法院当时做出了不利于弗里斯-格林的判决，但 1914 年，上议院推翻了这一判决。不过，弗里斯-格林的发明还处在起步阶段，这一胜利对他的帮助不大。1889 年至 1892 年，迪克森和爱迪生发明了“活动电影放映机”，灵感来自 1883 年和 1888 年迈布里奇与爱迪生的会面。迈布里奇后来描述了他如何提出一项合作计划，以便把他的动物实验镜与爱迪生的留声机结合起来，制造可以同时播放声音和图像的机器。1888 年 10 月，爱迪生提交了一份临时专利申请，宣布他计划发明一种设备，声称“它对眼睛的效果就相当于留声机对耳朵的效果”。当时爱迪生的许多成果都引起了很大的争议，为了取得商业上的成功，爱迪生把许多发明的真相刻意掩饰起来。

路易斯·艾梅·奥古斯汀·雷·普林斯（Louis Aimé Augustin Le Prince）是法国科学家和发明家，许多电影史学家认为他是真正的“电影之父”。普林斯使用单镜头摄影机和纸膜拍摄了第一组动态图像。经过最初的实践，1886 年，他申请了动画制作的专利。1888 年 10 月，普林斯在利兹进行了一项开创性的工作，他拍摄了朗德海花园和利兹大桥的街景。这些照片后来被投映到利兹的一个屏幕上，成为最早的电影展览。《朗德海花园场景》是最早的影片片段，他使用的是每秒拍摄 16 帧的 16 镜头相机和非穿孔感光的柯达相纸。这成为最重要的电影事件，因为这是有史以来人们第一次使用连续的胶片（相纸或者赛璐珞）拍摄单独的帧，按顺序投映形成的动态图像。

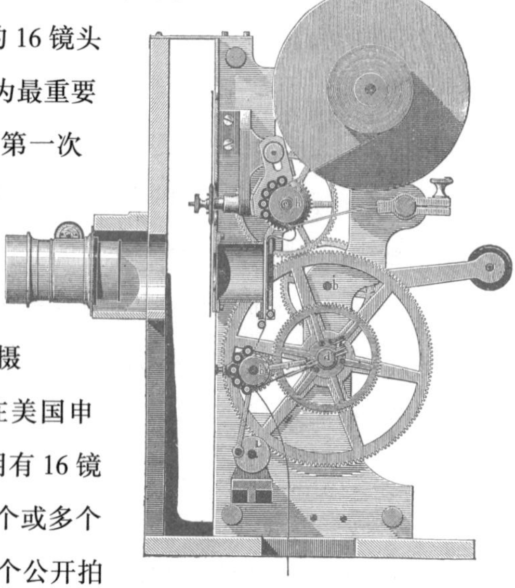

欧洲和美国的早期电影史就是对摄影机专利的争夺。1888 年，普林斯在美国申请了摄影机和放映仪的专利，自称拥有 16 镜头相机（但专利申请中描述的是“一个或多个镜头”）。他意识到自己即将成为第一个公开拍摄电影的人，于是在比利时、意大利、奥地利、匈牙利、法国和英格兰申请了国际专利，但他在世时最终没能见证。普林斯在英格兰申请的专利是“使用柔韧胶卷和快门的间歇运动”。他的仪器能显示动画，这已经在利兹的惠特利工厂展示过了。普林斯在美国申请单镜头摄影机的专利被拒绝了，原因是已有同类产品申请了专利。然而，几年后，爱迪生公司申请同样的专利却通过了。1889 年，普林斯在他的电影放映机中使用了感光胶片。为了与家人移民纽约，并继续他的研究，1889 年，普林斯获得了法国和美国的双重国籍。不幸的是，1890 年 9 月，他没有按计划出现在纽约朱梅尔大厦举办的公开展览上。9 月 16 日，在访问祖国法国的时候，据说普林斯在第戎登上了一辆火车。他向朋友们承诺，下周一将在巴黎与他们团聚，然后返回英国，之后他将前往美国宣传新摄影机。但普林斯在火车上“消失”了，家人和朋友再也没有见过他。

人们提出了各种各样的理论来解释普林斯的失踪，包括自杀和谋杀。1990 年，历史学家克里斯托夫·劳伦斯（Christopher Rawlence）出版了《失胶疑云》（*The*

## 其他电影先驱

1894年，爱迪生将他的活动电影放映厅商业化，因此被认为是电影的发明者。但他的雇员迪克森才是开发团队的负责人。1894年，迪克森用活动电影摄影机拍摄了爱迪生实验室的工作人员弗雷德·奥特（Fred Ott）站在摄影机前打喷嚏的照片。这是纽约一家杂志的噱头，他们希望用人打喷嚏的静止照片作为报道的配图。目录中这样写道：“爱迪生活动电影放映机记录的喷嚏。”这段4秒钟的影像就是著名的《爱迪生的喷嚏》（*Edison Kinetoscopic Record of a Sneeze*）。这段视频的版权归迪克森和公司的另一位雇员摄影师威廉·海斯（William Heise）所有。它成为美国国会图书馆的一月“照片”（实际上是一份包含45张图片的校样）。照片的拍摄速度是每秒16帧，胶卷宽度为35毫米。

在法国，卢米埃兄弟被公认是电影摄影机的发明者，因此也被公认是电影的发明者。这是巴黎最早在商业上开发电影。事实上，法国发明家莱昂·布利（Léon Bouly）在1892年发明了第一台电影摄影机，并申请了专利。然而，两年过去了，他还没有支付专利费用，所以卢米埃兄弟购买了专利。1894年，查尔斯·弗朗西斯·詹金斯（Charles Francis Jenkins）用胶卷和范塔斯科普幻灯机制作了第一台电影放映机。范塔斯科普幻灯机实际上是约翰·亚瑟·吕布克·卢奇的作品，但詹金斯完善了它，加入了胶卷和电力，拍摄了最早的彩色电影。詹金斯出售了这些版权，被爱迪生买下，并改名为“维太放映机”。詹金斯后来成为电视技术的先驱。1928年，詹金斯电视公司在美国开设了第一家电视台W3XK，它于7月2日开播，最初只有华盛顿詹金斯实验室的投影轮廓。从1929年开始，每周五晚上它在马里兰州惠顿播送节目。

*Missing Reel*）一书，用暗杀来解释普林斯的失踪。劳伦斯描述了普林斯家人对爱迪生的怀疑，导火索就是专利。普林斯消失的时候，他正准备到英国为 1889 年的放映机申请专利，然后前往纽约参加预定的官方展览。普林斯的遗孀认定这是谋杀。普林斯失踪后，他的妻子和长子阿道夫代表家族走上法庭起诉爱迪生，这后来被称为"衡平法案件 6928"。阿道夫帮助父亲做过许多实验。1898 年，美国谬托斯柯甫公司起诉爱迪生，曾传唤阿道夫作为证人。他们希望证明普林斯的成就，从而否定爱迪生的电影摄影机专利。但谬托斯柯甫公司败诉了，紧接着就是著名的专利战。然而，1908 年，托马斯·爱迪生被认定是电影的唯一发明者，至少在美国如此。1902 年，阿道夫·雷·普林斯在纽约火烧岛中弹身亡。最终，赫尔曼·凯斯勒（Herman Casler）制造了普林斯的仪器，并用于拍照。2006 年，理查德·豪厄尔斯（Richard Howells）写道："相比于卢米埃兄弟和爱迪生，普林斯至少提前七年让图像动起来，这改写了早期电影史。"

# 病毒

| 1892年 |

## 俄国，德米特里·约瑟福维奇·伊凡诺夫斯基（1864—1920）

病毒的发现是医学史上的重大突破，这一发现连通了微生物学和生物化学，确定了许多疾病的病因和传播途径。19 世纪末，科学家已经接受了细菌致病论，即传染病是由致病微生物引起的。德米特里·约瑟福维奇·伊凡诺夫斯基（Dimitri Iosifovich Ivanovsky）在圣彼得堡研究一种能够感染烟草的疾病，并发表了一篇论文《论两种烟草疾病》（*On Two Diseases of Tobacco Plants*）。伊凡诺夫斯基在 1888 年毕业，第二年，俄国农业部主任要求他研究一种新的烟草病毒引起的"烟草花叶病"，这种疾病曾影响克里米亚地区的植物，导致烟草叶子发黄，长出绿斑。伊凡诺夫斯基把被感染的叶片捣碎，制成汁液，然后倒进瓷质的尚柏朗细菌过滤器里，这种过滤器可以清除所有细菌。可是，伊凡诺夫斯基把过滤后的汁液涂在健

### 类病毒和朊病毒的发现

20世纪70年代末，科学家发现了一种新的甚至更小的致病因子——类病毒。类病毒是小型环状RNA链，没有任何外部防护。已知的类病毒至少能在6种植物群中引发疾病。动物中从来没有分离出类病毒，但不排除这种可能性。科学家还发现了一种传染性蛋白质“朊病毒”。朊病毒没有核酸，我们也不知道它的复制方法。它能引起一些疾病，影响动物和人类的中枢神经系统。朊蛋白病（又称海绵状脑病，如疯牛病）是由一种异常形式的朊病毒引起的。正常的朊蛋白能在所有哺乳动物的大脑中自然产生，它是无害的；但改变了形式的朊蛋白就成了致病因子。就像苹果腐烂一样，变异的朊蛋白一旦进入大脑，就会把正常的朊蛋白转变成变异的、具有传染性的朊病毒。最后，感染者会失去运动协调能力，或者变得痴呆，甚至死亡，大脑就像海绵一样布满孔洞。

没有人能理解朊病毒和相关症状之间的关系，也没有人理解为什么被感染的大脑会变成海绵状。科学家还在广泛研究疯牛病以及人类感染的克罗伊茨费尔特-雅各布病，这将有助于理解其他脑损伤疾病，比如阿尔茨海默病和帕金森病。

康的植物叶片上，健康叶片还是会感染疾病。1892 年，伊凡诺夫斯基发表了关于烟草花叶病的报告，详细说明了他所坚持的观点：烟草花叶病的病原体一定比细菌还要小。这个实验为新型的侵染性病原体提供了最早的事实证据。伊凡诺夫斯基的结论是，导致这种疾病的是一种滤过性病原体。当时他只有 28 岁，科学界没能理解其中的含义，所以他最终放弃了这项研究。

荷兰植物学家马丁努斯·威廉·拜耶林克（Martinus Willem Beijerinck）重复了伊凡诺夫斯基的实验，并在 1898 年把这种病原体命名为“滤过性病毒”。他提出致病因子的新概念。拜耶林克认为，烟草花叶病由一种可滤过的物质引起，这种物质具有活性，但只能在活细胞中繁殖。这是科学家首次从化学和生物学的角度考虑致病因子。在 20 世纪的前 30 年里，这种神秘的可滤过“细菌”导致了十多种疾病。1935 年，生物化学家温德尔·梅雷迪思·斯坦利[1] 宣布他利用结晶蛋白质的方法，制成了烟草花叶病毒结晶体，并表明病毒可以用于生物化学和微生物学研究。

大多数病毒必须用电子显微镜才能看到。病毒体积极小，结构简单，分布广

1 温德尔·梅雷迪思·斯坦利（Wendell Meredith Stanley，1904—1971），美国化学家，1946 年诺贝尔化学奖得主。

泛，不具备细胞结构。我们可以这样形容病毒的大小：如果把人缩小到病毒那么大，那么美国所有人口可以组成两块橡皮擦。然而，病毒能感染活细胞，因此就像是生物体与非生物体之间的桥梁。病毒在很多方面与细胞生物体不同。病毒只有一种核酸[1]。它被称为“非细胞致病因子”，必须利用活宿主细胞的代谢机制才能繁殖更多病毒。病毒本身不能代谢，所以必须寄生在活细胞里。病毒能感染一切生命形式。感染细菌的病毒叫“噬菌体”，人们对这种病毒的研究最为深入。已知有 1000 多种植物疾病是由病毒引起的。植物病毒很容易进入细胞壁受损的植物细胞。被病毒污染的机器设备、真菌、花粉、种子、线虫和吸吮性害虫（如蚜虫）等都可能传播植物病毒。动物和人类的许多疾病也是由病毒引起的，包括麻疹、普通感冒、流感、天花、疱疹和艾滋病。现在有证据表明，某些病毒是一些癌症的高风险因子。然而，病毒需要相应的遗传和环境因素才能致癌。

大多数病毒是通过嘴巴和鼻子进入人体，也可以通过皮肤上的伤口进入人体（比如被叮咬一口）。病毒进入人体后，可能会遭遇人体自身的防御机制，即被吞噬细胞吞噬并消化。如果病毒过了这一关，人体就会产生一种特殊的蛋白质，叫“抗体”。抗体攻击入侵的病毒，并附着在病毒上。病毒要么被抗体直接摧毁，要么被白细胞包围。如果病毒侵入了细胞，就会触发化学警报，产生另一种蛋白质

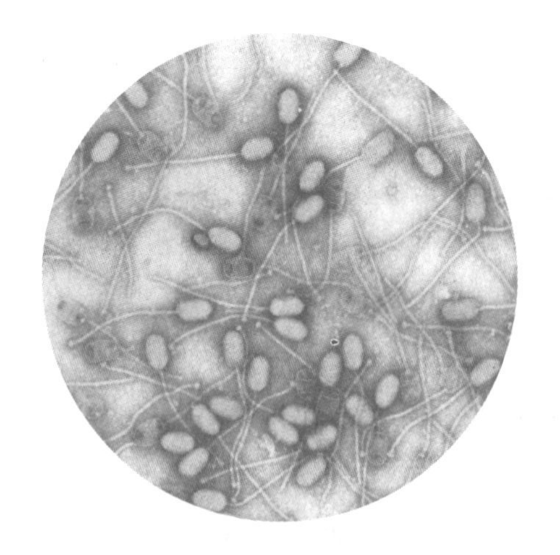

1 核酸有两种：脱氧核糖核酸（DNA）和核糖核酸（RNA）；病毒只有其中一种核酸。“朊病毒”由蛋白质组成，不含核酸，因此严格来说不是一种病毒。

“干扰素”。干扰素从受感染的细胞中释放出来，并与邻近细胞的细胞膜结合。这是对临近细胞的保护，使病毒很难进一步入侵。预防病毒感染最好的方法是接种疫苗。

# 住院医师

1893年

加拿大，威廉·奥斯勒（1849—1919）

威廉·奥斯勒（William Osler）是加拿大医生，也是病理学家、教育家、藏书家、历史学家和作家。1889 年，奥斯勒接受了美国马里兰州巴尔的摩约翰·霍普金斯医院的邀约，成为第一任首席医师。1893 年，奥斯勒建立了约翰·霍普金斯大学医学院，成为该校的第一位医学教授。在他任职的 16 年里，这家医院的规模扩大了 5 倍以上。1905 年，作为临床医师、人道主义者和教师，奥斯勒被任命为牛津大学医学教授。奥斯勒创立了最早的专业住院医师培训计划，也最早把医学生带出课堂进行临床训练。他坚持让学生跟病人交谈，通过观察来学习。在这一阶段的培训中，医学生在执业医师的细致监督下行医。奥斯勒的创意传遍了英语世界，大多数教学医院至今仍采用这种方法。现在，医院的医务人员很大一部分是医学生，这也有助于降低医疗成本。奥斯勒的住院医师制度很成功，这在很大程度上取决于它金字塔的结构：最底层是实习医生，中间是助理住院医生，最上面是首席住院医生（那时，官

### 奥斯勒品尝尿液

在牛津大学，奥斯勒给满屋子的医学生讲课，强调良好的观察能力和注意细节的重要性，因为仔细观察常常有助于诊断。奥斯勒在面前摆了一瓶待化验的尿液，他指出，糖尿病患者的尿液经常含有糖。他把食指伸进尿液，然后用舌头舔了舔手指。接着他把瓶子在房间里传递，让学生模仿他的做法，测试他们对细节的注意力。学生们照做了，每个人都尝了尿液。瓶子最终回到他手上，奥斯勒说：“现在你们明白了我说的细节是什么意思。如果你们仔细观察，就会注意到我伸进尿液的是食指，而放进嘴巴的是中指。”

僚和委员会成员没有那么多)。

奥斯勒认为:“没有书本引导的医学生会驶向未知的大海，没有病人的医学生则根本没机会出航。”他最著名的格言是:“倾听患者，他在告诉你诊断结果。”这句话强调了了解患者病史的重要性。在对医学教育的贡献中，奥斯勒最引以为傲的是让三年级和四年级的学生在病房里与患者共处。他开创了临床教学的实践，与学生一起巡视病人，一名学生把他的临床检查称为“无与伦比的全面体检”。刚到巴尔的摩不久，奥斯勒就坚持要求医学生必须在早期就参与临床学习；三年级学生就要开始记录患者的病史，进行身体检查，并对分泌物、血液和排泄物进行实验室检测。奥斯勒说，他希望他的墓志铭这样写:“他把医学生带进病房临床教学……‘我别无所求，除了陈述我在病房里教学，我认为这是我做过的最有用也是最重要的工作’。”奥斯勒的《医学原理与实践》(*The Principles of Practice of Medicine*)是学生和医师重要的医学教科书。直到2001年，也就是他去世80多年后，这本书还一直在世界各地出版。

# 碳化硅(金刚砂)

| 1893年 |

美国，爱德华·古德里奇·艾奇逊(1856—1931)

爱德华·古德里奇·艾奇逊(Edward Goodrich Acheson)年轻时曾为爱迪生工作。1880年，他正在测试一种导电碳，用于制造新型电灯泡的灯丝。1884年，艾奇逊辞掉爱迪生公司的工作，去管理一家电灯厂，致力于在电炉中开发人造钻石(方晶锆石)。他把黏土和焦炭的混合物放在铁碗里，用碳精弧光灯加热，发现碳电极上附着着一些闪亮的六方晶体(碳化硅，SiC)。1893年，艾奇逊为一种新型工业磨料的制造方法申请了专利，他称之为“金刚砂”(碳化硅)。1896年，艾奇逊获得了分次式电阻炉的专利。人们用这种电阻炉生产碳化硅，一直沿用至今。金刚砂的硬度仅次于钻石，是当时最硬的人造物质。1926年，美国专利局把金刚砂列为工业时代最重要的 22 项专利之一。美国发明家名人堂指出，“如果没有金刚砂，就不可能大规模生产精密研磨的金属通用件”。

**最硬的人造物质**

碳化硅是黏土和焦炭粉末的混合物，通过电流熔合而成。50年来，碳化硅一直是世界上最坚硬的人造物质，直到后来在某些应用中被碳化钨、碳化硼和人造金刚石所取代。

自发明以来，碳化硅粉末就作为磨料大量生产，并用于珩磨、研磨、喷砂和水射流切割等研磨加工。20 世纪，碳化硅开始应用于电子领域，包括无线电、发光二极管（LED）和探测器。今天，它广泛应用于超高速、高温 / 高压半导体。碳化硅颗粒可以黏合在一起，形成非常坚硬的陶瓷，广泛应用于对耐久性要求较高的产品，如汽车刹车碟、汽车离合器以及防弹衣。艾奇逊还发现，如果把金刚砂高温加热，会产生一种非常纯净的石墨，可用作润滑剂。1896 年，他为这种石墨制造工艺申请了专利。艾奇逊余生都在研究和申请的专利有石墨、工业研磨剂、耐火材料和氧化还原工艺。在机械、电子、电化学和胶体化学等领域，艾奇逊获得了 70 项专利，包括碳化硅的设备、技术和成分。在至少 5 家依赖电热法的工业公司中，艾奇逊都是其中的关键人物。

# X 射线

1895年

德国，威廉·康拉德·伦琴（1845—1923）

威廉·康拉德·伦琴（Wilhelm Conrad Röntgen）被誉为“诊断放射学之父”，诊断放射学利用成像技术诊断疾病。伦琴是德国科学家，1869 年，他在苏黎世大学获得博士学位。1875 年以后，他在多所大学担任了物理学教授。伦琴的第一部著作发表于 1870 年，主题是“气体比热”；接下来是关于晶体导热率的著作。1895 年，伦琴开始研究电流通过压强极低的气体时会发生什么现象。他把阴极射线管装在密闭的厚纸盒里，隔绝所有光源，然后放在黑暗的房间中。在纸板的一面涂上氰亚铂酸钡，放置在射线的路径上。哪怕将纸板放在距离阴极射线管 1.8 米的位置，它也会发出荧光。伦琴后来把妻子的手固定在射线路径的感光板上，照片显示了她手骨的投影，以及她戴着的戒指的形状。射线能穿过手掌，投射出淡淡的阴影，而手骨被半透明的皮肉包裹。这是最早的 X 光片。伦琴当时不了解这种射线的性质，将其取名为“X 射线”，而没有用自己的名字命名。后来的研究表明 X 射线是一种类似于光的电磁射线，但振动频率与可见光不同。

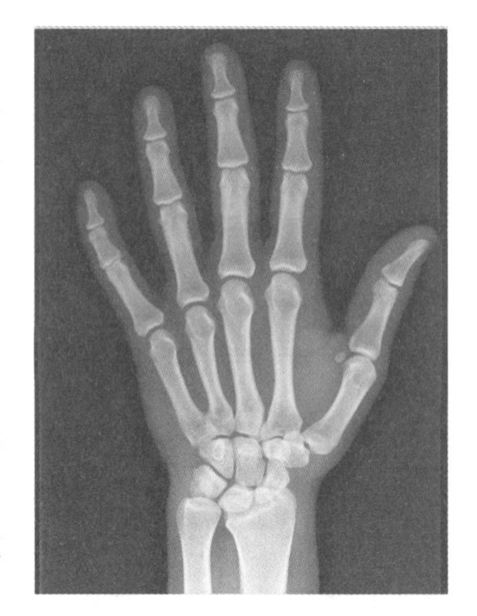

1896 年 1 月 7 日，法国著名数学家儒勒-昂利·庞加莱（Jules-Henri Poincaré）收到一封来自伦琴的信件，里面还有几张手骨的照片，信中说，这些照片是一个月前用新发现的 X 光拍摄的。伦琴解释说，他给全欧洲的科学家邮寄了照片，用这种方式宣传自己的发现。这些照片在全世界引起了轰动，并直接导致贝可勒尔发现放射性现象，以及居里夫妇做出的杰出成就。1896 年 1 月，新罕布什尔州达特茅斯的埃迪·麦卡锡（Eddie McCarthy）的名字在医学界传开了，因为医生利用 X 光片帮他复位了骨折的手臂。这种电磁辐射可用于生产和探测，对应的波就是 X 射线。1901 年，伦琴因此获得了第一个诺贝尔物理学奖。此外，尼古拉·特斯拉也自称发现了 X 射线。

### 不可见光

几分钟后，此事就毫无疑问。光从管中射出，使纸板发光。我不断增加实验的距离，直到 2米的时候依然能成功。它似乎是一种新的不可见光。它绝对是一种新物质，此前从没有被记录过。

——亨利·杰克逊·韦尔斯·达姆《摄影的新奇迹》，
刊于《麦克卢尔杂志》，1896年4月

# 动力飞行

| 1896年 |

威尔士，威廉（比尔）· 弗罗斯特（1850—1935）

1895 年 10 月 11 日，《彭布罗克大众先驱报》报道说，威廉 · 弗罗斯特（William Frost）发明了飞行器，并拥有临时专利。从 1880 年开始，弗罗斯特已经从事了 15 年的研究。1895 年 8 月 30 日，他最初的专利描述是这样的："……飞行器的上下舱由金属丝构成，表面覆盖着轻质防水材料。每个舱的两端都形成平行的锋利边缘。上舱要大，保证有足够的气体抬升飞行器。上舱的中心固定着一个圆筒，圆筒内部有一个水平风扇，通过轴连接着下舱。风扇由斜齿轮驱动。当飞行器上升到足够高，风扇就会停下来，上舱的机翼向前倾斜，飞机像鸟一样前进和下落。当飞行器下降到足够低，机翼就往相反的方向倾斜，开始前进和上升；如果有必要，风扇会再一次开启。两端的方向舵可以完成转向。"

1998 年 7 月 26 日，《星期日泰晤士报》刊登了一篇特稿《威尔士飞行员抢先飞上天空》，其中写道："据说弗罗斯特驾驶一台'飞行器'从彭布罗克郡的田野起飞，在空中逗留了 10 秒钟。根据最新发现的文件显示，1894 年，来自彭布罗克郡桑德斯富特的弗罗斯特为他的发明申请了专利，这是一种飞艇和滑翔机的混合体。弗罗斯特详细说明了两个反转的风扇如何推动它。第二年，这项发明被批准了。"弗罗斯特飞行器长 9.4 米，由竹子、帆布和钢丝网制成，并配有装氢气的袋子，从而产生"中性浮力"[1]。借助水平的风扇和胀满氢气的袋子，飞行器可以飞到空中，然后滑翔一段时间。如果想飞得更高，就要使机翼倾斜，并再次打开风扇。当地民众坚持认为，在专利获得批准的一年内，这架飞机就被制造并投入使用。弗罗斯特是载人、可持续的动力飞行的开拓者。历史学家罗斯科 · 豪厄尔斯（Roscoe Howells）从弗罗斯特本人那里听到了关于这次飞行的描述："他的飞行器起飞了，但起落架被一棵树的树梢卡住了，掉在田里。要不是这样，他就已经飞

1 中性浮力，指与重力相等的浮力。这时物体既不会上升也不会下降。

过了桑德斯富特的山谷，那将意味着死亡或荣耀。”弗罗斯特的玄孙女尼娜·奥蒙德说：“我们家一直都知道弗罗斯特是最早飞行的人，他飞了五六百码（是莱特兄弟的两倍多）。但比尔放弃了，我们也没有理由为这一荣耀狂欢，因为那是他的成就。”

撞到树之后，弗罗斯特修理了飞行器。但1896年秋天，大风把飞行器从停泊的地方刮下来，彻底毁掉了它。根据T.G.斯汀的《桑德斯富特的故事》，弗罗斯特的飞行器是一架三翼飞机，它在一场猛烈的暴风雨中起飞，然后在3.2千米外降落，成了碎片。弗罗斯特随后前往伦敦，向英国陆军部寻求资金，但被拒绝了。弗罗斯特本来有几次机会获得外国政府的专利，但他出于爱国主义情怀拒绝了。在1998年8月1日BBC广播四台的《起飞》节目中，主持人指出：“莱特兄弟有人证，有写满技术数据的日志，最重要的是有摄影证据。但也有充分的理由认为，第一个飞行的人是比尔·弗罗斯特。”1932年，也就是弗罗斯特去世前3年，他在

## 莱特的飞机

1903年12月17日，奥维尔·莱特（Orville Wright）首次驾驶“飞行者一号”飞行，仅持续了12秒，飞行距离36.5米，速度为11千米/小时。接下来两次的飞行距离分别是53米和61米，分别由威尔伯·莱特（Wilbur Wright）和奥维尔·莱特驾驶。飞行高度大约是离地3米。谈到第四次也是最后一次飞行的时候，奥维尔·莱特说：“大约12点，威尔伯开始了第四次也是最后一次飞行。开始时的几百英尺还是像前几次那样颠簸，但300英尺后，飞机已经控制得很好，接下来四五百英尺的路程非常平稳。然而，800英尺以后，飞行器开始倾斜，并在一次俯冲时撞到了地面。测量到的飞行距离是852英尺，飞行时间是59秒。前舵的支撑架严重断裂，但机器的主要部件没有任何损伤。我们估计一两天内它就能修复如初。”

——弗雷德·C.凯利《莱特兄弟：一部传记》，1943年奥维尔·莱特授权出版

接受采访时说，自己是“航空旅行的先驱”。当时弗罗斯特已经85岁，双目失明，他说在英国陆军部不认可他的成就之后他缺乏资金，还说：“国家不打算把空中导航用作战争手段。”《星期日泰晤士报》的文章继续写道：“在首次试飞后，由于运气不好和资金短缺，他决定不再驾驶飞机。”弗罗斯特的飞行器比莱特兄弟的“飞行者一号”（Wright Flyer I）早7年。

# 无线电

1896年

塞尔维亚和美国，尼古拉·特斯拉（1856—1943）

无线电是世界通信的一场革命。无线电的发展要归功于电报和电话的发明，它最开始的名字就是“无线电报”。无线电技术的诞生是建立在无线电波的发现之上。无线电波是一种电磁波，能够通过空气传输音乐、语音、图片等数据。现在的许多设备都用到了电磁波，比如收音机、微波炉、无线电话、遥控玩具、电视机等。1896年，尼古拉·特斯拉为无线电的基本系统申请了专利；后来古列尔莫·马可尼使用的无线电发射机的所有基本原件，特斯拉的原理图都描述过。1896年，特斯拉制造了一台接收无线电波的仪器，放置在曼哈顿格拉赫酒店的房间，发射装置位于纽约南第五大道的实验室（现在改名为“无线电大楼”）。接收装置中有一块磁铁，能产生很强的磁场，每平方厘米有20000根场线。5年后的1901年12月，马可尼在英国和加拿大纽芬兰之间建立了无线电通信系统，并于1909年获得诺贝尔物理学奖。然而，马可尼的大部分工作并不是原创的。1864年，詹姆斯·麦克斯韦提出了电磁波理论；1887年，海因里希·赫兹证明了麦克斯韦的理论。后来，

> **展望未来**
>
> 一旦完成，商人就可能在纽约口述指示，并立即在伦敦或其他地方的办公室里打印。他将能够从办公室打电话给世界上任何一个电话用户，而不需要更换设备。用户使用一种比手表还小的廉价仪器，就可以听到任何地方的声音——不管是在海洋还是在陆地，不管多么遥远——包括音乐或歌曲，政治领袖的致辞，科学家的演说，雄辩的牧师的布道。同样，无线电也可以传输图片、字符、图画和印刷品。只需要一个工厂就可以生产数百万个这样的仪器。然而，最重要的是，它不需要电线，其规模之大足以令人折服。
>
> ——尼古拉·特斯拉《无线电技术的未来》，刊于《无线电报与电话》，1908年

欧里佛·洛兹（Oliver Lodge）爵士拓展了赫兹的原型系统。布让尼检波器（一种早期的无线电信号检测器）增大了信号传输的距离，马可尼对无线电的主要贡献是完善了布让尼检波器。检波器是无线电的关键技术，但在后来的接收器中被淘汰，并于1907年前后被更简单、更灵敏的晶体检波器取代。

然而，无线电广播的核心是4个调谐电路，用于发射和接收无线电波。这是特斯拉最早提出的概念。1893年，在费城富兰克林学院关于无线能量传输的著名演讲中，特斯拉证明了这个概念。4个调谐电路分两对使用，至今仍然是无线电和电视设备的基本组成部分。1897年，41岁的特斯拉申请了第一项无线电专利；一年后，他向美国海军和公众展示了一艘无线电控制的船。1904年，美国专利局反悔了，把无线电专利授予了马可尼。特斯拉提起了诉讼。1943年，他去世几个月后，美国最高法院做出了支持特斯拉的判决。这一裁决为美国的无线电技术专利奠定了基础。它最终承认，特斯拉在发明无线电技术中做出了更重要的贡献。

# 放射性

| 1896年 |

法国，安东尼·亨利·贝可勒尔（1852—1908）

安东尼·亨利·贝可勒尔（Antoine Henri Becquerel）是法国物理学家，他最

开始研究的是光的平面偏振、磷光现象和晶体的光吸收。1896年，贝可勒尔发现了天然放射现象，使他此前的所有工作都黯然失色。他曾与庞加莱讨论伦琴发现的辐射（X射线），这种辐射可以在真空管中产生磷光。于是贝可勒尔决定探究X射线与自然发生的磷光之间的关系。他的假设是，只有发光物体才能激发出X射线等辐射。贝可勒尔的父亲也是一位物理学家[1]，他从父亲那里获得了一种铀盐，在光照下能发出磷光。贝可勒尔把这些铀盐放在摄影底片附近，盖上不透明的纸，结果发现底片上有雾（也就是说底片被曝光了）。所有的铀盐都有这种现象，人们认为这是铀原子的一种性质。贝可勒尔因此开始研究自发的核辐射。在他看来，铀似乎自发地激发X射线，但这并不是完全正确的，因为大块的硫酸铀酰钾的辐射包含整个光谱，而不仅仅是X射线。

后来，贝可勒尔证明了铀激发出的射线能导致气体电离，可以被电场和磁场偏转，而X射线不具备这种性质。世界各地的科学家开始投入到贝可勒尔的研究中。放射性是一种全新的东西，与当时的物理学格格不入。能量守恒定律认为“能量既不能凭空产生，也不能凭空消失”，放射性金属的存在使这种理论面临危机。不管怎样，似乎每一块铀都能产生辐射，使摄影底片起雾，使气体电离，有时甚至会灼伤做实验的物理学家。1903年，贝可勒尔与皮埃尔·居里、玛丽·居里共享了诺贝尔物理学奖，以表彰他发现天然放射现象。居里夫妇获奖的原因是“对亨利·贝可勒尔教授所发现的放射性现象的共同研究”。贝可勒尔的研究是原子

1 即太阳能电池的发明者亚历山大－埃德蒙·贝可勒尔。

理论的重大突破。放射性的国际标准单位是贝可勒尔（Bq），月球和火星上也有以他的名字命名的撞击坑。

# 电子

| 1897年 |

## 英格兰，约瑟夫·约翰·汤姆逊（1856—1940）

J.J. 汤姆逊（Joseph John Thomson）最早证明了原子中还有更小的粒子。他是剑桥大学三一学院的数学物理学家，试图通过数学模型揭示原子和电磁力的本质。1884 年，汤姆逊被任命为著名的剑桥大学卡文迪许物理学教授[1]。汤姆逊做了一系列实验研究高真空阴极射线管的放电性质，并发现了电子。因此，他是第一个证明原子可以再分的人。汤姆逊提出，阴极射线其实是一种粒子流，这种粒子是原子中的非常微小的部分。物理学家试图用电场使阴极射线弯曲，但之前所有的尝试都失败了。带电粒子通过电场时的确会偏移，可如果在导体中（比如铜），它们就不会偏移。汤姆逊怀疑阴极射线把残留在阴极射线管里的空气变成了导体。为了验证假设，他抽空了阴极射线管中的所有气体，结果发现电场中的阴极射线偏移了。汤姆逊总结说：“我认为这个结论确凿无疑，即阴极射线是携带负电荷的物质粒子。”这种射线被带电平板和磁场偏移，这证明“它比原子小得多”。

后来汤姆逊估计了这种粒子的“荷质比”（电荷与质量的比值）。1904 年，他提出了一种原子模型：原子是带正电的球体，其中电子由静电力定位[2]。为了计算原

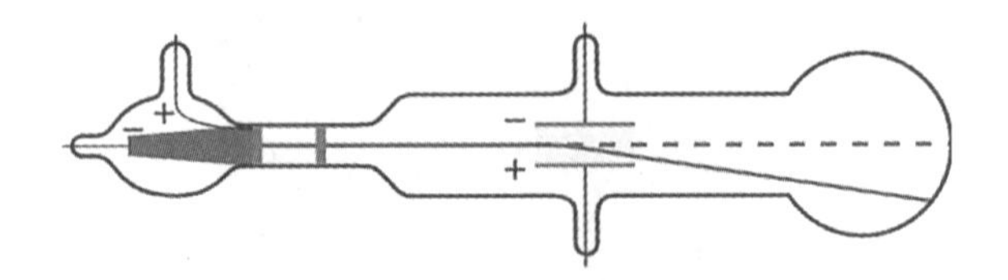


1 即卡文迪许实验室的主任，卡文迪许实验室由麦克斯韦建造，以英国物理学家和化学家亨利·卡文迪许的名字命名。麦克斯韦是第一任卡文迪许物理学教授。

2 静电力是指电荷在不流动时产生的力，这里指的是原子核（带正电）与电子（带负电）之间的吸引力。

子中电子的数量，汤姆逊付出了很大的努力，也带动了他的学生欧内斯特·卢瑟福继续研究。汤姆逊另一个重要的实验是确定了带正电荷的粒子的性质，质谱仪就是在他的新技术之上发展起来的。1906 年，汤姆逊因为对气体点传导性的研究而获得了诺贝尔物理学奖，他有 7 名学生和密友后来也获得了诺贝尔奖，包括卢瑟福（1908 年获得诺贝尔化学奖）和弗朗西斯·阿斯顿（Francis Aston，1922 年获得诺贝尔化学奖）。汤姆逊的主要假设是阴极射线是带电的粒子（他称为“微粒”），这些微粒是原子的组成部分。这一假设遭到了极大的质疑，因为人们一般认为原子是不可分割的。在某些条件下，电子表现得像粒子；而在另外一些条件下，它们表现得像波。事实上，J.J. 汤姆逊的儿子 G.P. 汤姆逊通过实验证明了电子的波动性，并因此获得了 1937 年的诺贝尔奖。后来的物理学家发现，电子只是整个基本粒子家族中最常见的成员。

### 汤姆逊质谱仪和犯罪现场调查

在实验室中，质谱仪可以用来鉴定任何样品的化学成分——无论是来自犯罪现场调查（CSI）的化学物质，还是河里的有毒物质，或者化学物中未知的成分。一种物质可能包含许多不同的元素，要鉴定它，首先需要燃烧少量的这种物质，然后使粒子带电。接着把电离的气体收集在容器里，进行鉴定。原子被赋予电荷（成为离子），所以能被磁铁吸引（如果把一束离子射向磁铁，磁铁会吸引所有的离子，而离子的质量越小，偏转就越严重）。因此，在已知强度的磁场中，通过测量离子的偏转程度，就可以计算出离子的质量。

# 阿司匹林

1897—1900年

法国，查尔斯·弗里德里克·葛哈德（1816—1856）；德国，菲利克斯·霍夫曼（1868—1946）

阿司匹林，也称乙酰水杨酸，是水杨酸的衍生物。阿司匹林是最早大规模生产的药物之一，在治愈轻微痛疾上，它比其他任何药物更有效。阿司匹林是一种温和的、不含麻醉成分的止痛药，可以缓解头部、肌肉和关节疼痛，原理是抑制前列腺素的分泌——前列腺素是人体凝血所必需的化学物质，也会使神经末梢对疼痛更加敏感。希波克拉底最早记载了用柳树皮和柳叶煎茶治疗发烧、头痛、关节痛等病症。教士爱德华·斯通（Edward Stone）后来发现了阿司匹林的活性成分水杨酸，并在1763年指出柳树皮可以有效退烧。他做了个实验，收集大量的柳树皮，晒干后制成一种粉末，然后分发给大约50个人。人们发现这是一种“强效的收敛剂，对治疗疟疾和神经性疼痛很有效”。1828年，慕尼黑大学药理学教授约翰·毕希纳（Johann Buchner）首次从柳树皮中分离出纯净的活性物质，他称之为“水杨苷”（salicin，柳树的植物学属名是salix）。1829年，法国化学家亨利·勒鲁克斯（Henri Leroux）改进了提取方法，从1.5千克柳树皮中提取出大约30克水杨苷。1838年，意大利化学家拉菲尔·皮里亚（Raffaele Piria）将水杨苷分解为一种糖和一种芳香成分（水杨醛），并把后者转化成无色针状结晶酸，叫“水杨酸”。不过，“纯”水杨酸会引起胃部不适，所以需要一种方法缓和这种化合物。1853年，法国化学家查尔斯·弗里德里克·葛哈德（Charles Frédéric Gerhardt）用钠（水杨酸钠）、乙酰氯与水杨酸反应，使之中和，得到了乙酰水杨酸。葛哈德的产品效果很好，但他没有积极推销，后来干脆放弃了。

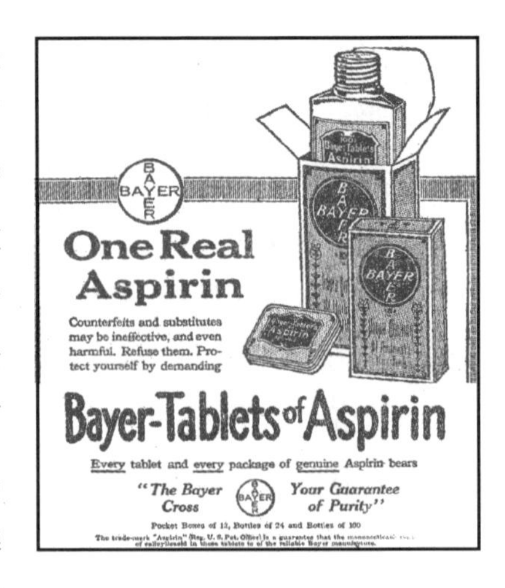


### 德国赔款

在美国，拜耳集团在1900年获得了一项专利，因此垄断了阿司匹林的生产。1919年，作为第一次世界大战后德国赔款的一部分，拜耳集团在美国的工厂被出售。斯特林产品公司投资300万美元买下了这些工厂。然而，斯特林没能保住“阿司匹林”的商标，它成为全球非处方药市场中的一种通用药物。如今，全世界每年生产的阿司匹林总重超过3200万千克，仅美国每年就消耗150亿片。

1894年，德国化学家菲利克斯·霍夫曼（Felix Hoffmann）加入拜耳集团的药物研究机构。1897年，他生产了一种稳定的乙酰水杨酸。霍夫曼研究了葛哈德的实验，"重新发现了"能止痛、退烧和消炎的乙酰水杨酸。经过大量试验，1899年，乙酰水杨酸以"阿司匹林"的商品名向医生推广。此后，阿司匹林成为世界领先的非处方药，可用于治疗疼痛、炎症和发烧。阿司匹林最初是一种装在玻璃瓶中的粉末，1900年，拜耳集团把它制成水溶性药片。这种新形式的药物是首次出现。1915年，阿司匹林在不需要处方即可购买的情况下问世，并以片剂的形式生产。1948年，劳伦斯·克雷文（Lawrence Craven）医生注意到阿司匹林可以降低心脏病发病的风险；1971年，药理学家约翰·文（John Vane）发现阿司匹林可以抑制前列腺素。医生建议有心脏病发病风险的人每天服用一片阿司匹林。它也可以预防和治疗中风。阿司匹林被普遍认为是治疗癌症、心脏病、阿尔茨海默症、中风、不孕、疱疹和失明的有效药物。研究表明，长期服用阿司匹林的人，死于直肠癌的风险会降低40%以上。可惜，和之前的葛哈德一样，霍夫曼也没有得到应有的国际认可。

# 镭

| 1898年 |

法国，皮埃尔·居里（1859—1906）；
波兰和法国，玛丽·居里（1867—1934，原名斯古沃多夫斯基）

放射性镭的发现使医学和物理学取得了巨大的进步。波兰裔科学家玛丽·居里（Marie Curie）是第一位获得诺贝尔奖的女性，也是法国第一位获得博士学位的女性，她嫁给了巴黎大学物理学教授皮埃尔·居里（Pierre Curie）。他们发现铀矿（沥青铀矿）辐射出的放射物远远超过它本身的铀含量。玛丽·居里假设，铀辐射的射线可能是这种元素的原子结构中的固有物质。这是革命性的，因为当时的科学家仍然认为原子是基本的、不可分割的粒子。在发现电子以前，没有人了

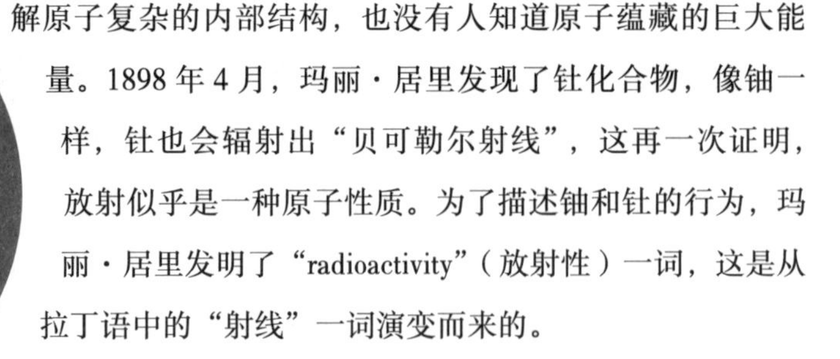

解原子复杂的内部结构，也没有人知道原子蕴藏的巨大能量。1898 年 4 月，玛丽·居里发现了钍化合物，像铀一样，钍也会辐射出“贝可勒尔射线”，这再一次证明，放射似乎是一种原子性质。为了描述铀和钍的行为，玛丽·居里发明了“radioactivity”（放射性）一词，这是从拉丁语中的“射线”一词演变而来的。

接着，居里夫妇开始寻找放射性的来源，他们发现了两种高放射性元素镭和钋。1903 年，他们与贝可勒尔共享诺贝尔物理学奖。镭的放射性比同等质量的铀强 100 多万倍，它不稳定，所以能发光。“钋”（polonium）以玛丽·居里的祖国命名，当时的波兰（Poland）已经被俄罗斯、普鲁士和奥地利瓜分。1906 年，皮埃尔去世，玛丽·居里继续她的研究。1911 年，她因为分离镭获得了诺贝尔化学奖。但她没能成功分离出钋，因为当时的人们还不了解放射性衰变的半衰期。镭的放射性很强，似乎与能量守恒定律相悖，所以人们不得不重新思考物理学的基础。镭也为欧内斯特·卢瑟福等人提供了放射性物质，从而探测原子的结构。根据实验，卢瑟福首次提出了原子核的假设。在医学上，镭的放射性似乎为攻克癌症提供了一种方法。第一次世界大战爆发时，玛丽·居里认为 X 光可以帮助定位伤口中的子弹，以便手术。为了不移动伤员，她发明了流动式 X 光机，并培训了 150 名女助手。玛丽·居里死于再生障碍性贫血，这是由于她在研究中接触了高水平的辐射。顺便说一句，2006 年，一名自称为俄罗斯安全部门工作的刺客，在伦敦用钋谋杀了俄罗斯异见人士亚历山大·利特维年科（Alexander Litvinenko）。

### 纯科学研究

我们不能忘记，发现镭的时候，没有人知道它将用在医院里。这是一门纯粹的科学。这证明了科学研究不能直接从实用的角度出发。它必须为科学本身，为科学之美丽。然后总有机会，科学发现会像镭一样造福人类。

——玛丽·居里在纽约波基普西瓦萨学院的讲话，1921年5月14日

# 热离子管（真空管）

| 1904年 |

英格兰，约翰·安布罗斯·弗莱明（1864—1945）

约翰·安布罗斯·弗莱明（John Ambrose Fleming）的热离子管（真空管）可以说是现代电子学的开端。弗莱明是诺丁汉大学的物理和数学教授，在爱迪生电话公司担任顾问。他因此目睹了爱迪生的许多发明，甚至参观了爱迪生在美国的实验室。在这里，弗莱明看到了一种被称为“爱迪生效应”的现象。研究发现，如果真空灯泡中有两个电极，电流会从一个电极流向另一个电极，但不会反向流动。弗莱明后来成为伦敦大学学院的电气工程学教授。1899年，他被任命为马可尼公司的顾问。当时，无线电还处在起步阶段，马可尼一直在设法延长信号的传输距离。弗莱明设计了第一台跨大西洋传输的发射机。他意识到，工作之所以进展很慢，主要的困难在于信号探测。最早的探测器是检波器，它非常不敏感，所以弗莱明研发了一种替代装置。1904年11月，弗莱明申请了二极真空管整流器的专利，他称之为“振荡管”。之后不久，弗莱明写信给马可尼，告诉他自己的发现。弗莱明没有再向其他任何人提及这个想法，因为这可能拥有非常广泛的应用前景。

振荡管也叫“热离子管”（thermionic valve），“thermionic”一词源自希腊语中的“thermos”，意思是“温暖”；“valve”是因为其中的电流只能单向流动[1]。它也叫“整流真空管”。在真空管中，电子从带负电荷的阴极流向带正电荷的阳极。电流流动时，输入信号的振荡被整流成可检测的直流电。在接下来的几年里，弗莱明对真空管做了很多调整，包括加入钨丝和添加屏蔽层，以消除带电体的影响。1908年，弗莱明为改良的二极真

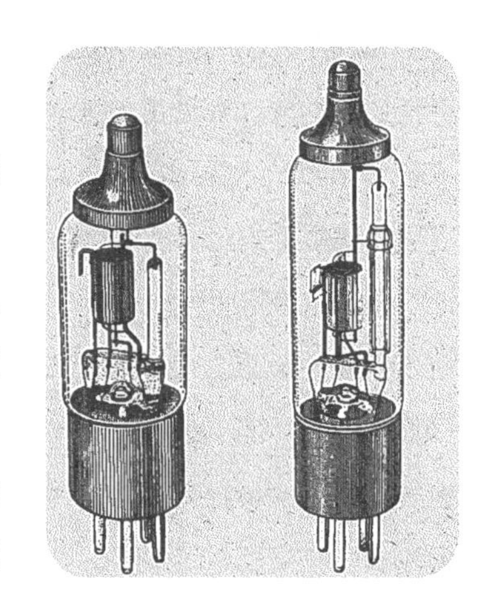

1 在英语中，“valve”有瓣膜的意思。

空管申请了专利。不久，它就被应用于几种电子设备，比如马可尼-弗莱明电子管收音机。这是无线革命的开端。弗莱明的发明引起了科学史上最著名的诉讼之一，弗莱明诉德·弗雷斯特案。李·德·弗雷斯特（Lee de Forest）博士在弗莱明管的阴极和阳极之间引入了栅极，从而实现了对电流的控制，这是非常重要的贡献。诉讼的焦点是，增加栅极（增加第三个电极）是否构成一项新的发明。马可尼公司声称不构成，而德·弗雷斯特认为构成，并争辩说弗莱明的发明也已经存在于爱迪生 1883 年的专利中。这场旷日持久的诉讼直到 1920 年才解决，法庭最终做出了有利于弗莱明的判决。

# 相对论

1905年

德国、瑞士和美国，阿尔伯特·爱因斯坦（1879—1955）

阿尔伯特·爱因斯坦（Albert Einstein）是自牛顿以来最重要的科学家，他对理解物理现实做出了贡献。1901 年，爱因斯坦在苏黎世毕业后，原本可以担任物理学和数学老师，但没有找到教职。从 1902 年到 1909 年，他只好在瑞士专利局担任技术助理。在这里，他利用业余时间孜孜不倦地撰写理论物理学论文，远离了科学界和学术界的同事。1905 年，年仅 26 岁的爱因斯坦发表了 4 篇重要的论文，每一篇都是惊人的突破。“狭义相对论”调和了力学与电磁学。“广义相对论”[1]建立了一个新的引力理论，该理论的基础是，物理定律（如光速）在任何参照系中都是相同的。这证明牛顿和伽利略错误地理解了宇宙的运行方式。爱因斯坦首次解释了时间和空间的原理。狭义相对论表明，如果你的速度不同，你测量到的

1 爱因斯坦的广义相对论诞生于 1907 年，完善并发表于 1915 年，并非上述的 4 篇文章之一。1905 年被称为“爱因斯坦奇迹年”，通常说的 4 篇论文分别讨论了光电效应、布朗运动、狭义相对论和质能等价。

距离和时间就不同。狭义相对论最著名的部分是方程式 $E=mc^2$（能量等于质量乘以光速的平方），这是发展核能的基石。在大尺度宇宙中，爱因斯坦的广义相对论和狭义相对论仍然是最令人满意的模型。

在第三篇论文中，爱因斯坦通过计算悬浮在液体中的粒子的运动（比如花粉粒在水中的振动，也就是所谓的“布朗运动”）证明了原子的存在。水中看不见的原子在花粉粒周围弹跳，就像足球运动员踢球一样。这一发现为其他科学家提供了方法，可以根据原子的运动速度计算原子的大小。然而，爱因斯坦在 1921 年获得诺贝尔奖，是因为 1905 年他对光电效应的研究，而不是他在相对论或原子理论中的贡献。光电效应理论认为，光是由一份一份能量或光子组成的，推翻了光的波动理论。这解释了为什么不同颜色的光含有不同的能量，这一现象困扰了爱因斯坦的前辈们。爱因斯坦的发现为其他科学家发展量子物理和量子力学指明了方向。1999 年,《时代》杂志把爱因斯坦评为“世纪人物”。

# 器官和组织移植

| 1905年 |

奥地利和摩拉维亚，爱德华·康拉德·泽尔（1863—1944）

器官和组织移植为成千上万的重症病患带来了希望。在使用了新的免疫抑制剂之后，这种技术正在迅速完善。再生医学也是一个新兴的领域，它通过提取病人的干细胞，或者从衰竭的器官中提取细胞，重新培养出器官。把器官或组织移植到本人体内叫“自体移植”。两个独立个体之间的移植叫“同种异体移植”，移植器官可以来自活体，也可以来自死体。已经成功移植的器官有心脏、肾脏、肝脏、肺、胰脏、肠、胸腺和眼睛。已经成功移植的组织包括骨骼、肌腱、角膜、皮肤、心脏瓣膜和静脉。肾脏是最常移植的器官，其次是肝脏和心脏。角膜、骨骼和肌腱是最常移植的组织，其数量是器官移植的十多倍。器官通常要在捐赠或死亡后 24 小时内移植，但大多数组织（除了角膜以外）可以保存和储存长达 5 年，这意味着它们可以存放在“组织银行”里。

关于移植最早的描述来自印度外科医生妙闻，他用自体移植的皮肤修复鼻子，时间大约是公元前550年或者更早。意大利外科医生加斯帕洛·塔利亚科齐（Gasparo Tagliacozzi）也成功地进行了皮肤自体移植手术，但由于不了解组织排斥的机制，同种异体移植始终失败。来自维也纳的医生爱德华·康拉德·齐姆（Eduard Konrad Zirm）完成了第一例成功的人类角膜移植手术，地点在摩拉维亚（位于今天的捷克共和国）。这是第一例成功的同种异体组织移植手术，他的方法现在仍然是修复角膜损伤的基础。20世纪初，随着新的缝合技术的诞生，动脉和静脉的移植率先有了进展。移植成功率取决于宿主细胞的排斥反应，但1970年发现的免疫抑制剂环孢霉素是一个巨大的进步。1967年，南非外科医生克里斯蒂安·巴纳德（Christiaan Barnard）做了第一例心脏移植手术，但病人只存活了18天。1968年至1969年，这类手术超过100例，但几乎所有病人都在60天内死亡。然而，巴纳德的第二个病人活了19个月。环孢霉素的出现改变了移植手术的地位，它原本只是研究性的手术，现在却可以真正地挽救生命。到1984年，2/3的心脏移植的病人存活时间达到5年以上。随着器官移植变得越来越普遍，外科医生开始涉足人体多器官移植等领域，如今的限制仅仅是捐献者的数量。

### 移植手术进展

首例成功的移植手术包括：

角膜，1905年（捷克共和国）
肾脏，1954年（美国）
胰腺，1966年（美国）
肝脏，1967年（美国）
心脏，1967年（南非）
心/肺，1968年（美国）
双肺，1983年（加拿大）
手，1998年（法国）
组织工程膀胱，1999年（美国）
局部的脸，2005年（法国）
下巴，2006年（美国）
双臂，2008年（德国）
病人自身干细胞培育气管，2008年（西班牙）
全脸，2011年（西班牙）

# 三极管放大器和调幅广播

1907年

美国，李·德·弗雷斯特（1873—1961）

在耶鲁大学学习期间，李·德·弗雷斯特（Lee de Forest）通过发明机械挣钱，并以此支付学费。20世纪初，发展无线电技术的当务之急是开发更有效、更灵敏的电磁辐射探测器。在研究中，德·弗雷斯特开始考虑改进弗莱明的二极真空管。真空管可以“整流”信号（将交流信号变成直流信号），但不能放大信号。并且，真空管不够精细，对入射电磁波的变化不灵敏。1906年，德·弗雷斯特找到了一种简单而巧妙的解决方法：他在二极管的两极之间增加了第三个电极，这样它既可以整流，又可以放大信号。德·弗雷斯特为三极管申请了专利。三极管的控制能力更强，使各种电子电路最终能够商业化。先放大无线射频信号，再用探测器接收，德·弗雷斯特的天线可以接收很微弱的信号。在此之前，无线电不过是被应用于无线电报，因为它通常用于发送莫尔斯电码，而不是传输实际的声音。德·弗雷斯特的新真空管增强了无线电波，使当时的“无线电话”成为可能。这种调幅（A.M.）技术使许多电台得以在美国各地广播。在发展出调频（F.M.）技术以前，它是首选的无线电技术。“无线电之父”使无线电广播成为可能，正如德·弗雷斯特在《自传》中写道：“不知不觉，我发现了一个无形的空中帝国。无形，却像花岗岩一样坚固。只要人类居住在这个星球上，它的根基就不会动摇。”

为了让广播商业化，1907年，德·弗雷斯特成立了一家公司。1910年1月12日，广播播送了纽约大都会歌剧院的《托斯卡》，这标志着公共广播的诞生，德·弗雷斯特居功至伟。然而，1913年，美国地方检察官起诉了德·弗雷斯特，指控他为自己的三极管做出了“荒谬”的承诺，欺骗了股东。德·弗雷斯特坚持自己的意见，并在1916年取得了两项胜利：第一个广播电台（宣传他自己的产品）和第一次用电台报道美国总统大选。德·弗雷斯特的三极管不仅成为商业广播的重要组成部分，也成为电话、电视、雷达和计算机的重要组成部分。尽管原先使用的笨重的三极管已经被晶体三极管取代，但德·弗雷斯特的发明和热情为电子时代铺平了道路。

# 塑料时代

1907年

比利时，列奥·亨德里克·贝克兰（1863—1944）

1893 年，比利时化学家列奥·亨德里克·贝克兰（Leo Hendrik Baekeland）发明了接触印相纸（Velox），可以在人造光源下拍摄照片。1899 年，乔治·伊士曼以 100 万美元的高价买下了接触印相纸工艺。贝克兰用这笔钱在纽约成立了一家化学公司。在新实验室里，贝克兰发现苯酚（石炭酸）和甲醛在特定的压强和温度下，会合成一种叫“酚醛树脂”的物质。1907 年，他注册了酚醛塑料的专利。酚醛树脂是一种坚硬但可塑形、挤压的塑料，它很便宜，不易燃，用途广泛，在加热后固定形状，是最早的塑料。由于酚醛树脂优良的绝缘性和耐热性，它很快就应用在收音机、电话、时钟和一些电绝缘器中。人们甚至用它制造台球。酚醛树脂是最早的真正的塑料。它是一种完全合成的材料，是自然界中不存在的物质。它也是第一种热固性塑料。传统的热塑性塑料可以反复加热软化和冷却成型，但热固性塑料在加热固化后会在聚合物链之间成键，形成牢固的网状结构，即便是再次加热，也无法再软化变形。因此，热固性塑料具有更好的机械强度和耐高温性。

塑料的发展在很大程度上是由另一类塑料引领的。热塑性塑料可以反复加热和成型，比如聚氯乙烯（PVC）、聚四氟乙烯（PTFE）、聚乙烯（PE）和聚丙烯。制造塑料的原料通常来自石油和天然气。第一次世界大战以后，随着聚氯乙烯和聚苯乙烯的发明，塑料的研发和创新大大加速。20 世纪 30 年代聚酰胺（第一种完全的合成纤维，也叫“尼龙”）诞生以后，塑料再次蓬勃发展。由于塑料成本相对低廉、易于制造、应用广泛，还可以防水，它被用于越来越多的产品中，取代了许多传统材料。如果没有塑料技术，现代生活将无法想象。在日常生活中，我们用聚酯制作胶卷、纺织品和服装，用聚乙烯制作食品包装、包装袋和户外家具，用聚氯乙烯制作排水管和窗架，用聚丙烯制作酸奶盒与车挡，用聚苯乙烯制作包装泡沫和塑料杯，用聚酰胺制作模具和牙刷刷毛，用 ABS 塑料制作电脑显示器和键盘，用聚碳酸酯制作光碟和镜头，用聚氨酯制作绝热材料和涂料，用聚甲基丙烯酸甲酯制作隐形眼镜和有机玻璃，用聚四氟乙烯制作不粘锅涂层，用尿素甲醛制作木材胶粘剂。

# 多引擎固定翼飞机和客机

1913年

俄罗斯和美国，伊戈尔·伊万诺维奇·西科斯基（1889—1972）

伊戈尔·伊万诺维奇·西科斯基（Igor Ivanovich Sikorsky）比任何人都更彻底地革新了航空运输。在巴黎接受工程训练后，1909 年，西科斯基回到俄罗斯开始设计直升机，但他很快就意识到当前技术的局限性。西科斯基开始制造固定翼飞机，他的第五个模型是双座的 S-5 型飞机，这是最早的不参考其他欧洲飞机的设计。在一次飞行中，西科斯基不得不紧急降落，因为他发现汽油里有一只蚊子被吸进了化油器，使引擎中燃料供应不足。为了避免这种问题再次发生，西科斯基决定制造一架多引擎飞机。接下来，他设计了 S-6 型飞机，该飞机可以搭载 3 名乘客。1912 年，他受到了俄罗斯军方的表彰。1913 年，西科斯基设计了世界上第一架多引擎（4 个引擎）固定翼飞机“俄罗斯勇士”，并在圣彼得堡试飞。世界各

地的专家和媒体都对他嗤之以鼻，但飞机还是成功起飞了。

西科斯基从建造“俄罗斯勇士”飞机中吸取了经验。1913 年他开发了 S-22 型“伊利亚·穆罗梅茨”，这是世界第一架客机。为了满足商业服务，它的设计非常具有革命性，包括宽敞的机身、隔音的客舱、舒适的藤椅、一间卧室、一间休息室，甚至有一间最早的机载厕所。飞机上有暖气和电灯。驾驶舱有足够的空间，允许多人观察飞行员。机身两侧有开口，机械师可以爬上机翼，在飞行过程中检修引擎。机身顶部有一个狭窄的通道，乘客可以体验“舱”外飞行。“伊利亚·穆罗梅茨”的第一次飞行是在 1913 年 12 月。1914 年 2 月，它第一次搭载 16 名乘客演习起飞，创下了飞机载客量的纪录。1914 年 6 月 30 日到 7 月 12 日，它从圣彼得堡飞行 1200 千米到达基辅，然后返航，创下了一项世界纪录。第一段航程花费了 14 小时 48 分钟，期间着陆加油一次；回程同样是加油一次，总耗时 13 小时。第一次世界大战爆发时，西科斯基重新设计了“伊利亚·穆罗梅茨”，使之成为世界第一架四引擎轰炸机。这架重型轰炸机在战争初期所向披靡，直到过了很长时间，同盟国才有类似的飞机与之抗衡。

战争结束以后，俄国革命引发了混乱，西科斯基最终离开祖国移民到美国。1923 年，他在美国创立了西科斯基飞机公司。尽管公司财务状况不稳定，他还是制造了 S-29-A 型飞机（A 代表“America”，美国），这架双引擎全金属飞机是所有现代客机的前身。S-38 是水、陆两栖型飞机，它获得了巨大的成功，泛美世界航空公司用它开辟了连接世界的新航线（“38”代表这是西科斯基设计的第 38 架飞机）。后来，西科斯基飞机公司被联合飞行器与运输公司（现为联合技术公司）收购，制造了水上飞机，开启了横跨大西洋和太平洋的商业航空运输。西科斯基的 S-44 型的水上飞机，创下了横渡大西洋的最快纪录。

# 装配流水线和批量生产

| 1914年 |

美国，亨利·福特（1863—1947）

所有制造业都在效仿亨利·福特（Henry Ford）的装配流水线，福特 T 型车预示着汽车时代的来临。福特说，他是为了逃避无聊的农场生活，才发明汽车的。1896 年，福特制造了第一辆老式汽车。在对它改装之后，福特卖掉了它。1903 年，福特创办了福特汽车公司，宣称“将为公众制造汽车”。1908 年，福特 T 型车的售价只有 950 美元，立即引起了轰动。福特 T 型车的方向盘安装在汽车左边，而不是中间，这很快被其他公司效仿。整个发动机和变速器都是封闭的，发动机的四个汽缸被铸成一个整体，减震悬架是两个半椭圆的弹簧。这辆车操作简单，坚固耐用，维修起来既方便又便宜。1908 年，它的价格甚至降到了 825 美元。由于生产成本降低，它的价格逐年下降。1913 年，福特在工厂里安装了装配流水线，成为世界上最大的汽车制造商。1916 年，福特汽车的价格降低到 360 美元，年销量达到 47.2 万辆。在它生产的第 19 年，价格降低到 280 美元。20 世纪 20 年代，大多数美国司机已经学会驾驶福特 T 型车；到 1927 年，福特 T 型车的总产量已经超过 1500 万辆。在被“大众甲壳虫”取代以前，它一直是世界上最受欢迎的汽车。汽车从富人的奢侈品变成了普通人必不可少的交通工具，它在各个方面改变了美国社会。随着越来越多美国人拥有汽车，城市化的模式发生了变化：郊区逐渐发展，人们可以到更远的地方去上班；国家高速公路系统得以建立，分销体系不再

依赖铁路和马匹，因此效率更高。

福特也彻底改变了制造业。他早期生产一辆汽车的时间是728分钟，但在1913年至1914年，他在密歇根的工厂里安装了一条传送带流水线，使用了创新的生产技术，一切都不同了——生产一个完整的底盘只需要93分钟。利用不断运转的流水线、精细的分工和协调的运作，生产力迅速提高。1914年，福特开始付给员工5美元的日薪，几乎是其他制造商工资的两倍。其中一个原因是使他的员工买得起福特汽车。福特把每天的工作时间从9小时减少到8小时，这不是做慈善，而是为了把工厂的工作时间变成24小时制三班倒。1932年，福特推出了他在工程学上的最后一项成就——一体式V8发动机。在生产的最后几年，生产一台福特T型车只需要34分钟，所有备用配件都可以通过西尔斯 & 罗巴克公司的邮购目录买到。与乔治·塞尔登（George B. Selden）的诉讼反映了福特对汽车运输业的影响有趣的一面。塞尔登没有制造过汽车，但他拥有公路机车的专利，因此所有美国汽车制造商都要向他支付专利费。福特推翻了塞尔登的专利，从而在美国打开了廉价汽车的市场。

## 主打灰黑色系

福特痴迷于效率，他安装流水线是受到了芝加哥肉类加工厂的启发。1918年，福特T型车的产量占美国汽车总产量的一半。然而，几乎所有汽车都涂成了单调的黑色。正如福特在自传中写道："只要能漆成黑色，就能漆成顾客想要的任何颜色。"在1914年采用流水线之前，他的汽车还有其他几种颜色可供选择。他决定采用标准化的黑色并不是为了限制消费者的选择，而是为了降低成本。在福特那个时代，新漆过的汽车放在阳光下晾干，而不是放在烘干箱里烘干。黑色干得更快，所以用流水线生产黑色汽车更快、更便宜。黑色涂料也更廉价耐用。在T型车的整个生产过程中，汽车的各个部件使用了30种不同类型的黑色油漆，这是为了满足不同部位对不同涂漆方式的要求。每一种油漆都有不同的干燥时间，这取决于零件、油漆和干燥方法。

# 电影技术

1914年

美国，大卫·卢埃林·沃克·格里菲斯（1875—1948）

在推出代表作《一个国家的诞生》（*The Birth of a Nation*）和《党同伐异》（*Intolerance*）之前，大卫·卢埃林·沃克·格里菲斯（David Llewelyn Wark Griffith）还拍摄了几百部短片。在之后的1918年到1922年，他的主要作品有《世界的核心》（*Hearts of the World*）、《残花泪》（*Broken Blossoms*）和《暴风雨中的孤儿》（*Orphans of the Storm*）。《世界的核心》通过展示第一次世界大战期间前线拍摄的战争场景，开辟了电影的新领域。格里菲斯彻底革新了电影技术，永远改变了电影制作。他发明了淡入、渐隐、特写和闪回等手法，把电影从一项技术发明提升为一种艺术媒介。世界各地都在观看和效仿他的史诗杰作。

受到欧洲电影的影响，1914年，格里菲斯拍摄了第一部长电影《伯图里亚的朱迪斯》（*Judith of Bethulia*）。这个故事源自《圣经》中的《朱迪斯记》（*Book of Judith*）。格里菲斯的下一部电影是1915年的《一个国家的诞生》，它引起了巨大的争议。这部电影讲述了一个被美国内战撕裂的家族的故事，以史诗般的战争场面为特色，是有史以来最雄心勃勃的电影。《一个国家的诞生》旗帜鲜明地支持南方，倾向于奴隶制和三K党，在观众里引发了骚乱。

格里菲斯想要拍一部历史大片。1916年，和平主义的《党同伐异》将巴比伦的陷落、基督耶稣的受难、圣巴托罗米宗教大屠杀和一个以当代加州为背景的故事交织在一起，共同的主题是排除异己。他抛弃了《一个国家的诞生》的线性叙事，开创了一种新型的电影制作技术，以平行视角讲故事，在时间上前后跳动。这激怒了许多美国人，他们原本期待的是马克·森内特和启斯东警察[1]那样的电影——一目了然的情节，明确的英雄和反派。《党同伐异》在欧洲和俄罗斯广受好评，在美国却损失惨重。为了获得利润，制片方把华丽和性感的巴比伦的部分重新剪辑成《巴比伦亡国记》(*The Fall of Babylon*)。在这个准备参加第一次世界大战的国家，格里菲斯的和平愿景显得格格不入。格里菲斯是当今电影工业的主要开拓者。

# 米兰科维奇循环

1914—1918年

塞尔维亚，米卢廷·米兰科维奇(1879—1958)

大约一个世纪以前，米卢廷·米兰科维奇(Milutin Milanković)证明了他的"地球日照学说"和冰期理论对气候变化的影响。1842年，法国数学家约瑟夫·阿方斯·阿代马尔(Joseph Alphonse Adhemar)提出，天文循环会改变地球上的日射量。在《海洋革命》(*Revolutions of the Sea*)一书中，阿代马尔写道，在26000年的岁差循环中，天文力量控制着冰期。70年后的第一次世界大战期间，塞尔维亚土木工程师、数学家米兰科维奇被拘禁在布达佩斯，他决定利用这段时间研究地球物理。

米兰科维奇认为，随着季节和纬度的变化，气候与地球接受的太阳辐射有关，他致力于研究其中的数学模型，也就是现在的"米兰科维奇理论"。米兰科维奇指出，当地球围绕太阳运行时，地日几何的三个要素[2]存在周期性的变化，这些变化结合在一起，使太阳到达地球的能量也发生了变化。这就是"米兰科维奇循环"。西方政客把资本用在低效和无效的可再生能源技术之前，应该先弄清楚这一点。顺便说一句，没有科学家能够使能源再生，他们只是把一种能源转化为

1 马克·森内特(Mack Sennett，1880—1960)，加拿大裔美国演员、导演。启斯东警察(Keystone Cops)是他塑造的电影人物。
2 指下文的轨道离心率、转轴倾角、岁差。

另一种能源，能源只能转化，永远不可能再生。

尽管这种轨道周期的循环以米兰科维奇的名字命名，但他并不是最早把轨道周期与气候联系在一起的人。阿代马尔（1842 年）和詹姆斯·克罗尔（1875 年）是两位开创者，但米兰科维奇凭借了不起的数学研究证明了这个理论。他确定了轨道运动的三个周期：第一，地球轨道离心率（eccentricity）的变化，即地球绕太阳运转的轨道形状的变化。目前，地球到太阳的最近距离（1 月 3 日左右的近日点）比到太阳的最远距离（7 月 4 日左右的远日点）短 3%[1]（约 500 万千米）。从 1 月到 7 月，这种差距导致入射太阳辐射（日射量）增加约 6%。地球轨道的形状也在变化，从椭圆（高离心率，大约 5%）变成近圆（低离心率，接近 0%），周期大约是 10 万年。当轨道离心率较大时，近日点的日射量将比远日点大 20%—30%，气候将与今天大不相同。

### 气候变化的先驱

默默无闻的米兰科维奇被NASA列为史上最伟大的十位科学家之一，因为他发展了一个最重要的理论，把地球行星运动与长期气候变化联系起来。米兰科维奇沿袭阿代马尔的冰期假设，证明了地球轨道的周期变化与长期气候之间的关系。地球与太阳的相对位置不仅可以解释地球过去的气候，也可以预测未来的气候变化。这些极缓慢的变化也是物种大灭绝的原因。米兰科维奇的“地球日照学说”描述了太阳系所有行星的气候特征。日射量是到达行星表面的太阳辐射，衡量方式是每分钟每立方厘米接受的太阳能。影响日射量的因素有太阳的角度、太阳与地球（或太阳系其他行星）之间的距离、大气的影响和日照的持续时间。

第二，转轴倾角（obliquity）的变化，即地球轴线与穿过地球中心点并垂直于地球轨道平面的直线之间的夹角的变化。随着转轴倾角的增加，季节对比明显，因此两个半球冬天更冷，夏天更热。目前地球的转轴倾角是 23.44°，呈下降趋势。然而，倾角在 22.1° 至 24.5° 之间变化，周期大约是 41000 年。这种倾角的变化，会带来显著的季节变化。倾角增大意味着季节更分明，夏天更热，冬天更冷；反之亦然。倾角减小时，夏季变得更凉爽，高纬度地区的冰雪将一直不消融，最终形成巨大的冰川。气候系统也存在正反馈，如果地球被更多的积雪覆盖，它将把

1 即（远日点距离 − 近日点距离）/ 远日点距离 =3%。

更多的太阳能反射到太空中，导致额外的降温。这就是“反射效应”，太阳的能量会被积雪、冰川和海冰反射回太空。

第三，岁差（precession）的变化，即引力引起的地轴方向连续而缓慢的变化。它也叫分点岁差、轴岁差或赤道岁差。这是地球自转时轴线的缓慢摆动。地轴就像是慢下来的陀螺的自转轴，周期性地在天球上画圈。轴岁差的变化改变了近日点和远日点的日期，从而使一个半球的气候更分明，另一个半球的气候更接近。地轴方向的逐渐改变就像一个晃动的陀螺，它的轨迹是顶端连在一起的两个圆锥，周期大约是 2.6 万年。此外，地轴的位置、极点运动和章动[1]等也有变化，这些变化对气候的影响较小。

根据这三种轨道变化，米兰科维奇建立了一个全面的数学模型，可以计算日射量在不同纬度上的差异，以及 1800 年以前 60 万年对应的地表温度。然后，他把这些变化与冰河期的发展和消退联系起来。米兰科维奇选择北纬 65 度的夏季作为最重要的纬度和季节进行建模，理由是大冰川出现在北纬 65 度附近，当地夏季更凉爽，从而减少了融雪，冰川因此可以增长。1976 年以前，米兰科维奇的理论普遍被忽视。1976 年,《科学》杂志发表了一篇对沉积层深海岩芯的研究的文章，发现他的理论与气候变化的周期相符。这篇文章的作者提取了 45 万年以来的温度变化记录，发现气候的变化与地球轨道的几何形状（离心率、倾角和岁差）的变化密切相关。冰期发生在地球经历轨道变化的不同阶段。事实上，“……在数万年的时间尺度上，轨道变化仍然是对气候变化最彻底的研究，也是迄今为止表明日射量变化直接影响地球低层大气的最清晰的例子”。（美国国家研究委员会，1982 年）

理解这些变量至关重要，因为地球的陆地板块不对称，大多数陆地位于北半球。北半球夏季最冷（由于岁差和轨道离心率最大，地球离太阳最远）、冬季最热（倾角最小）的时候，北美和欧洲的大部分地区会覆盖着积雪。目前，只有岁差处于冰川模式，倾角和离心率不利于形成冰川。成千上万的参数决定着气候变化，

1 章动（nutation）：当陀螺的自转角速度不够大时，除了自转和进动外，陀螺的对称轴还会在铅垂面内上下摆动，称为“章动”。

而这三种轨道循环是最重要的因素。各国政府已逐渐停止谈论全球变暖，倾向于用更准确的术语描述气候变化，但一些独立的科学家对此并不认同。

# 观察核反应

1919年

## 新西兰、英格兰和加拿大，欧内斯特·卢瑟福（1871—1937）

欧内斯特·卢瑟福（Ernest Rutherford）是“核物理之父”，他发现了质子，提出了一种核原子模型，并证明了放射性是由原子的自发衰变引起的。卢瑟福是新西兰人，在英格兰和加拿大领导物理学研究。他最令人难忘的贡献是在 1898 年对人们所知甚少的射线进行分类，并用 α 射线、β 射线和 γ 射线命名。我们现在知道，α 射线和 β 射线是粒子束，而 γ 射线是一种高能电磁辐射。1903 年，卢瑟福用电场和磁场使 α 射线偏转。他还观察到放射性强度以恒定的速度下降，并在 1907 年将它命名为“半衰期”。通过这种方法，卢瑟福发现地球比人们想象的要古老得多。汉斯·盖革（Hans Geiger）和卢瑟福的学生恩斯特·马斯登（Ernest Marsden）利用金箔和 α 粒子做卢瑟福散射实验，发现入射的一小部分 α 粒子有较大的偏转。卢瑟福因此提出了原子的核结构，并在 1908 年获得了诺贝尔化学奖。没有获得物理学奖，卢瑟福对此愤愤不平，他在获奖感言中说，在研究中他经历了许多转变，但从物理学家到化学家的转变是最快的。卢瑟福认为，最简单的射线一定是从氢原子中获得的射线，这些射线一定是带正电荷的基本粒子，1914 年，他称之为“质子”。

1919 年，卢瑟福让 α 粒子轰击氮原子，观察到屏幕上随机出现的氢原子火花。他的结论是，α 粒子轰出了氮原子中的质子。这是他首次观察到人工核反应。这个过程实际上是把氮转化成氧的同位素，所以卢瑟福也是第一个有意地把一种元素转变

### 卢瑟福的遗产

在卢瑟福的管理下，剑桥大学卡文迪许实验室的四名科学家分享了三项诺贝尔奖：约翰·考克饶夫（John Cockroft）和欧内斯特·沃尔顿（Ernest Walton）使用粒子加速器分裂了原子；詹姆斯·查德威克（James Chadwick）发现了中子；爱德华·阿普尔顿（Edward Appleton）证明了电离层的存在。1905年至1906年，奥托·哈恩（Otto Hahn）曾在卢瑟福的蒙特利尔实验室工作，后来他发现了原子裂变。1921年，卢瑟福曾与尼尔斯·玻尔[1]共事。

成另一种元素的人。他实际上创立了一门新学科：核物理。在他最初的核轰炸的想法基础之上，化学元素的转化成为可能。卢瑟福的研究推动了在第二次世界大战期间启动曼哈顿计划，开发最早的核武器。1946 年，放射性强度的单位（Rd）是以“卢瑟福”命名。

# 银河系之外的星系
# 宇宙的均匀膨胀

1923年和1929年

美国，埃德温·鲍威尔·哈勃（1889—1953）

哈勃空间望远镜发射于 1990 年，它的名字是为了纪念 20 世纪著名的天文学家埃德温·鲍威尔·哈勃（Edwin Powell Hubble）。哈勃作为美国陆军少校参加了第一次世界大战。1919 年，他被加利福尼亚的威尔逊山天文台聘用。威尔逊山天文台新投入使用了 2.5 米孔径的胡克望远镜，这是当时最大的望远镜。那时，大多数天文学家认为，所有行星、恒星和被称为星云的模糊天体，都包含在银河系中。因此，银河系就是宇宙。1923 年，哈勃把胡克望远镜对准一片叫“仙女座星云”

1 尼尔斯·玻尔（Niels Bohr，1885—1962），丹麦物理学家，因研究氢原子光谱而著名，获得 1922 年诺贝尔物理学奖。

的朦胧的星空，发现其中的恒星和银河系中的恒星一样，只是更暗一些。其中一颗恒星是造父变星，这是一种已知类型的恒星，其亮度可以用来测量距离。根据测量结果，哈勃推断仙女座星云不是附近的星团，而是另外一个星系——现在叫“仙女座星系”。

在接下来的几年里，哈勃也有类似的发现。到20世纪20年代末，科学家已经确信宇宙中有数十亿个星系，银河系只是其中之一。这种思想上的转变，与认识到地球是圆的、地球围绕太阳转同样深刻。这时，哈勃已经发现了足够多的星系，可以相互比较。然后，他建立了一个体系，根据星系的外观把它们分成椭圆星系、旋涡星系和棒旋星系，这个体系叫“哈勃音叉图”。直到今天，这种方法仍然很先进。哈勃按照“哈勃音叉图”排列不同的星系。

在研究46个星系的光谱时，哈勃也有了惊人的发现。他把这些星系相对于银河系的多普勒速度联系起来，发现两个星系之间的距离越远，它们相互远离的速度就越快。基于这一观察，哈勃得出一个结论，宇宙正在均匀膨胀。因此，一个星系到地球的距离越远，我们从光谱中看到的多普勒频移（或红移）的程度就越大。这一关系后来叫“哈勃定律”，它证实了宇宙在不断膨胀这一事实。哈勃的数据发表于1929年，是1927年乔治·勒梅特提出大爆炸理论后的第一个观测证据。

## 哈勃邮票

2008年，美国邮政总局发行了一枚41美分的邮票纪念哈勃，其中的引文这样写道：“天文学家埃德温·哈勃经常被称为‘遥远恒星的拓荒者’，在破译浩瀚而复杂的宇宙中，他发挥了关键的作用。哈勃对旋涡星云的细致研究证明了银河系之外存在其他星系。如果哈勃没有在1953年突然辞世，他就会获得当年的诺贝尔物理学奖。”

### 爱因斯坦的最大失误

1917年，爱因斯坦发现，他的广义相对论表明，宇宙要么在膨胀，要么在收缩。爱因斯坦不能接受这一点，所以在方程式中引入了一个“经验系数”，即“宇宙学常数”，从而避免这个“问题”。后来爱因斯坦听说了哈勃的发现，声称修改方程式是“一生中最大的错误”。

哈勃和他在威尔逊山天文台的同事米尔顿·赫马森[1]估计宇宙的膨胀速度是500千米每秒每百万秒差距（1百万秒差距[2]相当于326万光年；因此，相比于距离我们1百万秒差距的星系，距离我们2百万秒差距的星系速度是它的2倍）。这个速度就是“哈勃常数”，科学家一直在对它进行微调。宇宙学家用这种方法反推宇宙大爆炸。目前，他们估计太阳系的年龄是45亿年，宇宙的年龄是137.5亿年。在哈勃去世前不久，帕洛马山天文台安装了巨大的5米孔径反射海尔望远镜，哈勃是第一个使用它的天文学家。在去世以前，哈勃一直在威尔逊山天文台和帕洛马山天文台工作。

# 航天火箭

1926年

苏联，康斯坦丁·齐奥尔科夫斯基（1857—1935）；
美国，罗伯特·哈钦斯·戈达德（1882—1945）

康斯坦丁·齐奥尔科夫斯基（Konstantin Tsiolkovsky）与罗伯特·哈钦斯·戈达德（Robert Hutchings Goddard）开启了现代火箭技术，他们为后来的太空探索开辟了道路。戈达德预见了许多发展，这些发展使太空飞行成为可能。1898年，苏

1 米尔顿·赫马森（Milton Humason，1891—1972），赫马森的工作经历令人难以置信，他最开始是一名骡夫，后来成为威尔逊山天文台的看门人，后来又成为夜间观测助理。——原注

2 “百万秒差距”（megaparsec）是一个天文单位。

联教师、科学家齐奥尔科夫斯基首次提出了太空探索。1903 年，他建议使用液体推进剂增大火箭的最远航程。齐奥尔科夫斯基认为，火箭的速度和最远航程只受排气速度的限制。基于齐奥尔科夫斯基的研究和远见卓识，他被誉为“现代航天之父”。戈达德是物理学教授，他进行了火箭方面的实验，试图使火箭到达比气球更高的高度。1919 年，他发表了《到达极高空的方法》(*A Method of Reaching Extreme Altitudes*)，进行了发射探空火箭所需的数学分析。探空火箭携带着测量仪器在亚轨道飞行，亚轨道的高度介于气象气球和卫星之间。戈达德最开始用固体推进剂做实验，从 1915 年开始，他尝试了各种固体燃料，测量燃烧气体的排放速度。事实上，与齐奥尔科夫斯基一样，戈达德也相信液体燃料推进火箭的效果更好，但制造液体推进剂火箭非常困难，需要燃料罐、氧气罐、涡轮机和燃烧室，以前从没有人尝试过。1926 年，戈达德用液体推进剂火箭实现了第一次成功飞行。在液氧和汽油的驱动下，它只飞行了 2.5 秒，上升了 12.5 米，在 56 米外着陆。

戈达德火箭是火箭飞行新纪元的先驱。他的实验持续了很多年，开发出了体积更大、飞得更高的火箭。在 34 次飞行中，戈达德的火箭达到了 2.6 千米的高度和 885 千米的时速。他开发了一种陀螺仪系统，用于飞行控制、三轴控制和推力控制。他还开发了放置科学仪器的载荷舱。戈达德还使用了降落伞回收系统，用于安全回收火箭和仪器。戈达德因此被誉为“现代火箭之父”。他共有 214 项专利，其中包括多级火箭设计专利（1915 年）和液体燃料火箭设计专利（1915 年），这两项专利被认为是航天中重要的里程碑。戈达德在世时几乎没有得到公众的认可，他关于航天的革命性想法有时会遭到媒体的嘲讽。在被《纽约时报》批评后，戈达德对一位记者的提问做出了回应：“每一个愿景都是笑话，直到有人把它变成现实。一旦意识到这一点，这就是司空见惯的事情。”戈达德不愿意公开自己的研究成果，但他最早认识到导弹和太空旅行的科学潜力，也最早掌握设计和建造火箭。

第二次世界大战以后，德国许多全新的 V-2 火箭和部件被盟军缴获。德国

**樱桃树之梦**

16岁时，戈达德读了赫伯特·乔治·威尔斯的科幻小说《世界大战》（*War of the Worlds*），对太空产生了兴趣。一年后，1899年，为了砍掉枯枝，他爬上了一棵樱桃树。戈达德望向天空，心驰神往。他后来写道："这一天我爬上了谷仓后面高高的樱桃树……我面向田野，眺望东方，想象如果能制造某种设备飞往火星，那该有多么奇妙。到那时，我脚下的这片草地，又会显得多么渺小。当时我拍了几张樱桃树的照片，梯子斜靠在树上——我就是用自制的梯子爬上了这棵树。我突然意识到，一个重物绕着水平轴旋转，高处的速度会比低处更快，因为顶部的离心力更大，可以提供升力。从树上下来以后，我仿佛变了一个人，生命似乎有了目标。"此后，戈达德把10月19日作为"周年纪念日"，以纪念他最伟大的灵感。

火箭科学家受到了美国和苏联的欢迎。这两个超级大国都意识到火箭作为军事武器的潜力，并开始着手各种实验项目。德国火箭科学家沃纳·冯·布劳恩（Wernher von Braun）等人对戈达德以及他的小团队取得的进展感到惊讶。一开始，美国开发了高空大气探空火箭项目，这是戈达德的早期想法之一。后来，各种中程和远程洲际弹道导弹诞生了。这是美国航天计划的起点。"红石"导弹（Redstone）、"宇宙神"系列运载火箭（Atlas）和"大力神"系列运载火箭（Titan）等最终把美国宇航员送入太空。1962 年 2 月 20 日，一枚"宇宙神"火箭成功把约翰·格伦（John Glenn）送到了水星航空器"友谊 7 号"的轨道上。这次飞行开启了美国太空旅行的新时代，最终使美国人在 20 世纪 60 年代末登上月球。

# 现代电视

1927年

美国，费罗·泰勒·法恩斯沃斯（1906—1971）

费罗·泰勒·法恩斯沃斯（Philo Taylor Farnsworth）开创了现代世界最受欢迎的娱乐和信息媒介。20 世纪 20 年代，"television"（电视）一词是指这样一种设备：它利用带孔的圆盘机械地扫描图像，然后投射到屏幕上，呈现出微小而不稳定的镜像。1926 年，约翰·罗杰·贝尔德（John Logie Baird）展示了这种机械装置。然而，法恩斯沃斯设想的是通过一种真空管，对光敏屏幕逐行发射电子束，以电子方式再现图像。1927 年 9 月，20 岁的法恩斯沃斯展示了第一台全电子电视机。他传输了最早的电视图像，由 60 条水平的线组成。似乎是某种预兆，这个图像是一个美元符号。

法恩斯沃斯开发了析像管，这是后来所有电视的基础。1927 年 1 月，他提交了专利。光电阴极产生了“电子的图像”（electron image），通过扫描就可以得到表示视觉图像的电信号。法恩斯沃斯首次证明，不使用任何机械装置就能传输“电子图像”（electrical image）。法恩斯沃斯用电子取代了旋转圆盘和镜像。电子是小而轻的粒子，可以在一根真空管内每秒反射数万次。法恩斯沃斯是第一个发射并操纵电子束的人，这一成就代表了人类知识的巨大飞跃。1927 年以后，电视技术的每一项新发展，本质上都是在改进法恩斯沃斯的发明。1928 年，法恩斯沃斯首次在全世界展示了一个完整的全电子电视系统，其中就有他的析像管。电视机的成像设备与显示设备都采用了电子扫描。

1930 年，也就是法恩斯沃斯获得全电子电视专利的同一年，美国无线电公司（RCA）的弗拉基米尔·佐利金（Vladimir Zworykin）参观了他的实验室。佐利金发明了使用阴极射线管（1928 年）和电子摄像管（1929 年）的电视。这导致了一场持续十多年的专利战，最终 RCA 向法恩斯沃斯支付 100 万美元的费用，购买电视扫描、聚焦、同步、对比度和控制设备的专利许可。第二次世界大战期间，尽管发明了雷达、黑光（用于夜视）和红外望远镜，法恩斯沃斯的公司还是存在现金流的问题，并在 1949 年出售给 ITT 公司。法恩斯沃斯的其他 165 项专利还包括最早的冷阴极射线管、一种空管系统、一种婴儿

### 法恩斯沃斯，天才少年

1922年，16岁的法恩斯沃斯用草图向他的化学老师贾斯汀·托尔曼（Justin Tolman）简要地叙述了析像管如何革新电视技术。他相信，通过控制快速飞行的电子的速度和方向，点可以转化成图像。他的老师听得一头雾水，惊愕地由着他画下去。

保育箱、胃镜和最早的电子显微镜（尽管很原始）。从 20 世纪 50 年代到去世以前，法恩斯沃斯的主要兴趣是核聚变。1965 年，他为一种叫“Fusor”的柱形管申请了专利，这种装置可以产生 30 秒的聚变反应。

# 大爆炸宇宙论

| 1927—1930年 |

比利时，乔治·勒梅特（1894—1966）

乔治·勒梅特（Georges Henri Joseph Édouard Lemaître）是比利时天主教鲁汶大学的兼职讲师，他在 1927 年发表了一篇论文，题目是《一个质量恒定、半径增大导致河外星云径向运动的均匀宇宙》。在这篇轰动一时的论文里，勒梅特提出

### 暗物质、暗能量、暗流和多重宇宙

过去人们认为，从130多亿年前的大爆炸以来，宇宙膨胀的速度一直在放缓。物理定律认为，大爆炸以后，原始宇宙的冷却会形成物质块，重力开始起作用。科学家目前已经知道24种粒子，每种粒子都有不同的特征，为了解释不断膨胀的宇宙，他们假设存在一种暗物质（dark matter），由24种未知的粒子组成。我们无法看到或测量暗物质，因为它们既不发光，也不反射光。但据估计，宇宙中暗物质的数量是“正常”物质的5倍。这24种未知粒子能穿过恒星，也能穿过任何测量设备，因此很难测量。人们认为暗物质是产生引力、形成星系的原因。然而，哈勃空间望远镜发现，宇宙不仅在膨胀（由于暗物质），而且膨胀还在加速。2011年，有三位物理学家获得诺贝尔物理学奖。他们在1998年发现，由于某种东西正在颠覆重力，外太空的爆炸恒星正在以远超预期的速度移动。造成这种加速度的神秘力量还不为人所知，它被称作暗能量（dark energy）。重力应该遏制任何膨胀，但事实并非如此。暗能量是一种新的力量，它驱动宇宙，把宇宙拉开。宇宙越膨胀，就有越多暗能量填补空隙。所以，即使所有已知和未知的粒子都被移除，太空中也不存在真空。空间中充满了一种我们无法理解的神秘能量。

这是一个很难理解的概念，但有一个新的现象也需要考虑：宇宙微波背景发出的光有畸变，整个星系团正在以一种意想不到的方式运动，这种方式叫暗流（dark flow）。宇宙中的小块物质似乎在以非常高的速度匀速运动，而且运动的方向是一致的，这是可观测宇宙中任何已知的引力都无法解释的。研究人员得出结论，拉动这种物质的物体一定在可观测宇宙之外。唯一的解释是，我们的宇宙是一个更大整体的一部分——存在许多由膨胀创造的袖珍宇宙。

了“宇宙膨胀理论”，后来被称为“大爆炸宇宙论”。他还推导了哈勃定律，并最早通过观测估计哈勃常数。两年后，哈勃证实了勒梅特的理论，发表了速度与距离的关系，这有力地支持了宇宙膨胀理论。利用勒梅特的广义相对论公式，哈勃证明了深空中物体相对于地球的多普勒频移，以及他们彼此之间的多普勒频移。这篇文章读者寥寥，就连爱因斯坦也拒绝接受宇宙膨胀的观点。

1930 年，著名天体物理学家亚瑟·爱丁顿（Arthur Eddington）谈到他以前的学生时写道，勒梅特的文章是对宇宙学中关键问题的一个“绝妙的解决方案”。勒梅特终于被认真对待了。他被邀请到伦敦，并向英国科学促进会报告“宇宙是从原始原子开始膨胀的”。勒梅特把自己的理论称为“宇宙蛋在创世时爆炸”。后来，天文学家、数学家弗雷德·霍伊尔（Fred Hoyle）称之为“大爆炸宇宙论”，并在 1949 年的 BBC 节目中轻蔑地否定了它。勒梅特与爱因斯坦见过几次，并慢慢得出这样的结论：爱因斯坦的静态宇宙模型不可能无限期地追溯到过去。1935 年，在普林斯顿的一个研讨会上，勒梅特阐述了自己的理论，爱因斯坦称赞说：“这是我听过的对创世最美丽、最令人满意的解释。”勒梅特解释说，宇宙射线是大爆炸的残留效应。后来发现的宇宙微波背景（CMB）证明了他的理论，勒梅特在得知此事后不久就去世了。

# 青霉素

| 1928年 |

## 威尔士和英格兰，丹尼尔·默林·普利斯（1902—1976）

青霉素是最早和应用最广的抗生素之一，挽救了数百万人的生命。丹尼尔·默林·普利斯（Daniel Merlin Pryce）曾被亚历山大·弗莱明[1]教授聘为研究助理，但 1928 年 2 月，弗莱明转向了其他领域的研究。据普利斯的妹妹希尔达·贾曼女士

1 亚历山大·弗莱明（Alexander Fleming，1881—1955），苏格兰生物学家，一般认为是青霉素的发现者，于 1945 年获得诺贝尔生理学或医学奖。

### 不知名的先驱

由于英国化学家、晶体学家多萝西·玛丽·霍奇金（Dorothy Mary Hodgkin）的开创性研究，青霉素已经拯救了8000多万人的生命，并带动其他抗生素的发展。她使用X射线发现了包括青霉素在内的100多个分子的原子结构和分子形态。霍奇金改进了X射线晶体学的技术。由于对青霉素和维生素$B_{12}$的研究，她获得了诺贝尔化学奖（1964年）。经过35年的研究，1969年，霍奇金成功地破解了胰岛素晶体的结构，这在糖尿病治疗中具有极其重要的意义。

说，那年夏天弗莱明去度假了，回来上班的第一天，普利斯给他打电话问好。普利斯注意到，实验室里有一盘未经清洗的金黄色葡萄球菌培养皿，上面长出了蓝绿色的霉菌，霉菌直径不到 2.5 厘米，周围有一圈葡萄球菌已经失活。青霉素就是源于普利斯发现的青霉菌。弗莱明并不是化学家，他既不能分离出有效的抗菌成分青霉素，也不能使青霉素的活性保持足够长时间，更不要说把它用作人类的药物。1929 年，弗莱明写了一篇论文描述自己的研究结果，但这个发现很快就被遗忘了。

1940 年，牛津大学的科学家正在研究细菌学领域有前景的项目，希望引入化学方法进行深入研究。利用新的化学技术，霍华德·弗洛里（Howard Florey）、恩斯特·钱恩（Ernst Chain）和诺曼·希特利（Norman Heatley）研究了青霉菌，并分离出其中的活性成分。然后他们开发出一种棕色粉末青霉素，其抗菌能力可以维持几天以上。由于前线急需这种新药，大规模生产很快就开始了。第二次世界大战期间，青霉素的出现挽救了许多人的生命，否则，即使很小的伤口也会因为细菌感染而导致死亡。青霉素还能治疗白喉、坏疽、肺炎、梅毒和肺结核。1945 年，弗洛里、钱恩与弗莱明共同获得了诺贝尔生理学或医学奖，但可怜的希特利被忽略了。抗生素是由细菌和真菌释放的天然物质，能够抑制其他生物体的生长，比如致病细菌。青霉素非常重要，因为这种药物最早被证明对一些疾病有效，这些疾病在过去非常严重，包括梅毒以及葡萄球菌、链球菌引起的感染。但现在有许多细菌在进化中产生了对青霉素的耐药性。

# 喷气发动机

1930年

英格兰，弗兰克·惠特尔（1907—1996）

喷气发动机不仅改变了空战，也改变了全球旅行的速度，数以百万计的人因此能够快速地漫游世界。20 世纪 20 年代，年轻的皇家空军工程师弗兰克·惠特尔（Frank Whittle）向英国空军部提交了一份喷气发动机设计方案，但遭到了拒绝。惠特尔没有气馁，1930 年，他申请了涡轮喷气发动机的专利。发动机需要足够牢固的燃烧室，才能处理它产生的巨大的热量和推力，惠特尔的设计解决了这个问题。单个的燃烧室通常不够牢固，会产生不稳定的、可能无法控制的反应，在压力下还可能会爆炸。然而，惠特尔的发动机把燃烧室分成 10 个腔室，在不降低发动机功率

### 惠特尔和天才

1935年9月，惠特尔被介绍给两位银行投资家莫里斯·博纳姆-卡特（Maurice Bonham-Carter）爵士和兰斯洛特·劳·怀特（Lancelot Law Whyte），当时惠特尔正在尝试为他的动力喷气公司融资。传统银行业对预测性的项目不感兴趣，但怀特他们不一样。28岁的惠特尔和他的设计给怀特留下了深刻的印象：

"他给人的印象太深了，我从来没有这么快就被说服，也从来没有这么高兴地满足别人的最高要求……这是天才（genius），而不是天赋（talent）。惠特尔用极其简洁的语言表达了他的观点：'往复式发动机没有发展空间。因为它已经有数百个部件循环往复，除非变得过于复杂，否则不可能继续发展。未来的发动机必须产生2000马力的动力，而且只有一个运动部件：旋转涡轮和压缩机。'"

——李·佩恩《伟大的喷气发动机竞赛以及我们如何输了》，刊于《美国空军》，1982年1月

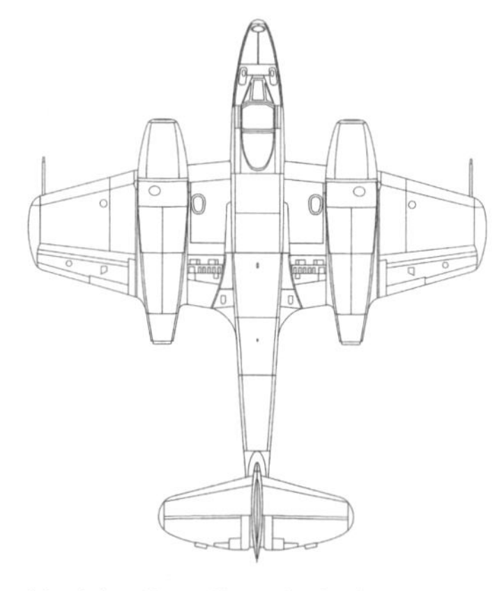

的同时产生了强大的推力。1936 年，惠特尔成立了动力喷气公司。越来越多的人担心欧洲会爆发战争，这促使政府重新考虑惠特尔的喷气发动机的价值。1937 年，惠特尔使用更轻、更强的新型合金，生产了第一台可以在实验室里成功试验的喷气发动机。惠特尔努力寻求政府资金来开展进一步研究。1941 年，一架新的喷气式战斗机原型机飞上天空。1944 年，格罗斯特“流星”战斗机进入英国皇家空军服役。然而，格罗斯特“流星”战斗机并不是第一架飞上天的喷气式战斗机。1939 年，在第二次世界大战爆发前几天，德国的亨克尔“He-178”战斗机首次起飞。

战后，惠特尔的公司被收归国有。由于过度劳累，惠特尔一直在承受心理疾病的困扰。惠特尔的新发明被应用到客机上，人们因此可以乘坐更大的飞机更快地旅行。1949 年的哈维兰“彗星”号客机是第一架喷气式客机。两年内，由于机身金属疲劳导致飞机在飞行中解体，发生了一系列悲剧性事故，这种飞机不得不退役。而后，它被重新设计，继续服役了 30 年。其他制造商从中吸取了教训，美国波音公司随后赢得了喷气动力客机的领先地位。“波音 707”从 1958 年开始服役。它很安全，速度达到 10 年前不可想象的地步。现在空客集团和波音公司几乎垄断了大型客机的生产。惠特尔的发明改变了世界。

# 超市

1930年

美国，迈克尔·库伦（1884—1936）

超市引发了零售业的革命，改变了全世界的购物习惯。迈克尔·库伦（Michael J. Cullen）来自一个爱尔兰移民家庭，从事零售业的工作。库伦自 1919 年加入位于辛辛那提的克罗格公司总部，一直工作到1930年。在此期间，他产生了“超市”的想法，并写信给克罗格的董事长，提出新型食品商店的设想：低价格，自助服务，更大面积，现金销售，无送货服务，低租金地段，免费停车。其中免费停车的服务可以方便顾客购买大件商品，并运送回家。库伦表示，这种新型商店的销量和利润几乎可以达到克罗格商店或A&P商店的10倍。但他的信没有得到回复。1916年，克拉伦斯·桑德斯（Clarence Saunders）在他的“小猪商店”（Piggly Wiggly）连锁店引入了自助服务、统一门店和全国销售。库伦在这个理念的基础上增加了单独的食品部门，以折扣价格大量销售食品，并设置了大量专用停车位。库伦从克罗格辞职后，举家搬到了纽约长岛，开始着手创办自己的商店。他在皇后区租了一个空车库，这个地方离一个热闹的购物区只有几个街区。1930年，库伦创办了自己的金库伦食品商店，史密森尼学会认为这是世界第一家超市。库伦的商店大约有1000种商品，包括汽车配件、五金和食品杂货。库伦提供的食物既方便又实惠，吸引了周围几英里的顾客。报纸上的广告把这家店宣传成“世界上最大的价格破坏者”，而新开的商店打

### 大型超市

大型超市是集超市和百货商店于一体的超级商店，不仅有琳琅满目的食品、杂货，还有各种日用品。1931年，俄勒冈州的Fred Meyer是最早的一站式购物中心，它包括杂货店、药店、家用品店、街边停车场、加油站，后来还增设了服装店。1962年，梅杰公司（荷兰移民亨德里克·梅杰）在密歇根开设了第一家大型超市，取名为“Thrifty Acres”。1963年，家乐福在法国开设了第一家类似的店。1987年，大型超市的概念在美国蓬勃发展，家乐福和美国大型连锁店相继开设了分店。20世纪80年代末90年代初，沃尔玛、塔吉特和凯马特三大折扣商店开始发展大型超市模式。从理论上来讲，顾客可以在大型超市里一次性买到所有想要的东西。大型超市一般面积很大，通常在一层，典型的沃尔玛超级购物中心占地14000—22000平方米，典型的家乐福购物中心占地约20000平方米。由于成百上千的顾客需要带走大量商品，这些大型超市一般都开在郊区，通常是汽车容易到达的地方。

出的广告是“堆货高，售价低”。

大萧条时期，库伦把废弃工厂、仓库等大型旧建筑重复利用，他的连锁店迅速扩张。库伦总是在人口密集地区的边界上选择租金低廉、免费停车的地点。顾客自己把商品加入购物车，因此不需要什么服务。1934 年，美国已经有 94 家超市。库伦希望建立全国性品牌。到 1936 年，17 家金库伦超市每年带来大约 600 万美元的收入。库伦原本计划把店面扩张到全国，并获得特许经营，但他在阑尾手术后突然辞世，年仅 52 岁。西夫韦以及库伦的老东家克罗格等零售商也效仿他。克罗格拓展了库伦的想法，开了第一家四周都有停车位的超市。1936 年库伦去世时，美国 85 个城市共有 1200 家超市。1950 年，这个数字增加到 15000，随后英国等国家也开始效仿。

# 核裂变

| 1934年 |

意大利和美国，恩里科·费米（1901—1954）

恩里科·费米（Enrico Fermi）和奥本海默[1]一起被誉为“原子弹之父”，前者还设计了核反应堆。1933 年，费米提出 β 衰变理论，假设中子衰变成质子时，会释放出一个电子和一个他称之为“中微子”的粒子。通过解释这种衰变，他后来发现了弱相互作用。1934 年，在罗马大学，费米开始用中子轰击各种元素。他发现这个过程很容易产生放射性原子，但当时他没有意识到已经“分裂了

1 奥本海默（Julius Robert Oppenheimer，1904—1967），美国理论物理学家，曾参与曼哈顿计划。

## 费米论氢弹

“这样的武器可以打击任何军事目标，其破坏力已经达到了非常严重的自然灾害的级别。就其性质而言，它不局限于军事目标，实际上几乎是一种能使种族灭绝的武器。很明显，任何道德理由都不能为它辩护，因为道德应赋予人个性和尊严，即使是对敌国的居民也不能例外。……这种武器的破坏性是无限的，因此它的存在和对它结构的了解将对整个人类造成危害。从任何角度来说，这都必然是一件坏事。”

1949年10月30日，费米向美国原子能委员会提交《一般咨询委员会报告》，在附录中提出这个观点。不过，美国还是于1952年引爆了第一颗氢弹；随后苏联也在1953年引爆了氢弹。

原子”，而是认为自己发现了铀之后的元素。1935 年，费米和他在罗马的同事埃米利奥 · 吉诺 · 塞格雷（Emilio Gino Segrè）已经发现了慢中子。慢中子对核反应堆的运行非常重要。由于对感生放射性[1]的研究，费米在 1938 年获得了诺贝尔物理学奖。在同一年，费米和他的犹太裔妻子被迫逃离法西斯意大利，移居美国，并继续做核裂变研究。

现在人们认识到，费米实验室和德国的其他实验中已经发生了核裂变（原子的分裂）。随着第二次世界大战在欧洲肆虐，以核裂变为基础的制造原子弹的能力对平衡世界战局至关重要。因此，费米监督设计和组装了“原子反应堆”，战后它被称为“核反应堆”。1942 年 12 月 2 日，费米实现了第一个自持式链式裂变反应，从而使核能在可控的条件下释放。他的链式反应堆帮助科学家了解原子弹的内部工作原理，并作为大型反应堆的小规模试验场，这些反应堆对于生产核燃料钚而言是必需的。这开启了原子时代。1943 年，费米加入了曼哈顿计划，他的团队搬到了新墨西哥。1945 年 7 月 16 日，作为曼哈顿计划的一部分，第一颗原子弹成功引爆，随后美国在广岛引爆了一颗铀弹，在长崎引爆了一颗钚弹。费米在芝加哥大学继续研究，在量子力学、核物理、粒子物理和统计力学领域做出了重要的贡献。他被认为是 20 世纪最杰出的科学家之一，是唯一一个既擅长理论又擅长实验的人。费米在 53 岁死于胃癌，这可能与他从事的放射性实验有关。元素周期表的 100 号元素“镄”（Fm）就是以他的名字命名的。

---

1 感生放射性是指原本稳定的物质在接受了特殊辐射后产生的放射性。与之相对的是天然放射性，是指物质本身就具有的放射性，比如铀、镭等化学元素。

# 经济思想革命

| 1936年 |

英格兰，约翰·梅纳德·凯恩斯（1883—1946）

许多人认为，约翰·梅纳德·凯恩斯（John Maynard Keynes）的研究确保了资本主义作为世界领先的经济模式的存续和发展。第一次世界大战期间，凯恩斯是英国财政部的海外顾问。他请求英国国家美术馆以低价购买马奈、柯罗和德拉克洛瓦的画作，以此来平衡法国的账目。战后，凯恩斯被选为1918年至1919年巴黎和会的代表。协约国领导人托马斯·伍德罗·威尔逊[1]、大卫·劳合·乔治[2]和乔治·克里孟梭[3]报复性地对德国提出了战争赔款，凯恩斯为此出版了《和约的经济后果》（*The Economic Consequences of the Peace*），在书中强烈批评他们的行为。凯恩斯认为，德国不可能还清财政债务，这将导致严重的后果，助长德国人的怨恨，威胁长期的和平。凯恩斯因为这本畅销书而闻名于世。20世纪20年代和30年代，大萧条导致美国和欧洲四分之一的男性失业。凯恩斯说服各国政府借债，通过消费创造需求，摆脱经济不景气；但大多数经济学家不同意他的观点。1932年，富兰克林·罗斯福[4]成为美国总统，他承诺消灭财政赤字，而不是像胡佛[5]总统那样任由财政一直亏损。凯恩斯与罗斯福展开争论。随着大萧条的持续和战争的迫近，罗斯福最终尝试投资公共建设、农产品补贴等方法，成功地使经济复苏。

凯恩斯最大的影响来自他1936年出版的《就业、利息和货币通论》（*The General Theory of Employment, Interest and Money*）。他认为，为了使人们充分就业，在经济减速、企业投资不足的时候，政府应当提供必要的资金支持。随着市场趋于饱和，企业投资减少，这引发了一个恶性循环：投资减少，提供的工作岗位就减少，进而使消费减少，于是企业投资的理由愈加减少。经济可能会达到完

---

1 托马斯·伍德罗·威尔逊（Thomas Woodrow Wilson，1856—1924），美国第28任总统，任期是1913—1921年。
2 大卫·劳合·乔治（David Lloyd George，1863—1945），英国首相，任期是1916—1922年。
3 乔治·克里孟梭（Georges Clemenceau，1841—1929），法国总理，任期是1906—1909年和1917—1920年。
4 富兰克林·罗斯福（Franklin Delano Roosevelt，1882—1945），美国第32任总统，任期是1933—1945年，是唯一连任超过两届的美国总统。
5 胡佛（Herbert Clark Hoover，1874—1964），美国第31任总统，任期是1929—1933年。

美的平衡，但代价是高失业率和社会穷困。对政府来说，当务之急是填补空缺、消除痛苦。1938 年，罗斯福总统最终完全接受了“凯恩斯主义”，他告诉美国人民：“我们的主要痛苦来自缺乏购买力，无法满足消费需求。”因此政府必须通过“提升国民购买力”来“促使经济回升”。这正是德国和意大利在大型公共建设中所做的，两国经济也因此再次繁荣起来。

美国参加第二次世界大战时，罗斯福别无选择，只能在一定程度上试验凯恩斯的思想，从而使美国摆脱经济不景气。1939 年至 1944 年（战时生产的高峰期），美国的产出几乎翻了一番，失业率从 17% 降至 1% 左右。以前从来没有一个经济理论得到过如此戏剧性的检验和证明。美国《1946 年就业法案》把这种新思想编入法典，把促进就业、生产和购买力最大化作为联邦政府的持续政策和责任。在接下来的 25 年里，联邦政府都是这样做的。人们普遍认为，政府可以对经济进行微调：为了避免经济放缓，政府应推动财政和货币这两个加速器；为了避免经济过热，政府应该在必要的时候踩刹车。第二次世界大战结束时，美国和英国一致认为，如果帮助日本、德国和意大利这三个战败国重建，就能最好地维护持久和平。战胜国的大规模公共投资将创造出口产品的贸易伙伴，并在这些国家建立稳固的中产阶级民主。1964 年，林登·贝恩斯·约翰逊[1]通过减税来扩大购买力和促进就业。尼克松[2]有句名言：“我们现在都是凯恩斯主义者。”

### 凯恩斯的批评

在《和约的经济后果》一书中，凯恩斯贬损了当时最重要的三位世界领导人，他说托马斯·伍德罗·威尔逊是“又瞎又聋的堂·吉诃德”；乔治·克里孟梭是一个仇外者，他“对法国抱有幻觉，对人类怀有幻灭”；大卫·劳合·乔治是“山羊脚的吟游诗人，半人半兽的访客，从凯尔特古老的充满巫术和魔法的森林来到我们这个时代”。

1 林登·贝恩斯·约翰逊（Lyndon Baines Johnson，1908—1973），美国第 36 任总统，任期是 1963—1969 年。
2 尼克松（Richard Nixon，1913—1994），美国第 37 任总统，任期是 1969—1974 年。1974 年因为“水门事件”而辞职，是美国历史上唯一一位在任期内辞职下台的总统。

然而，撒切尔[1]夫人和里根[2]总统所遵循的自由市场理论逐渐被世界各地采纳，政府允许市场自主管理，凯恩斯的理论被束之高阁。所以，我们看到跨国公司变得比政府还强大，控制着实际的经济政策，社会经济退回到衰退期。现在，中国的市场经济体制是比自由经济更好的经济模式。政客们似乎不明白，根本不存在所谓的“自由市场”“市场规律”或“市场力量”。市场本身不起作用，而是被商人和投机者影响，他们只会在粮食产量、政府赤字和银行倒闭等方面先行买入并押注。自由主义经济只有足以将影响结果的人排除在外才能奏效。各国政府需要再次有益地管控经济，但由于各个国家和经济联盟之间的网络关系以及金融贸易的力量，这已不再可能。

# 图灵机

1936—1937年

英格兰，艾伦·麦席森·图灵（1912—1954）

艾伦·麦席森·图灵（Alan Mathison Turing）最早提出计算机编程的概念，他被誉为“计算机科学与人工智能之父”。图灵在剑桥大学学习，从事量子力学领域的研究。在这里，他用数学方法证明了自动计算不能解决所有的数学问题。这个概念也叫“图灵机”，是现代计算理论的基础。图灵设想了一种类似于打字机的机器，它在理论上能够扫描或阅读无限长的带子上编码的指令。图灵证明，如果扫描仪从一个方形带子移动到另一个方形带子，按顺序响应命令，并修正其中

1 撒切尔（Margaret Thatcher，1925—2013），英国首相，任期是1979—1990年。
2 里根（Ronald Wilson Reagan，1911—2004），美国第40任总统，任期是1981—1989年。

## 停机问题

图灵的论文《论可计算数及其在判定问题上的应用》在计算机科学中有两方面的重要影响。它的主要目的是证明有些问题（“停机”）不可能用顺序进程解决。停机问题可以这样表述：“对于给定的计算机程序，判断程序是否能在有限的时间内结束运行。这相当于确定对于给定的程序和给定的输入信息，程序运行后最终是结束还是陷入死循环。”图灵证明，不存在解决所有停机问题的通用算法。该证明的关键部分是计算机和程序的数学定义。除了有限的内存所带来的限制，现代计算机可以被认为是“图灵完备”，即具有与通用图灵机相当的算法执行能力。

的机械响应，机器输出就可以效仿人类的逻辑思维。图灵接着假设，由于磁带上的指令控制机器的行为，通过改变指令，机器就可以执行所有功能。换句话说，通过扫描带子上的不同指令，同一台机器可以计算、下棋或者做任何类似的事情。因此，他的设备也叫“通用图灵机”。我们知道，这是今天计算机的原理，但在当时它只是一个革命性的概念——根据输入的指令，硬件执行复杂的任务。图灵在《论可计算数及其在判定问题上的应用》（*On Computable Numbers, with an Application to the Entscheidungsproblem*）一书中发表了他的开创性理论，但当时没有人意识到图灵机为最终的电子数字计算机提供了蓝图。今天，每一个敲击键盘、使用电子表格或文字处理程序的人，都是在图灵机上工作。

第二次世界大战开始时，图灵离开美国前往英格兰，在白金汉郡的密码破译机构布莱切利园（Bletchley Park）带领一个密码分析团队工作。他的团队建立了一种类似于电脑的机器，能快速破译德国的情报，这些情报是用德军潜艇上的恩尼格玛密码机加密的。这帮助英国赢得了第二次世界大战。从1945年到1948年，图灵在伦敦附近特丁顿的国家物理实验室（NPL）工作，他承诺开发出一台能够处理逻

## 天才的自杀

1952年，图灵因同性恋倾向而被逮捕和审判，随后被判处严重猥亵罪。为了避免坐牢，他接受了长达一年的雌激素注射，以压制自己的性欲。图灵向一位朋友控诉：“我的乳房在发育！”考虑到图灵可能会遭到胁迫，进而危害国家安全，政府撤销了图灵的安全许可，这意味着他不能继续在政府通信总部工作——政府通信总部是由布莱切利园发展而来的。41岁时，图灵吃了一个含氰化物的苹果自杀。

辑信息的机器。人们认为，图灵的快速计算机器的蓝图，本来可以催生出世界上第一台数字计算机，但他对官僚主义失望透顶，因此离开了国家物理实验室，到曼彻斯特大学领导计算机实验室。在这里，图灵开发了世界上第一台程序存储数字计算机。图灵影响了计算机科学的发展，形成了算法和计算的概念。算法是一组用于计算函数的指令，在计算、数据处理和自动推理中必不可少。图灵是最早提出现代计算机概念的人。然而，把计算机作为通用机器，而不是用于解决具体难题的计算器，这一想法直到图灵死后几年才生根发芽。

# 复印机（静电复印方法）

1938年（最早）和1942年（专利）

美国，切斯特·弗洛伊德·卡尔森（1906—1968）

静电复印是庞大的全球复印产业的基石，各种各样的复印机每年能复印数十亿张纸。切斯特·弗洛伊德·卡尔森（Chester Floyd Carlson）拥有物理学和法学学位，他在大萧条时期艰难地寻找工作，最后成为贝尔电话公司纽约专利部门的经理。作为一名专利分析员，卡尔森需要花很长时间审阅文件和图纸，从而提交给专利局，登记公司的发明和创意。可是，专利局要求他把文件手抄多份。卡尔森需要花几个小时才能画好图纸，加上他近视、患有关节炎，这项工作对他来说困难重重。卡尔森经常在家里的厨房工作，寻找一种替代方案。他很快决定放弃研究传统摄影领域，因为在传统摄影领域，光是化学变化的媒介，而大公司的实验室已经详细地研究了这种现象。卡尔森知道，当光照射一种光敏材料时，它的导电率就会增加；卡尔森因此想到了基于光电导性的复印技术。

1938 年，卡尔森为他的“电子摄影术”原理申请了专利，一个月后，他得到了第一份干法复印件。复印机使用调色剂，这是一种塑料颗粒、氧化物、颜料和蜡的混合物。塑料颗粒吸收静电复印中的电荷，并被吸引到感光鼓上。感光鼓的作用是传输图像，加热后的调色剂被印在纸上。卡尔森说：“我知道我有一个非常

> **伪造的问题**
>
> 现在的彩色复印机很高端，为了防止伪造钞票，施乐彩色复印机会打印一个小圆点以标示这是复印件。通过这种方式，联邦探员可以识别假钞。

好的主意。我抓住了它的尾巴，但我能驯服它吗？”1942 年，他的专利公布了，“电子摄影术：通过光作用于特殊涂层的带电板形成图像；潜影由只附着在带电区域的粉末形成”。

1939 年至 1944 年，卡尔森的发明被 20 多家公司拒绝。卡尔森说：“有些人很冷淡，有些人表现出兴趣，还有一两个人充满敌意。要使别人相信我的小带电板和粗糙的影像将催生出一个巨大的新兴产业，这太困难了。许多年过去了，一点进展也没有……我感觉很失望，几次决定彻底打消这个念头。但每次我都会重新尝试，我完全相信，这项发明非常有前景，不可能默默无闻。”在 IBM、通用电气和美国无线公司等相继拒绝这项发明之后，卡尔森又花了 20 年时间推广。1960 年，经过 16 年的发展，哈洛德公司把卡尔森的想法推广到市场。这家公司后来改名为“施乐”（Xerox），“xerography”（静电复印）在希腊语中的意思是“干写”。在生产的头八个月，哈洛德公司卖出的产品已经超过了他们预期的总销量。“施乐 914”办公室复印机取得了惊人的成功，只需按下按钮，就可以在纸张上快速复印。世界上最快的办公用复印机每分钟可以复印 150 多张纸。在商业复印中，卷筒纸复印机每分钟能复印 300 张纸。（后来发明的喷墨式打印机采用湿法复印，即通过一系列脉冲把墨水从喷嘴中喷出来，使它分布在纸上。）在生命的最后 8 年里，卡尔森捐出了他大部分的财产，向各种基金会和慈善机构捐赠了大约 1 亿美元。

# 直升机

| 1939年 |

俄罗斯和美国，伊戈尔·伊万诺维奇·西科斯基（1889—1972）

1939 年，伊戈尔·伊万诺维奇·西科斯基发明了第一架旋翼机，因此他通常被誉为“直升机之父”。德国的海因里希·福克（Heinrich Focke）和法国的路易·宝玑（Louis Breguet）也是直升机先驱，不过是西科斯基使这项技术投入生产，走向实用。在巴黎学习工程学之后，1909 年，西科斯基回到俄国，并在同年设计并测试了第一架直升机。然而他说：“我已经充分认识到，由于缺乏技术、引擎、材料，更重要的是缺乏资金和经验，我不可能在当时制造出一架成功的直升机。”之后，他专注于开发固定翼飞机，取得了惊人的成就。第一次世界大战后，西科斯基前往美国，继续设计和制造飞机。在接下来的几年里，西科斯基重新开始研究直升机技术，并为几项设计申请了专利。1938 年，他的母公司为了削减成本，关闭了西科斯基的子公司。这时西科斯基获得了扩大直升机研究的许可，开始研制一种试验性的飞行器。1939 年春天，他设计了“沃特-西科斯基”VS-300 直升机，并在当年夏天制造完成。它首创了一种旋翼结构，今天大多数直升机还在使用。

西科斯基的 VS-300 直升机不需要两个反向旋转的旋翼抵消扭矩，而是通过尾桨提供与主旋翼扭矩相反的推力，它开创了这类直升机的先河，具有非常重要的意义。这种单旋翼带尾桨的结构使得飞行器不那么复杂，更轻，也更容易控制。更重要的是，VS-300 可以说是现代直升机的先驱。1941 年，西科斯基让 VS-300 在空中飞行了 1 小时 32 分钟，创造了当时的世界纪录。西科斯基随后修改了设计，1942 年，他制造了“西科斯基 XR-4”的原型机，这是最早大规模生产的直升机。1943 年，它作为“西科斯基 R-4 直升机”进入美国陆军和海军服役。继 R-4 之后，一系列更大、更好的直升机相继问世。从那时起，直升机已经具备了执行艰难任务的能力，在和平时期和战争时期拯救了成千上万的生命。

# 聚酯纤维（涤纶）

| 1941年 |

英格兰，约翰·雷克斯·温菲尔德（1901—1966）、
詹姆斯·坦南特·迪克森（生卒年不详）

聚酯纤维具有多种用途，全世界大约一半的布料和服装是用这种多功能塑料制成的。1941 年，两位纺织化学家在英格兰发明了最早的聚酯纤维，并申请了专利。聚酯纤维的韧性和弹性比尼龙要好。由于战争时期需要保密，这项发明直到 1946 年才被公之于众。英国的帝国化学工业公司（ICI）称之为“Terylene”，而美国的杜邦公司称之为“Dacron”。约翰·雷克斯·温菲尔德（John Rex Whinfield）和他的助手詹姆斯·坦南特·迪克森（James Tennant Dickson）当时正在研究可能成为纺织纤维的高分子材料，他们发现对苯二甲酸和乙二醇可以缩聚成一种聚合物，这种聚合物可以被拉伸成纤维。聚酯的定义是：“化学成分中酯类、二元醇和对苯二甲酸的质量至少占 85% 的长链聚合物。”换句话说，聚酯就是纤维中酯类的链。醇和羧酸反应生成酯。

聚酯可用于强化塑料，是应用最广泛，也是最经济的合成树脂。聚酯纤维非常坚固耐用，大多数化学品对它不起作用，它还抗拉、抗压、抗皱，耐磨，不易霉变。具有疏水性的聚酯纤维，可以快速干燥。它可以用于制造绝缘的中空纤维。聚酯纤维不易变形，所以很适合制作户外服装，比如适于在恶劣气候下穿着的抓绒卫衣。它方便清洗和干燥，可用于制造食品保鲜膜。它强度和韧性也很好，在工业中被用来制造绳索。此外，聚酯瓶是最受欢迎的用途之一。聚酯纤维经久耐用，广泛应用于生产纺线和丝线。

# 谷物改良｜绿色革命

｜1943年以后｜

美国，诺曼·欧内斯特·布劳格（1914—2009）

诺曼·欧内斯特·布劳格（Norman Ernest Borlaug）通过改良谷物拯救了10亿人的生命。布劳格是一位不太知名的农学家、微生物学家和人道主义者，被誉为“绿色革命之父”，获得了总统自由勋章、国会金质奖章和诺贝尔和平奖。同时获得这些荣誉的迄今为止只有6人。布劳格在墨西哥、巴基斯坦和印度开发了高产小麦品种，并与现代农业方法相结合。到1963年，墨西哥已经成为小麦净出口国，巴基斯坦和印度的小麦产量几乎翻了一番。这个过程后来被称为“绿色革命”。他通过增加粮食产量为维护世界和平做出了贡献，因此获得诺贝尔和平奖。在1970年的诺贝尔演讲中，布劳格提到了“人口怪兽”，预测到2000年世界人口将从37亿上升到65亿——事实的确如此。2011年，世界人口超过了70亿（在www.worldometers.info网站上，你可以看到世界人口每分钟增长大约150人）。布劳格开发的新品种谷物帮他取得了“人类对抗饥馑和匮乏的暂时胜利”，这是一个喘息的空间，可以应对“人口怪兽”以及由此引发的环境问题和社会弊病。如不遏制，冲突在所难免。

布劳格还主张通过提高农作物产量遏制森林砍伐。“布劳格假说”提出，“在最好的农田上提高农业生产率，减少对新农田的需求从而控制森林砍伐”。在整个战后时期，全球粮食增长的速度超过了人口增长的速度，人们普遍担忧的大规模饥荒没有出现，其中布劳格居功至伟。1950年，世界耕地面积为6.88亿公顷，粮食产量为7.03亿吨；到了1992年，世界耕地面积为7亿公顷，粮食产量为19.3亿吨。耕地面积只增加了1%，

**致敬布劳格**

如果人口过剩导致无政府状态，非洲可能首当其冲。布劳格明白这一点，并用余生对抗这场灾难。他的胜算似乎不大。不过话又说回来，诺曼·布劳格拯救的生命比世界上其他任何人都要多。

——《大西洋月刊》，1997年1月

而粮食产量增加了 170%。1967 年，威廉·帕多克（William Paddock）和保罗·帕多克（Paul Paddock）的畅销书《饥荒 1975！美国的抉择：谁将生存？》表明，布劳格的集约农业可能已经使 10 亿人免于饿死。布劳格认为，通过以更少的土地生产更多的粮食，非洲的野生栖息地能得到保护。刀耕火种的温饱型农业则会把这些栖息地消耗殆尽。

# 链霉素

1943年

乌克兰和美国，赛尔曼·A.瓦克斯曼（1888—1973）

链霉素是第一种能有效治疗肺结核（TB）的抗生素。赛尔曼·A. 瓦克斯曼（Selman Abraham Waksman）出生在乌克兰，1910 年前往美国，成为一名顶尖的生物化学家和微生物学家。他细致地研究了有机物（主要是土壤中的生物）及其分解过程，从而发现了 20 多种重要的新抗生素。“antibiotics”（抗生素）一词就是瓦克斯曼发明的。其他人纷纷效仿他的研究，也有了许多新发现。瓦克斯曼的研究领域包括：土壤的微生物种群；细菌、微生物对硫的氧化作用与土壤肥力的关系；动植物残体的分解及腐殖土的性质与形成；海洋细菌的出现以及它在海洋中的作用；抗菌物质的产生与性质；放线菌（一种土壤细菌，可以从它生存的土壤中分离出抗生素）的分类以及生理和生物化学的研究。

到美国后，瓦克斯曼先在新泽西州的一个家庭农场工作了几年，然后在罗

## “消耗”或者“国王的邪恶”

“消耗”（consumption）和“国王的邪恶”（King' s Evil）过去都是指肺结核，除此之外还有“淋巴结核”“肺痨”“白色瘟疫”和“消耗病”等别称。肺结核被叫作“消耗”，可能是因为它从内部消耗人体，症状包括脸色苍白、发烧、咯血和长期消瘦。人们认为国王的触摸可以治愈肺结核，因此这种病又得名“国王的邪恶”。人们认为，世界上三分之一的人口感染了结核分枝杆菌，大约每秒会新增一例感染者。它可以在体内潜伏多年，感染者中只有10%会患病。

1815年，英国的死亡人口中有1/4是肺结核引起的；到了1918年，法国死亡人口中有1/6的人死于这种疾病。整个20世纪，大约有1亿人死于肺结核。19世纪80年代，人们发现肺结核具有传染性，因此发起运动禁止在公共场所随地吐痰。人们在一些偏僻的地方建立疗养院，试图阻止疾病的传播，并鼓励病人合理饮食，在户外活动，享受阳光和新鲜空气。然而，即使在最好的条件下，进入疗养院的人也有一半会在5年内死亡。全世界肺结核患者的人数比例稳定，甚至在逐年下降；但由于总人口增长，新病例的绝对数量仍在增加。2007年，全球估计有慢性活动性病例1370万、新病例980万和死亡病例180万，其中大多数在发展中国家。这种疾病对公共健康的威胁非常大，因此英国医学研究委员会在1913年成立时，就把重点放在研究肺结核上。直到1946年，随着链霉素的开发和销售，人们才能有效地治疗和治愈肺结核。然而，耐多药结核病出现以后，治疗结核感染还是需要动手术。

格斯大学就读。在那里，他研究了来自连续土层的培养样本中的细菌，其中包括一组叫“放线菌”的细菌。1918 年，30 岁的瓦克斯曼在加利福尼亚大学伯克利分校取得博士学位，并在罗格斯大学细菌学系任职，研究土壤微生物群落。几年后，年轻的法国微生物学家勒内·杜博斯[1]加入了他的实验室。1927 年，杜博斯开始研究土壤微生物对纤维素的一对一分解，他的研究方法将引领现代抗生素的发展。通过与菲勒研究院附属医院的奥斯瓦德·西奥多·艾弗里（Oswald Theodore Avery）合作，杜博斯分离出一种土壤细菌，能够杀死肺炎双球菌。大约一半的肺炎病例中存在肺炎双球菌。第一次世界大战后，数百万人死于肺炎。瓦克斯曼从杜博斯的发现中获得灵感，在土壤样本中寻找更多已存在的抗菌生物。1940 年，瓦克斯曼和 H. 博伊德·伍德拉夫（H. Boyd Woodruff）发明了一种技术，可以鉴定具有抗菌能力的天然物质。筛选的方法是，在多种培养条件下，在系统分离的土壤微生物单菌落附近寻找生长抑制区，并测试其对目标致病菌的抑制作用。

---

1 勒内·杜博斯（René Dubos，1901—1982），出生在法国的美国微生物学家，环保主义者和人文主义者。作品《人类是这样一种动物》获得 1969 年普利策非小说奖。

瓦克斯曼和他的学生、同事分离出新的抗生素，包括放线菌素（1940 年）、棒曲霉素、链丝菌素（1942 年）、链霉素（1943 年）、灰霉素（1946 年）、新霉素（1948 年）、弗氏菌素、杀假丝菌素、制假丝菌素，等等。其中，链霉素和新霉素在治疗人类、动物、植物的许多传染病方面具有广泛的应用。链霉素被列为“塑造世界的十大专利之一”。瓦克斯曼捐赠了专利费的 80%，用以资助罗格斯大学的瓦克斯曼微生物研究所。瓦克斯曼获得的最大荣誉是 1952 年的诺贝尔生理学或医学奖，他被普遍认为是“抗生素之父”。

### “死亡统帅”

威廉·奥斯勒爵士意识到了肺炎的致命危险。肺炎已经超过肺结核，成为导致死亡的主要原因。所以在1918年，奥斯勒将肺炎称为“死亡统帅”。他还把肺炎描述成“老人之友”，因为相比于其他更慢、更痛苦的死亡方式，肺炎往往是迅速且无痛的。直到今天，肺炎仍是一种常见的疾病，每年影响全世界大约4.5亿的人口。在所有年龄段，它都是导致死亡的主要原因，每年约造成400万人死亡（占世界每年死亡总数的7%），其中5岁以下的儿童和75岁以上的老人发病率最高，发展中国家的发病率是发达国家的5倍。病毒性肺炎（相对于细菌性肺炎）约占2亿。肺炎是低收入国家儿童死亡的主要原因，据世界卫生组织（WHO）估计，这些死亡中有一半在理论上是可以避免的，因为引起肺炎的细菌本来可以通过有效的疫苗来预防。

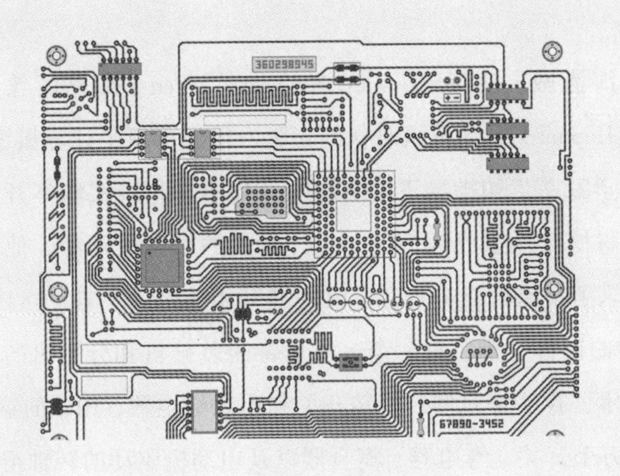


第八章

# 数字世界

# 马克一号计算机

| 1944年 |

美国，霍华德·海撒威·艾肯（1900—1973）、
葛丽丝·穆雷·霍普（1906—1992）

霍华德·海撒威·艾肯（Howard Hathaway Aiken）和葛丽丝·穆雷·霍普（Grace Murray Hopper）是计算机时代的先驱，他们革新了计算机编程。1939年，在哈佛大学数学家艾肯的指导下，纽约的IBM恩迪科特实验室开始研制一种机电计算机。艾肯博士后来成为马克一号计算机的概念设计师。他设想了一种计算设备，可以求解复杂的微分方程，艾肯最开始称之为“自动按序控制计算器”（ASCC）。艾肯的设计受到了查尔斯·巴贝奇的差分机和分析机的影响，其中使用了十进制算术、存储寄存器、旋转开关和电磁继电器。IBM的这台机器重约5吨，由成千上万个开关、继电器、离合器以及电动机驱动的转轴组成。它的尺寸是15.5米×2.5米×0.6米，导线总长800千米，连接有300万个电路。马克一号计算机使用穿孔纸带编程。美国海军舰船局用它运行重复的计算，制作数学表格，这标志着计算机时代的真正来临。打孔机是存储程序计算机的前身。随着新电子元件的出现，艾肯在大型计算器的基础上不断开发，他的马克四号计算机安装了磁芯存储器。

霍普是马克一号计算机的第一批程序员，她为计算机编程语言开发了最早的编译器。霍普认为，应该用接近英语的语言编写程序，而不是用机器代码之类的语言。她知道，人性化的语言将改变计算机产业。1958年，霍普发明了FLOW-MATIC商用语言，并由此开发了COBOL语言，这是“商用通用语言”（Common Business-Oriented Language）的缩写。COBOL语言是当时最普遍的商用语言，它的主要用途是为公司和政府提供商业、财务和行政系统。接着，霍普为COBOL

语言和编译器开发了校验软件，这是海军 COBOL 标准化计划的一部分。霍普被誉为“COBOL 语言之母”。她还率先实现了编程语言 FORTRAN 的标准。海军少将霍普 40 年的工作包括编程语言、软件开发、编译验证和数据处理。她很早就意识到计算机的商业前景，并在实现自己的愿景中发挥了领导作用，为现代的数据处理指明了方向。霍普甚至发明了“bug”一词，用来指代程序故障。1945 年 8 月，工作人员清除了马克一号实验计算机中的一只大飞蛾，“……从那时起，如果电脑运行出了问题，我们就说有 bug”。（葛丽丝·霍普，引自《时代》，1984 年 4 月 16 日）

# 微波炉

1945年

美国，珀西·勒巴朗·斯宾塞（1894—1970）

微波炉改变了食品产业，餐馆、超市、商业机构和家庭都因此受益。第二次世界大战期间，珀西·勒巴朗·斯宾塞（Percy LeBaron Spencer）是雷神公司功率管部门的主管，他为雷神公司赢得了生产战斗雷达装备的合同。战斗雷达在军事中的重要性仅次于曼哈顿计划。在英伦空战期间，美国得到了英国的一个（高频）微波磁控管模型。磁控管就是雷达核心的功率管，用于产生微波信号和侦察敌机。然而，制造磁控管必须用纯铜，公差小于万分之一英寸，所以不能大规模生产。一名熟练的机械师制造一个磁控管需要一周，为了对抗纳粹德国空军，英国皇家空军调动了数千名机械师。1941 年，磁控管的生产速度仅为每天 17 个；但 12 月美国参战时，斯宾塞已经发明了更简单的磁控管，每天可以生产 100 个。接着，他为不太熟练的工人设计了一种方法，让他们可以在特制的传送带上制造磁控管。战争结束时，磁控管的日产量达到了 2600 个。

1945 年，斯宾塞站在一个启动的磁控管前，他口袋里的巧克力融化了。出于好奇，他把玉米核放在磁控管附近，很快玉米核就变成爆米花弹到实验室的地板上。斯宾塞又把一个生鸡蛋放在磁控管前面的壶里，鸡蛋爆开了，还溅到了附近

**家用微波炉**

1955年，第一台家用微波炉进入市场。它的售价接近1300美元，而且体积很大，普通厨房根本放不下。由于日本发明了更小的磁控管，1967年，第一台小巧实用的家用微波炉问世了，售价495美元。如今，全世界的微波炉有2亿台，平均单价不超过39英镑。

同事的身上。斯宾塞意识到，利用高频电磁波可以快速地加热食物，这是前所未有的方法。他继续用磁控管做实验，最后把磁控管装在盒子里，作为烹饪食物的新方法推向市场。斯宾塞最早设计的微波炉高 1.8 米，重约 340 千克，用完必须用水冷却。第一代微波炉只在餐馆、火车和远洋轮船上使用，这些地方需要快速加热大量食物。

# 计算机系统结构

| 1945年 |

匈牙利和美国，约翰·冯·诺依曼（1903—1957）

相比于 20 世纪 40 年代的程序控制计算机，存储程序计算机是一项巨大的进步。约翰·冯·诺依曼（John von Neumann）发明了存储程序计算机，他可能是 20 世纪对科学贡献最大的人。冯·诺依曼是个神童，后来成为史上最伟大的数学家之一。他最开始在集合论上颇有建树，因此能够参与到所有数学分支。他影响了量子论、通用构造函数理论、数理逻辑、细胞自动机理论、经济学、计量经济学、战略、算子理论、流体力学、统计学、连续几何、函数分析、数值分析、遍历理论、计算机理论与实践，甚至是国防规划。

1932 年，冯·诺依曼出版了第一本著作，主题是量子力学。1933 年，他与爱因斯坦一起在普林斯顿大学工作。1940 年以前，冯·诺依曼专注于纯数学，对理论物理学做出了许多重要的贡献。在战争期间与战后，他成为最伟大的应用数学家之一。冯·诺依曼对原子弹的主要贡献在于，他提出了爆炸透镜的概念和设计。爆炸透镜用于压缩三位一体核试验装置中的钚芯，这催生了 1945 年投掷在日本长崎的“胖子”原子弹。当时，全世界最优秀的几位科学家聚集在洛斯阿拉莫斯，讨论如何迅速地把核燃料聚在一起制造爆炸（原子弹），冯·诺依曼给出了一个可行的方案：内爆。有人提出反对，冯·诺依曼据理力争，向他们解释内爆的概念。冯·诺依曼还认为，如果原子弹在离目标几英里的高空爆炸，威力会比在地面爆炸更大。

冯·诺依曼与爱德华·泰勒[1]、斯塔尼斯拉夫·乌拉姆（Stanisław Ulam）一起，制定了热核爆炸及氢弹的关键步骤。他还与乌拉姆合作，开发了蒙特·卡罗方法，这是一种计算法，通常用于模拟科学和商业中的复杂情况。1944 年，冯·诺依曼与奥斯卡·莫根施特恩（Oskar Morgenstern）合著出版了《博弈论与经济行为》（*Theory of Games and Economic Behavior*），开创了博弈论。博弈论是 20 世纪上半叶的主要科学贡献之一。战争快结束的时候，冯·诺依曼参与了计算机的研究，并做了一些基本的贡献。他的想法是把程序（指令序列）当成另一种形式的数据，存储在机器里。在此之前，要编写计算机程序，人们必须在机器上重新布线。当时冯·诺依曼的计算机只能按顺序执行单个操作，现在的计算机已经可以“同时执行多个操作”。

ENIAC[2] 程序控制计算机的部分开发人员已经认识到它的缺陷，转向了“存储程序系统结构”。1945 年，冯·诺依曼在《EDVAC 报告书的第一份草案》（*First Draft of a Report on the EDVAC*）中首次正

### 诺依曼的自我评价

冯·诺依曼向美国国家科学院提交了一份简历，写道：“我认为，我最重要的工作是量子力学研究，1926年在哥廷根，随后1927年至1929年在柏林。其次比较重要的是各种形式的算子理论研究，1930年在柏林，1935年至1939年在普林斯顿。1931年至1932年，我研究了遍历理论。”由此看来，他并不看重自己在计算机、博弈论和核能中的非凡贡献。

1 爱德华·泰勒（Edward Teller，1908—2003），匈牙利理论物理学家，后移居美国，被誉为“氢弹之父”。
2 ENIAC，全称是“电子数值积分计算机”（Electronic Numerical Integrator And Computer），诞生于 1946 年，是世界上第一台通用计算机。

式地描述了这种结构，许多基于存储程序系统结构的计算机开发项目大约也从这时开始。EDVAC（离散变量自动电子计算机）虽然完成了，但在接下来的两年里很少被使用。几乎所有现代计算机都是某种形式的存储程序系统结构，这是现在定义“计算机”的唯一特征。基于图灵的通用计算机理论，冯·诺依曼定义了一种系统结构，使用相同的内存来存储程序和数据。他的计算机系统结构是存储程序数字计算机的设计模型，用一个 CPU（中央处理器）和一个单独的存储结构（内存）来保存指令和数据。这些计算机在理论上等同于图灵机，并且具有顺序系统结构。几乎所有当代计算机都采用这种系统结构（或它的变体）。“存储程序数字计算机”和“冯·诺依曼系统结构”这两个术语是同一个意思，指将数据和编程指令保存在读写 RAM（随机存取存储器）中。1952 年，作为普林斯顿大学高等研究院的电子计算机项目主任，冯·诺依曼帮助开发了 MANIC（数学分析数值积分计算机），这是当时运行速度最快的计算机。MANIC 接入了数千个真空管，是现代计算机的前身。然而，随着电子技术的进步，在 CPU 和内存之间传输数据和指令的机制比原来的冯·诺依曼系统结构复杂得多。

# 肾透析机

1943年

荷兰和美国，威廉·约翰·科尔夫（1911—2009）

威廉·约翰·科尔夫（Willem Johan Kolff）的肾透析机拯救了数百万人的生命。科尔夫患有诵读困难症，当时人们还不知道这种疾病。科尔夫后来在荷兰莱顿大学学医，并发明了自己的第一个装置，通过间歇性地给裤管充气和放气，帮助血液循环不畅的患者。1940 年，德国入侵荷兰那天，科尔夫正在海牙参加葬礼。他望着德军轰炸机从头顶飞过，于是离开了葬礼现场，直奔海牙市的主要医院，询问是否愿意让他建立一个血库。在一辆汽车和一名武装士兵的保护下，科尔夫穿过城市的街道，避开狙击手，买到了瓶子、管子、针、枸橼酸等物品。四天后，他设置了供应

### 第一位成功的肾透析患者

1945年8月，科尔夫被要求治疗玛丽亚·沙夫斯塔德（Maria Schafstad），一名65岁的女性，因与纳粹同谋而被监禁，期间肾功能衰竭而陷入昏迷。科尔夫知道许多同胞“都想拧断她的脖子”，但他还是履行了医生的职责。科尔夫回忆说，经过几个小时的治疗，“她慢慢睁开了眼睛，说：‘我要和我的丈夫离婚。’”科尔夫伤感地总结道：“现在已经确信，人工肾析可以挽救生命……但还不能说它可以挽救社会。”玛丽亚·沙夫斯塔德接受了一周的治疗，此后又延续了7年的生命，最终死于其他疾病。

血液、血浆与浓缩红细胞的仓库，这是欧洲第一家血库。德国人侵荷兰一个月后，科尔夫的良师益友、格罗宁根犹太医院的院长自杀了，一名纳粹接替了他的位置。科尔夫不愿与此人共事，他申请了坎彭镇一家小医院的职位，在那里一直待到战争结束，期间秘密地支持荷兰抵抗运动。

1938 年，一名年轻的男子死于肾衰竭，科尔夫感到非常震撼。他说：“我意识到，只要从他的血液里清除 22 立方厘米的有毒废物，他就不会死……可是我无能为力。”尽管荷兰已经被德国占领，科尔夫仍然全身心地投入到医学研究中，并制作了一个透析机的样机。他从当地一家工厂借来材料，从一辆旧福特汽车上回收水泵，从一架被击落的德国战斗机上取下金属片，甚至用到了空的果汁罐。1943 年，科尔夫制作了第一台机器，他把透明的肠衣包裹在圆筒上，放进装有清洁液（盐水）的搪瓷容器里。病人的血液顺着管子流出，进入装有液体的滚筒。机器清除了血液中的致命毒素，然后把血液输回身体。起初，科尔夫的试验性治疗效果不佳，16 个患者死于肾病。然而，1945 年，他治愈了一位患有急性肾衰竭的女性纳粹同谋。科尔夫的人工肾透析机一直在不断改进，据估计，目前美国有 5.5 万名晚期肾病患者靠他的发明维持生命。1950 年，科尔夫移居美国，领导一个研究和试验人造心脏的团队。他从来没有为最初的人工肾透析机申请专利。

# AK-47突击步枪

| 1947年 |

俄罗斯，米哈伊尔·季莫费耶维奇·卡拉什尼科夫（1919—2013）

AK-47突击步枪被称为“人类史上最有效的杀人武器”，这种枪不容易出故障，制造成本低，相对小巧，易于维护和操作。AK-47的设计初衷是，让戴手套的俄罗斯士兵在北极条件下更方便使用和维修，它的平均寿命可达40年。第二次世界大战期间，米哈伊尔·季莫费耶维奇·卡拉什尼科夫（Mikhail Timofeyevich Kalashnikov）饱受劣质的枪械的折磨，因此设计了这种步枪。AK-47的气体活塞和运动部件之间的间隙很大，采用锥形弹壳的设计，即使存在大量异物和污垢，枪支也能继续使用。卡拉什尼科夫曾说：“我为我的发明感到骄傲，但恐怖分子也使用它，这让我很难过……当我看到本·拉登[1]拿着AK-47时，我非常不安。可我又能做什么呢？恐怖分子不是笨蛋，他们当然也会选择最可靠的枪支。”AK-47的发展很慢，没有机会在第二次世界大战中服役，但它在匈牙利1956年的革命中初露锋芒，造成了7000名俄罗斯士兵和5万名匈牙利人死亡。从那时起，几乎所有战士都使用这种武器。至今每年仍有25万人因它丧生。这种枪结合了步枪的中程射击能力和机关枪的火力，12岁的战士也能操作，他们出现在非洲和亚洲的各个战区。

在全球范围内，AK-47及其变种是最常见的小型走私武器，恐怖分子、游击队员、罪犯和政府都使用它。据世界银行估计，全球现在有5亿支枪，其中1亿支是卡拉什尼科夫步枪，其中7500万支是AK-47。AK-47的产量超过了其他所有突击步枪的总和。它的实际价格正在下降，因此越来越受欢迎。俄罗斯一家工厂生产的全

1 本·拉登（Bin Laden，1957—2011），“基地”组织的首领，这是全球性的恐怖组织。FBI认定本·拉登是9·11袭击的主谋。

**越南经历**

“其中一辆推土机上有一具腐烂的敌军士兵尸体，还有一把AK-47。我站在那里，正好能看到枪口。然后我把AK-47艰难地拔出来。‘看着，伙计们，’我说，‘看看真正的步兵武器。’我拉开枪栓，连发了30枪——AK型步枪可以在当天就清洗干净，而不需要在液体里浸一年左右。这才是我们士兵需要的武器，而不是没用的M-16。”美国陆军上校大卫·哈克沃思（David Hackworth）在讲述自己在越南战争的经历时这样说道。

新卡拉什尼科夫步枪售价约为 145 英镑，具体价格取决于步枪的型号和购买量。然而在非洲供应充足的地区，AK-47 只要 18 英镑就能买到。美国“新伊拉克安全部队”以 36 英镑的单价购买约旦制造的卡拉什尼科夫步枪，而美国和欧洲的个人买家购买巴尔干半岛 AK-47 的变种只需要 30 英镑。俄罗斯军队从阿富汗撤军后，塔利班和“基地”组织夺取了大量卡拉什尼科夫步枪。世界各地都有伪造但有效的仿制品，尤其是在巴基斯坦。

# 晶体管

1947年

美国，约翰·巴丁（1908—1991）、沃尔特·豪泽·布拉顿（1902—1987）、威廉·布拉德福德·肖克利（1910—1989）

晶体管是计算机、手机等几乎所有电子设备中电路的基本结构器件。1947 年，美国电话电报公司的贝尔实验室开发了指甲大小的晶体管。尽管人们还不确定实际发明者是谁，但当约翰·巴丁（John Bardeen）和沃尔特·豪泽·布拉顿（Walter Houser Brattain）把电接点应用到锗晶体上时，革命性的晶体管诞生了。输出功率大于输入功率，这种现象被称为“电流增益”[1]。威廉·布拉德福德·肖克利

1 所谓“电流增益”（current gain），是指利用电路元件使电流放大，从而使输出功率大于输入功率（电压不变，功率 = 电流 × 电压）。

### 约翰·巴丁的两个诺贝尔物理学奖

晶体管淘汰了真空管，加速了电子革命。1956年，因为发明了晶体管，巴丁与布拉顿、肖克利共同获得诺贝尔物理学奖。巴丁曾对一位记者说："我知道晶体管很重要，但我从没有想过它会带来电子领域的革命。"然而，巴丁最引以为傲的是低温超导理论。巴丁与利昂·库珀（Leon Cooper）、约翰·罗伯特·施里弗（John Schreiffer）一起，提出并发展了BCS超导理论[1]。他观察到，在超低温下某些金属的电阻会完全消失，该温度与金属的原子质量相关。在宣布他获得第二个诺贝尔奖后，巴丁说："超导更难实现，这需要一些全新的概念。"超导性，即电流在小电阻或零电阻的情况下流动，帮助研究人员开发了重要的医学诊断工具（如磁共振扫描和成像），使高速计算机成为可能。

（William Bradford Shockley）是贝尔实验室固态物理学小组的负责人，他注意到这种潜力，并致力于研究半导体，生产出一种实用的新设备——转换电阻（transfer resistor），也就是后来的晶体管（transistor）。1954年，贝尔公司的一名前雇员在得州仪器公司制造了第一个硅晶体管；1960年，贝尔公司研发了最早的MOS（金属—氧化物—半导体）晶体管。晶体管能放大电流，例如，它们可以放大集成电路的输出电流，从而操控灯、继电器等高电流元件。在许多电路中，电阻的作用是把变化的电流转换成变化的电压，因此晶体管可以在其中起到放大电压的作用。晶体管还可以作为开关（最大电流时全开，或无电流时全关），也可以作为放大器（总是部分打开）。

晶体管取代了体积更大的真空管，因为真空管往往会发热。早期的电视柜是用木头做的，这是因为早期的塑料容易熔化，而木头能抵挡真空管产生的热量。真空管、继电器等机电设备很快就被体积更小的晶体管以及之后的集成电路所取代。然而，早期的功率晶体管往往还需要金属散热器。现在，晶体管被用于时钟模拟电路、稳压器、放大器、功率发射机、马达驱动电路和开关。这是所有现代电子产品中的关键有效元件，大规模生产降低了它的价格。现在，每年制造的离散式晶体管超过10亿个，但其中大部分用在集成电路中，它们和二极管、电阻器、电容器等组合成完整的电子电路，也就是众所周知的微芯片或微处理器。一个高级的微处理器可能包含30亿个晶体管。由于工作电压较低，晶体管通常适用于小

1 BCS理论是解释常规超导体的超导电性的微观理论，以其发明者巴丁（Bardeen）、库珀（Cooper）和施里弗（Schreiffer）的名字首字母命名。

型的电池供电的产品，比如随身听、笔记本电脑等。晶体管体积小、性能高、重量轻，既经济又高效，彻底改变了现代世界。

# 机器人

1948—1949年

美国和英国，威廉·格雷·沃尔特（1910—1977）

我们中的许多人经常能看到机器人装配汽车及发动机的画面。机器人在很大程度上取代了制造业中的人力。在汽车行业，一半的劳动力已经被机器人取代。机器人技术是一种“颠覆性创新”，它涉及机器人的设计、制造、操作和应用，而且它还可以与计算机系统相结合，用于控制、传感反馈和信息处理。自动化机械可以在制造过程中或在危险环境中代替人类，其外表、行为和认知可能与人类相似，也可能不相似。人工智能正在日益增强机器人的自学能力，它能够以任何形式出现。1948年，诺伯特·维纳（Norbert Wiener）提出了“控制论”，这是实用型机器人的基础。在那一年，布里斯托视觉研究所的威廉·格雷·沃尔特（William Grey Walter）创造了第一个具有复杂行为能力的电子自动化机器人。沃尔特想要证明，少量脑细胞之间的复杂连接会导致非常复杂的行为。他试图解释大脑是如何工作的，以及大脑细胞是如何连接的。他的第一台机器人是三轮龟形机器人，它具有趋光性，当电池电量不足时，会自动寻找充电站。尤尼梅特（Unimate）

### 机器人三定律

1942年3月，艾萨克·阿西莫夫在《新奇科幻》杂志上发表了短篇小说《转圈圈》（*Runaround*），提出了他的“机器人三定律”：

1.机器人不得伤害人类，或坐视人类受到伤害；

2.除非违背第一定律，否则机器人必须服从人类命令；

3.除非违背第一或第二定律，否则机器人必须保护自己。

1986年，在《基地与地球》（*Foundation and Earth*）一书中，阿西莫夫在这三条定律之前又加了一条定律，即第零定律：机器人不得伤害整体人类，或坐视整体人类受到伤害。

是第一台数字操作的可编程机器人。1954 年,“机器人之父”乔治·德沃尔(George Devol)发明了它，这是现代机器人产业的基础。1960 年，通用汽车公司买下了最早的尤尼梅特，它在 1961 年被用来从压铸机中取出热金属块并堆叠在一起。德沃尔为第一个数字操控的可编程机械臂申请了专利。从 20 世纪 70 年代以来，日本在机器人领域一直处于领先地位。1972 年，日本人制造了世界第一台全尺寸人形智能机器人——也是最早的人形机器人（android)。1974 年，大卫·席尔瓦（David Silver）设计了“席尔瓦臂”，它能够模仿人的手臂做出精细的动作。现在，机器人广泛应用于制造、装配与包装、运输、地球与太空探索、外科手术、武器、实验室研究以及消费品和工业品的大规模生产。

2014 年至 2020 年，康复机器人的市场增长约 40 倍。这得益于康复 / 治疗机器人、活动假肢、外骨骼和可穿戴式机器人的进步。外骨骼可以增强使用者的体力，帮助那些身体有残疾的人行走和攀爬。外骨骼用到了弹性纳米管，相当于人形机器人的“肌肉”，但比人类肌肉更紧凑、更强壮，机器人的力量也因此增强。如果连入机器人网络，机器人就可以访问数据库、共享信息并相互学习。“熄灯”工厂将越来越多，比如位于得克萨斯州的 IBM 键盘制造基地，该基地已经实现了 100% 自动化。农业机器人可以种植和收割庄稼、翻土和施肥。越来越多的医疗机器人应用于外科手术。自动驾驶车辆是机器人和人工智能的另一种应用。微型机器人（直径小于 1 毫米的移动机器人）和纳米机器人也将越来越多地用于医疗领域，从数量上弥补它计算能力的不足。随着研发机器人的技术不断提高，生活中几乎所有领域都在发生技术革命。

# 斑马线

| 1949年 |

英格兰，乔治·查尔斯沃斯（1917—2011）

自汽车发明以来，道路交通的规模以指数级增长，十字路口的斑马线使行人的

### 人行道指示灯

在采用斑马线之前，政府曾用成排的方头大铁钉标记人行道，1934年改用交通指示柱，柱顶安装有琥珀色球形灯。它以当时的交通部长莱斯利·霍尔-贝里沙（Leslie Hore-Belisha）的名字命名。不断闪烁的人行道指示灯（Belisha beacons）让司机看得更清楚，尤其是在夜晚。

安全得到保障。乔治·查尔斯沃斯（George Charlesworth）是鲜有人知的物理学家和工程师，他曾在道路实验室工作。他还为巴恩斯·沃利斯（Barnes Wallis）的团队制造“弹跳炸弹”做出了贡献。“二战”期间，弹跳炸弹被用来摧毁德国的水坝。这次作战使德国鲁尔区断电数周，严重打击了德国人的士气。战争结束后，查尔斯沃斯领导的团队通过试点计划，决定在人行横道增加黑白条纹，帮助行人过马路。后来，全世界普遍采用了这种标志。在独立试验后，英国于 1949 年，将 1000 个路口作为试点，首次采用了这种人行横道，不过最开始是黄蓝相间的条纹。1951 年，这种人行横道普及全国，但为了在夜晚看得更清楚，后来改成了独特的黑白条纹。它的颜色像斑马，所以也叫“斑马线”。查尔斯沃斯因此获得了“斑马博士”的称号。

# 尼古丁的毒性

| 1950年 |

英格兰，威廉·理查德·沙博尔·多尔（1912—2005）

这位著名的科学家发现了吸烟、吸入石棉与癌症之间的联系，拯救了数百万人的生命。威廉·理查德·沙博尔·多尔（William Richard Shaboe Doll）是世界上最著名的流行病学家，在 20 世纪 40 年代末的研究之后，他警告说，吸烟是肺癌的主要原因。多尔与奥斯汀·布拉德福德·希尔（Austin Bradford Hill）爵士合作，研究了伦敦 20 家医院的肺癌患者。多尔的初衷是把肺癌与机动车尾气、柏油路面联系起来。然而，根据研究，他发现吸烟是最常见的诱因。研究进行到 2/3 的时

### 多尔的牌匾

牛津大学理查德·多尔大楼的一块牌匾记录了多尔的名言："衰老死亡是不可避免的，但衰老之前的死亡可以避免。在过去的几个世纪，人们认为人类的寿命是70岁，但只有1/5的人活到这个年龄。然而，如今对于西方国家的非吸烟者来说，情况正好相反：只有大约1/5的人在70岁以前去世，而且非吸烟者的死亡率正在下降。至少在发达国家，人活到70岁是很容易的。为了实现这一点，我们必须设法阻止烟草带来的巨大伤害，无论是发达国家的人还是整个世界的更多人，吸烟都会在很大程度上折损他们的寿命。"

候，多尔戒烟了。多尔的报告指出："患病的风险与吸烟的量成正比。每天吸烟 25 支以上的人，患肺癌的概率是不吸烟者的 50 倍。"他还指出，吸烟会导致心脏病等疾病。1954 年，一项大规模的调查证明了他的结论，然后英国政府发表了建议，指出肺癌与吸烟有关。英国人开始听从多尔的建议——1954 年，80% 的英国成年人吸烟，如今只有 25%。然而，在美国，情况有所不同。1954 年，美国国家癌症研究所的威廉·休珀（Wilhelm Heuper）曾公开表示："如果过量吸烟的确能导致肺癌，那么，这似乎只是一个次要因素。"相比于英国和法国，美国较少宣传烟草的危害，原因是烟草巨头不断进行政治游说。多尔还率先研究了辐射与白血病、吸入石棉与肺癌的关系（1955 年）。

# 信用卡

| 1950年 |

美国，弗朗西斯（弗兰克）·泽维尔·麦克纳马拉（1917—1957）、拉尔夫·爱德华·施耐德（1909—1964）

信用卡改变了金融交易，简化了购物和预订，使电子商务成为可能。信用卡是一种小塑料卡片，持卡人可以用它付款，根据自己的信用额度购买商品和服务。信用卡的发行者创建一个循环账户，向用户提供信用额度；用户可以从该账户借钱支付给卖家，也可以提取现金预付给卖家。信用卡和签账卡不同，签账卡要求每个月全额还清借款，而信用卡允许消费者只支付利息，不必一次性还清。在信用卡（和自动取款机）出现以前，消费者必须在银行柜台排队取钱。如今，英国流通的信用卡有 6600 万张，比英国总人口还多 600 万；未偿信贷总额约为 600 亿英镑（相当于平均每张信用卡负债 1000 英镑左右）。

现代信用卡是从各种商业信贷计划演变而来的。20 世纪 20 年代，它首次出现在美国，是为了向人数日益增长的有车族推销燃料。1936 年，美国航空公司和航空运输协会用航空旅行卡简化了流程。他们创建了一种编码方案，可以标识发卡人和客户账户。使用航空旅行卡，乘客可以用信用卡“先消费，后付款”，并在接受信用卡的航空公司享受 15% 的优惠。1938 年，几家公司的信用卡开始通用。20 世纪 40 年代，美国国内所有主要的航空公司都推出了航空旅行卡，可以在 17 家不同的航空公司使用。

1950 年，“大莱卡”的创始人拓展了信用卡的概念，通过合并多张卡，顾客可以用一张卡在不同的商家付款。大莱卡与 Dine&Sign 合并，制作了第一张“通用”签账卡，顾客在每次结账时都要全额支付账单。1949 年，推销员弗兰克·泽维尔·麦克纳马拉（Frank Xavier McNamara）在纽约梅杰烧烤小屋用餐，餐后才发现他把钱包放在了另一件衣服的口袋里。麦克纳马拉只好叫妻子过来付账，才解了围。他决心再也不要面临同样的尴尬。不过，这可能只是该公司公关人员杜撰的故事。1950 年 2 月，麦克纳马拉和

### 最早提到信用卡

美国作家爱德华·贝拉米（Edward Bellamy）在他的乌托邦小说《回顾：2000—1887》（*Looking Backward: 2000–1887*）中11次使用“信用卡”这个术语。哲学家、社会评论家艾里希·弗罗姆[1]认为这部被遗忘的著作是“美国出版史上最优秀的作品”。这是当时排名第三的畅销书，仅次于《汤姆叔叔的小屋》和《宾虚：基督的故事》[2]。所有投资银行家，从事卖空、套利和对冲基金的“理财专家”都应该学习书里的一句话：“从本质上来讲，所有买卖行为都是反社会的。这是一种以牺牲他人为代价的利己主义教育，公民在这样的‘学校’里接受教育，社会文明将处在非常低的水平。”

1 艾里希·弗罗姆（Erich Fromm，1900—1980），美籍德国犹太人，哲学家、心理学家、作家，代表作有《健全的社会》《逃避自由》。
2 《宾虚：基督的故事》（*Ben-Hur: A Tale of the Christ*），美国作家刘易斯·华莱士的小说，曾被改编成电影。

他的律师合伙人拉尔夫·爱德华·施耐德（Ralph Edward Schneider）又到梅杰烧烤小屋用餐。结账时，麦克纳马拉递上一张大莱卡，并签名付款。最初只有 14 家餐厅接受大莱卡，用户包括麦克纳马拉的 200 位朋友和商业伙伴。这是史上第一个签账卡系统。到第一年年底，需求迅速增长，会员人数增加到 2 万。1951 年至 1952 年，大莱卡的发展速度很快，美国所有主要城市都接受了它。第一批租赁汽车公司也开始接受大莱卡，后来还有旅馆和花店。1953 年至 1954 年，大莱卡开始走向全球，成为第一张国际通用的签账卡。接受大莱卡的商家包括 1.7 万家餐厅、酒店、汽车旅馆和专卖店，这些商家很乐意为 75 万名会员提供 7% 的优惠。

1958 年，美国运通公司增加了信用卡业务，利用其在全球的人脉招募会员。直到这时，大莱卡才面临激烈的竞争。美国运通公司通过银行向 800 万储户邮寄了申请书，很显然这些储户是有钱的。运通公司的总裁还向 2.2 万名公司总裁发送了私人信件。300 多名运通公司员工开始拜访美国各地的 CEO，向他们推销信用卡。最开始每张卡每年只收费 6 美元，而就职于这些公司的员工只收取 3 美元。接着，运通公司创建了全球信用卡网（不过，这些最初都是签账卡。后来美洲银行信用卡证明了“信用卡”的概念可行，它才具备信用卡的功能）。1958 年以前，没有人能够发明一种由第三方银行发行的、被许多商家普遍接受的循环信用金融工具（而商家发行的循环信用卡只在少数商家有效）。1958 年 9 月，美洲银行发行了第一张公认成功的现代信用卡——美洲银行信用卡，后来演变成 VISA 系统。1966 年，几家加州银行发行了万事达卡，与美洲银行信用卡竞争。信用卡无处不在，很难想象如果没有信用卡，现代生活会是什么样子。

# 脊髓灰质炎疫苗

1952年

美国，约翰·富兰克林·恩德斯（1897—1985）

约翰·富兰克林·恩德斯（John Franklin Enders）研究了脊髓灰质炎（小儿麻

痹症）和麻疹，是现代疫苗接种的先驱。脊髓灰质炎每年造成数十万儿童残疾。1948 年，马萨诸塞州波士顿儿童医院的恩德斯带领一个研究小组，在预防脊髓灰质炎上取得了突破。他与同事弗雷德里克·查普曼·罗宾斯（Frederick Chapman Robbins）、托马斯·哈克尔·韦勒（Thomas Huckle Weller）一起，成功地在人体组织中培育出一种人类肠道病毒“脊髓灰质炎病毒”，这就是病原体。脊髓灰质炎疫苗就是在这个基础上发展而来的。1954 年，这三位科学家获得了诺贝尔生理学或医学奖，原因是“发现了脊髓灰质炎病毒在各种组织中培育生长的能力”。他们的研究首次表明，这种病毒可以在体外培养和控制。1960 年，恩德斯带领的团队测试了一种麻疹疫苗，这种疫苗完全有效。恩德斯的工作开启了现代疫苗的研究和开发。他们发明的方法叫“恩德斯-韦勒-罗宾斯法”。

1952 年，具有创新精神的美国研究员乔纳斯·索尔克（Jonas Salk）用这种方法开发了脊髓灰质炎疫苗。1953 年，他在一个广播节目中公开宣布自己的成果，但不承认研究团队的功劳，也不承认诺贝尔奖得主的功劳。索尔克的疫苗被用于史上最大的医学实验，44 万儿童注射一次或多次疫苗，21 万儿童注射安慰剂，另外 120 万儿童是对照组，什么都不注射。1955 年，结果表明，索尔克的疫苗对 1 型脊髓灰质炎病毒的效力是 60%—70%，对 2 型和 3 型脊髓灰质炎病毒的效力是 90%，对延髓型脊髓灰质炎病毒的效力是 94%。随后，大规模疫苗接种计划开始了，美国脊髓灰质炎病例从 1953 年的 35000 例下降到 1957 年的 5600 例。有效治疗需要两种疫苗：第一种是索尔克的脊髓灰质炎灭活疫苗，第二种是口服的脊髓灰质炎减毒活疫苗，后者从 1957 年开始试验。美国研究员阿尔伯特·沙宾（Albert Sabin）发明了这种口服疫苗。1988 年，全世界患脊髓灰质炎的儿童估计有 35 万例；到 2007 年，联合疫苗使这一数字减少到 1652 例。索尔克得到了巨额的财政支持，他不惜花费重金宣传自己是第一个研制疫苗的人。由于他的自我标榜，索尔克在很大程度上受到了科学界的蔑视，尤其是沙宾，他认为索尔克是“标准的厨房化学家……一生从未有过原创的想法”。

# 浮法玻璃

| 1953—1957年 |

英格兰，莱昂内尔·亚历山大·贝纳·“阿拉斯泰尔”·皮尔金顿（1920—1995）

目前所有的高质量平板玻璃（plate glass）都是用皮尔金顿浮法玻璃工艺制造的。1848 年，亨利·贝塞麦发明了玻璃制造的自动化方法，利用滚轴形成连续的平板玻璃带，并最早申请了专利。玻璃的表面需要抛光，所以造价很昂贵。通过在铁表面浇铸玻璃，然后两面抛光，可以制成更大的平板玻璃，但同样造价昂贵。20 世纪 20 年代初，人们让连续的平板玻璃带通过一系列内嵌的研磨机和抛光机，有效减少了玻璃的损耗，降低了成本。低质量平板玻璃（sheet glass）的制作方法是，把薄板浸在玻璃液中，用辊子固定板根，然后向上牵引薄板。玻璃片冷却变硬后，就可以切割了。这样制成的玻璃两面既不光滑又不均匀，质量比浮法玻璃差很多。

平板玻璃窗是用双面研磨和抛光工艺制成的。平板玻璃指的是较大的玻璃片，但“plate glass”（平板玻璃）已经成为一个术语，用于指代日常安装在窗户上的玻璃。多年来，发明家一直在努力研发成本更低的工艺，取代平板玻璃法。莱昂内尔·亚历山大·贝纳·皮尔金顿（Lionel Alexander Bethune Pilkington，与皮尔金顿公司的创始人没有关系）和他的同事肯尼斯·彼克斯达夫（Kenneth Bickerstaff）最终取得了突破，他们使熔融玻璃从池窑中连续流入并漂浮在相对密度较大的锡液表面上，在重力和表面张力的作用下，玻璃变得质地均匀和光滑。这就是关键所在。这项发明使皮尔金顿浮法玻璃始终在全世界高品质玻璃市场中处于领先地位。20 世纪 60 年代初，世界领先的玻璃制造商获得了浮法玻璃工艺的使用许可，淘汰了双面研磨和抛光工艺。今天制造的玻璃窗实际上就是浮法玻璃窗，但我们仍然称之为“平板玻璃窗”。浮法玻璃还能够实现某些平板玻璃不可能实现的性能，比如增加强度、隔音、隔热、感光性甚至自洁。浮法玻璃工艺也叫“皮尔金顿法”。

# 光纤

| 1954年 |

印度和美国，纳瑞达·辛格·卡帕尼（1926— ）

纳瑞达·辛格·卡帕尼（Narinder Singh Kapany）是印度裔美国物理学家，他的研究促进了光纤在通信和医学中的应用。卡帕尼拥有100多项专利，涵盖了包括光纤通信、激光、生物医学仪器、太阳能和污染监测在内的多个领域。卡帕尼知道一束光可以沿着玻璃纤维传输，于是他提出了图像也可以沿着同样的路径传输的设想。他的思路是这样的："我们已经知道光是沿直线传播的，有可能使它走曲线吗？这非常重要。为什么呢？假设在诊断和手术中，你要检查人体的内部器官，就需要一根传输光的软管。同样地，如果想用光信号交流，你不能隔空长途发送光，而是需要一根传输光的软电缆。"在伦敦帝国学院攻读博士期间，卡帕尼首次证明了光可以通过弯曲的玻璃纤维传播。1954年，他在《自然》杂志上发表了这一发现。19世纪50年代，卡帕尼在罗彻斯特大学把光纤应用到内窥镜中。1960年，他在《科学美国人》上发表了一篇文章，创造了"fibre optics"（光纤）这个词。1956年，他设计了一种玻璃纤维制成的胃镜，可以沿着喉咙蜿蜒而下，近距离地观察人的胃部。

之所以叫"光纤"，是因为它的载体是像发丝一样纤细的光学玻璃。光线进入普通的透明玻璃棒或塑料棒后，在内表面不断反射，直到从远端射出。光纤的原理与此相似。卡帕尼的想法是把成千上万根微型玻璃丝绑在一起，每根玻璃丝都能传输一个光点。一束光点可以形成一幅图像，就像报纸插图中的墨点可以形成图像一样。在博士伦公司的技术员的帮助下，卡帕尼制造了几根玻璃纤维束，每根纤维束直径只有0.001英寸，含有

### 无名英雄卡帕尼

2009年，拥有英国和美国国籍的华裔物理学家高锟（Charles Kao）获得瑞典皇家科学院授予的一半诺贝尔物理学奖。[发明电荷耦合器件的威拉德·博伊尔（Willard Boyle）和乔治·史密斯（George Smith）获得了另一半]。高锟发现，可以通过减少玻璃纤维中的杂质来降低光纤中信号的衰减。在1966年的一篇论文中，高锟提出利用光在玻璃纤维中的传输进行光通信，并积极地宣传这一概念。铜线电缆处理不了当前惊人的电子通信量，因此光纤支撑着全世界的电话和计算机通信。互联网的存在离不开光纤。卡帕尼的工作没有得到诺贝尔委员会的认可。1999年11月，《财富》杂志介绍了7位对20世纪生活有重大影响的“无名英雄”，卡帕尼就是其中之一。

多达25万根单纤维。只要保持纤维束两端的相对位置不变，软纤维束就能传递精确的图像——即使纤维束打结也没有关系。

卡帕尼说：“……如果有一根内部涂有反射材料的管子，光子或波能够沿着管道运动而不被吸收……一束光在这样的管道内反射数百万次（反射的次数取决于管道的长度、直径和光束的粗细）……全内反射的反射率是100%，也就是说玻璃本身不吸收光。利用这种全内反射，光束就能够在玻璃管内长距离地传输……这就是光纤的原理。”1960年，随着激光的发明，应用物理学翻开了新的篇章。从1955年到1965年，卡帕尼作为第一作者发表了几十篇这一主题的论文。他的著作传播了光纤的福音。卡帕尼是这个领域的先驱。

# 磁盘驱动器

1955年

美国，阿兰·菲尔德·舒加特（1930—2006）

阿兰·菲尔德·舒加特（Alan Field Shugart）的职业生涯见证了现代计算机磁盘驱动器的发展。1951年，舒加特是IBM的现场服务工程师，参与了计算机存储行业的每一个重要发展。在此期间，计算机存储系统的体积急剧减小，而数字存储容量则以指数级增长。1955年，舒加特转到IBM实验室，帮助开发了第一个磁盘驱动器 RAMAC，它能存储 500 万二进制编码的字符数据。“RAMAC”是“统计控制随机存取法”（Random Access Method of Accounting and Control）的首字母缩写。舒加特在 IBM 工作了 18 年，负责许多产品的开发，包括 IBM1301。IBM1301 是一个 50 兆字节的磁盘系统，是 Sabre 系统的基础。Sabre 系统是 IBM 公司为美国航空公司开发的全美第一个在线预订系统。舒加特一跃成为直接存取存储器的产品经理，负责当时 IBM 最赚钱的业务——磁盘存储器。在舒加特直接领导的小组中，有一个小组发明了“软盘”。软盘是一种磁盘存储介质，由薄而有弹性的磁存储介质组成，密封在矩形的塑料载体中，内衬织物，以去除灰尘颗粒。软盘由软盘驱动器读写。最早的软盘出现在 20 世纪 60 年代末，1971 年投入到市场，直径为 8 英寸。在大约 20 年的时间里，这些软盘是计算机传输数据的唯一有效手段。

舒加特后来升职成为系统开发部门的技术总监。但 1969 年，他辞职加入了恒通电脑公司（Memorex），并带走了几百名 IBM 工程师。1972 年，他离开恒通电脑公司。1973 年，他创办了舒加特联合公司，并推出了一款成本更低的 8 英寸软盘驱动器。1976 年，舒加特联合公司推出了第一个 5.25 英寸软盘驱动器，售价 390 美元。到 1978 年，已经有十多家制造商生产这种软盘驱动器。这项技术是为更小的新型计算机准备的，这种计算机将逐渐远离企业数据中心。舒加特的商业伙伴菲尼斯·康诺（Finis Conner）评论说：“这是向移动计算机迈进的一步，把计算功能从计算机机房转移到桌面。”两人意识到，随着大规模生产，内存成本将大幅下降。舒加特后来被迫离开舒加特联合公司，与康诺一起成立了希捷科技公司，并在 1979 年至 1980 年制作了最早的温切斯特 5.25 英寸硬盘。当时个人电脑的存储是基于 5.25 英寸软盘的。他们两人意识到相同体积下硬盘容量更大，所以销量会

### 舒加特与政治

舒加特在政治上有些特立独行。1996年，舒加特发起了一场不成功的竞选，试图让他的伯恩山犬欧内斯特进入国会。“这将使人们注意到一个事实，这个国家正在‘狗带’[1]，”舒加特说，“我想提醒国人，现在是时候努力除掉所有共和党人与民主党人了。”舒加特后来在一本书《欧内斯特去华盛顿》(*Ernest Goes to Washington*)中讲述了自己的经历。他还在2000年支持一项失败的投票倡议，该倡议允许加州选民在选举中选择“以上皆非”。

更好。该公司的第一款产品存储了5兆字节，售价1500美元。苹果公司是它的第一个客户。在苹果等公司爆炸式增长的推动下，它迅速取得了成功。希捷科技公司成为全球最大的独立磁盘驱动器及相关部件的制造商。19世纪80年代末，5.25英寸磁盘被3.5英寸磁盘取代，后来又被容量更大的数据存储方式取代，比如便携式外部硬盘驱动器、光盘、存储卡、计算机云网络和U盘。

# 消费电子娱乐

| 1955年以后 |

日本，盛田昭夫（1921—1999）、井深大（1908—1997）

通过微型化和创新，索尼公司引领了消费电子产品的开发和大规模营销。从晶体管收音机（1955年）开始，索尼推出了晶体管电视（1960年）、磁带录像机（1975年）、索尼随身听（1979年）、索尼PS游戏机（1994年）等，创造了崭新的家庭娱乐类型。1945年，井深大（Masaru Ibuka）在东京经营一家收音机修理店，而盛田昭夫（Akio Morita）的家人希望他从事家族经营的酿酒业。然而，1946年，两人共同创立了东京通信工业株式会社（1958年更名为SONY，“索尼”），当时只有375美元的资金和一处废弃的百货商店，这里曾在战争期间遭到轰炸。该公司

1 原文是“the country is going to the dogs”，本意是“这个国家正在堕落”。这里是一种讽刺的说法。

的第一个产品是电饭煲，后来又制造了日本第一台磁带录音机。由于战后物资有限，录音机被造得又大又笨重。20 世纪 50 年代，井深大从美国贝尔实验室获得了新晶体管技术的使用许可，索尼公司成为第一批把晶体管应用于非军事用途的公司。当时的日本经济持续低迷，因此索尼把目光投向了美国市场，并提出了一个全新的想法。1957 年，索尼发布了世界上第一台袖珍晶体管收音机，确立了它的市场领导地位。盛田昭夫在评价制造晶体管收音机的决定时说："我知道我们需要一种'武器'打入美国市场，而且必须是前所未有的'武器'。"

一开始，盛田昭夫的营销理念就是通过品牌识别让人意识到这是高质量产品，并且他拒绝以其他公司的名义生产。以前，"日本制造"对任何产品来说都是糟糕的口号。但在索尼的领导下，"日本制造"成为消费电子产品的卖点，就像"德国制造"是汽车的卖点一样。接下来，索尼工程师的首要任务是革新电视机。1960 年，索尼公司推出了第一台 5 英寸和第一台 8 英寸的全晶体管黑白电视机，开启了日本在未来电视行业的主导地位。在制造新电视机的过程中，索尼的研发团队已经发明了 9 种全新的晶体管设备，其中包括一种高频调谐晶体管，它直到电视机发布前一个月才完成。笔者还记得，为了散热，晶体管电视机需要放在木质大橱柜中。后来人们在电视机中安装体积更小、温度更低的晶体管，并采用了新的耐热塑料，彻底改变了电视机的设计。索尼公司还想要制造高质量的彩色电视机。1967 年，一种新的完善的阴极射线管诞生了。全新的彩色电视机的名字叫"特丽珑"（Trinitron），自 1968 年推出以来，直到数字电视和等离子电视问世，特丽珑一直是电视机图像质量和设计的标准。盛田昭夫举家迁往美国，作为全球本土化的倡导者，他研究各国经济，并在世界各地建立了制造厂。1972 年，索尼在加利福尼亚州圣地亚哥建造了第一家特丽珑彩电装配厂，这是美国最早的制造日本电子产品的工厂。很快，电视机制造产业不再由美国人垄断。

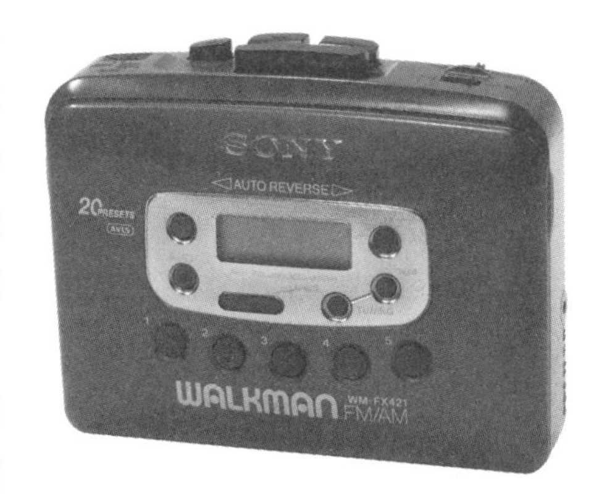


1975 年，索尼发布了第一台家用录像机 Betamax 系统，比竞争对手飞利

浦 VHS 系统早一年。这一次，索尼尽管输掉了竞争市场主导地位的战争，但它却率先开辟了新市场。索尼的另一项创举是制造出了世界上最早的随身音乐播放器。盛田昭夫注意到，他的孩子和他们的朋友从早到晚都在播放音乐，人们在车里听音乐，带着大音响去海滩和公园。索尼的工程部门普遍反对没有录音功能的磁带放音机（之后加入了这一功能），但盛田昭夫非常顽固，他坚持要推出一款与汽车音响一样高品质但又便于携带的产品，让用户在做其他事情的时候也能听音乐，因此取名为“随身听”（walkman）。80% 的索尼经销商认为，不能录音的磁带放音机没有真正的未来。然而，该产品体积小巧、音质卓越，吸引了大批消费者，并掀起了一场随身听的革命。不久，类似的音乐播放器随处可见，人们带着它跑步、上班或是在海边休闲度假。

1994 年，索尼 PS 游戏机在日本推出，当时只有 8 款游戏可以选择。1995 年，它向全球推广。软件公司最开始不愿意支持索尼的新形式，因为“任天堂”和“世嘉”已经在游戏领域站稳了脚跟。然而，在推出 PS 和 PS2 之后，索尼成为有史以来最成功的游戏机制造商。索尼的其他创新包括 1982 年的光盘（CD），1984 年的光盘随身听，1985 年的 8 毫米摄像机，1992 年的微型碟片播放器，1997 年的 Mavica 数码相机，1998 年的 DVD 播放器和 1999 年的网络随身听数字音乐播放器。

# 蛋白质测序

| 1957年 |

英格兰，弗雷德里克·桑格（1918—2013）

1939 年，弗雷德里克·桑格（Frederick Sanger）在剑桥大学获得了第一个学位。作为一名贵格会教徒[1]，他在战争期间拒绝服兵役，并最终获得法庭的允许，得以继续攻读博士学位。20 世纪 40 年代和 50 年代，生化分离和提纯技术不断发展，

1 贵格会是基督教新教的一个派别，其教义包括主张和平主义与宗教自由，反对任何形式的战争和暴力。

人们似乎终于有望确定蛋白质分子的结构。桑格发展了确定胰岛素氨基酸序列的方法，他的主要结论是，胰岛素的 A、B 两个多肽链都有精确的氨基酸序列。桑格进而推断出，所有蛋白质分子都有独特的氨基酸序列。因为这一成就，他获得了 1958 年诺贝尔化学奖。这项研究直接催生了后来的 DNA 测序，桑格又在 DNA 测序领域获得了第二个诺贝尔奖。

**双诺奖得主**

桑格是第四位获得两次诺贝尔奖的科学家，并且都是化学奖，分别在1958年和1980年，相隔22年。1980年，他与沃特·吉尔伯特（Walter Gilbert）、保罗·伯格（Paul Berg）共同获得诺贝尔奖。其他双诺奖得主分别是：玛丽·居里，1903年物理学奖和1911年化学奖；莱纳斯·卡尔·鲍林（Linus Carl Pauling），1954年化学奖和1962年和平奖；约翰·巴丁，1956年物理学奖和1972年物理学奖。

# 集成电路（微芯片）

1959年

英格兰，杰弗里·威廉·阿诺德·杜默（1909—2002）；
美国，杰克·基尔比（1923—2005）、
罗伯特·诺顿·诺伊斯（1927—1990）

集成电路的发明与发展彻底改变了我们的世界，推动了个人电脑的革命。集成电路（IC）是一种电子电路，制作方法是按照一定的模式把微量元素扩散到半导体材料的薄基底表面；其他材料也按照一定的模式沉积，它们连接着电路中的其他微型半导体器件，如晶体管、电容器、电阻器和二极管。现在几乎所有电子设备都含有集成电路，它使计算机、电话和数码家电体积更小，成本更低。20 世纪 40 年代末，英国电子工程师杰弗里·威廉·阿诺德·杜默（Geoffrey William Arnold Dummer）首次提出“集成电路”的概念。他相信，利用硅制造多电路组件是可能的。1952 年，杜默在华盛顿举行的美国电子元件研讨会上发表了他的研究成果，因此被誉为“集成电路的先知”。

杜默在论文最后写道:“随着晶体管的出现和半导体的普及，现在似乎可以把电子设备想象成没有导线的集成块。它可以由绝缘层、导电层、整流层和放大层组成，每一层分割为几个区域，直接对应不同的电子功能。”集成电路诞生以后，他说:“在我看来，这是顺理成章的。我们一直致力于缩小组件和设备的尺寸，提高稳定性，我认为唯一的方法就是采用集成块。这样就解决了所有的接触问题，可以得到稳定的小电路。最终我坚持下来，并且彻底动摇了这个行业。我试图告诉人们，集成电路对微电子学的未来和对国民经济的未来有多么重要。”杜默曾在许多国际研讨会上发表自己的观点，但缺乏足够的资金与合适的制造技术。然而，在 1957 年莫尔文的国际元件研讨会上，他用一个模型来说明集成电路的可能性，在该模型中，固体半导体材料代表触发器，并适当掺杂其他材料形成四个晶体管，硅桥代表四个电阻器，其他电阻和电容包裹在绝缘薄膜中，直接沉积在硅块上。该模型原本是一种设计练习，但与杰克·基尔比（Jack Kilby）两年后申请专利的电路差不多。

2000 年，基尔比获得诺贝尔物理学奖，以表彰他在得州仪器公司工作期间对开发集成电路所做的贡献。作为一名新聘的计算机工程师，基尔比没有暑假，所以整个夏天他都在做电路设计。20 世纪 50 年代，“数字的暴力”是一个巨大的问题——由于涉及大量组件，工程师无法提高设计的性能。从理论上讲，每个组件都需要与另外一个组件相连，它们通常被手工焊接在电路板上。1958 年夏天，基尔比得出了杜默的结论：用半导体材料大规模制造电路元件，是一种解决方案。基尔比向管理层提交了他的发明，给他们展示了一块连接着示波器的锗片。基尔比按下开关，示波器显示出连续的正弦波，证明集成电路可以工作。现在，微型集成电路上安装了数十亿个晶体管。1959 年年初，基尔比在美国为微型电子电路申请了专利，这是最早的集成电路。基尔比还为数据终端使用的便携式电子计算器和热敏打印机申请了专利，他因此声名鹊起。在基尔比获得专利 5 个月后，罗伯特·诺顿·诺伊斯（Robert Norton Noyce）独立制作了类似的电路，被认为是集

> **数字的暴力**
>
> 1957年，贝尔实验室的副总裁杰克·莫顿（Jack Morton）在一篇庆祝晶体管发明10周年的论文中首次使用“数字的暴力”这个术语。他谈到许多设计师正面临的问题，说：“一段时间以来，电子从业者已经知道，对各种信息的数据化传输和处理，‘原则上’拓展了他的视觉、触觉和思维能力。然而，所有这些功能都受到‘数字的暴力’的影响。由于其数字形式太过复杂，这类系统需要成百上千，有时甚至数万个电子元件。”

成电路的共同发明者。诺伊斯的专利是“半导体器件与铅结构”。1957 年，诺伊斯作为联合创始人创立了仙童半导体公司（又译“飞兆半导体公司”）。1968 年，他参与创办了英特尔公司。诺伊斯的绰号是“硅谷市长”，指导了包括苹果创始人史蒂夫·乔布斯在内的许多计算机先驱。

# 口服避孕药

1960年

美国，格雷戈里·古德温·平克斯（1903—1967）、张明觉（1908—1991）

复合口服避孕药通常也叫“口服避孕药”或“避孕药”。这是一种把雌激素和孕激素联合使用的避孕方法。通过每天口服，避孕药可以阻止排卵从而抑制女性的生育能力。目前，全世界超过 1 亿女性在使用它。格雷戈里·古德温·平克斯（Gregory Goodwin Pincus）和张明觉在马萨诸塞州什鲁斯伯里的伍斯特实验生物学基金会工作，他们一起研究了激素生物学和体外受精。1951 年，平克斯在一次晚宴上遇到了美国计划生育联合会（PPFA）的副主席玛格丽特·桑格（Margaret Sanger）。平克斯从 PPFA 获得了一小笔拨款，开始研究激素避孕。在早期的研究中，平克斯和张明觉证实了黄体酮可以抑制排卵，但他们需要更多的资金。1952 年，桑格把这项研究告诉了她的朋友凯瑟琳·德克斯特·麦克米克（Katherine Dexter McCormick）。麦克米克是一位生物学家和慈善家，她从丈夫那里继承了一大笔遗产，于是开始投入资金一直到避孕药研发成功。

为了证明“避孕药”的安全性，必须进行人体试验。1953 年，研究人员在马萨诸塞州用黄体酮做了实验；1954 年，他们又试验了三种人工孕激素。然而，由于在马萨诸塞州分发避孕药会成为一项重罪，试验无法继续进行。1955 年，波多黎各被选为试验地点，部分原因是岛上现有 67 个为低收入女性提供咨询的避孕门诊。1956 年，试验开始了，其中一种叫作“安无妊”避孕药对部分女性产生了副作用。主治医师在给平克斯的信中写道：“安无妊能够百分之百避孕，但副作用太多，令人无法接受。”平克斯与他的合作者、哈佛大学妇科教授约翰·罗克（John Rock）不认同这个观点，因为他们在马萨诸塞州的研究表明，安慰剂也会产生类似的副作用。试验继续扩展到海地、墨西哥和洛杉矶，许多妇女自愿尝试这种新的避孕方法。1960 年 5 月，美国食品药品监督管理局（FDA）批准把安无妊用于避孕。1961 年，英国政府宣布将通过国民医疗服务体系提供这种药物。避孕药不仅给女性赋权，而且标志着医学的一个转折点，因为有史以来第一次，药物的目的是帮助“健康人”预防，而不是为病人治疗。自避孕药问世以来，据说使用过它的女性超过 3 亿。

# 激光技术

| 1960年 |

美国，西奥多·哈罗德·梅曼（1927—2007）

激光（laser，“受激辐射的光放大”的首字母缩写）已经在很多方面改变了现代生活。1952 年的苏联与 1953 年的美国独立发明了激微波（maser，“受激辐射的微波放大”的首字母缩写），这是一种通过受激辐射放大产生相干电磁波的装置。1958 年，阿瑟·肖洛（Arthur Schawlow）和查尔斯·汤斯（Charles Townes）发表了一篇研究论文，为激光制造奠定了基础，之后，世界各地的研究团队开始研究受激光子辐射的放大效应。西奥多·哈罗德·梅曼（Theodore Harold Maiman）的

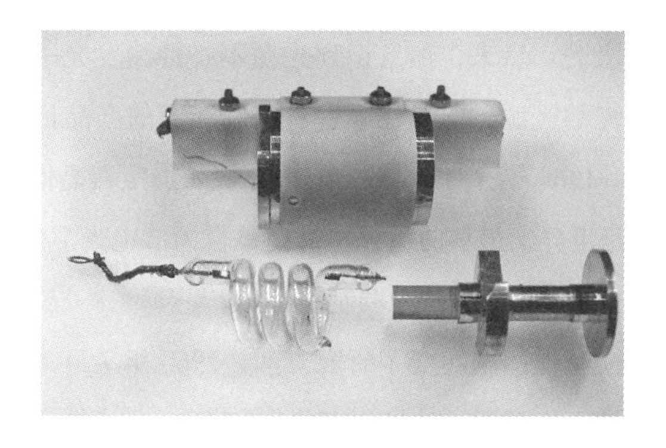

博士论文主题是“受激氦原子精细结构分裂的微波光学测量”。许多科学家认为，红宝石不适合发射激光，因为它不能吸收足够的能量。梅曼当时在加利福尼亚州马里布的休斯实验室工作，他不认同其他科学家的观点，但同意红宝石需要非常亮

## 激光的用途

外科手术：每年有数百万台手术用到了激光，减少了全身麻醉的需求。激光的热量能烧灼组织，几乎不流血就可以完成手术，也很少导致感染。例如，视网膜脱落每年导致数千人失明，如果及早发现，可以在造成永久性损伤之前，用激光把视网膜“焊接”回原位。光纤还可以在体内精确地传导激光，从而减少对侵入性手术的需求。

工业和娱乐：激光最早的用途之一是测量。在修建英法海底隧道的时候，英国和法国分别在英吉利海峡两岸挖掘。激光测量把两者结合起来，隧道总长超过24千米，误差只有几厘米。超市结账用的扫描仪、CD、DVD、信用卡防伪全息图和激光打印机都是依赖激光的产品。工业激光在各种材料上切割、钻孔和焊接，这些材料包括纸张、布料、砖石、硬质合金，其效率和精确度远远高于金属机床。

发展科学：激光最初被用于原子物理和化学领域的科学研究。然而，它很快就在其他学科有了用武之地。科学家把聚焦激光束当成“光学镊子”来操作生物样本，比如红细胞和微生物。3名研究员使用激光冷却和捕获原子，并创造了一种奇怪的新物质状态（玻色-爱因斯坦凝聚态），探索最基本的物理学，因此共享了诺贝尔物理学奖[1]。激光技术不断发展，研究人员因此不断有新发现，为人类造福。

通信：20世纪80年代，远程通信系统依靠的是笨重的铜线，它无法再传输更多信号，而且它已经填满了城市街道下的管道空间，不能继续扩张。激光通过光纤传播，一根比头发还细的玻璃光纤能够承载50多万次电话通话，或者数千个电脑数据传输和电视频道播放。光沿着玻璃光纤传播，在内壁上不断反射。没有光纤，就不可能有互联网。

1 指 2001 年的诺贝尔物理学奖，得主分别是埃里克·康奈尔（Eric A. Cornell）、卡尔·埃德温·维曼（Carl Edwin Wieman）和沃尔夫冈·克特勒（W.Ketterle）。

的光源才能够发射激光。后来，他意识到光源不必持续发光——而其他团队正致力于寻找可持续发光的光源。梅曼仔细查看了制造商的产品目录，发现了一盏非常明亮的螺旋形灯。1960 年 5 月 16 日，他把一块人造宝石晶体放入灯中，观察到了红色脉冲。这就是世界上最早的激光。梅曼被誉为“电光学之父”，他还拥有激微波、激光显示器、光学扫描和激光调制等专利。

梅曼的成功促使其他团队转变了研究方向。1960 年 7 月，梅曼在新闻发布会上宣布了自己的突破；不到两周，贝尔实验室和 TRG 公司的团队就购买了类似的闪光灯。他们复制了梅曼的装置，研究了其中的细节。贝尔实验室和另一个团队用同一种红宝石晶体制作激光器。还有一个团队把氟化钙晶体切割成了圆柱体，两端镀银，并在 1960 年 11 月发射了激光，所需要的输入功率不到梅曼红宝石激光器的 1%。在贝尔实验室，研究小组一直按原来的方法研究，并在 1960 年 12 月激发出一束连续的红外线。这是第一束气体激光。总而言之，到 1960 年年底，三种完全不同类型的激光都成功地诞生了。

# 杀虫剂的危害

| 1962年 |

美国，蕾切尔·露易丝·卡森（1907—1964）

1936 年，蕾切尔·露易丝·卡森（Rachel Louise Carson）在美国渔业管理局担任初级水生生物学家，是该部门仅有的两名女性之一。卡森的第一本书《海风之下》（*Under the Sea-Wind*）表明，她具有用简洁的语言表述复杂科学知识的能力。1943 年，她晋升成为新成立的美国渔业和野生动物管理署的水生生物学家，在那里她撰写了许多面向美国公众的报道，其中有一个系列叫“行动中的保护”，用通俗的语言解释国家野生动物保护区的动物和生态。1951 年，卡森的第二本书《我们周围的海洋》（*The Sea Around Us*）出版，随后被译作 32 种语言在世界各地出版发行。它更是在《纽约时报》畅销榜上停留了 81 周。卡森是最早提倡环境保护的

人。1956 年，她的第三本书《海洋的边缘》（*The Edge of the Sea*）出版，和《我们周围的海洋》一起，为环境保护主义和生态学开辟了新的视角。生态学就是研究我们生活的环境的学科。

卡森的最后一本书《寂静的春天》（*Silent Spring*）唤醒了社会，让人们意识到人类对其他生命负有责任。她详细记录了化学农药对生态系统的真正威胁。卡森格外关注杀虫剂的危害，这与她在渔业和野生动物管理署的工作不无关系。随着杀虫剂 DDT（二氯二苯三氯乙烷）的引入，她的担忧进一步加剧了。卡森的海洋研究为她提供了早期的文献资料，即 DDT 对海洋生物的影响。由于鱼类和野生动物总是首当其冲，生物学家往往最早发现杀虫剂对整个环境的潜在危害。卡森早就意识到化学杀虫剂的危害，但也意识到自己的观点将在农业社会中引发巨大的争议——农业社会靠杀虫剂提高农作物产量。许多人因为她的书攻击她的职业操守，并且杀虫剂行业还发起了一场大规模的诋毁卡森的运动。但是，卡森并没有敦促完全禁止杀虫剂，相反，她建议继续研究，确保杀虫剂能够安全、规范地使用，直到找到 DDT 等危险化学农药的替代物。然而，美国政府下令全面审查杀虫剂，国会委员会要求卡森等人做证。这项研究的直接结果是，1972 年，DDT 在美国被禁止；后来根据《斯德哥尔摩公约》，DDT 在全球范围内被禁止用于农业。

### 卡森与环保

随着《寂静的春天》出版，卡森被认为是当代环保运动的功臣，她唤醒了人们对环境的关注。在一次电视采访中，卡森曾说："人类试图借助毁灭性的手段控制自然和征服自然，这将不可避免地演变成对自己的战争，这场战争除非与大自然达成和解，否则注定失败。"卡森的作品深刻地影响了世界对环境和生态的态度。

# 干细胞

| 1963年 |

加拿大，欧内斯特·阿姆斯特朗·麦卡洛克（1926—2011）、
詹姆斯·埃德加·蒂尔（1931— ）

干细胞疗法脱胎于以下两人的研究，有望极大地改变人类治疗疾病的方法。欧内斯特·阿姆斯特朗·麦卡洛克（Ernest Armstrong McCulloch）是细胞生物学家，詹姆斯·埃德加·蒂尔（James Edgar Till）是生物物理学家，他们一起在安大略研究所和多伦多大学工作。从 1957 年开始，麦卡洛克专注于研究血液的形成和白血病。他和同事一起发明了鉴定干细胞的定量克隆法，并把这项技术用于开创性研究。麦卡洛克精通血液学，蒂尔熟悉生物物理学，这两者的合作非常有效。20 世纪 60 年代初，麦卡洛克和蒂尔开始进行一系列实验，他们把骨髓细胞注射到受辐射的老鼠体内。老鼠的脾脏长出了一些小结节，结节的数量与骨髓细胞的数量成正比。麦卡洛克和蒂尔称之为“脾集落”，并推测每个小结节都起源于一个骨髓细胞：很可能是骨髓干细胞。干细胞在整个生命过程中都可以再生组织，它们能自我更新，分化成不同的细胞类型。

研究生安迪·贝克尔（Andy Becker）加入了他们的研究，证明了每个小结节都是由单个细胞产生的。1963 年，他们在《自然》杂志上发表了研究结果。同年，他们与加拿大分子生物学家卢·西米诺维奇（Lou Siminovitch）合作，证明了这些细胞能够自我更新。麦卡洛克和蒂尔在造血细胞中发现了干细胞，彻底改变了细胞生物学和癌症治疗，并引领了用骨髓移植治疗白血病的革命。在麦卡洛克去世前，他的研究重心是急性骨髓性白血病患者血液中影响恶性胚细胞增殖的细胞机制和分子机制。考虑到奥巴马、戈尔、基辛

### 干细胞的潜在用途

研究人员预测，干细胞技术将被用于治疗各种各样的疾病，包括：中风，创伤性脑损伤，学习障碍，阿尔茨海默病，帕金森病，先天性缺齿，肌肉创伤，多发性硬化，脊髓损伤，骨关节炎，类风湿性关节炎，克罗恩病，多个部位的癌变，肌营养不良，脱发，糖尿病，失聪和失明。

格、弗里德曼、阿拉法特等人都获得了诺贝尔奖，人们不禁要问，为什么麦卡洛克和蒂尔至今还没有得到这样的认可？

# 分组交换

1965年

威尔士，唐纳德·沃茨·戴维斯（1924—2000）

唐纳德·沃茨·戴维斯（Donald Watts Davies）是“使计算机能够相互通信，从而形成互联网的科学家”，他因此被人铭记。戴维斯的职业生涯从坐落在特丁顿的国家物理实验室的一个小团队开始，这个团队由科学天才图灵领导。图灵是第一个把计算机编程概念化的人。戴维斯开创性地把一组数据命名为“数据包”（packet），他说：“我认为有必要用一个新的词汇描述独立传输的一小段数据，这样谈论起来就更加方便。我偶然想到了‘数据包’这个词。”后来，戴维斯领导的团队利用数据包建立了最早运行的网络。据1997年《卫报》报道，戴维斯认为一台电脑以连续的数据流向另一台电脑发送文件非常低效，“主要是因为计算机通信量是‘突发性的’。所以，1965年11月，我设想了一种使用‘分组交换技术’的网络，其中的数据流被分成短消息，即‘分组数据’（‘数据包’），它们分别前往目的地，之后重新组装成原始流”。戴维斯用“分组交换”（packet switching）一词代表数据传输，这是互联网运作的一个基本要素。

1967年，戴维斯的团队在田纳西州的一次会议上展示了他们的研究成果。当时，美国高级研究计划署（ARPA，隶属于美国国防部）提出了一种构建计算机网络的设想，这就是互联网的原型：阿帕网（ARPANET）。遗憾的是，和英国的大多数重大突破一样，戴维斯的广域网实验没有得到资金支持。但他的研究论文被世界各地引用，尤其是在美国，高级研究计划署等机构受他的论文启发和影响，开发了新技术。戴维斯开发了英国版的阿帕网，主要是以实验室为基础。高级研究计划署使用戴维斯的信息自寻址方法作为阿帕网的传输机制。后来，阿帕网演变成互联网（Internet）。兰德公司的保罗·巴兰（Paul Baran）也在研究计算机网络，他开发的其中1个参数与戴维斯的数据包的大小相同，即1024位，这已成为行业标准。

戴维斯后来进入数据安全系统，服务于远程处理系统、金融机构和政府机关。他意识到，必须防止恶意干扰和破坏，以确保互联网的安全和网络交易的成功。戴维斯是最早有数据安全意识的人。他出版了几本关于通信网络、计算机协议和网络安全的书，其中《计算机通信网络》（*Communications Networks for Computers*）具有开创性的意义。20世纪80年代，戴维斯率先开展了“智能卡”的研究，因为他相信，在开放网络上安全运行的金融服务中，智能卡将成为不可或缺的组件。戴维斯和团队设法得到了银行、销售点电子转账系统（EFTPOS）供应商、美国运通、邮局、得州仪器和其他公司的大量资金支持。20世纪80年代中期，英国代币与交易控制协会（Tokens and Transactions Control Consortium）已经迅速开始落实解决方案，专注于发送方与接收方的快速解密和身份验证。这就是现在的内联网（Intranet），得到授权的用户可以管理开放网络的安全访问和私有通信。PC加密卡最早应用于超市的EFTPOS终端。当然，现在的超市可以用这种支付方式建立客户需求和购物模式的数据库，也可以直接把进货量输入数据库，从而直接计算库存。戴维斯是智能卡的先驱，通过智能卡，零售商可以了解消费者的购物模式。

# 电子邮件

| 1971年 |

美国，雷蒙德·塞缪尔·汤姆林森（1941—2016）

雷蒙德·塞缪尔·汤姆林森（Raymond Samuel Tomlinson）加速并革新了商务沟通和个人通信。在博尔特·贝拉尼克-纽曼公司工作期间，汤姆林森辅助开发了TENEX操作系统，包括实现了APPANET网络控制协议和Telnet协议。接下来，他写了一个叫“CPYNET”的文件传输程序，可以通过阿帕网进行文件传输。阿帕网是世界上第一个可操作的分组交换网络，也是构成全球互联网的核心网络。

阿帕网由美国高级研究计划署资助，用于美国大学和实验室的项目。汤姆林森被要求修改一个叫“SNDMSG”的程序，使之能在 TENEX 操作系统上运行，从而能够向其他使用分时系统的计算机用户发送信息。1970 年，他更新了 SNDMSG 程序，可以通过网络复制消息（作为文件）。然后，汤姆林森把 CPYNET 的代码添加到 SNDMSG 中。1971 年，消息成功发送给了阿帕网的其他计算机，这是跨平台电子邮件系统的首次重要演示。当汤姆林森向他的同事杰里・布彻菲尔（Jerry Burchfiel）展示邮件信息系统时，伯奇菲尔德警告说:“不要告诉任何人！这不是我们应该做的工作。”

虽然以前的 PLATO 系统和 AUTODIN 系统等网络已经发送过电子邮件，但当时的邮件只能发送给使用同一台计算机的其他人。汤姆林森设计了一个系统，可以给不同主机上的用户发送邮件，只要该用户连接在阿帕网中即可。为了实现这一点，汤姆林森用“@”符号将用户名和计算机所在的网络隔开。从那时起，电子邮箱地址就一直有这个符号。汤姆林森发送的第一封电子邮件是从一台 DEC-10 计算机发送到旁边的一台电脑，这是一条测试信息。汤姆林森的成功很快被整个阿帕网采用，这大大提高了电子邮件的普及度，并且，随着互联网的崛起，电子邮件用户数量呈爆发式增长。截至 2009 年 5 月，全球约有 19 亿电子邮件用户，到 2014 年，全球电子邮件用户约 25 亿[1]。

# 心脏起搏器和碘化锂电池

| 1960年和1971年 |

美国，威尔森·格雷特巴奇（1919—2011）

全世界大约有 300 万人使用心脏起搏器，每年有 60 万个新起搏器被植入人体。1950 年，加拿大人约翰・霍普斯（John Hopps）发明了第一个人造心脏起

1 2019 年 4 月，瑞迪卡迪公司估计的最新数据是：2019 年，39.3 亿；2020 年，40.37 亿；2021 年，41.47 亿；2022 年，42.58 亿；2023 年，43.71 亿。参见：www.radicati.com

搏器，但它太大了，无法植入人体。瑞典医生鲁内·埃尔姆奎斯特（Rune Elmqvist）和奥克·森宁（Ake Senning）设计了第一个植入式心脏起搏器。但1958年，它在植入后几小时就失效了。这台设备的衍生品至今还在生产，而威尔森·格雷特巴奇（Wilson Greatbatch）的独立研究使这项技术得以快速发展。第二次世界大战期间，格雷特巴奇中止了他的教师生涯，投身战场，并成为一名无线电技师。战争结束后，根据《美国军人权利法案》，他在康奈尔大学攻读工程学学位。26岁的格雷特巴奇因为是5个孩子的父亲而在同学中知名。格雷特巴奇在康奈尔大学动物行为农场做兼职时，常利用午餐休息时间与来访的脑外科医生交谈。在交谈中，他听说了“完全性心脏传导阻滞”，也就是由心脏窦房结发送到心脏肌肉的电脉冲被阻断，心脏因此不能收缩和泵血。当时，心脏传导阻滞需要通过笨重的外部设备进行电击治疗，非常痛苦。格雷特巴奇决心设计一种人造心脏起搏器，可以植入患者的胸部，通过轻微的电击使心脏跳动。然而，在20世纪50年代早期，人们还无法制造体积足够小的、可植入式的设备。

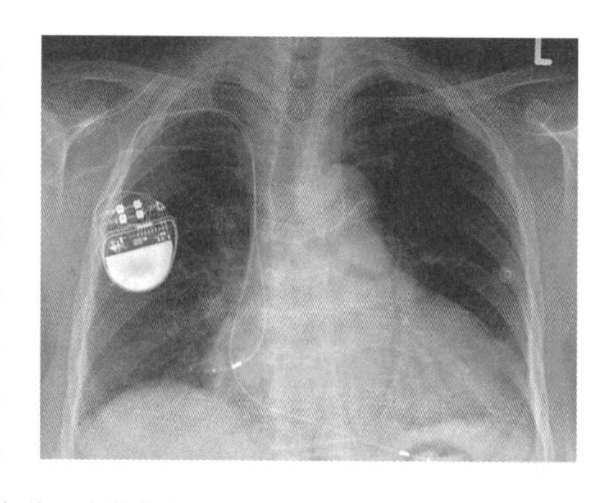


## 格雷特巴奇还做了什么？

格雷特巴奇研究了一个生物质能能源项目，种植了数千英亩[1]杨树。这又使他产生克隆植物和研究组织培养、基因合成的兴趣。他的公司开始尝试合成基因，用于抑制艾滋病和T细胞白血病等逆转录病毒疾病。20世纪80年代和90年代，格雷特巴奇与约翰·桑福德（John Sanford）合作获得了3项专利，其中包括一种方法，可以抑制艾滋病毒的复制以及猫体内一种类似病毒的复制。格雷特巴奇更倾向于把自己描述成一位工程部主管或企业家，而不是发明家，尽管他拥有220多项专利。

格雷特巴奇的“尤里卡时刻”发生在1958年。晶体管当时已经问世，格雷特巴奇用一个晶体管制作振荡器来记录心跳。然而，他使用了错误的晶体管，产生了与心脏节律相似的脉冲。他

1 1英亩≈4046.86平方米。

说：“我难以置信地盯着这个东西，认为这正是我要寻找的‘心脏起搏器’。”1958年，格雷特巴奇遇到了法布罗退伍军人医院的威廉·查德（William Chardack），把心脏起搏器的想法告诉了他。查德预言格雷特巴奇的这种设备每年可以拯救 1 万人的生命。由于晶体管的发明，心脏起搏器可以变得非常小。不到两周，格雷特巴奇就在他的小屋里制造出了一个可以工作的心脏起搏器。他把自己的发明授权给美敦力公司，之后美敦力公司就收到了 50 个心脏起搏器的订单，单价为 375 美元。1960 年，77 岁的亨利·汉纳菲尔德（Henry Hannafield）最早植入了查德-格雷特巴奇的植入式心脏起搏器。

20 世纪 70 年代，在发明植入式心脏起搏器 10 多年后，格雷特巴奇专注于改进电池设计，因为现有的汞电池不可靠，而且寿命较短。1968 年，巴尔的摩一家公司为一种锂电池申请了专利，这种电池电压高，储能密度接近物理极限。遗憾的是，它的内阻很高，因此电流不到 0.1 毫安，似乎没有任何实际的用途。格雷特巴奇决定把这项发明引入到心脏起搏器行业。心脏起搏器可以使用高阻抗的电池。拉尔夫·米德（Ralph Mead）领导的一个研究团队开发了 WG1 电池。1971 年，格雷特巴奇把这种电池推荐给心脏起搏器开发商，但人们对它的热情不高。无论如何，格雷特巴奇的碘化锂电池现在是所有心脏起搏器的标准电池，它有许多优点：无腐蚀，储能密度大，局部放电低，体积小，可靠性高。随后，世界各地开发了其他类型的锂电池，广泛应用于消费电子产品。

# 单克隆抗体

| 1975年 |

阿根廷与英格兰，色萨·米尔斯坦（1927—2002）；
德国，乔治斯·克勒（1946—1995）

色萨·米尔斯坦（César Milstein）被誉为“现代免疫学之父”，他为抗体的诊断和治疗开辟了新的领域，使抗体在科学和医学中有了巨大的发展。米尔斯坦

### 真正科学家的标志

米尔斯坦对抗体的研究为许多人提供了方法和灵感，他也致力于帮助欠发达国家的科学家和科学发展。他的研究一直持续到生命尽头。米尔斯坦没有为自己的突破性发现申请专利，因为他认为这是全人类的知识产权，他的工作不是为了任何经济利益，而是为了科学本身。

是阿根廷裔英国免疫学家，曾在布宜诺斯艾利斯的国家微生物研究所工作。他在1963年的一次军事政变后辞职，回到他读博士的学校剑桥大学，并加入了分子生物学实验室，在1988年至1995年期间担任副主任。1975年，他与乔治斯·克勒（Georges Köhler）共同开发了生产单克隆抗体的杂交瘤技术。这种方法能大规模生产纯一抗体，用于识别一种抗原。从那时起，米尔斯坦-克勒法就被广泛采用，生产的单克隆抗体用于实验室研究、医学诊断以及中和细菌毒素的药物治疗。1984年，米尔斯坦、克勒与尼尔斯·卡伊·杰尼（Niels Kaj Jerne）共同获得诺贝尔生理学或医学奖。杰尼发展了一种“网络学说”，用于解释人类免疫系统产生抗体的互动过程。

19世纪90年代，埃米尔·阿道夫·冯·贝林（Emil Adolf von Behring）和北里柴三郎（Kitasato Shibasaburō）发现了血清疗法，即利用痊愈的细菌感染者的血清使另外一个人免受细菌毒素的影响。他们对抗体的研究大体上就是从这时开始的，研究有两个重点：一是不同特性的抗体的基本结构，二是利用抗体进行治疗。米尔斯坦开始研究抗体多样性的时候，人们对它的分子和遗传基础几乎一无所知。在克勒的帮助下，米尔斯坦发明了杂交瘤技术，把癌细胞与能产生抗体的细胞融合，得到高度纯一的单克隆抗体。他们致力于使用单克隆抗体作为标志物，从而识别不同的细胞类型。米尔斯坦预见到，如果把重组DNA技术应用到单克隆抗体中，就可能开发出具有巨大潜力的配体结合试剂，从而推动抗体工程领域的发展。

# 苹果电脑产品

| 1976年以后 |

美国，史蒂夫·乔布斯（1955—2011）、
斯蒂夫·盖瑞·沃兹尼亚克（1950— ）

在过去30年里，就推动发明和创新而言，恐怕没有哪家公司能与苹果公司媲美。目前，苹果最著名的硬件产品是Mac（麦金塔电脑）、iPhone（手机）、iPod（音乐播放器）和iPad（平板电脑）。在软件方面，苹果公司提供macOS操作系统、iTunes多媒体浏览器、Safari网络浏览器以及iLife多媒体和创意软件套装，这些人性化的软件拓宽了人们使用电脑的范围。2008年、2009年和2010年，《财富》杂志连续三年把苹果公司评为全球最受尊敬的公司。截至2011年5月，苹果是全球市值排名第三的公司，仅次于埃克森美孚和中国石油；同时也是全球市值最高的科技公司，已经超过了微软。2011年7月，苹果的财政储备是764亿美元，已经超过美国政府的737亿美元。一直以来，苹果公司都与传统的企业文化背道而驰，它以扁平化的组织层级、自由奔放的创意和不拘礼节的着装为特色，并由此形成了强大的品牌忠诚度。1997年，时任苹果CEO的约翰·斯卡利（John Sculley）说："人们总是谈论技术，但苹果是一家营销公司，是那个年代最好的营销公司。"

1976年，史蒂夫·乔布斯（Steve Jobs）和斯蒂夫·盖瑞·沃兹尼亚克（Stephen Gary Wozniak）成立了苹果公司，目的是推销他们的Apple I个人电脑。Apple I事实上只是一块带有中央处理器（CPU）和随机存取存储器（RAM）的组装电路板，没有键盘、显示器和机箱。1977年，他们推出了Apple II，这是第一台提供彩色图形、开放式系统架构和5.25英寸软盘存储（软盘取代了磁带）的个人电脑。该电脑安装了VisiCalc电子表格软件，受到了家庭用户的青睐。这有助于上门推销，而办公用户早就习惯了苹果的软件。个人电脑改变了我们的生活，而Apple II就是它的雏形。1979年，乔布斯看到了施乐Alto电脑，非常欣赏其中革命性的设计——用鼠标驱动的图形用户界面（GUI）。他确信未来所有的电脑都将使用图形用户界面。1983年，他开发出Apple Lisa，这是第一台向公众销售的带有图形用户

界面的个人电脑。但由于价格昂贵，软件有限，这款电脑在商业上是失败的。1984 年，苹果公司推出了麦金塔电脑，这是苹果公司的突破性的产品，但价格仍旧很高，而可使用的软件依旧有限。然而，苹果公司随后又以消费者承担得起的价格推出了LaserWriter 激光打印机，以及配套的早期的桌面出版软件 PageMaker，最终销量大幅增长。麦金塔电脑的高级图像（彩色显示）、图形用户界面和 PageMaker 实际上引领了桌面出版的革命。从那时起，苹果电脑主导了出版、设计和广告行业。

1989 年，苹果公司推出了 Macintosh Portable 电脑，但它体积庞大，1991 年被广受欢迎的 PowerBook 电脑取代。PowerBook 的设计符合现代人体工程学，重量轻，电池续航时间可达 12 小时。它的功能与麦金塔台式电脑一样强大，因此成为第一台真正的笔记本电脑。之后连续几代苹果笔记本电脑在设计和功能上都取得了惊

### 有史以来最伟大的商人？

由于长期的健康问题，2011年8月，乔布斯辞去了苹果公司CEO一职，但仍旧担任董事长一职。第二天，苹果公司的股价下跌5%。世界各地的评论员都认为，乔布斯有非常丰富的创新思维和市场营销经验，丰厚的财务回报也是他成为杰出商业领袖的重要因素。然而，乔布斯也在苹果公司开创了强大的企业文化，追求完美，留下了不朽的遗产。重回苹果之后，他带领这家濒临倒闭的公司扭亏为盈，成为全球市值最高的公司，市值高达3415亿美元（埃克森美孚的市值是3340亿美元）。自1996年乔布斯重返苹果以来，苹果股价已飙升9000%。乔布斯并不满足于消费电子产品、音乐和出版市场，在离开苹果的那段时间，他从卢卡斯影业收购了一个小型计算机绘图部门，其转型为皮克斯动画工作室。他创造了《玩具总动员》（*Toy Story*）和《海底总动员》（*Finding Nemo*），并于2008年以74亿美元的价格卖给迪士尼，成为迪士尼的董事和最大股东。2010年，乔布斯的继任者蒂姆·库克（Tim Cook）获得的薪酬是5900万美元（包括5200万美元的股票奖励）；如果他在苹果公司工作到2021年，他能拿到的薪酬是3.84亿美元。2011年10月，乔布斯离开苹果几周后就去世了，此时他已经与胰腺癌斗争了7年。乔布斯不仅是一位杰出的商人，还是342项美国专利或专利申请的主要发明人或合作发明人。这些专利涉及一系列技术，包括计算机、便携设备、（触屏）用户界面、扬声器、键盘、电源适配器、扣钩、封套、挂带和加密。

人的进步。由于缺乏专注，苹果公司的业绩在下滑，麦金塔系列中昂贵的 Apple II 的销量也不好，而此时微软的 Windows 成为所向披靡的软件。苹果公司的牛顿掌上计算机（Newton PDA）虽然算不上真的成功，但公司从中获得了小型电子设备的技术经验。

1995 年，一场董事会之争迫使乔布斯离开了他深爱的公司。他离开后，苹果公司在市场上举步维艰。1996 年，乔布斯被请回来重新领导公司。1998 年，苹果公司恢复盈利，并与微软合作开发了一些软件。同年，乔纳森·埃维（Jonathan Ive）设计的 iMac 问世。它设计独特且引人注目，在最初 5 个月就卖出了 80 万台。2001 年，埃维设计的 iPod 取得了惊人的成功，6 年内销售了超过 1 亿部。2003 年，苹果的 iTunes 商店上线，提供音乐下载，且能与 iPod 整合。2006 年，苹果推出了 MacBook Pro，这是第一款使用英特尔微处理器的笔记本电脑。2007 年，苹果发布了 iPhone，乔布斯宣布公司现在的开发重点是制造移动电子设备，而不仅仅是电脑。2008 年，由于 iPhone 的普及，苹果成为全球第三大手机供应商。2010 年，iPad 平板电脑问世，使用的是与 iPhone 相同的触屏操作系统，上市的第一周就售出了 50 万台。2011 年，苹果推出了新的在线存储和同步服务 iCloud，可以存储音乐、照片、文件和软件。同年 6 月，苹果超过诺基亚，成为全球销量最大的智能手机制造商。

# 全球定位系统（GPS）

| 1978年 |

美国，伊凡·亚历山大·格廷（1912—2003）、
布拉德福德·帕金森（1935—　）、罗杰·伊斯顿（1921—2014）

没有全球定位系统（GPS），就没有数字手机、卫星导航等现代发明。许多科学家在不同的 GPS 研究团队工作，其中有三人不得不提，他们获得了多个奖项。伊凡·亚历山大·格廷（Ivan Alexander Getting）是麻省理工学院的物理学家和电

气工程师，他改进了第二次世界大战期间的路基无线电系统LORAN（远程无线电导航系统），奠定了GPS的基础。格廷曾领导一个研究小组，负责研制自动微波追踪系统，使用该系统的高射炮能极大地摧毁德国的V-1飞行炸弹，德国人曾用它袭击伦敦。布拉德福德·帕金森（Bradford Parkinson）是美国空军上校、斯坦福大学航空航天教授，他在20世纪60年代初构思了这种基于卫星的追踪系统，并与美国空军合作开发。罗杰·伊斯顿（Roger Easton）是GPS的主要发明者和设计者。1955年，他参与撰写了美国卫星项目“先锋计划”的提案，并获得成功。伊斯顿还发明了Minitrack追踪系统，从而确定“先锋号”卫星的轨道。1957年，苏联发射了人造卫星“斯普特尼克1号”，伊斯顿把自己的系统扩展到主动追踪未知的轨道卫星。伊斯顿在美国海军实验室工作，构思了美国的GPS系统并申请了专利，同时开发了关键的技术使其成为可能。20世纪60年代和70年代初，伊斯顿开发了一种基于时间的导航系统，他用到了绕圆形轨道运行的卫星，卫星上携带了高精度时钟，能够被动测距。

GPS系统网络通常包括24颗卫星，6个轨道面上各有4颗。每个GPS卫星独立地传输数据，显示当前的位置和时间。所有GPS卫星同步操作，同时传输这些重复的信号。这些信号以光速移动，由于有些卫星到接收器的距离更远，所以信号达到的时间略有不同。根据信号达到接收器的时间，可以确定卫星与接收器的距离。当接收器获得至少4颗卫星的数据时，可以根据三角测量计算出当前的三维位置。在任何时候，都至少有24颗GPS卫星和备用卫星在运行。这些卫星由美国国防部运营和维护，运行周期是12小时（每天两圈），高度约为20200千米，时速约为14500千米。地

### 微型化的奇迹

GPS信号的传输功率相当于一个50瓦的家用灯泡，这些信号飞越20200千米，必须穿过太空和大气层才能到达卫星导航接收器。卫星导航接收器或手机的微型天线隐藏在机身里。相比之下，电视信号最多从16—32千米外的高塔传输到安装在屋顶的大型天线上，功率为5000—10000瓦。

面站精确地追踪每颗卫星的轨道。

当遵循导航的卡车司机走到了无法通行的乡间小路，我们这些喜欢使用地图的人可能会对他们嗤之以鼻。但全球定位系统有许多有益的用途，比如追踪恐怖分子和罪犯，或者对公海上航行的船只定位。只需要按一个按钮，就可以确定一个人的位置，误差不到几米。20 世纪 70 年代，美国军方开发了全球定位系统，1994 年开始在全球使用。无论天气如何，只要能被至少 4 颗卫星探测到，GPS 系统就能确定任何地点的位置和时间。只要有接收器，任何人都可以免费访问 GPS 系统（但有些技术只限于军用）。

“冷战”期间，由于担心苏联的核威胁，美国投入巨资发展 GPS 系统。对于美国空军的战略轰炸机、洲际弹道导弹和美国海军的潜射弹道导弹而言，准确测定发射器与目标的位置至关重要。1983 年，大韩航空 007 号班机误入苏联领空被击落，这使得里根总统发布了一项指令，只要 GPS 系统发展到足够成熟，就可以作为公共产品让民众免费使用。最早的 Block I 卫

### 我们被卫星包围了

地球轨道上大约有2500颗各种类型和用途的卫星。此外，还有8000多件环绕地球的太空“垃圾”，包括旧卫星上的前椎体和太阳能电池板、宇航员的手套、掉落的扳手等。第一颗GPS卫星发射于1978年，最后一颗发射于1994年，实现了全球覆盖。每颗人造卫星的寿命约为10年，美国不断有新的卫星诞生，并从佛罗里达州的卡纳维拉尔角空军基地发射到轨道上。每颗GPS卫星重约900千克，直径约为5.2米，装有太阳能电池板。每颗GPS卫星的信号传输功率不到50瓦。你可以在NASA官网上找到关于卫星和GPS的更多信息，还可以追踪卫星的导航网络，看看哪颗卫星此刻正在你的头顶运行。

星于 1978 年发射，目的是系统验证；而第一颗运行的 Block II 卫星于 1989 年发射，第 24 颗卫星于 1994 年发射。

在 1990 年至 1991 年的海湾战争中，GPS 系统首次被广泛应用于各种军事活动。民间的应用包括：与精确 GPS 信号同步的时钟，手机，紧急位置，救灾，车辆导航与追踪系统，个人与动物追踪系统，飞机与船舶的导航与追踪，地图标记，绘制地图，调查，构造地质学，机器人，远程信息处理等。

# DNA 测序

1979年

英格兰，弗雷德里克·桑格（1918—2013）

在职业生涯的早期，弗雷德里克·桑格（Frederick Sanger）发明了蛋白质测序，为核酸测序以及后来的全基因组测序奠定了基础。1962 年，桑格加入了新成立的英国医学研究委员会分子生物学实验室，这是世界上最早的研究这门新兴科学的机构。桑格周围都是对 DNA 和基因感兴趣的研究员，他们接受了测定 DNA 中碱基序列的挑战。很明显，当时 DNA 是一个线性密码，虽然科学家正在破解这个密码，但还没有任何方法可以

### 基因组革命

人类基因组测序的成本每年都在降低，目前约为3万美元。2001年，人类基因组的第一份草稿发表；2002年，第一种针对特定基因突变的“智能”抗癌药物（格列卫）问世。科学家测定了MRSA（耐甲氧西林金黄色葡萄球菌）的基因序列，并在半数恶性黑色素瘤病例中发现了BRAF基因。2004年，下一代测序技术诞生了，比桑格法更快、更便宜。2007年，有公司开始直接向消费者出售基因数据。2009年，遗传学家发现了米勒综合征的病因；2010年，他们又发现了肠道疾病的遗传病因。2011年的试验结果表明，一种针对BRAF基因的药物可以延长部分黑色素瘤患者的生命。在未来的几年里，科学家将开发出智能药物，针对引起肿瘤的突变。遗传筛查将使许多疾病得到预防。此外，通过对MRSA等细菌的基因组测序，科学家可以对不同的菌株进行“指纹识别”，从而追踪和消除疾病暴发的源头。

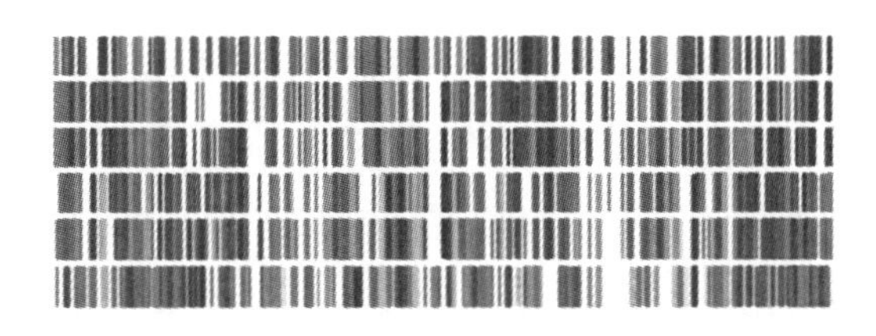

读取，哪怕最简单的基因组也不行。在接下来的15年里，桑格团队开发了DNA和RNA测序的几种方法。20世纪70年代，桑格和他的研究员开发出新的测序技术，基本方法是使用一种叫“链终止剂”的特殊碱基“读取”DNA，利用非常薄

## 罗莎琳德·埃尔西·富兰克林与DNA的结构

1962年，弗朗西斯·哈里·康普顿·克里克（Francis Harry Compton Crick）、詹姆斯·杜威·沃森（James Dewey Watson）和莫里斯·休·弗雷德里克·威尔金斯（Maurice Hugh Frederick Wilkins）获得了诺贝尔生理学或医学奖。他们发现了DNA（脱氧核糖核酸）的结构，这是20世纪最重要的科学发现之一。克里克和沃森在剑桥大学一起研究DNA的结构，发现DNA分子中包含了细胞形成的遗传物质。当时，威尔金斯和罗莎琳德·埃尔西·富兰克林（Rosalind Elsie Franklin）都在伦敦国王学院工作，利用X射线衍射研究DNA。克里克和沃森在研究中用到了威尔金斯和富兰克林的发现。1953年4月，克里克和沃森发表了这个消息：DNA分子的基础是双螺旋结构。他们的模型解释了DNA复制和遗传信息编码的方法，为分子生物学的快速发展奠定了基础，这种发展一直持续到今天。

在剑桥大学获得物理化学博士学位后，富兰克林在巴黎的国家中央化学实验室度过了3年（1947—1950年），这3年很有收获，她学习了X射线衍射技术。1951年，富兰克林回到英国，在伦敦国王学院的约翰·蓝道尔（John Randall）实验室做研究助理。在蓝道尔实验室，她与威尔金斯分别领导着不同的研究小组和项目，但做的工作都与DNA研究有关。富兰克林在蓝道尔的要求下负责一个DNA项目，这个项目已经有几个月无人问津了。当时威尔金斯不在，回来的时候，他只是把富兰克林当成技术助理。然而，富兰克林坚持自己的DNA研究，她用X射线给DNA拍照，晶体学的先驱约翰·贝尔那（J.D.Bernal）认为“这差不多是有史以来最美的一张X射线照片”。1951年至1953年，富兰克林几乎要解开DNA的结构了。由于与威尔金斯的争端，富兰克林输在了出版上，克里克和沃森捷足先登。威尔金斯给沃森看了一幅富兰克林的DNA晶体照片，沃森立刻明白了其中的奥秘，并马上在《自然》杂志上发表了一篇文章。富兰克林的成果只能作为补充文献出现在同一期杂志上。富兰克林是一流的科学家，很幸运地离开了与威尔金斯合用的办公室，搬到伦敦大学伯贝克学院约翰·贝尔那的实验室研究烟草花叶病。她还开始研究脊髓灰质炎病毒。1956年夏天，35岁的富兰克林得了乳腺癌，不到两年就去世了。诺贝尔奖不能在她死后颁给她。

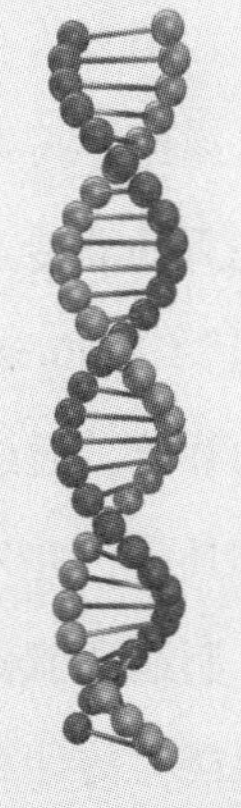

的凝胶系统，采用有效的克隆方法复制 DNA 的双螺旋和全基因组鸟枪数据，并进行测序（一种特别的用于 DNA 测序的方法）。

桑格团队首次测定了 ΦX174 噬菌体病毒的 DNA 全基因组序列。ΦX174 噬菌体病毒是一种在细菌中寄生的病毒，包含 5000 多个碱基对。接着，团队又首次为来自人体的一个基因组（线粒体 DNA）测序，其中包含 16569 个碱基对。1982 年，团队为一种重要的病毒及分子生物学模式生物的基因组测序，这种生物叫“λ 噬菌体”。λ 噬菌体有 48000 个碱基对，为了测序，桑格开发了全基因组鸟枪法。1980 年，格桑获得了第二个诺贝尔奖，以表彰他发明的双脱氧链终止法（或桑格法），这种方法至今仍在使用。双脱氧链终止法可以一次性读取 500—800 个碱基对的基因段。桑格的发明举世瞩目，在 30 多年后这种方法还没有过时，使用者不仅有桑格研究所的科学家，还包括全世界范围内的科学家，测序长度达到 30 亿个碱基对。桑格很谦虚，他拒绝了授爵，但接受了功绩勋章，这是非常高的荣誉，一共只有 24 个名额，都是由伊丽莎白二世亲自挑选。

# 人工智能（AI）

20世纪80年代

1950 年，伟大的图灵提出了“图灵测试”，用以衡量机器的智慧。IBM 的亚瑟 · 塞缪尔（Arthur Samuel）于 1952 年编写了第一个西洋棋博弈程序，能够挑战优秀的非专业选手。1955 年，他又升级了能自学下棋的版本。1956 年，“人工智能”（Artificial Intelligence，简称 AI）这个术语诞生了。人工智能是一种特殊类型的智能，通过计算机等机器模拟人类大脑学习和解决问题的认知功能。它能够感知环境，并采取必要的行动。约翰 · 麦卡锡（John McCarthy）称人工智能科学为“制造智能机器的科学与工程”。人工智能中的“专家系统”是模拟人类专家决策能力的计算机系统，它解决复杂问题的方法像专家一样基于已有知识进行推理，而不像传统程序那样遵循开发人员设定的流程。20 世纪 70 年代，第一个专家系统诞生了；80 年代，它开始逐渐发展。现在，人工智能的定义是“源自机器的智能”。与人工智能不同，大多数计算机应用程序能使现有的流程和功能更快、更高效，但无法创新。一个人学会了某种技能，只有他一个人掌握了；但如果是一台机器学会了某种技能，它可以通过机器人网络教给其他机器人。由于人工智能可以“自我学习”，一些科学家预测将会出现“超级智能”，一种比人类最强大脑还要聪明的智能。机器每年都在变得“更智能”，谷歌前董事长埃里克·施密特（Eric Schmidt）曾表示，总有一天，即使硅谷最优秀的软件工程师也将无法理解它们的算法是如何运行的。

20 世纪 90 年代，人工智能在所有领域都取得了进步，包括机器学习、数据挖掘、案例推理、不确定推理、智能教学、多智能体规划、日程安排、自然语言理解与翻译、视觉、虚拟现实、游戏等，而且它已经从计算机科学领域发展到健康、汽车和商业等领域。马萨诸塞大学的研究表明，人工智能比人类专家更擅长评估橄榄球运动员的表现。英伟达（Nvidia）公司计划让自动驾驶汽车自学驾驶。谷歌旗下的 DeepMind 公司专注于人工智能，开发了一种类神经网络，可以模仿人类的方式玩游戏。2016 年 3 月，该公司的 AlphaGo 程序首次在围棋比赛中击败了一名韩国职业选手。AlphaGo 过去的版本是通过观察数以百万计的人类着式学习围棋，但 2017 年的版本不同，升级的 AlphaGo Zero 通过与自己对弈，只花了 3 天时间就学会了围棋。谷歌 DeepMind 还与伦敦穆菲尔兹眼科医院合作，能够更快地诊断老年性黄斑变性（AMD）。由于光学相干断层扫描（OCT）耗时太长，医生无法分析，经常延误治疗，所以 DeepMind 试图更有效地分析扫描结果，从而更快地诊断和治疗。在西奈山医院，一种名为 Deep Patient 的人工智能可以预测哪些患者可能死于精神分裂症。总部在威尔士加的夫（Cardiff）的宜得孚（EKF）医疗利用人工智能从医疗记录中挖掘数据，帮助医生预测哪些 1 型和 2 型患者将继续发展成慢性肾病患者，从而及早干预，以免病情发展成晚期肾病。2018 年，中国阿里巴巴的语言处理人工智能在斯坦福大学接受了一项阅读理解测试，在 10 万个问题上得分超过人类。英特尔的人工智能主管表示，中国将在 8 年内超越美国成为人工智能的超级大国。

人工智能在金融领域也有重大影响。原子银行（atom bank）是一家新成立的

## 危险——专家说

我认为我们要很谨慎地对待人工智能。如果让我说最大的生存威胁是什么，很可能就是这个。所以我们需要非常小心。我倾向于认为，在国家和国际层面上，可能需要一些管理监督。这只是为了确保我们不会做一些非常愚蠢的事情……密切关注人工智能的进展。我认为这可能导致一个危险的结果。

——埃隆·马斯克，2014年10月

人工智能的完全发展可能意味着人类的终结……人类的生物进化非常缓慢，无法与人工智能抗衡，并将被取代……人工智能可以自己腾飞，并以越来越快的速度自我重塑。

——史蒂芬·霍金，2014年12月

我的立场是担忧人工智能。首先，帮我们完成许多工作的是机器，而不是人工智能。如果处理得好，这应该是积极的。十年以后，人工智能将强大到引发担忧。我同意埃隆·马斯克等人的看法，不明白为什么有些人居然不担心。

——比尔·盖茨，2015年11月

我相信生物大脑和计算机之间并没有本质的区别。因此，从理论上来讲，计算机可以模仿人类的智慧，并超越人类的智慧。

——史蒂芬·霍金，2016年10月

全自动自助银行，它会考虑客户的选择，只花3秒钟就能处理一份贷款申请。麦肯锡2017年的一份报告称：到2013年，机器人流程自动化（RPA）已经取代了8000多万个职位。伦敦政经学院的教授莱斯利·威廉斯（Leslie Williams）说："RPA软件可以模仿人类在一个过程中执行任务的行为。它可以比人类更快、更准确、更不知疲倦地完成重复的事务，人类因此有时间去做一些更需要人力的工作，比如与情商、判断力和对客户的反馈有关的工作。"安联国际的沃尔特·普赖斯（Walter Price）说："在华尔街，RPA已经被广泛采用。它可以处理非常细致的文书工作，而你可以胜任报酬很高的交易员。现在，自动化系统使市场定价越来越容易，交易也越来越公开。"在很多情况下，人工智能能获得持续的、更准确的、更真实的信息，决策能力可以超过人类。并且，数字渠道快速发展，客户与供应商不再需要人工沟通。数字信息庞大且越来越有用，形成了"数据湖"，应用程序接口（API）可以在互联网上访问和输入各种数据。强大的云计算能力可以在很短时间内计算出结果，而"人工智能革命将席卷服务业，可能会不可逆转地改变白领的角色"（2018年2月18日，QuantExa的首席运营官伊玛目·侯克说）。人们还认为，传统银行也将面临激烈的竞争，其竞争对手不仅是原子银行等初创企业，还有 Facebook、亚马逊、苹果等全球科技巨头。从 2018 年 1 月起，“开放银行规则”要求银行在客户同意的情况下与第三方共享数据，使新参与者更容易进入银行业。汇丰银行的拉曼・巴蒂亚预测小额银行业务将发生巨变（2018 年 2 月 18 日）:“如果你看看中国发生了什么，那么（银行业）就会有一种全新的视角，部分是因为中国的银行的基础设施和产业不像英国那样成熟。在中国，网络零售商精心策划的系统已经完全成熟了。”中国电子商务巨头阿里巴巴有一款移动支付和货币管理应用“支付宝”，2017 年其用户超过 5 亿，当年处理的支付单超过 1 万亿美元。这种方式正在动摇传统银行的地位。

# 微软操作系统

| 1981年以后 |

美国，威廉・亨利・“比尔”・盖茨（1955— ）

比尔・盖茨（William Henry “Bill” Gates）在商业上很精明，他使 Windows 成为全世界最受欢迎的计算机操作系统。OS 操作系统是计算机的基础软件，作用是安排任务、分配存储、显示不同程序之间的默认接口。现在人们很容易制造和复制电脑，但电脑能被公众、工业和商业接受，关键就在于软件。很快，微软软件成为全球最受欢迎的软件。几乎所有用户都会使用微软软件，电脑也随之变得越来越便宜。更重要的是，由于所有人都想使用相同的软件，计算机行业的市场力量集中在微软。它每隔几年就升级一次软件，从而向个人和企业赚取更多的钱。十几岁时，盖茨和保罗・艾伦（Paul Allen）经营着一家名为“Traf-O-Data”的小公司，他们向西雅图当局出售了一台电脑，用于计算城市的交通流量。盖茨当时是哈佛大学的学生，他在哈佛大学遇到了史蒂夫・鲍尔默（Steve Ballmer，2000—2014 年任微软 CEO）。也正是在哈佛大学，盖茨为微仪系统家用电子公司（MITS）的 Altair 微型电脑编写了一种 BASIC 语言。1975 年，盖茨辍学离开哈佛，与艾伦一起成立了微软公司，为新兴的个人电脑市场开发软件。

IBM（国际商业机器股份有限公司）是全球领先的重要的商业和工业计算机制造商，他们决定进军个人计算机的新市场。IBM 与微软接洽，讨论新的家用电脑和微软产品的状况。盖茨向 IBM 提供了自己的想法，即一台好的个人电脑需要什么，其中包括 BASIC 语言编写的 ROM 微芯片。微软没有编写过操作系统，所以盖茨建议 IBM 去找数字研究公司的创始人格里·基道尔（Gary Kildall）。基道尔最早意识到，新的微处理器能够成为完备的计算机，而不只是设备控制器。他围绕这个想法成立了一家公司，为微型计算机编写了最成功的操作系统 CP/M（微电脑控制程序），由此为业界树立了标杆。然而，IBM 最终没能与基道尔达成协议。IBM 随后与微软签署合同，让后者为即将推出的个人电脑 IBM PC 编写新操作系统。西雅图计算机公司的蒂姆·帕特森（Tim Paterson）只花了 6 周就复制了基道尔的程序，被用在基于英特尔 8060 的计算机样机上，帕特森称之为 QDOS（迅速而肮脏的操作系统）。盖茨和艾伦很快就以 5 万美元的价格买下了 QDOS 的版权，同时向帕特森和西雅图计算机公司隐瞒了关于 IBM 合同的事情。

基于 QDOS，微软推出了微软磁盘操作系统“MS-DOS”。1981 年，帕特森离开西雅图计算机公司加入微软。同年，IBM 推出了新的“盒子里的革命”——IBM PC，它配备了微软新推出的 16 位电脑操作系统 MS-DOS 1.0（然而，IBM 称之为“PC-DOS”）。基道尔很快拷贝了一份，检查之后，他认为 MS-DOS 1.0 抄袭了自己的 CP/M 操作系统。然而，基道尔得到的法律建议是，目前针对软件的知识产权法不够清晰，不足以提起诉讼；况且，IBM 可以聘请最好的专利律师；此外，微软和 IBM 声称 MS-DOS 在法律上是一种全新的产品。盖茨很机敏地要求保留销售 MS-DOS 的许可权，使其独立于 IBM 个人电脑和 PC-DOS。IBM 同意了。一些制造商在生产更便宜的 IBM PC 兼容机，微软通过向他们出售 MS-DOS 又赚了一笔。全世界的人都学会了如何在办公室中使用 PC-DOS。然而，在用于家庭和办公的时候，人们越来越多地购买 IBM 兼容机，后者同样可以运行微软 MS-DOS 软件，且价格便宜很多。IBM 的产品不再独树一帜，更便宜、更好用的个人电脑开始蚕食它的市场份额。最终，IBM 离开了竞争激烈的家用电脑硬件市场，而所有的竞争对手都需要从微软获得授权。

1983 年 11 月，微软正式发布了 Windows 操作系统。这种操作系统已经大大改善，为 IBM PC 和兼容机提供图形用户界面（GUI）和多任务化环境。盖茨向 IBM 演示了 Windows 的测试版，但反响不佳。IBM 从之前的协议中吸取了教训，正在开发自己的新操作系统。1985 年 2 月，IBM 发布了 Top View，这是基于 DOS 的多任务程序管理器，但没有任何 GUI 特性。由于不受欢迎且价格昂贵，Top View 在两年后停产。在苹果公司的系列电脑上，盖茨了解到图形用户界面对用户来说是一个巨大的飞跃。麦金塔电脑的操作系统 Mac OS 采用了视窗、鼠标、下拉菜单和指针等创新设计，操作电脑变得更加容易。微软最终在 1985 年 11 月发布了 Windows 1.0，但人们认为它粗糙、速度慢、容易出错。而早在当年 9 月，苹果公司认为微软公司窃取了自己的商业机密，侵犯了软件版权和专利权，威胁要采取法律行动。盖茨随后提出向苹果操作系统提供许可，并与苹果达成协议。盖茨又一次在合同中加入了有利于自己的措辞：微软不仅可以在 Windows 1.0 版本中使用苹果的功能，还可以在未来的所有微软软件程序中使用。1987 年，Windows 取得了突破，发布了 Windows 兼容的程序 Aldus PageMaker 1.0，这是第一个“所见即所得”的桌面出版程序。同年，微软发布了 Windows 兼容的电子表格程序 Excel、Word 和 CorelDRAW，微软软件因此成为所有非苹果电脑用户的必备软件。1987 年，Windows 2.0 增加了代表文件和程序的图标。

1988 年，苹果公司提起了诉讼，指控微软违反了 1985 年的授权协议，侵犯了 170 项版权。微软声称，授权协议赋予他们使

### 盖茨基金会

盖茨不再是全世界最富有的人，因为他已经向他的慈善基金会捐赠了300亿美元。2008年，盖茨离开微软的日常事务，专注于慈善事业。盖茨基金会认为所有人的生命都是平等的，因此向艾滋病项目、图书馆、卫生事业、教育事业和赈灾组织捐赠了大量资金。在沃伦·巴菲特（Warren Buffett）的帮助下，盖茨说服了全球近60名最富有的人签署捐赠誓言，承诺在有生之年或死后把大部分财产捐给各种慈善事业。

用苹果创新功能的权利。经过 4 年代价高昂的官司，微软胜诉了。之后，世界各地的程序员都在编写 Windows 兼容的软件，因此终端用户有理由购买下一款 3.0 软件。1992 年，Windows 3.1 发布，前两个月就售出了 300 万份。Windows 95 获得了巨大的成功。Windows 98 是第一个不基于 MS-DOS 内核的版本，它内置了 IE4 浏览器，并支持 USB 输入设备。Windows 2000、Windows XP（2001）和 Windows Vista 巩固了微软对电脑操作系统的控制。

# 航天飞机

1981年以后

美国，NASA科学家和承包商

航天飞机多次把人类送入轨道，发射、回收和修复卫星，进行太空尖端研究，并帮助建造太空中最大的结构：国际空间站。航天飞机是最早的可重复利用航天器，它进一步拓宽了发现的边界，促进了先进技术的发展。NASA 的航天飞机打破了无数个纪录，让更多的人看到宇宙。它的官方名称是“太空运输系统 STS”（Space Transport System）。1981 年 4 月 12 日，“哥伦比亚号”航天飞机从佛罗里达州的 NASA 肯尼迪航天中心发射升空，开始了它的航天生涯。“哥伦比亚号”航天飞机的第一次任务是验证它的主体——轨道器（OV）的综合性能，此外它还包括 2 个固体助推器（SRB）、大型外储箱（ET）和 3 个主发动机，大约共有 250 万个活动部件。轨道器作为主体，有时也被人们简单地称为“航天飞机”，是整个航天器系统中唯一进入轨道的部分。助推器被丢弃在

大西洋，回收并再利用；外储箱是唯一不再重复利用的部分，因为它在发射后大约9分钟会返回大气层，根据发射状况而在印度洋或太平洋上空燃烧。航天飞机返回地球的时候，它不像之前的“阿波罗”系列载人飞船那样用降落伞减速降落。相反，它像飞机一样在降落跑道上滑行。航天飞机的有效载重舱和机械臂共长18.3米，机械臂可以从有效载重舱里取出卫星，释放到近地轨道。宇航员可以保养卫星，甚至可以把它们带回地球供将来使用。航天飞机的设计目标是到达185—644千米高的轨道，它还定期把整个实验室送入轨道，进行特殊的实验。NASA用它建造国际空间站（ISS），这是有史以来最大的航天器。国际空间站在轨道上组装。不考虑通货膨胀，航天飞机计划已经花费了1137亿美元。

“企业号”是第一架航天飞机，尽管它从没有在太空中飞行过，而是用来测试着陆的关键阶段以及航天飞机的准备过程。“哥伦比亚号”是第一架进入轨道的航天飞机，执行STS-1任务。宇航员操作机械臂，所有飞行系统在测试飞行中都通过了评估。“哥伦比亚号”在执行任务期间部署了许多卫星，并多次作为太空实验室。然而，2003年，“哥伦比亚号”在第28次执行任务的时候，在返回途中解体，7名宇航员全部牺牲。“挑战者号”是第二架投入使用的航天飞机，并于1983年进行第一次飞行，任务代号是“STS-6”。在“挑战者号”执行的任务中，宇航员进行了第一次配备喷气背包的太空行走，第一次将卫星从轨道上取回，固定在有效载荷舱内并重新投入使用。在1986年执行第10次任务时，由于推进器上的一个O形环密封件失效，热气体烧坏了外储箱，点燃了里面的液体推进器，导致航天飞

**NASA航天飞机飞行数据**

| 名称 | 飞行次数（次） | 绕轨圈数（圈） | 旅程（英里） | 在太空中的时间（天） |
|---|---|---|---|---|
| 哥伦比亚号 | 28 | 4808 | 121,696,933 | 301 |
| 挑战者号 | 10 | 995 | 23,661,290 | 62 |
| 发现号 | 39 | 5830 | 148,221,675 | 365 |
| 奋进号 | 25 | 4671 | 122,883,151 | 299 |
| 亚特兰蒂斯号 | 32 | 4648 | 120,650,907 | 294 |
| 合计 | 134 | 20952 | 537,113,956 | 1321 |

机在爆炸中解体，7 名宇航员全部罹难。

“发现号”的第一次飞行在 1984 年，任务代号是“STS-41D”。“发现号”执行了 39 次任务，比其他任何航天飞机都要多。“发现号”部署了 NASA 的哈勃空间望远镜，它改变了我们观察和思考宇宙的方式。“奋进号”于 1992 年执行了第一个任务“STS-49”。在此期间，3 名太空漫步的宇航员史无前例地戴着手套抓住一颗轨道卫星，把它拖进“奋进号”。之后该卫星更换了新的发动机，并从航天飞机上重新发射。“奋进号”还完成了 NASA 哈勃空间望远镜的第一次维修任务，主要是安装了新的仪器，使它能够看到更远的宇宙。“亚特兰蒂斯号”的第一次飞行在 1985 年，任务代号是“STS-51J”。航天飞机向金星和木星发射了探测器，并把 NASA 的“命运号”实验舱送到国际空间站。“亚特兰蒂斯号”执行的最后一次航天飞机维修任务是“STS-135”，维修哈勃空间望远镜。它于美国时间 2011 年 7 月 8 日发射，并于 7 月 21 日在佛罗里达州肯尼迪航天中心最后一次着陆。

# 人造心脏

| 1982年 |

荷兰和美国，威廉·约翰·科尔夫（1911—2009）

在发明肾透析机以后，1950 年，威廉·约翰·科尔夫从荷兰移民到美国，希望找到更好的机会。在美国，他领导的团队发明并测试了一颗人造心脏。在俄亥俄州的克利夫兰诊所，科尔夫参与了心肺机的开发。心肺机的作用是在心脏手术期间为血液提供氧气，并维持心脏和肺的功能。同时，科尔夫也在不断改进肾透析机。1957 年，科尔夫和他的一位同事最早在狗身上植入人造心脏，这在西方医学中是首例。1982 年，在犹他州盐湖城，退休的牙医巴尼·克拉克（Barney Clark）最早接受人造心脏植入手术。这颗心脏由犹他大学生物医药工程研究开发，自 1967 年以来，科尔夫一直担任该研究所的主任。由于研究所的开创性工作，科尔夫被誉为“人造器官之父”。人类使用的第一颗人造心脏就是根据科尔

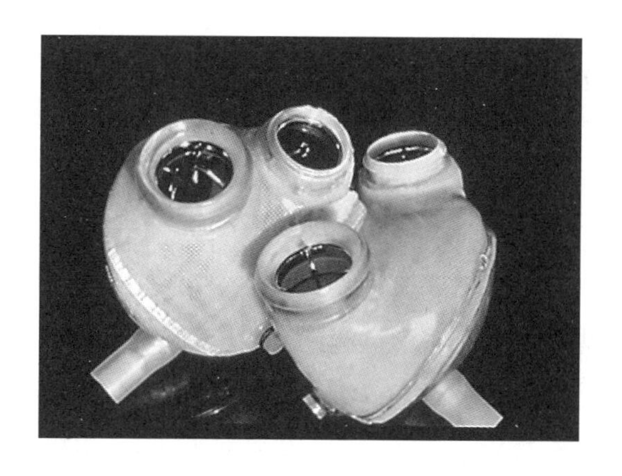

夫的方法，由贾维克医生制造的，因此被命名为“贾维克 7 号”；而威廉·德弗里（William C. DeVries）医生完成了第一例心脏移植手术。手术完成后，克拉克只活了 112 天，并经历了长时间的抽搐。尽管他并不是死于心脏病或中风，但人造器官植入手术的道德规范引发了巨大的争议。科尔夫已经发现，人造器官这个想法本身就冒犯了一些人，包括某些医生。科尔夫回忆说，有一次，他在美国国立卫生研究院的男厕所里，“一位高层人物回头看着我说：‘我希望人造心脏永远不要成功。’他认为我不应该做那样的事情。这就是为什么人造心脏很难得到支持，因为没有人想要人造心脏——除非他只剩下两天寿命”。科尔夫的专利是“软壳蘑菇状心脏：人造心脏”，专利号是 3641591。

科尔夫的另一项研究表明，盲人大脑的某些部位受到电刺激后，可以感受到光电。1999 年，他的搭档威廉·多贝尔（William Dobelle）为布鲁克林的一名盲人男子安装了世界上第一双人造眼睛。科尔夫的研究成功了。科尔夫指导了人造眼睛、人造耳朵、电控手臂和膜式氧合器的研究。甚至在 75 岁退休以后，他还在继续做实验。结婚 60 年后，科尔夫与妻子离婚了。他无法克制地用家里的管子制造各种东西，而他的妻子难以忍受。90 多岁的时候，科尔夫一个人住在费城郊外老人之家的一居室公寓里。即使在这时，他仍然在一家德国制造商的支持下研究便携式人造肺。科尔夫一生获得过许多奖项，其中一项的奖金高达 50 万美元。他把这些奖金用于开发便携式人造肺。科尔夫还为期刊撰写了 300 多篇文章。据估计，在他去世前，肾透析机已经拯救了 100 多万人的生命。

# 聚合酶链式反应（PCR）

| 1983年 |

美国，凯利·巴克斯·穆利斯（1944—2019）

聚合酶链式反应（PCR）是一种让科学家“看到”基因分子结构的化学过程，从而推动了分子生物学、分子古生物学、生物技术、法医学、医学和遗传学等领域的发展。凯利·巴克斯·穆利斯（Kary Banks Mullis）在加利福尼亚大学伯克利分校获得了生物化学博士学位。他曾从事医学研究，后来在1979年加入Cetus公司成为一名DNA化学家。他在这里工作了7年，研究寡核苷酸的合成。1993年，穆利斯因为发明聚合酶链式反应而获得诺贝尔化学奖。他在1983年提出这一概念，这是20世纪具有里程碑意义的科学技术之一。PCR是一种DNA扩增技术，能在数小时内把单个的遗传物质链复制几十亿次。PCR的扩增对象是复杂遗传物质中的特定DNA序列，从而得到高度纯化的DNA分子，便于分析和操作。PCR可以筛查遗传病和传染病。通过分析不同种群的DNA（包括灭绝物种的DNA），科学家可以重建种系的遗传家谱，包括灵长类动物和人类。PCR对法医鉴定和亲子鉴定也至关重要。

### 诺贝尔奖的价值

1983年春天的一个深夜，穆利斯开车载着他的女友——她也是Cetus的化学家。穆利斯突然有了一个想法，就是用一对引物固定所需的DNA序列，然后用DNA聚合酶复制DNA。这种技术可以让一小段DNA无限复制。之后，公司不再让穆利斯从事日常的项目，而是让他全身心投入到PCR中。1983年12月16日，穆利斯成功地实现了PCR。然而，在诺贝尔奖演讲中，他表示，这一成功并不能弥补不久前他与女友分手的遗憾：

“当我走向那辆小型银色本田思域车时，我的情绪很低落。无论是弗雷德（他的助手）、空的啤酒瓶，还是PCR时代的曙光，都无法取代詹妮。我感到很寂寞。”

——埃米莉·约夫《凯利·穆利斯是神吗？诺奖得主的新生活》，《时尚先生》，1994年7月

PCR 在医学、遗传学、生物技术和法医学等领域拥有广泛的应用。由于 PCR 能从化石中提取 DNA，所以它也是古生物学的基础。这是一门新兴学科。PCR 也用于检测艾滋病。穆利斯的这一突破使 PCR 成为生物化学和分子生物学的一项核心技术，《纽约时报》这样描述："（这项发明）非常新颖且意义重大，几乎把生物学分成了前 PCR 与后 PCR 两个时代。" 1986 年，穆利斯被任命为圣地亚哥 Xytronyx 公司的分子生物学主管，重点研究 DNA 技术与光化学。1987 年，他开始为十多家公司提供核酸化学相关的咨询。穆利斯的专利包括 PCR 技术和紫外光敏塑料，这种塑料能根据光线改变颜色。他近些年申请的专利还包括一种可以立即调动免疫系统中和入侵的病原体和毒素的革命性的新方法，他因此创办了新公司 Altermune，专注于甲型流感和耐药金黄色葡萄球菌的研究。

# 3D 打印技术

| 1984年 |

美国，查克·赫尔（1939— ）

1984 年 7 月 16 日，法国通用电气公司（后改名为阿卡尔特）的研究员为光固化成型技术注册了专利。奇怪的是，他们没有支付专利维持费。1984 年 8 月，全球巨头"3D Systems 公司"的美国创始人查克·赫尔（Chuck Hull）为自己的光固化成型法（SLA）申请了专利。1986 年，他获得了第一个专利，也就是现在的"3D 打印技术"。2013 年，高盛投资公司在关于"创造性破坏者"的报告中重点强调了这种正在崛起的技术。所谓"创造性破坏者"，指的是彻底改变并取代原本根深蒂固的市场的新技术。从 20 世纪 80 年代开始，各种技术已经发展到使用第三打印轴（z 轴），因此机器可以通过 CAD 模型或 3D 扫描构建三维对象。我们已经看到了 3D "生物打印"的崛起，它把活体组织与 3D 打印的"支架"连在一起，创造有效的替代器官。《连线》杂志的前主编克里斯·安德森（Chris Anderson）告诉我们，3D 打印将"比互联网更大"，不久以后，它几乎能用任何材料打印任何物体。

以前，制造业效率低下，因为产品的设计、零部件的制造和组装、成品的储存和使用分别发生在不同的地方，甚至分散在几个不同的国家。如今，创意和互联网商业模式在迅速发展，多点喷射的3D打印技术可以用于实体商品。通过数字方式，任何物品都可以发送到使用地点的3D打印机上，并根据需要打印确切的数量。没有浪费，没有制造错误，没有运输成本或存储成本。Richtopia.com的创始人德朗·凯奇说："我预测3D打印将比互联网更具革命性。这意味着……包括食品在内的物品，可以在世界任何地方设计，甚至在太空中也可以。欧洲空间局和福斯特建筑事务所已经在使用3D打印技术建造月球基地。3D打印的设计可以保存为一个数字文件（如.stl，.obj，.zpr，.3ds，.wrml，.dae等格式），然后通过电子邮件发送到世界任何地方，接着使用3D打印机打印出来。无论是以家庭为单位的消费者，还是零售商或制造商，都可以使用。"3D打印不仅改变了制造业的性质，也改变了物流、价值链、运输、消费和零售。全球运输的大件物品可以小成一封设计文件的电子邮件。产品可以根据客户的要求定制。当前的制造业将会萎缩，零售（Retail）将变成印售（Printail）或零售制造（retailfacture），因为制造可以从销售点开始。目前，3D打印技术还处在发展阶段，已经应用于塑料、玻璃、豆制品、硅胶、聚氨酯、胶缝剂、黏土、陶瓷、糖粉、导电涂料、金属、橡胶、尼龙、木头、混凝土、干细胞和其他有机物。

未来的一个例子是饼干制造公司，它可以成为一家完全数字化的3D打印公司，他们为零售商（"零售制造商"）的货架提供可以定制不同饼干的打印机。顾客可以从数百种设计和配料中订购，并打印自己的选择，输出的产品由可降解的包装袋包装——整个过程由3D打印机器人提供服务。同样，当一名男子因为切除肿瘤而失去了三根肋骨和部分胸骨，英国外科医生不需要用传统的骨水泥假体替换骨头，而是用3D打印制作钛植入物。定制会越来越重要，个性、设计、技术和艺术在生产中进一步融合，创造出更高效的经济；但社会同样也会面临巨大的失业风险。

# 食用菌蛋白

| 1985年 |

## 英格兰，RHM和ICI的科学家

食用菌蛋白是一种可替代肉类的素食，可能是应对未来食物短缺的主要蛋白质来源。仅以饲养的动物肉类为食是一种极大的资源浪费，如果世界人口继续以目前的速度增长，资源会严重紧缺。印度和中国的总人口占全球人口的40%，加上人们变得更加富裕，肉类消费的增加将加剧资源紧缺。人口过剩是地球上最严重的危机。早在20世纪60年代就有人预测，到80年代，家畜和人类的食物都会短缺。相比于直接摄取农作物，用农作物饲养动物获得肉类需要消耗10倍的资源。目前，所有种植的小麦、玉米和谷物有70%用于饲养牲畜（顺便说一句，饲养牲畜造成的温室气体排放约占全球温室气体排放总量的18%）。欧洲的人均土地面积少于美国和加拿大，因此情况更加严重。科学家为此研究用单细胞生物质作为动物饲料。然而，位于白金汉郡马洛的兰克 & 霍维斯·麦克杜格尔公司（RHM）却选择了不同的方向，他们致力于把淀粉（RHM公司谷物生产的废料）转化成一种富含蛋白质的食物。

### 素食街地图

2009年5月，媒体报道比利时的根特是“世界上第一个至少每周吃一次素的城市”。出于环保，当地政府决定实行“每周无肉日”，并且为了响应联合国一份关于食品生产和健康的报道，公务员和学生每周都要吃一天素食。此外，当地政府还张贴海报鼓励人们参加“素食日”，并印制了“素食街地图”，突出当地的素食餐厅。

镰孢霉是一种丝状真菌（或霉菌），1967年才在土壤中被发现，它经过筛选后被分离出来，成为实现这一想法的最佳选择。镰孢霉生长在一个大的发酵缸中，这个大缸是RHM放弃单细胞饲料项目后闲置出来的，现在作为RHM和ICI（帝国化学工业）联合经营的一部分。这两家公司一起为这种真菌的生长和加工申请了专利。1985年，RHM获得许可，销售菌蛋白供人类食用，品牌名为“阔恩”（Quorn）。阔恩最初在RHM的员工食堂里卖得很好，但在大型连锁超市却受阻了，直到英伯瑞超市决定储备新品牌，它才打开市场。阔恩不含动物脂肪和胆固醇，是一种相对成功的健康的肉类替代品。现在，大多数超市都有素食区和肉类替代品区。阔恩素食既是烹饪原料，也是一系列健康食品。它使用蛋清作为黏合剂，因此不适合严格素食者[1]。除了阔恩，还有其他肉类替代品。植物组织蛋白（TVP）是脱脂的大豆粉。中国人从公元前200年就开始食用豆腐。丹贝是一种用发酵的大豆和其他谷物制成的素食。

# 纳米科技

| 1959年、1974年和1989年 |

美国，理查德·菲利普斯·费曼（1918—1988）；
日本，谷口纪男（1912—1999）；美国，唐纳德·艾格勒（1953— ）

1959年12月29日，在加州理工学院的美国物理学会会议上，天才理论物理学家理查德·菲利普斯·费曼（Richard Phillips Feynman）发表了演讲《微观世界拥有无限的空间》（*There's Plenty of Room at the Bottom*），探讨了纳米科学和纳米技术的概念。他预见到科学家能够操纵和控制单个原子和分子。1974年，东京理科大学的谷口纪男（Norio Taniguchi）发表了一篇论文，主题是超精密加工，首次提到了“nanotechnology”（纳米技术）这个术语。他说：“（纳米技术）主要是指用一个原子或分子对材料进行加工、分离、合并与变形。”1989年，IBM阿尔马登研究中心的唐纳德·艾格勒（Donald Eigler）是第一个操纵原子的人，他用自己设计的扫描隧道显微镜让35个氙原子拼出了“IBM”的标志。他对单个原子的精确操作首次表明，纳米技术的应用是可能实现的。

当前纳米技术的定义是“处理尺寸和公差小于100纳米的技术分支，尤其是处理单个的原子和分子”，现在它已经涉及跨学科的化学、生物学、物理学、材

---

1 严格素食者（vegan）不吃动物的肉，也不吃来自动物身体的物品，比如蛋和奶。与之相对的有奶蛋素食者、奶素食者和蛋素食者，他们食用奶或蛋。

料学，以及纳米尺度（1—100 纳米）上的工程与技术。1 纳米是 1 米的十亿分之一，比可见光的波长还短，是人类头发丝直径的十万分之一。诺贝尔奖得主霍斯特·施特默（Horst Störmer）博士在他的演讲《小奇迹：纳米科学的世界》（*Small Wonders: The World of Nanoscience*）中指出，纳米尺度比原子尺度“更有趣”，因为纳米尺度是我们能组合物体的基点。在纳米尺度上重新排列原子间的键可以改变物质的性质。例如，石墨和钻石都是由碳元素组成的，但石墨软，钻石硬；石墨导电，钻石绝缘；石墨不透明，钻石通常是透明的。通过大量改变石墨原子的键，我们就可以将之改造成钻石。

### 奇怪的离婚诉讼

1956年6月，理查德·费曼的妻子玛丽·路易斯·贝尔提出离婚：“只要他醒着，就满脑子都是微积分。他开车的时候做微积分，在客厅里做微积分，晚上躺在床上还做微积分。”

在纳米尺度上，量子力学取代了经典物理，这是因为物质的行为有时候不稳定。只有在科幻小说中，我们才能穿过墙壁或通过墙壁传送物质，但在纳米尺度上，电子可以通过“量子隧穿”做到这一点。绝缘材料不能携带大量电荷，当尺寸缩小到纳米级单位时，它可能会变成半导体，熔点也会发生变化。目前，人们对碳纳米管和纳米线这两种纳米结构很感兴趣。如果原子排列正确，碳纳米管可以制成有效的半导体，也可以制成微处理器等电子设备中的晶体管。碳纳米管的强度是钢的数百倍，重量却只有它的 1/6。使用这种碳纳米管，我们可以制造更轻的汽车和飞机，燃油效率更高，强度更好，也更安全。科学家在铝箔基板上用碳纳米管制成了一种新的超黑材料，这种材料的颜色非常深，看着就像一个“黑洞”。并且，碳纳米管黑体只能吸收 0.035% 的入射光，也就是说眼睛根本发现不了它，而只能看到它周围的空间。碳纳米管黑体最早应用于国防和航天领域，科学家用它制造各种各样的隐形飞机和隐形武器，

### 什么时候金子不是金色？

纳米尺度的物质会呈现出独特的性质。比如在纳米尺度下，金子会从黄色变成红色或紫色，这是因为金原子的运动电子受到了限制，所以，相比于更大尺度的金颗粒，金纳米粒子与光的反应不同。金纳米粒子的大小和光学特性意味着它们可以选择性地积聚在肿瘤中，因此它们既能实现精确成像，又能在不伤害健康细胞的情况下用靶向激光摧毁肿瘤。

### 即将到来的灰色（或绿色）世界末日

埃里克·德雷克斯勒（Eric Drexler）博士受到费曼讲座的影响，参与推动了纳米技术的发展，并描绘了一幅世界末日的场景。如果自我复制的纳米机器人发生故障，它们可能会自我复制上万次，直至吞噬掉整个世界，因为它们会源源不断地从环境中吸收碳原子继续复制。德雷克斯勒设想了一种“灰蛊”，即合成纳米材料将取代所有有机物；还有一种“绿蛊”，即用有机物制造的纳米材料消灭地球。

或者制造更灵敏的望远镜，这种望远镜能够探测到最微弱的遥远恒星。纳米线是一种直径非常小的线，有时只有几纳米，同样能够制作微型晶体管。纳米技术将改变微处理器，电容器可能只有几纳米厚。生物纳米电池可以使用铁蛋白携带电荷。

纳米技术已经有了实际的应用，包括高柔韧性的数码显示屏、使用氧化锌或氧化钛纳米颗粒的防晒霜、防刮涂层、使用银纳米颗粒的抗菌绷带、液晶显示屏（LCD）、深穿透的化妆品、抗皱面料等。纳米颗粒使皮尔金顿的自洁玻璃具有光催化性和亲水性。光催化是指当紫外线照射在玻璃上时，纳米粒子被激发并开始分解，使玻璃上的有机分子松动，从而“清洁”窗户上的灰尘。由于亲水效应，当水与玻璃接触时，会均匀地分散在玻璃上，有助于清洗。百宝力 VS 纳米管动力网球拍是在纳米管中注入石墨制成的，它非常轻，但比钢的强度高很多。纳米粒子还可以用来治疗疾病，生产食物，也可以制造能够自我复制的纳米机器人。在自我复制之后，数以万亿计的装配机和复制机同时工作，自动生产目标产品，并最终取代所有传统的劳动方法。假以时日，我们可以复制任何东西，包括钻石、水和食物。在健康方面，患者可以服用含有纳米机器人的药物，纳米机器人通过程序攻击病毒和癌细胞的分子结构。纳米机器人可以减缓衰老的过程，并完成非常精细的手术。纳米机器人可以清除水源中的污染物，清理石油泄漏，我们对不可再生资源的依赖将会减少，因为纳米技术可以使它们再生。

# 人类基因组计划（HGP）

1990—2003年

美国，查尔斯·德利思（1941— ）

人类基因组计划（HGP）是一段奇妙的故事，它讲述了一项庞大的国际合作研究，旨在测序和定位智人种的所有基因（统称基因组）。我们因此能够阅读大自然构建人类的完整基因蓝图，这对医学的所有分支都具有惊人的意义。1984年，美国能源部（DOE）、美国国家卫生研究院（NIH）和一些国际组织召开了研究人类基因组的会议。1985年，查尔斯·德利思（Charles DeLisi）阅读了一份政府报告，报告中介绍了一种用于检测广岛和长崎原子弹爆炸后儿童的基

## 总统公民奖章

2011年，克林顿总统授予德利思总统公民奖章，以表彰他鼓舞人心的工作。克林顿说："正如刘易斯与克拉克开始探索被神秘可能性笼罩着的大陆，查尔斯·德利思开辟了现代探索的前沿，人类基因组……查尔斯·德利思充满想象力，坚毅果决，点燃了基因测序的革命，最终揭开了人类生命的密码。由于他具有开阔的视野和非凡的领导力，我们才能在2000年宣布人类基因组的完整测序。现在，研究人员比以往任何时候都更接近某些疾病的治愈方法，而这些疾病在过去被认为是无药可救的。"德利思的嘉奖词是这样写的："生物学家查尔斯·德利思是一位有远见的先驱，极大地拓宽了我们对生命构成要素的了解。他是第一个概述人类基因组计划可行性、目标和参数的政府科学家。他激励国际研究团队筹集资金，发明新技术，并启动了基因定位和测序的艰巨任务。"

为了纪念意义重大的HGP，美国能源部在马里兰州日耳曼敦的F-202实验室外安装了一块青铜牌匾，上面写着："1985年至1987年，查尔斯·德利思博士是美国能源部健康与环境研究计划的副主任，他的远见和果决使人类基因组计划从一个简单的概念发展成为一个革命性的研究项目。"

### 一种比人类更复杂的杂草

阿拉伯芥（拟南芥）是一种常见的小型自花授粉杂草，也叫鼠耳芥。它的寿命只有六周，却拥有26000个基因，比人类多得多。2000年，科学家绘制了它的基因组，这是第一种基因组完全被定位的植物。了解它的生命活动，科学家就可以了解复杂得多的有机体。肖恩·梅（Sean May）博士指出："如果你知道宝马MINI引擎的工作原理，那么法拉利引擎的工作原理就显得微不足道了。"约翰英纳斯中心的迈克·贝文（Mike Bevan）教授负责协调欧洲HGP的捐款，他表示，这将对人类健康产生深远的影响，并有助于理解作物育种的分子基础，从而催生了基因工程。阿拉伯芥有100个基因与人类致病基因密切相关，它的基因结构很简单，因此成为分子生物学家的主要研究对象。

因突变的技术。在美国能源部的支持下，他构想了一项庞大的人类基因组测序计划。这个想法是第三次被公开提出，但正是德利思的精力以及他在政府科学管理部门的职位，使基因组计划得以启动。结果，全世界成千上万的科学家加入到人类基因的定位、测序和鉴定中，时间长达 13 年。

美国国家卫生研究院和美国能源部设计了一个长达 15 年的项目，1990 年，他们公布了这个项目的第一个五年计划，目标是：发展 DNA 分析技术，定位和测序人类和其他基因组（比如果蝇和老鼠），研究相关的伦理、法律和社会问题。5 年后，1995 年 5 月，流感嗜血杆菌基因组的研究表明，随机"鸟枪定序法"和功能强大的计算软件可以快速、准确地应用于整个基因组，测序比传统测序快得多。1999 年，人类第 22 号染色体的基因序列首次被公开，这是当时解码和组装的最长的连续 DNA 序列。22 号染色体是人类染色体中最早被解码的，因为它相对较小，而且与一些疾病有关。美国、英国、日本、法国、德国和中国的科学家联合完成了它的测序。

2001 年，人类基因组计划国际联合会发表了人类基因组序列的初稿和初步分析。据估计，人类基因的数量约为 3 万个（后来修改为 1.9 万—2 万个）。研究人员还报告称，任意两个人 DNA 序列中有 99.9% 是相同的。到 2003 年，HGP 的目标已经全部达成或超额达成，比预期提前了两年多，费用大大低于预算。HGP 的基因序列覆盖了 99% 人类基因组中含有基因的部分。为了帮助研究人员更好地理解人类基因说明书的意义，该项目还成功实现了其他目标，从疾病研究中使用的生物基因组测序，到开发研究整个基因组的新技术。人类基因组计划是人类一项杰出的科学成就，可以与登月计划相提并论。

# 万维网

1990年

英格兰，蒂姆·约翰·伯纳斯-李（1955— ）；
比利时，罗伯特·卡里奥（1947— ）

万维网是普及互联网与革新计算机通信的关键技术。人们认为，英国计算机科学家、工程师、麻省理工学院教授蒂姆·约翰·伯纳斯-李（Timothy John Berners-Lee）最早提出了万维网，但事实上，联合开发的还有比利时信息工程师罗伯特·卡里奥（Robert Cailliau）。1989 年 3 月，伯纳斯-李提出，希望可以通过一个系统，更容易地访问欧洲核子研究中心（CERN）的大量文件。当时伯纳斯-李和卡里奥都在 CERN 工作。伯纳斯-李发现，不同的信息储存在不同的电脑上很不方便，用户必须登录不同的电脑才能获取这些信息，有时必须在每台电脑上学习不同的程序。1980 年，伯纳斯-李编写了 ENQUIRE，这是早期的超文本在线编辑数据库，类似于现在的“维基”（wiki）。CERN 的新信息系统也是超文本的，电脑上显示了指向其他超文本文档的超链接，通过鼠标单击或按键就可以立即访问。超文本文档可以是静态的（预先准备和储存），也可以是动态的（根据用户输入不断改变），还可以包含绘画、图片、表格和演示设备。这是构成万维网的基本概念。1990 年 9 月至 12 月，伯纳斯-李创建了他所定义的“万维网”，同时他与卡里奥共同撰写了一份提案，为这个项目筹集资金。万维网操作方便，格

**嗒嗒！**

“当我构建万维网的时候，所需要的大部分信息已经完成……我只是把超文本的想法连接到TCP（传输控制协议）和DNS（域名系统）的想法上，然后——嗒嗒！——万维网就完成了。”在回答“你发明了互联网吗？”时，蒂姆·伯纳斯-李这样说。

——引自www. w3. org，《回答年轻的朋友》

式灵活，我们因此能在互联网上共享和查阅信息。1990 年 12 月 25 日，在卡里奥及 CERN 一位年轻学生的帮助下，伯纳斯-李通过互联网实现了超文本传输协议（HTTP）客户端与服务器的第一次成功通信。

伯纳斯-李编写的第一个网页浏览器是 World Wide Web，这是当时访问万维网的唯一途径。为了避免与万维网（World Wide Web）本身混淆，它后来改名为“Nexus”。卡里奥是万维网开发的主要支持者，后来为苹果公司设计了第一个网页浏览器 MacWWW。伯纳斯-李明白，私人垄断会限制网络的发展，所以他设法让 CERN 在 1993 年 4 月 30 日给予认证，确保网络技术和程序代码处于公共领域，任何人都可以使用和改进它。伯纳斯-李的远见和慷慨永远改变了通信和信息技术，催生了电子邮箱、谷歌、Facebook、Twitter、维基百科等。1993 年 12 月，卡里奥呼吁于 1994 年 5 月在 CERN 举行第一次国际 WWW 会议。380 名网络先锋的出席使之成为网络发展史上的里程碑。2011 年互联网用户有 20 亿，占世界人口的 1/3；到 2019 年，全球互联网用户已经超过了 45 亿。

# 智能手机和平板电脑

1994年及2010年4月

## IBM Simon个人通信器和苹果iPad

《牛津英语词典》这样描述智能手机：“一台具备许多电脑功能的移动电话，通常有触摸屏、互联网接入和能运行应用程序的操作系统。”

西欧和美国的固定电话市场花了 100 年时间才达到饱和（新需求开始下降），手机达到饱和用了大约 20 年，而智能手机只用了 10 年。现今，全世界有 75 亿人，大约 49 亿人使用手机，几乎都是智能手机。全球在使用的个人电脑有 14 亿台，到 2010 年年底，智能手机的年销量已经超过了个人电脑。Newzoo 的数据显示，2017 年智能手机普及率最高的国家和地区是阿联酋，达到 81%，瑞典、瑞士、中国台湾、韩国、美国和加拿大超过 70%，荷兰、德国和英国紧随其后。然而，皮尤研究中心的报告显示，智能手机普及率排在首位的是韩国，达到 88%，其次是澳大利亚 77%，以色列 74%，美国 72%，西班牙 71%，新西兰 70%，英国 68%，加拿大 67%。无论真正的普及程度如何，我们现在都能看到市场已经饱和了。

在西方世界，平板电脑的饱和速度更快，刷新了美国的纪录（在美国，发展速度能与之媲美的唯一一项技术是电视，时间为 1950 年至 1953 年）。在 2010 年 4 月苹果推出 iPad 之前，平板电脑市场相当沉寂。但 18 个月后，美国家庭的 iPad 普及率已经达到了 11%。苹果公司售出了约 4 亿台 iPad，亚马逊的 Kindle Fire 等竞争对手已经把这个市场扩大到全球 11 亿用户。苹果电脑能否继续保持这种增速还有待观察。随着更好、更强大的平板电脑和智能手机的出现，个人电脑与笔记本电脑的时代几近终结。

1973 年，摩托罗拉的马丁·库帕（Martin Cooper）发明了第一台掌上蜂窝移动电话。从 1993 年到 1998 年，摩托罗拉一直是移动电话领域的领头羊。20 世纪 70 年代，IBM 开始研发一款与电脑很像的手机，并于 1994 年推出了“Simon”。它有

**远见**

当无线电技术发展完备时，整个地球就会变成一个巨大的脑袋。事实上，所有东西都是粒子，囊括在真实而有节奏的整体中。不管距离有多远，我们都能即时对话。不仅如此，通过电视和电话，我们还能像面对面一样看到和听到对方。和现在的电话相比，将来的仪器会非常简单，可以装在背心口袋里。

——尼古拉·特斯拉，《科利尔杂志》，1926年

拨号触摸屏，可以发送传真、电子邮件和手机页面，还安装了日历、通讯录、计算器、备忘录和记事本等应用。遗憾的是，Simon 没有取得成功，因为它价格太高了，刚开始售价是 1199 美元，后来降到 899 美元。20 世纪 90 年代，掌上通（Palm Pilot）等个人数码助理（PDA）和数字电话同时问世，当时的硬件制造商和开发商还不知道如何成功把 PDA 和手机结合起来。1996 年，诺基亚 9000 最早尝试在手机上实现智能功能。它机身宽大，因此可以使用“QWERTY 键盘”和导航按钮，支持网页浏览、电子邮件和文字处理等“智能”功能。然而，2000 年，更小、更轻的爱立信 R380 最早作为智能手机正式销售。它键盘外翻，3.5 英寸的黑白触摸屏可以访问许多应用程序。2007 年，乔布斯发布了革命性的苹果 iPhone，它创新的触摸屏设计几乎被后来的每一款智能手机模仿。它支持流媒体，可以播放音频，查阅电子邮件，使用手机浏览器浏览网页，效果与个人电脑相同。苹果手机独特的 iOS 操作系统支持多种手势指令，可下载的第三方应用程序也越来越多。安卓系统的手机紧随其后，使用与 iPhone 相同的全触屏交互功能。三星 Galaxy 系列成为苹果手机的主要竞争对手。从 2012 年开始，谷歌的安卓系统已经成为智能手机市场上主要的操作系统。智能手机技术迅速发展，具备 GPS、摄像头等功能，但在 2016 年需求开始下降了。

2017 年第四季度，全球智能手机市场下跌 9%，这是智能手机历史上的最大跌幅，就连苹果 iPhone 的销量也下降了 1%。苹果手机比一年前少卖了 500 万部，但 iPhone X 的高定价（1000 英镑）抵消了销量下降的影响（许多用户抱怨，从手机铃声响起到屏幕恢复功能正常，可以点击屏幕接听电话，这段时间间隔太长了）。人们不再更换手机，而是继续使用现在的手机，因为发达国家的手机市场已经饱和，除了“遥遥无期”的 AI 功能，创新产品很少。全球智能手机出货量的萎缩也受到了庞大的中国市场的影响。从 2016 年到 2017 年，中国市场的智能手机需求每年下降 16%，原因是更换手机的周期变长，运营商补贴减少，以及没有“令人眼前一亮的机型”。2017 年第一季度，三星手机占全球市场份额的 23.3%，苹果手机占 14.7%，中国的华为手机占 10%，OPPO 和 vivo 手机分别占 7.5% 和 5.5%，其他品牌的手机加起来占 39%。此后，中国小米手机的市场份额已超过 vivo。市场已经不可能再增长，新的价格竞争时代即将到来，而中国制造商将处于有利地位。仅在一

## “智能手机实际上是监控设备”

智能手机通过追踪我们的行为和活动，建立了关于我们生活的详细信息，这些“数字档案在企业之间交易，用来预测和决断……而我们并不知情，也无法控制”。这些企业知道我们的“位置、互联网搜索历史、通信、社交媒体活动、财务状况以及指纹、面部特征等生理数据”。企业相互买卖这些数据，它们可以显示出我们的“种族、婚姻状况、家庭成员、性取向和政治观点”。七成的智能手机应用连接着“谷歌分析”等第三方追踪企业，它们共享信息，从而实现定向投放广告。

——英国埃塞克斯大学，薇薇安·吴和凯瑟琳·肯特，2018年2月11日

年时间里，上面提到的四家中国制造商的市场份额就提高了5.5%，达到28.5%。

2018年，全球出货的所有手机、平板电脑和笔记本电脑（23亿台）都有蓝牙功能。智能手机能够解码和破译信息，比如产品包装上的二维码。智能手机用户下载二维码扫描器或其他应用程序，就可以读取嵌入二维码中的信息，从而进入网站、领取优惠券甚至登录社交媒体。根据2016年德勤对爱尔兰用户的一项调查，91%的用户在工作时使用手机，88%的用户在看电视时使用手机，86%的用户在公共交通上使用手机，80%的用户在与朋友交谈时使用手机，73%的用户在与家人用餐时使用手机，55%的用户用手机查收工作邮件，48%的用户用手机打工作电话，48%的用户在午夜查看手机，40%的用户在早晨醒来时查看手机，35%的用户在睡前5分钟查看手机，28%的用户在起床时查看手机，15%的用户用手机支付打车费用——在很多人的生活中，手机无处不在。美国儿童拥有第一部手机的平均年龄是10岁，他们平均每天使用4.5个小时。就像计算器改变了许多人理解基础数学的能力，智能手机和平板电脑也在改变人们对知识的理解以及知识本身的关联，这逐渐成为人们担忧的问题。“数字原住民”过度依赖外包的信息和冷知识，而不是内在的记忆。“随着知识面扩大，学习变得越来越容易，因为我们可以把新信息和旧知识结合起来。”人们越来越依赖外包的知识，这导致了“假消息”传播得更快、更广，也损害了沟通的能力。乔·克莱门特（Joe Clement）认为，现在的年轻一代拥有替他们学习和思考的技术，但他们“无法用技术改进现有的知识基础”。（《如果我丢失了手机，就丢失了一半的头脑》，2018年2月15日《独立报》的文章）

# 网络零售

| 1995年以后 |

美国，杰夫·普雷斯顿·贝索斯（1964— ）

杰夫·普雷斯顿·贝索斯（Jeffrey Preston Bezos）彻底改变了全世界购买书籍的方式，也塑造了我们使用电子书和Kindle电子书阅读器阅读书籍的方式。贝索斯毕业于普林斯顿大学，获得了计算机科学与电子工程学位，之后就职于华尔街。华尔街需要分析市场趋势，因此很需要计算机科学。贝索斯先是在银行家信托公司担任副总裁，后来又在肖氏基金公司担任高级副总裁。肖氏基金公司专注于把计算机科学应用于股市。刚起步的互联网（阿帕网）最初由美国国防部创建，只能在紧急情况下（如自然灾害或敌人入侵）保持计算机网络链接。政府和科研人员用它交换数据和信息，但互联网商务是1994年以后的事情。贝索斯观察到，互联网使用量正在以每年2300%的速度增长，并且他发现了一个新的商业领域的机遇。他系统地评估了排名前20的邮购业务，并且思考：在互联网上，还有哪些业务的效率可以提高？书籍是没有全面邮购目录的商品，因为书籍目录太大了，无法邮寄。但书籍销售与互联网相得益彰，互联网可以与几乎无限的人共享一个巨大的数据库。

贝索斯发现，主要的图书批发商已经编制了库存书籍的电子清单。现在缺的只是一个网站，买书的人只需要在网上搜索库存，就可以直接下单。贝索斯因此搬到了华盛顿州的西雅图，以便随时接洽大型图书批发商英格拉姆，同时他还可以吸收企业所需的计算机人才——微软公司也在西雅图。贝索斯创立的公司叫“亚马逊”，以拥有无数支流的南美洲大河命名。1995年，贝索斯向全世界公布了他的新网站，并让300名β测试员[1]传播了这个消息。在没有新闻报道的30天内，亚马逊已经把图书售往美国的50个州以及45个国家。到9月，销售额达到了每周2万美元。贝索斯和他的团队继续改进网站，推出了一些新功能，比如一键下

1 一般来说，软件开发之后会经历两个测试阶段：第一个叫α测试，由公司内部用户在现场测试；第二个叫β测试，由多个用户在实际使用环境下测试。

单、客户评论、邮件订单确认。亚马逊在 1997 年上市的时候，分析家想知道，如果巴诺书店或博德斯集团这样的图书销售巨头也加入到网络零售中（博德斯 2011 年已经破产），这家基于互联网的初创公司是否会被动摇。两年后，亚马逊的股票市值超过了最大的两家竞争对手的总和，博德斯联系亚马逊，希望能够分享它的网络流量。

从一开始，贝索斯就尝试以牺牲利润为代价，尽快提高市场份额。这些都是亚马逊商业模式的一部分，因此无法复制。当他透露亚马逊打算从“全球最大的书店”转型为“全球最大的商店”时，评论家意见不一。有些人认为亚马逊未免操之过急，也有些人把这称为“商业史上最聪明的策略之一”。贝索斯反复强调亚马逊的六大核心价值：客户至上，主人翁意识，积极行动，节俭，高标准雇用，创新。他说:“我们的愿景是成为全球最以客户为中心的公司。客户将在这里找到和发现所有想在网上购买的商品。”亚马逊迅速进军音乐 CD、录像机、玩具、电子产品等领域。2000 年，经济急速衰退的时候，亚马逊的股价也随之暴跌，然而，亚马逊很快进行了重组。当互联网初创企业纷纷倒闭的时候，亚马逊开始获得可观的利润。2002 年，亚马逊与盖璞、诺德斯特龙、兰德斯-恩得等数百家零售商合作，增加了服装业务。通过玩具反斗城等联名网站以及旗下的亚马逊服务公司，亚马逊向其他供应商分享了它在客户服务和在线订单处理上的专业知识。2003 年，亚马逊成为全球最大的在线零售商，销售额几乎是排名第二的办公用品供应商史泰博的三倍。

2007 年，亚马逊推出了一款名为“Kindle”的掌上电子阅读设备，它用电子墨水技术呈现文本，避免像电视和电脑屏幕那样带来视觉疲劳。字体大小可以调节，便于阅读。与早期的电子阅读设备不同，Kindle 包含了无线互联网连接，读者因此可以随时随地购买、下载和阅读完整的书籍和其他文件。随着 Kindle 的推出，亚马逊迅速占领了美国电子书市场 95% 的份额。其中一款支持连接 Wi-Fi，另一款支持 3G

**安全成本**

2010年，亚马逊只给CEO贝索斯支付81840美元的薪水，但他的安保费用却高达160万美元。在提交代理账户的时候，亚马逊的一位发言人解释了费用的原因，他说："我们认为，鉴于贝索斯的工资很低，而且他从未收到任何股票分红，所以他上报的安保费用金额是非常合理的。"

网络。到2010年，Kindle阅读器和电子书的年销售额达到23.8亿美元。亚马逊的电子书销量已经超过了传统的精装书。随着电子书销量每年以200%的速度增长，贝索斯预测，电子书将在一年内超过纸质书，成为亚马逊最畅销的门类。在2002年亚马逊创下了亏损14亿美元的纪录时，理查德·勃兰特（Richard Brandt）在《一键下单》（*One Click*）中指出，亚马逊"从互联网的典型代表变成了互联网的替罪羊"，"是互联网的最大输家"。到了2010年，亚马逊的市值已经超过800亿美元，这实在是因为贝索斯开发的商业模式太强大了。

# 谷歌搜索引擎

| 1996年 |

美国，劳伦斯·"拉里"·爱德华·佩奇（1973— ）、
谢尔盖·米哈伊洛维奇·布林（1973— ）

谷歌是全球知名的一个网站，大约有1/7的人口在使用它。搜索引擎是一种程序，根据用户提交的关键词在互联网上搜索并找到网页。典型的搜索引擎使用的是"爬虫"程序，包括布尔操作符、检索字段、显示格式、大规模数据库和根据相关度对结果排序的算法。劳伦斯·"拉里"·爱德华·佩奇（Lawrence "Larry" Edward Page）和谢尔盖·米哈伊洛维奇·布林（Sergey

Mikhaylovich Brin）是计算机科学研究生，1995 年，他们在斯坦福大学相遇。1996 年 1 月，他们为一个叫“BackRub”的搜索引擎编写了一个程序，这个搜索引擎因它能够进行反向链接（backlink）分析而得名。为了把 BackRub 收集的反向链接数据转换成对网页重要性的评估，两人开发了网页排名（PageRank）算法。佩奇和布林意识到，这可以用来搭建一个更好的搜索引擎。他们的创新依赖一种新技术，这种技术能分析一个网页反向链接到另一个网页的相关性。由于 BackRub 反响很好，他们开始研究谷歌。佩奇和布林用廉价的二手电脑和借来的个人电脑建立了一个服务器网络，并利用各种信用卡折扣购买了 TB 字节的磁盘内存。1996 年 8 月，谷歌的原始版本发布了，现在仍然在斯坦福大学的网站上。

当时佩奇和布林的产品仍处在初级阶段，需要更多的资金投入才能继续开发，但没能找到合适的投资人，他们试图把搜索引擎技术授权给其他人。然而，佩奇和布林最终决定保留谷歌，寻求融资，改进产品，并自行营销。经过一系列改进和发展，谷歌最终成为一款商业产品。1997 年，太阳计算机系统的联合创始人安迪·贝托尔斯海姆（Andy Bechtolsheim）在看完谷歌的简短演示后，说：“与其讨论完所有的细节，为什么不现在就给你一张支票呢？”他开了一张给谷歌公司的 10 万美元支票，但那时作为法律实体的“谷歌公司”还不存在，于是佩奇和布林在两周内迅速成立了公司，并兑现了支票，之后又继续筹集了 90 多万美元作为初始资金。1998 年 9 月，谷歌公司在加利福尼亚州门洛帕克开业，google.com 作为一个测试版的搜索引擎，每天最多能解决 10000

### googol

google（谷歌）的名称来自“googol”（古戈尔），1googol 等于$10^{100}$，即1后面有100个0。爱德华·卡斯纳（Edward Kasner）和詹姆斯·纽曼（James Newman）在《数学和想象》（*Mathematics and the Imagination*）中介绍了这个概念。对于谷歌创始人而言，这个名称表示搜索引擎必须能筛选海量信息。“googolplex”（古戈尔普勒克斯）甚至更大，它等于$10^{googol}$。天文学家、电视明星卡尔·萨根[1]估计，用数字表示“googolplex”在物理上是不可能实现的，因为写下这个数所需要的空间比已知的宇宙还大。

1 卡尔·萨根（Carl Sagan，1934—1996），美国天文学家、天体物理学家、作家，曾推出过一系列电视节目和书籍。

个搜索问题。1999 年 9 月 21 日，谷歌正式从标题中删掉了“beta”（测试状态）。2011 年 5 月，谷歌的独立访客首次突破 10 亿，比 2010 年 5 月的 9.31 亿增长了 8.4%。这意味着全球 1/7 的人口每天都在使用谷歌获取信息。谷歌彻底改变了信息技术。谷歌还参与了云计算的新技术，其 99% 的收入来自 Adwords 程序，这与用户的单次搜索相关。谷歌不断扩大业务，推出了 Chrome 网页浏览器。谷歌是全世界主要的搜索引擎之一。截至 2011 年，佩奇和布林的资产都达到了 198 亿美元。

# 哺乳动物的克隆

1996年

英格兰，伊恩·威尔穆特（1945—　）、基思·坎贝尔（1954—2012）

克隆技术对饲养牲畜和恢复灭绝物种具有长远的意义。多莉（Dolly，1996—2003）是一只雌性芬兰-陶赛特羊，是第一只利用细胞核移植技术、从成年体细胞中克隆出来的哺乳动物。它出生在爱丁堡的罗斯林研究所，是“世界上最著名的羊”。它很健康，证明了从身体特定部位提取细胞创造一个完整的个体是可行的。多莉有三个“妈妈”，一个提供卵细胞，一个提供 DNA，还有一个负责代孕。克隆多莉的方法是体细胞核移植，也就是把来自成体细胞的细胞核，移植到未受精的、已被移除细胞核的卵母细胞（发育中的卵细胞）中。然后，通过电击刺激融合细胞

分裂，使之发育成囊胚（胚胎细胞），并植入代孕母羊体内。多莉的存在直到1997年才向公众公布。

多莉曾与一只威尔士山羊交配，1998年产下一只羊羔，1999年产下一对双胞胎，2000年产下三胞胎。克隆成功后，科学家还克隆了许多其他大型哺乳动物，包括马和公牛。克隆家畜可能对将来培育更好的牲畜很重要。克隆技术将用于保护濒危物种，并有可能复活猛犸象等灭绝物种，因为猛犸象的细胞组织仍存活在永冻土层。西班牙科学家正致力于克隆山脉巨角塔尔羊，该物种在2000年宣布灭绝。伊恩·威尔穆特（Ian Wilmut）已经放弃了他的克隆技术，因为他相信从长远来看，日本一种不同的技术可能会取得更大的成功。克隆过程中细胞经历的重编程过程并不完善，细胞核移植产生的胚胎往往发育异常，使得克隆哺乳动物的效率很低。2007年，威尔穆特宣布，核移植技术可能永远无法有效地应用于人类。在277次尝试中，多莉是唯一活到成年的羊羔，因为它幸存下来，所以研究小组不得不给它取个名字。威尔穆特幽默地说："多莉是从乳腺细胞发育而来的。我们想不出比多莉·帕顿[1]更令人印象深刻的腺体了。"

# 维基百科

公元2001年

美国，吉米·多纳尔·威尔士（1966— ）、
劳伦斯·马克·桑格（1968— ）

维基百科是惊人的突破，是提供给世界的自由网络百科全书。1996年，吉米·多纳尔·威尔士（Jimmy Donal Wales）与两个合伙人创建了Bomis，这是一个以用户搜索词生成网络环为特色的门户网站。Bomis是营利性的，它为威尔士赚取了创建在线百科全书的资金。威尔士致力于客观主义哲学。20世纪90年代

1 多莉·帕顿（Dolly Parton，1946— ），美国歌手，以乡村音乐的创作和演唱而闻名。她的胸围是40DD，因此为大众津津乐道。

## 威尔士论Nupedia

我们当时的设想是，让数千名志愿者用不同的语言为这个在线百科全书撰写文章。起初，我们发现这种工作组织非常科技化、结构化、学术化和守旧，对志愿者而言很无趣。我们有很多同行评审委员会，他们会评审文章并给出反馈——就像专家在研究生院评审论文一样。这基本上是一种威胁。

——吉米·威尔士谈论Nupedia时说，《新科学人》，2007年1月31日

初，他在主持一个讨论客观主义的在线小组时，遇到了哲学家劳伦斯·马克·桑格（Lawrence Mark Sanger）。桑格与威尔士观点相左，但长期的辩论使他们成为朋友。几年后，威尔士仍在进行百科全书项目，需要一位有学术资历的人领导，于是他聘请桑格担任主编。2000 年 3 月，免费的百科全书 Nupedia 问世。它的特点是开放内容与同行评审，只收录由专家撰写的词条。仅词条旁边的广告收入很难维护网站运营，Bomis 不得不资助 Nupedia，惹得管理层很不满。2001 年 1 月，桑格向计算机程序员本·科维兹（Ben Kovitz）抱怨，由于需要同行评审，条目增长的速度太慢。科维兹告诉他“维基”的概念，他建议采用维基模型，允许编辑人员在整个项目中同时增加词条，从而打破 Nupedia 的“瓶颈”。于是，桑格向威尔士提出了这个建议，他们在 2001 年 1 月 10 日创建了第一个维基 Nupedia。

维基最初的目的是作为协作项目，让公众撰写文章，然后由 Nupedia 的专家志愿者评审并发表。然而，大多数 Nupedia 的专家不想参加这个项目，他们担心把业余内容和经过专业研究、编辑的材料混在一起，会损害

## 谁发明了“维基”？

1994年至1995年，霍华德·沃德·坎宁安（Howard Ward Cunningham）发明了“wiki”（维基），这个词在夏威夷语中是“快”的意思。这是一个用户可编辑的网站，通过网页浏览器使用简化的标记语言或“所见即所得”的文本编辑器，创建和编辑任意数量的、相互链接的网页。维基通常由维基软件支持，并且通常由多个用户协作使用。作为一种网站软件技术，它允许多个用户快速、轻松地编辑和更新文本或程序。1994年，坎宁安开始编写软件WikiWikiWeb，并于1995年安装在他的软件咨询公司的网站上。最开始他形容这个软件“可能是最简单的在线数据库”。

Nupedia 信息的完整性，也会损害百科全书的可信度。桑格把这个维基项目命名为“wikipedia”（维基百科），创建仅 5 天就在一个单独的网域上线了。它非常受欢迎，编写门槛更低，成本也更低，因此很快就超越了 Nupedia。桑格认为维基百科主要是帮助 Nupedia 发展的工具，但威尔士认为维基百科有潜力成为一个协作的、开放的知识建设平台。桑格认为维基百科缺乏对专业知识的尊重，他在 2002 年离开了维基百科，并于 2007 年成立了大众百科（Citizendium）。这是一个更负责任的免费百科全书，现在的文章数量接近 17000 篇。在 2004 年的一次采访中，威尔士概述了他对维基百科的愿景：“想象一个世界，地球上每一个人都可以自由地获取人类的全部知识。这就是我们正在做的。”2005 年，桑格说：“……开放、协作的百科全书的想法完全来自吉米，资金完全由 Bomis 提供，我没有什么功劳……吉米给我的任务就是开发这部百科全书。”

# 石墨烯

1962年（首次用电子显微镜观察到）和2004年（重新发现并分离）

荷兰，安德烈·康斯坦丁·海姆（1958— ）；
俄国，康斯坦丁·谢尔盖耶维奇·诺沃肖洛夫（1974— ）

“如果把石墨烯的所有惊人特性结合在一起，它将造成工业革命以来最大的冲击。有关石墨烯的研究正在影响非常广泛的领域，包括交通、医药、电子、能源、国防、海水淡化。”

石墨烯是在使用铅笔的时候无意中制成的。铅笔的主要材料是石墨，石墨是碳元素的一种形式。石墨烯是指单层石墨，它是世界上第一种二维材料。科学家早就知道一种只有单个原子厚的晶体石墨烯，但直到 2003 年，曼彻斯特大学的两名教授才研究出如何从石墨中得到石墨烯。方法很简单，就是用一种透明的胶带把石墨剥离下来。他们的论文两次被拒绝，直到 2004 年发表在《科学》杂志后才被接受。在分离出石墨烯之后，康斯坦丁·谢尔盖耶维奇·诺沃肖洛夫（Konstantin

### 难得的差别

2010年，安德烈·康斯坦丁·海姆（Andre Konstantin Geim）和诺沃肖洛夫获得了诺贝尔物理学奖。但早在2000年，海姆就获得了“搞笑诺贝尔奖”，因为他利用水垢的磁性使一只带磁铁的小青蛙悬浮了起来。同时获得著名的科学奖和带有讽刺意味的同类奖项，海姆是唯一一人。他说：“坦率地讲，我认为搞笑诺贝尔奖和诺贝尔奖是一样的。对我来说，获得搞笑诺贝尔奖意味着我很会开玩笑，一点自嘲总是有好处的。”

Sergeevich Novoselov）继续研究使胶带上的石墨片变薄的方法。他剥离下来的石墨层很薄，只有一层原子厚。石墨烯可能是最薄的材料，它是半透明的。石墨烯是由碳原子构成的六角形蜂巢晶格，但它能吸收 2.3% 的光，因此用肉眼能够看到。石墨烯的导电性比铜好，强度是钢的 200 倍，但非常柔韧。石墨烯的厚度是人类一根头发的直径的一百万分之一，虽然非常轻，却是迄今为止测试过的最强材料。

石墨烯是一种非常罕见的“颠覆性创新”，就像人工智能、3D 打印、区块链技术、虚拟现实和机器人一样，它将取代现有的技术和材料，开辟新的市场。目前，全世界都在研究石墨烯。在发展中国家，使用石墨烯膜的先进技术将给数百万人带来洁净水。未来，灵巧可折叠、续航更持久、半透明的手机将成为可能；安装了太阳能电池或超级电容器的、能够通信的衣服（可穿戴技术）也将实现。灵活轻便的电池还可以缝在衣服上。目前，硅胶等材料能够用于大量储能，但每次充电后电容量就会大大减少。然而，如果用氧化石墨烯作为锂离子电池的阳极，电池在两次充电之间的续航时间会更长（电容量增加了 10 倍），而且充电后电容量几乎不会减少。自动驾驶的电动汽车也将成为可能。石墨烯是已知的导电性最好的材料，石墨烯超级电容器能够释放巨大的能量，并且比传统设备更节约能源，还能减轻汽车或飞机的重量。手机等电子设备可以在几秒钟内充电，而不必等几分钟或几小时，这会大大延长其使用寿命。

氧化石墨烯膜在处理液体和气体时形成了完美的屏障，它能有效地把有机溶剂从水中分离出来，并极大地去除混合气体中的水。即使是最难阻挡的氦气，这种薄膜也能作为它的屏障。作为涂层，石墨烯的惰性很强，可以阻隔氧气和水的侵蚀。在未来的车辆和船舶中，石墨烯可以作为耐腐蚀的镀层材料，因为只要条件适宜，石墨烯可以附着在任何金属表面。针对可再生能源的缺点，石墨烯具有储存风能和太阳能的潜力。我们将看到可折叠的电视和电话，可能还有柔韧的电子纸，它将囊括你想要的所有出版物，并可以进行无线数据传输。由于石墨烯具有半透明的属性，或许可以用于制造智能的、非常坚固的窗户，带有虚拟的窗帘或显示投影图像。另外还可用于生物医学给药、超灵敏传感器、作物保护——石墨烯具有无限的潜力。

# 推荐书目

对于笔者而言，非虚构写作变得越来越容易。我们现在可以在谷歌上检索一个话题，点击量最高的一定是维基百科，无论要研究任何主题，它绝对是无价的资源。然而，它最大的价值在于揭示原始资料，比如书籍、报纸、广播等。我们因此能对这个主题提出有见地的观点。古腾堡计划也非常重要，它在网上免费提供了 36000 本公有领域的书籍，涉及许多重大的历史事件。本书中的每个主题都有 20 个以上的信息来源，因此完整的参考目录将和本书一样长，所以下面只选择最有用的信息来源，希望对每位想了解发明和发现的历史及其重要性的读者有所帮助。以下列举了最有用的书籍和网站。

## 书籍：

罗杰·布里奇曼（Roger Bridgman）《1000 个发明与发现》，2002 年在多林金德斯利出版，合作者为科学博物馆。

杰克·查罗纳（Jack Challoner）《改变世界的 1001 项发明》[1]，2009 年出版于卡塞尔出版社。

彼得·泰勒克（Peter Tallack）《科学之书》[2]，2001 年出版于卡塞尔出版社。本书是科学发现史上 250 个重要里程碑的图解。

## 网站：

http://inventors.about.com

一个出色的网站。它的时间表非常有用，从 A 到 Z 列出了所有的发明 [ 从胶水（adhesives-glue）、胶带（adhesives-tape）到拉链（zipper）]，也从 A 到 Z 列出了所有的发明家 [ 从艾奇逊（Acheson）到佐利金（Zworykin）]。

http://science.discovery.com

1 本书有简体中文版。《改变世界的 1001 项发明》，中央编译出版社，2014 年。
2 本书有繁体中文版。《科学之书》，时报出版社，2007 年。

包含天文学、生物学、化学、地球科学、进化论、遗传学、医学和物理学等领域，每个领域列出了 100 种最伟大的科学发现。

www.sciencetimeline.net

起于约公元前 10000 年，那时狼可能第一次被驯化；终于到 2001 年，阿格拉沃尔的方法完全确定了一个数是否是质数。这个网站也包含成千上万个条目和出色的参考书目。

http://videos.howstuffworks.com/science

这个网站有 100 个简短的视频，详细介绍了 100 个最伟大的发现，从恒星到原子的质量。开头的广告令人恼火，但内容非常精彩。

www.wikipedia.org

最大的在线百科全书，大多数研究的起点。有许多入口，包括发现历史、发现列表、发明列表等。